变化环境下黄河流域典型气象水文事件演变规律与数值预测

刘珂　张永生　韩作强　杨惠杰　著

中国水利水电出版社
www.waterpub.com.cn
·北京·

内 容 提 要

气候变化关乎人类共同的命运，深刻影响自然生态系统和经济社会发展。在气候变化和人类活动的双重影响下，黄河的水文过程发生了剧烈变化，河川径流量变化显著。本书围绕气候变化背景下黄河流域典型气象水文事件这一主线，针对不同水文事件过程进行机理分析，并针对气温、降水过程，通过优化和建立预测模型，提高黄河流域气象水文预测精度，为黄河流域水旱灾害防御提供技术支撑。

图书在版编目（CIP）数据

变化环境下黄河流域典型气象水文事件演变规律与数值预测 / 刘珂等著. -- 北京 : 中国水利水电出版社, 2023.12
ISBN 978-7-5226-2117-3

Ⅰ. ①变… Ⅱ. ①刘… Ⅲ. ①黄河流域－水文气象学－研究 Ⅳ. ①P339

中国国家版本馆CIP数据核字(2024)第025619号

书　　名	**变化环境下黄河流域典型气象水文事件演变规律与数值预测** BIANHUA HUANJING XIA HUANG HE LIUYU DIANXING QIXIANG SHUIWEN SHIJIAN YANBIAN GUILÜ YU SHUZHI YUCE
作　　者	刘　珂　张永生　韩作强　杨惠杰　著
出版发行	中国水利水电出版社 （北京市海淀区玉渊潭南路1号D座　100038） 网址：www. waterpub. com. cn E－mail：sales@mwr. gov. cn 电话：(010) 68545888（营销中心）
经　　售	北京科水图书销售有限公司 电话：(010) 68545874、63202643 全国各地新华书店和相关出版物销售网点
排　　版	中国水利水电出版社微机排版中心
印　　刷	北京中献拓方科技发展有限公司
规　　格	184mm×260mm　16开本　16.5印张　395千字
版　　次	2023年12月第1版　2023年12月第1次印刷
印　　数	001—500册
定　　价	**79.00**元

前言

黄河流域是我国生态安全战略格局的重要组成部分，横跨我国东、中、西三大区域，覆盖9省（自治区），其上游、中游、下游的地形地貌、植被类型、气候等存在自然分异性，从而形成生态系统的区域差异。黄河流域横跨多个气候区域，大部分属于干旱、半干旱地区，总体上表现为西部干旱、东部湿润，是中国主要的气候敏感区之一。黄河中上游地区被半干旱与半湿润地区的400mm年降水量线贯穿，对气候变化的响应十分敏感。在全球变暖的背景下，气候变化不仅会引起水资源在时空上的重新分配，而且加剧了洪涝、干旱等灾害的发生频率，进而影响到区域生态环境乃至人类的生存环境。同时，随着我国经济发展向中西部地区的战略转移，黄河中上游水资源势必会成为影响社会经济发展的制约因素。气候变化关乎人类的共同命运，深刻影响自然生态系统和经济社会发展。在气候变化和人类活动的双重影响下，黄河流域的气象水文过程发生了深刻变化，流域河川径流量变化异常显著。

本书围绕气候变化背景下黄河流域典型气象水文事件这一主线，针对黄河流域不同水文过程进行机理分析，并重点针对流域气温、降水过程，通过优化和建立预测模型，提高了黄河流域气象水文预测精度，进而为黄河流域水旱灾害防御提供技术支撑；从黄河流域实际气象水文预报业务出发，针对黄河流域气象水文预报体系中的气温、降水两大重要内容，从不同时空尺度诊断和预估了其演变趋势，并在此基础上结合当前主流的预报方法，探讨了不同预报方法的预报精度；内容涵盖气候变化对黄河流域影响、黄河流域典型气象水文事件、流域气象水文预报方法等方面，可为相关专业的研究生及预报员提供技术参考。本书共分为15章，主要由刘珂、张永生、韩作强、杨惠杰负责编撰工作；第4章、第9章由刘兴畅负责编撰。

气候变化是个全球性、多系统协同变化的主题，本书仅从实际业务工作较为关注的角度出发，内容不免有所疏漏，加之作者水平有限，不当之处敬请广大读者批评指正。

作者

2023年5月

目录

第1章 黄河流域冰情与暴雨研究进展

1.1 黄河流域冰情演变规律研究进展

气候变化背景下河道冰情演变更加异常复杂。黄河内蒙古凌汛最危险的地区是磴口县到托克托县一带。该河段全长504km，落差63m，是黄河比降最小地段之一。近60年来，黄河内蒙古河段凌汛期气温升高趋势明显，其中包头站气温增加速率约为每10年0.6℃，20世纪80年代以来，凌汛期气温明显升高、河道流量增加直接导致了流凌封河时间推迟及冰情不稳定。1970—2010年内蒙古平均流凌日期为11月19日，2011—2020年平均流凌日期推迟到11月25日。11月强冷空气入侵的早晚直接决定了河道首凌出现的早晚，这一规律在近10年的首凌日期预报中不确定性明显增加。如2016年11月21日黄河内蒙古河段三湖河口冷空气过程累积降温幅度超过14℃，河段随即出现流凌，封河流量341m^3/s，11月22日该河段出现首封，流凌日期和封河日期仅相隔一天。而在2021年，11月6—9日黄河内蒙古包头站累积降温超过20℃（日平均气温维持在−3～−7℃），连续3天三湖河口—包头河段水温降至0～0.8℃之间，仍未出现流凌。

1956年黄河水利委员会正式开始冰情监测和预报工作。实际业务预报最初主要是通过选取1～3个指标，通过指标的变化趋势预测冰情发生日期，之后随着冰凌物理过程监测系统不断完善和监测数据的不断积累，逐渐形成了包含一定物理基础的数理统计预报方法。天气系统过境带来当地气团性质的改变会影响水体与大气之间的热交换过程（McGloin et al.，2015），冷空气作为冬季最主要的天气事件，水体与大气之间的水热交换会随着空气温度、湿度、风速及湍流交换强度变化而变化。来自北方的大陆性冷空气过境带来的干冷气团和大风会使水汽热交换剧烈增加。量级上冷锋过境会使水体潜热和感热交换增加至原来的1.2～1.3倍，时间上这种热交换的爆发性增长会在1～3天的时间内完成。这种短时间内的水体内能消耗，最终造成了水体不同程度的降温。目前利用气温变化预测首凌日期的方法主要分为两类：一类主要考虑累积气温与水温的统计关系，另一类是依赖热交换系数的冰凌数学模型。由于不同冷空气引起的气温、湿度、风速变化和湍流交换增加过程和强度均不一致，由此引发的水热交换通量的增加过程和强度也不尽相同，因而冰凌模型中热交换系数也应是浮动的，但现有研究中鲜有量化不同强度下冷空气过程对河道水体热交换通量影响过程，冰凌数学模型中热交换系数也是固定不变的。水温降至0℃到形成首凌的物理过程复杂。大量观测和试验表明，当水温降至0℃时，水体过冷开始产生屑冰，屑冰黏聚成冰花，冰花在冲击力和浮力的共同作用下，最终在表面汇聚成冰盘，冰盘累积达到一定密度时形成流凌。水内冰的开始形成与形成流凌之间的物理过程复杂，但是从实际河道水温演变和试验模拟发现，实测河道水温降至0℃附近后，开始出现水内冰，随着水内冰的增加，在冰水潜热释放和水气热交换的共同影响下河道水温开始波动变化，当水气热交换速率大于冰水潜热释放速率时，水内冰继续增加，当二者达到平衡时水内冰停止增加。因此冰水潜热释放热通量与水汽交换热通量达到稳定平衡的过程是河道形成流凌的关键，目前研究中，大多数研究主要致力于研究冷空气影响过程中河道水温降至0℃的过程，而对河道水温在0℃（0，1.0）范围内波动的热量平衡研究还较少。如2021年11月6—9日，河道水温在7—9日均维持在0.4℃附近，河道出现了流冰花，但最终并未形成流凌。这说明河道水温降至0℃附近并不是形成流凌的充分条件，需要进一步对河道水温降至0℃附近直至形成流凌的能量平衡过程做进一步的量化诊断。

黄河内蒙古河段是每年黄河防凌的重点区域，亟须在气象水文观测精密度提高的基础上提高冰情演变物理机制的认识水平，进一步定量研究不同类型冷空气影响下河道水温下降直至达到流凌标准的水气热交换通量变化全过程，诊断和建立不同路径冷空气过程和不同河道流量共同影响下河道水温降低直至形成首凌的热通量演变规律及冰水潜热释放与水汽热通量间的动态平衡过程；量化不同天气和河道条件下河道首凌过程的热交换过程，为提高首凌日期预报精度提供支撑。

气候变化背景下北方冷空气过程极端化趋势明显。内蒙古是我国北方的三大强冷空气活动中心之一，是冷事件频次最多的地区，降温过程和低温距平要远超东北和新疆（钱维宏 等，2007；王宗明 等，2011；罗继 等，2017）。同时内蒙古地区地处东亚气候变化脆弱区，气候变暖背景下冷事件变化存在高度变化不确定性。研究发现近几十年来，中国冬季气温呈明显升高趋势，中国大陆不同地区的冷空气过程发生频率和强度均有所减弱（王遵娅 等，2006；钱维宏 等，2007；魏凤英，2008；牟欢 等，2016；武浩 等，2016）；2001—2010年是内蒙古地区冷空气过程发生频率最少的10年，2011年后冷空气过程发生频率和强度转为明显增加趋势（姜佳玉，2020；刘宪锋 等，2014）。与此同时，冬季大范围持续性极端低温事件也开始频繁发生，如2008年1月10日至2月3日我国南方地区20多个省（直辖市）遭受了持续低温和雨雪冰冻天气，2009年12月11日至2010年1月20日，我国北方接连遭受到3次强冷空气的影响，多地区均出现了历史极端降温事件。2016年1月17—25日“霸王级”寒潮天气过程中，全国80多个气象观测站突破建站以来历史极值，北京日最高气温创下1958年来最低昼温（布和朝鲁 等，2018；汪结华 等，2017）。强冷空气从不同源地到达寒潮关键区（70°～90°E，43°～65°N）分不同路径侵袭我国，大部分都要经过内蒙古地区（顾润源，2012）。每年11月是我国北方强冷空气发生次数最多的月份，也是内蒙古地区寒潮天气发生频率最多的月份，年代际变化上内蒙古地区寒潮冷空气过程在1991年达到历史最少后以约每10年0.5次的速率持续增加（符仙月 等，2013；刘宪锋 等，2014）。冷空气强度、路径以与爆发后的影响过程有关，但是目前为止，关于不同路径、强度冷空气过程的具体影响差异的相关研究还较少，进一步理解不同路径、强度冷空气过程造成的降温过程可以加深对强冷空气过程造成的气象水文过程差异的理解，为水文预报提供参考。

不同冷空气过程中地表通量差异明显。地球大气、陆地、海洋的总能量归根到底主要来自太阳辐射的能量，但是大气中只有少量的水汽、云滴等能直接吸收太阳辐射，因此大气的直接能量来源主要来自下垫面。地表通量是陆地表面与大气或海洋表面与大气之间的动量、感热和潜热交换的总称（丁一汇，1997；王军，2004；李超 等，2006）。这种交换过程主要发生在近地面附近，是表征下垫面强迫及其与其上的大气相互作用的一个重要参数。这一过程的表述对陆气/海气耦合数值模式的模拟技巧具有至关重要的作用（WCRP－95，1996）。大气层结对地表通量变化影响明显，不稳定状况下的地表通量远远大于稳定状态（丁一汇，1997；吴迪生 等，2001）。对于感热通量而言，阻力系数和热交换系数不仅依赖于风速还依赖于大气层结，不稳定层结条件下，阻力系数和热交换系数可迅速增加。同时降水与否对地表通量也具有较大的影响，通常雨日感热通量和潜热通量均小于非雨日。地表热通量也具有明显的季节变化和日变化，感热和潜热通量大值通常出现在夏季及每日 14 时左右（丁一汇，1997；丹利 等，2011）。由于大气热容量较小，相对于陆表/海表气温变化更为显著。在冬季，一次冷空气过程 24h 平均气温可下降 10℃以上，而对于陆表/海表而言，表面温度下降 10℃几乎是不可能的。因此在气温急剧下降的过程中，陆气/水气温差从负转正，陆气感热通量迅速转为负值，引起陆表/海表温度降低（黄立文等，2007）。冷空气过程中有时会伴随有大风、对流等天气现象，这会导致大气层结不稳定，增加热交换系数，使地表通量成倍增加（Blanken et al.，2000；Blanken et al.，2011；李超 等，2006），研究证实海表温度在寒潮天气过程中降温速率可超平时的 3 倍；2016 年 11 月 19—21 日黄河内蒙古河段首凌过程中三湖河口日平均水温从 5℃降至 0℃，是该月日均水温降低速率的 2.5 倍，是 11 月 7—11 日冷空气过程降温幅度的 2 倍。普通冷空气过境后一般为大范围的下沉运动，有利于形成大气重回稳定层结（张伟，2013），进而抑制地表通量。而对于“霸王级”寒潮冷空气过程，通常是几个冷空气过程的接连爆发（布和朝鲁 等，2018），过程中多伴随雨雪天气（王宗明 等，2017）。持续低温有利于地表通量的增加，但雨雪天气会减小地表通量，因而冷空气过程的差异必然对应地表通量的差异和地表温度响应的差异。至目前为止，地表通量的研究还停留在对寒潮或者强对流天气过程中地表通量演变特征阶段，其中大部分也还是海洋表面温度对天气过程的响应，针对地表河道水温对不同冷空气过程的地表通量响应差异研究还很少见。通过地表通量研究河道水温对冷空气过程的响应差异有利于进一步理解不同冷空气过程对河道水温的影响，为冰凌数学模型的构建提供参考。

变暖背景下黄河内蒙古河段首凌过程与冷空气的关系更加复杂。据统计，1971—2019 年黄河内蒙古河段 97%的首凌过程发生在某次冷空气过程中，各种强度的冷空气过程均能导致河道流凌。年代际变化上，2000 年以来黄河内蒙古河段首凌日期明显推后，发生在寒潮冷空气过程中的首凌过程明显增加（刘吉峰 等，2018；蒙东东，2020）。季节内尺度上，凌汛期气温偏高偏低是河道流凌封河日期是否推迟的关键因子（康玲玲 等，2001；杜海龙 等，2014），2010—2020 年黄河内蒙古河段平均流凌日期较 1971—2010 年延迟 6 天；凌汛期内气温波动剧烈会导致河道凌汛期内封开河次数增加，加剧冰情演变的复杂性（方立 等，2007；温丽叶 等，2009；顾润源 等，2012；王春青 等，2012），如在 2009—2010 年度，由于气温变幅异常偏大，造成青铜峡以上测验断面出现三封三开；此外极端冷事件（如：2017 年 11 月 21 日前后的寒潮冷空气）会在短时间内触发河道流凌封河过程完成（张荣刚 等，2018）。

近年来国内外针对黄河内蒙古河段冰情预报的研究工作越来越多，河道冰凌生消机制研究也逐渐成为水文研究的一个重要分支。现阶段河道首凌日期预报，实际上主要是对河道水温降至 0℃的日期进行预测。虽然气象条件、河道条件、水情变化及人类活动均能对河道水温产生较大影响（Caissie，2006；Kelleher et al.，2012；Lisi et al.，2015），但现有河道水温预测模型中几乎没有将所有水温影响因子全部进行考虑的。通常情况下，气象因子（如气温、风速、辐射）对河道水温演变中起着重要的作用，在一定范围内气温与河道水温之间一直具有良好的对应关系；此外气温相对于热交换通量的其他因子的观测数据序列更长、观测范围更大、观测也更规范，因而过去研究中经常将气温作为预测水温变化的唯一自变量（Mohseni et al.，1999；Webb et al.，2003；Caissie，2006）。目前的河道水温预测模型主要可分为确定性模型和诊断物理模型两种，确定性模型主要是基于河道水体热量平衡和物质守恒方程，这类模型需要大量的模型输入，需要河道地形、气象水文要素的精细化网格观测。受限于目前的观测条件，因而很难具体实现。因此多数研究通过不同方式对模型进行简化，比较常见的是利用水气热交换率代替总热交换，因此热交换率系数的确定就成为模拟精度的关键（Shen et al.，1984；Shen et al.，1995；茅育泽 等，2003；Zufelt et al.，2000；Hummar et al.，2010；Rich et al.，2012）。而诊断物理模型多是把水流动力、热力传导、模糊理论、人工神经网络、模糊数学等方法用于河道水温预测（Sahoo et al.，2009；陈守煜，1997；陈守煜 等，2004；李亚伟 等，2006；冀鸿兰等，2008；王志兴 等，2009；金菊良 等，2000；冀鸿兰 等，2013；DeWeber et al.，2014；Sohrabi et al.，2017），预测因子一般包括气温、植被、河道条件等在内的 2～4 个预报因子。在河道日平均水温预报精度上，不同河流不同季节，确定性和诊断模型预测偏差变化范围较大；但气温偏高或偏低时，模型模拟偏差均较大（Zhu et al.，2019）。如可素娟等（2002）利用一维冰凌数学模型对在黄河内蒙古昭君坟站断面首凌日期进行预报，模式预报原始误差为 1～8 天，但经过对低温时段热交换系数的修正后，模型模拟偏差缩短至 1 天。根据诊断物理模型的特点，模型更适用于河道日旬尺度平均水温的预报。这两类河道水温预测模型在目前的河道水温预测中均有应用，但预报精度仍差强人意，例如诊断物理模型在对 1972 年的黄河三湖河口断面首凌时间的预报偏差高达 27 天。因而目前这两类河道水温预测模型均未在日常业务预报系统中进行直接应用。

两类模型在河道水温预测中的偏差主要源于：气温偏高和偏低时，气温与水温间的非线性变化关系；水温对气温变化的响应明显滞后（Isaak et al.，2012；Toffolon et al.，2015）；河道水温的变化主要是长周期分量和短波动周期分量的叠加，长周期分量能利用简单的统计模型（正余弦函数、傅里叶级数展开）计算（Caissie et al.，2007），但短周期变化不能通过统计关系获取；最后，河道附近水温观测记录多是定点观测，缺乏连续性或观测不规范（Webb et al.，2008），由此将导致数理统计关系存在较大的不确定性（Letcher et al.，2016）。

从水文预报的发展历程来看，大气-水文耦合必将是气候变化和水文领域的研究前沿，也是未来水文预报的发展方向（占车生 等，2018；Rummler et al.，2019）。陆气耦合中最重要的是能量和物质的传输，目前关于陆地水体与大气之间的热量交换研究仍处于起步阶段，随着气象水文站点观测连续性和监测密度的持续增加，亟须通过对水文过程中水气热交换通量和物质交换方面的深入研究进一步提高对河道流凌水文过程的认识水平。

1.2 暴雨演变规律研究进展

暴雨导致的洪水灾害是夏季的主要灾害之一，其中一个关键原因是每年夏季季风气流从海上带来丰沛的水汽和不稳定空气。我国位于世界上著名的季风区，即东亚季风区。在夏季风爆发、盛行和向北推进的时期，东亚夏季风主雨带明显跳跃性自南向北移动，在中国地区形成了华南前汛期雨季（4月上旬至6月中旬）、江淮梅雨季（6月中旬至7月中旬）和北方雨季（7月中旬至8月上旬）。这三个雨季和地区也是暴雨的多发期与地区。因而暴雨频发的地点是与夏季风主雨带的位置和维持时间密切相关的（陶诗言，1980；丁一汇，2005；王遵娅 等，2008）。

中国的暴雨有以下四个主要特征（丁一汇，2005）：

（1）暴雨主要集中在5—8月，例如华北京津冀地区大暴雨日集中出现在7月下旬至8月上旬，即“七下八上”，占全年总降水量的66%（华北暴雨编写组，1992）；长江流域中上游地区，6—8月的暴雨占总频率的71%，而高峰期集中在6月下旬至7月上旬，这就是著名的东亚梅雨季。

（2）暴雨强度大、极值高。如果与相同气候区中的其他国家相比，我国暴雨的强度很大，不同时间长度的暴雨极值均很高，如1h暴雨极值是201.9mm（河南郑州，2021年7月20日），24h降水极值是1248mm（台湾地区，1963年9月10日）。其中不少时段的极值均打破世界纪录。

（3）暴雨持续时间长。我国暴雨持续的时间从几小时到63天，1986年的梅雨天数长达65天。暴雨的持续性是我国暴雨的一个明显特征。

（4）暴雨的范围大。长江流域的暴雨区面积是全国最大的，雨带多呈东西走向，如1954年与1998年特大持续性暴雨仅600mm以上的降水量区就覆盖了长江流域的绝大部分地区，1991年的江淮流域特大暴雨面积也覆盖了十几万平方千米。在半湿润半干旱的华北地区，特大暴雨的面积也可达10万～20万km^2（如1963年8月）。由上可见，我国暴雨的主要特点是降水有明显的集中期，暴雨强度大、持续时间长、范围大，尤其以梅雨期江淮暴雨区面积最大。因而常造成大范围洪水灾害。

丁一汇等（2009）对具有较长历史观测记录的气象站点逐日降水观测数据进行分析，统计了24h降水量大于200mm的气象站点分布，站点大多分布在100°E以东地区，共计约60个站点发生过日降水量超200mm，其中黄河流域有6个站点位列其中，且大多数位于黄河中游地区。黄河中游洪水按照洪水来源可分为“上大洪水”和“下大洪水”区，其中“上大洪水”源区主要是指河口镇至龙门水文站之间的部分，这部分地区暴雨多与西风带低值系统、地形有关，且分属于不同的区域暴雨区，造成西北、华北暴雨区的大气环流形势及主要影响天气系统差异较大，同时黄土高原及太行山山脉对雨强的影响也不尽相同，因而黄河中游地区强降水物理机制及预报方法仍具有较大的研究空间。

1.2.1 华北暴雨

华北地处季风气候的边缘，夏季降水既受到中高纬环流的影响，同时在很大程度上又受到季风的影响，因此华北地区降水不仅年际变化很明显，而且还存在着鲜明的年代际变化特征（Wang et al.，1997；黄荣辉 等，1999a；陈烈庭，1999；张庆云 等，1999；陆日宇，1999）。20 世纪 50 年代我国东部降水在夏季表现出“南涝北旱”特征，20 世纪 80 年代之后，多雨带逐渐南移到长江中下游地区，形成“南涝北旱”现象。近 40 年来，盛夏长江流域降水量、降水频率、极端降水频率以及暴雨降水强度均呈增大趋势，华北地区则呈减小趋势（李红梅 等，2008）。对于“南涝北旱”现象的形成，宇如聪等（2008）总结提出的机制涉及季风减弱（郭其蕴 等，2003；陈隆勋 等，2004）、青藏高原热状况异常（赵平 等，2001），南亚高压的变化（张琼 等，2001；毕云 等，2001）、北太平洋年代际振荡（杨修群 等，2004）、ENSO（Huang et al.，2003）以及人为气溶胶排放对我国气候年代际变化有影响（Menon et al.，2002）等原因。但大气环流异常是造成天气气候异常的直接原因，大范围持久性旱涝与大气环流的持续性异常有必然的关系。华北汛期降水发生了明显的年代际变化（陆日宇，2003；张庆云 等，2003；杨修群 等，2005），这个年代际变化必然和大气环流条件改变相联系。

大量文献对华北暴雨个例进行了分析。比如，徐夏囡（1982）对华北夏季冷锋暴雨个例进行了讨论，给出了此类冷锋的三维流场结构特征。何立富等（2007）分析了 2004 年北京“7·10”暴雨 β-中尺度对流系统。王欢等（2008）对 2005 年 8 月 16—17 日发生在华北的一次暴雨过程的成因做了诊断分析，结果表明干冷空气的入侵对该次暴雨过程的发生、发展有重要作用。此外人们也从气候学方面进行了统计研究工作。丁一汇等（2009）分析了 1958—1976 年华北地区的 33 次暴雨过程，归纳了形成华北暴雨的天气形势特点。雷雨顺（1981）考察了 10 次经向型持续性特大暴雨，结果表明在暴雨区附近的“两高一低”的稳定大形势，是形成经向型特大暴雨的基本环流背景。陶诗言（1980）认为：最常见的影响华北暴雨形式是高空槽（相伴有冷锋）、暖切变暴雨、黄河气旋暴雨、冷涡暴雨。孙建华等（2005）将 1960—1999 年期间的华北夏季暴雨过程分为了 5 种类型，其中，台风和低涡是主要的影响系统。综上学者对华北暴雨的研究主要集中在三个方面：第一方面是对发生在华北的重大灾害性暴雨过程的影响；第二方面是对华北暴雨个例的研究和模拟，揭示形成华北暴雨的原因和机理；第三方面是对形成华北暴雨的天气系统，进行归纳和总结。这三方面的研究除了揭示形成华北暴雨的机理外，另一个重要的目的是寻找出形成华北暴雨的天气系统，这样便于业务预报和应用。

早在 20 世纪 70 年代就有关于暴雨发生条件的研究。比如，丁一汇等（1978）从尺度相互作用的观点，分析了“75·8”暴雨发生的大尺度条件以及暴雨对大尺度环境的反馈作用，并讨论了该暴雨过程的维持机制。梁萍等（2007）则着重对华北暴雨发生的水汽来源进行了研究和讨论。关于夏季暴雨发生频率年代际变化的气候背景研究，鲍名等（2006）研究表明华北暴雨 20 世纪 80 年代开始的减少与赤道中、东太平洋海表面温度的年代际变化有关。

陆日宇（2003）认为：年代际变化所提供的背景对华北降水年际变化的规律和物理机制没有影响，华北汛期降水年代际和年际变化之间的关系是线性的；华北降水的年际变化对应的环流变化在对流层上层比下层显著得多，主要表现为东亚高空西风急流和低层西太副高的变化。华北汛期降水变化在年代际变化上主要是表现为东亚西风急流位置偏南，在对流层下层表现为我国东部地区出现明显的北风异常，对流层下层的变化比上层显著得多，说明局地下垫面可能对华北降水的年代际变化有显著的作用。高庆九等（2006）认为：华北夏季降水减少与环流异常密切相关，地面上青藏高原地区、华北地区气温下降造成华北低压系统活动减少，不利于降水；850hPa 层上东亚中纬度的西南季风和副热带高压南部的偏东风、西北部的西南风异常减弱，使得西南气流输送水汽很多难以到达 30°N 以北地区，而副热带高压西部外围偏东南、偏南气流输送到华北地区的水汽也大量减少，水汽不足造成华北夏季降水偏少；500hPa 高度场上，20 世纪 80 年代欧亚遥相关型表现与 20 世纪 50 年代相反，变为欧洲（+）、乌拉尔山（—）、中亚（+）形势，这种环流使得乌拉尔山高压脊减弱，贝加尔湖至青藏高原高空槽变浅，纬向环流表现突出，不利于冷暖空气南北交换；同时在 500hPa 气温场上，20 世纪 80 年代西伯利亚至青藏高原西北部的冷槽明显东移南压到蒙古至华北地区，锋区位于华北以东以南位置，使得华北地区冷暖空气交汇减少，降水也因此减少。

夏季西太平洋副热带高压（以下简称“副高”）是影响我国夏季天气和气候的一个重要系统（陶诗言 等，2006）。副高的季节内变化决定了我国东部雨带向北推移的次数，而其年际变化决定我国东部旱涝格局的异常。夏季西太副高脊线、北界与华北降水有显著的正相关；西伸脊点则与华北降水存在显著的负相关；太平洋副高西伸脊点和脊线位置的变化，可以引起华北旱涝异常（谭桂容 等，2004）。

黄荣辉等（1986）研究了东太平洋遥相关型与我国夏季旱涝的关系。华北夏季典型干旱年的前期（冬季和春季）及同期环流特征是：北半球中高纬度 500hPa 高度距平场出现 EU 型遥相关分布，华北地区长期处于大陆暖高压控制下（卫捷 等，2003）。朱乾根和施能（1993）认为，初夏 EU、EAP、HEA 型与我国同期季风雨带有良好的对应关系：强 EAP 型时，华北、长江中下游同时偏旱，反之则偏涝；强 HEA 型时，内蒙古、东北西部、华北、长江下游偏涝，反之则偏旱。Ding 等（2005）研究发现：环球遥相关型（CGT）和西欧，欧亚，印度、东亚和北美地区的降水和温度异常有密切的关系。

伴随着 20 世纪 70 年代开始的全球变暖（IPCC，2007；Tett et al.，1999；Stott et al.，2000；周天军 等，2008），华北汛期降水也出现了显著的年代际减少（张庆云 等，2003；马柱国，2007）。围绕着华北汛期降水的年代际减少，已经进行了大量的研究，但是，目前的研究大都使用月降水资料，使用日降水资料的研究较少，对从日到月时间尺度规律的年代际变化及其原因研究得很少；而且，对处于华北降水偏少阶段的华北暴雨及其降水条件的研究和分析也较少。

1.2.2 西北暴雨

西北地区包括陕西、甘肃、宁夏、青海、新疆等五省（自治区），地域辽阔，占据了青藏高原西北侧到东侧的广大边缘地区。东西跨越 37 个经度，南北跨越 17 个纬度，从南到北依次跨越湿润区、半湿润区、干旱半干旱区及高原气候区，是我国年降雨量最少的地区，一向以干旱少雨著称（白虎志，2011）。西北西部有山势高耸的帕米尔高原，天山山脉横贯于新疆境内，山脉两侧有戈壁沙漠构成的盆地。西北东部地处青藏、黄土、蒙古三大高原的交汇地带，域内海拔相差悬殊、下垫面性质复杂，地形地貌特征丰富多彩，形成了高山积雪和盆地燥热等差异显著的自然环境。比如西北地区东部的黄土高原，原面比较破碎，原面之间多是下切200～300m的河谷；西北地区东南部的秦岭是我国著名的气候分界线，秦岭以南的秦巴山区和甘肃陇东南地区山势陡峭，峡谷、深涧相间，地面多石质土壤，遇有暴雨冲刷，极易诱发山洪、滑坡、泥石流等次生灾害（胡凯衡 等，2010；陆本燕 等，2011）。同时因暴雨形成的地表径流迅速向山谷、河流、塘坝汇集下泻，造成水库垮坝、铁路中断等，破坏性很大，对当地经济社会活动有着不可忽视的影响（郭富赟等，2015）。但是，西北地区暴雨又是一种有利天气，大多数暴雨出现在副高西北侧的降雨带中，暴雨区外围伴有大范围的降雨区，它对解除旱情、水库蓄水和发电、河流水源补给、林区涵养等极为有利。

西北地区是我国暴雨出现最少的区域，而且地理分布极不均匀，陕西、甘肃东南部、宁夏东南部是西北东部暴雨的易发区，具有雨期集中、对年降水贡献占比高、年际变化较大且夜雨型的特点（侯建忠 等，2014；赵庆云 等，2014）。对西北地区暴雨主要类型和环流形势（白肇烨 等，1991；于淑秋 等，2003）、异常年大尺度环流特征（黄玉霞 等，2004）及其水汽输送（蔡英 等，2015；钱正安 等，2018）等所做的大量研究，为人们认识和揭示西北暴雨的特征及形成机理奠定了基础。同样，山脉地形、下垫面或局地森林小气候对西北暴雨的影响也受到高度关注（西北暴雨编写组，1992；扈祥来 等，2004），其对降水的增幅也因多年累积的加密观测资料（区域气象站）得到进一步验证。例如在以“十年九旱”著称的西北干旱半干旱区，因山脉和森林小气候作用形成了若干年降水量接近或超过600mm的“湿岛”（如甘肃中部的太子山、兴隆山及陇东的子午岭），不仅存在暴雨，而且暴雨强度非常大，这对于重新认识西北暴雨非常重要。因南北跨越三个气候区，西北暴雨还与东亚副热带夏季风、西风带及高原季风等气候系统有着密切联系。东亚夏季风异常对西北地区东部夏季降水的影响十分明显（王宝鉴 等，2004；黄玉霞 等，2004），中亚低涡、西西伯利亚低槽等西风带系统则与新疆暴雨息息相关（张家宝 等，1987；马淑红，1993；马力，1993），而高原夏季风的强弱则对南疆盆地（齐玉磊 等，2015）、青海和甘肃河西（白虎志 等，2000；陈少勇 等，2011）夏季降水影响显著。此外，李明等（2011）、刘新伟等（2011）研究了远距离台风活动与西北东部暴雨的关系。

以“8·8”舟曲特大山洪泥石流灾害为标志，西北短历时暴雨形成机理研究在2010年以后再一次受到高度重视，主要进展概括为4个方面。一是区域站、新一代天气雷达、卫星、闪电等资料的联合应用为暴雨的监测指明了新方向（刘新伟 等，2017；狄潇泓 等，2018），不但有助于从三维角度揭示西北暴雨中尺度系统的水平和垂直结构特征，为数值模式验证提供观测事实，而且还能显著提升短时临近阶段（0～12h）暴雨的预警能力。二是更加注重暴雨中尺度对流系统发生发展机理的研究，包括大尺度环流与中小尺度系统的相互作用、中尺度对流系统发生发展的环境条件、低空急流对MCC或MCS生消的作用等。三是利用数值模式研究暴雨中尺度结构特征取得了诸多新进展（王文 等，2013；李江林 等，2014；曾勇 等，2019），另外利用NOAA HYSPLIT轨迹模式并结合聚类分析，可追踪不同高度水汽输送路径、源地及其贡献（李江萍 等，2013；陶健红 等，2016）。四是高时空分辨率的全球数值预报模式、区域中尺度数值模式以及集合预报在业务中的应用，显著提高了西北暴雨的短期预报准确率。但因短历时暴雨造成的人员伤亡和财产损失仍然十分巨大（赵玉春 等，2010），因此持续并进一步提高暴雨预报水平就显得非常迫切。

西北地区暴雨大都出现在一定的大尺度环流形势下，通常表现为冷、暖空气不断在某个区域交汇，并伴有中尺度系统发展。这种大尺度的形势背景与西风带、副热带和热带环流系统有关，西风带主要输送冷空气南下，触发中尺度暴雨系统的出现和反复发展，副高位置决定了中低空水汽输送通道和冷暖空气交汇位置，也大致限定了可能产生暴雨的地区和范围，故西北暴雨的大尺度环流形势主要依据副高的形势确定（白肇烨 等，1991）。白肇烨等（1991）将西北地区东部暴雨最主要大尺度环流形势概括为“副高西北侧西南气流型”和“副高西侧偏南气流型”两大类，此后又有众多学者进行了完善和总结（薛春芳等，2012；李江萍 等，2013），但总体上来讲还是对上述两种分型的细化和补充。西北暴雨最易出现的大尺度流型是副高西北侧西南气流型，其环流特征是随着副高西伸北抬，588 gpdm 等高线西脊点到达 110°E 附近，副高脊线位于 30°N 附近，青藏高原上有低压槽或闭合低压；西北地区东部对流层中层有一支较强西南气流，与 700hPa 偏南气流上下叠加，这种形势下新疆北部、河西走廊等地是西风带冷槽影响区，常引导冷空气东移南下，与高原东北侧的暖湿气流交汇，形成大范围雨区。黄玉霞等（2004）将甘肃夏季暴雨分为陇南陇东型、甘岷山区型、河东强河西弱型和全省型等四类，陇南陇东型是西北副高西北侧西南气流型暴雨的本地化称谓，其暴雨日数分布与西南季风密切相关，暴雨多发于甘肃陇南、天水、平凉、庆阳等地。李博等（2018）认为“东高西低”是陕西暴雨的基本特征，暴雨期间降雨中心及四周气压同时降低，但西部气压降得更低，东部气压相对较高，由此构成“东高西低”的有利形势，该形势下高原东侧形成西南低空急流，将季风区的暖湿空气输送至高空槽前部。

副高西侧偏南气流型，此种环流形势下副高位置相对偏北，脊线可至 33°～35°N 附近，青藏高原上受暖性高压控制，两高之间有南北向的槽线或切变线，切变线之下或其南段对流层下层有强的热倒槽，切变线附近是深厚的偏南风或东南风，带来比副高西北侧西南气流更加湿热和不稳定的气团，暴雨主要发生在偏南风中，副高南侧东风带中的热带系统扰动常与暴雨发展有关，暴雨区呈斑块式分布，具有分散性特点，可以为几个孤立的极端暴雨中心。这类暴雨虽然出现次数少，但局地雨量可达 100mm 以上，危害较大。

水汽是降水的物质基础，空气中的水汽主要集中在地表附近，却是大气中最为活跃的成分，对气候和天气有着重要的影响（盛裴轩 等，2003）。西北地区远离海洋，大气柱中的水汽只及同纬度华北水汽的 1/3～1/2，可西北地区东南部实际暴雨量非常大，说明西北地区上空得到了大量的外来水汽补充（钱正安 等，2018）。一个地区历次暴雨过程虽不尽相同，但水汽源地与该地区相对位置却构成这个地区暴雨期水汽入境方向的气候特征，水汽输送的强弱和路径是影响雨带和雨型分布的重要因素，但暴雨过程的水汽入流方向、水汽输送强度（由大气湿度和风速决定）却由大尺度环流形势所决定（杨柳 等，2018）。

黄荣辉等（2011）发现我国东西部水汽输送特征明显不同，东部水汽输入经向大于纬向，西部则相反。王宝鉴等（2003）认为东亚夏季风区是西北大气可降水量和水汽通量的最丰富区，西风带区次之，高原区最少，水汽沿西南、南方与西方三条路径输送到西北地区。钱正安等（2018）认为夏秋暴雨前，副高南侧的东南急流、副高西侧的偏南风急流和河西偏东风，沿一逆“之”字路径，以三棒接力方式将水汽输送至西北核心干旱区。陶健红等（2016）、孔祥伟等（2015）利用 NOAA HYSPLIT 空气质点追踪模型，将甘肃河西极端干旱区暴雨的水汽源地追踪到孟加拉湾地区。暴雨过程不同等压面上的水汽轨迹并不完全一致，但降水量越大，不同等压面上的水汽输送轨迹越趋于一致（李江萍 等，2013）。崔玉琴等（1987）把包括新疆在内的西北地区水汽输送路径归纳为西南方、南方、东方、西方、北方和西北方等 6 条。曾勇等（2017）利用拉格朗日法的轨迹模式模拟计算发现，2016 年新疆西部一次罕见大暴雨期间伊犁河谷地区 1500m、3000m、5000m 水汽分别来自哈萨克斯坦、哈萨克斯坦、黑海南部，水汽贡献分别占该高度水汽的 100%、50%、68%，水汽在输送过程中高度多变，欧洲大陆、西西伯利亚、中亚地区等陆地及黑海、里海等海洋是此次大暴雨的水汽主要来源地。

此外，研究发现盛夏低纬热带系统活动也对西北地区暴雨有着重要影响。例如，侯建忠等（2006）研究发现 7 月、8 月台风活动对陕西极端暴雨的影响最为显著，陕西出现极端暴雨时，台风多在我国台湾岛附近登陆或以北的海域活动或在海南、广东、广西一带登陆或移动，300hPa 高空急流提早出现，这个先兆性对陕西极端暴雨具有一定的预报指示意义。

西北地区东部暴雨的短期预报模型主要依据西太平洋副热带高压确定，总体上可分为副高西北侧西南气流和副高西侧偏南气流两大类型，未来应该关注高（南亚高压）-中（西风带、高原槽）-低空（低空急流）系统相互作用与西北暴雨的关系。通过水汽的诊断分析及轨迹模式模拟，对西北地区东部和新疆地区水汽的输送路径及源地有了清楚的认识，也发现了低纬热带系统活动对西北东部暴雨可能的影响机制。但卫星监测表明，低纬阿拉伯海、孟加拉湾有大量水汽可以越过青藏高原向北输送到青海、新疆地区，甚至印度季风可以间接影响青海西部和新疆的降水，但其接力输送的动力机制如何、对强降水天气系统如何影响等需进一步研究。

第2章　黄河流域基本气象水文特征

2.1　流域自然概况

黄河发源于青藏高原巴颜喀拉山北麓海拔的约古宗列盆地，流经青海、四川、甘肃、宁夏、内蒙古、山西、陕西、河南、山东等九省（自治区），在山东省垦利区注入渤海，干流全长5464km，全程落差4480m，流域面积80万km^2（其中包含内流区约4.2万km^2）。黄河是我国仅次于长江的第二大河，世界第五大长河，也是中华民族的母亲河。但其径流量却只有长江的1/20，含沙量为长江的3倍。黄河流域处于95°53′～119°05′E、32°10′～42°50′N之间，东西向长约1900km，南北向宽约1100km。

一般将黄河干流河道以河口镇和桃花峪为上中下游分界点。其中河源至内蒙古托克托县的河口镇以上为黄河上游区域，河道总长3471.6km，流域面积为42.8万km^2，占全河流域面积的53.8%；河口镇至河南郑州市的桃花峪为黄河中游区域，河道总长1206.4km，流域面积为34.4万km^2，占全流域面积的43.3%；桃花峪以下为黄河下游区域，河道总长785.6km，流域面积为2.3万km^2。与其他江河不同，黄河流域上、中游地区的面积占总面积的97%，长达数百千米的黄河下游河床高于两岸地面之上，只占总面积的3%。

事实上，由于黄河流域情况的复杂性，根据黄河流域上游和中游不同区段的地形地貌、气候特征和水文性质等差异，参考黄河流域二级水文分区以及黄河干流水库汇流等特点，黄河流域上游和中游大致可分为6个子区域。

（1）上游分区。

1）玛曲以上。地处青藏高原，该区域为河源发端，在相当多研究中都是全球范围内对气候变化最敏感的地区之一，此区域内黄河流域大部分河段河谷宽展。

2）玛曲到唐乃亥。黄河流经高山峡谷，水流湍急，水力资源丰富，唐乃亥水文站是河源区出口水文站，且其下具有黄河唯一一座具有多年调节能力的大型水库——龙羊峡水库。

3）唐乃亥到兰州。兰州以上是黄河流域主要产水区，且在黄河水资源利用中均要求保证兰州用水需求，通常研究中均作为黄河上游分段点。

4）兰州到河口镇。此段水流缓慢，地处河谷盆地和河套平原，自南向北流，存在不同程度的洪水及凌汛灾害。

（2）中游分区。

1）头道拐到三门峡。该段为黄土高原地区，水土流失现象严重，是黄河下游洪水和泥沙的主要来源。

2）三门峡到花园口。该区域支流众多，比降陡峻，产汇流条件好，并具有三门峡以下唯一能取得较大库容的控制性工程——小浪底水电站，夏季多暴雨，是主要的暴雨产流区之一。

花园口以下地处华北平原，花园口水文站天然径流量占全河径流量的 95%以上，且其以下河道基本为地上悬河，产流汇流面积很小，花园口站天然径流量变化趋势基本可代表整个黄河流域。

2.2 地形地貌

黄河流域西起巴颜喀拉山，东临渤海，北抵阴山，南达秦岭，横跨青藏高原、内蒙古高原、黄土高原和华北平原四个地貌单元。流域地势西高东低，大致可分为三个阶梯。第一阶梯位于青藏高原的东北部，有一系列西北、东南向的山脉。第二阶梯大致以太行山为东界，区域内的白于山以北属于内蒙古高原的一部分，包括黄河河套平原和鄂尔多斯高原，白于山以南为黄土高原、秦岭山脉及太行山地。第三阶梯自太行山以东至滨海，由黄河下游冲积平原和鲁中丘陵组成流域内地形差异显著，空间上西高东低，落差为 4480m。

黄河中、上游以山地为主，中、下游以平原、丘陵为主。西北部紧邻干旱的戈壁荒漠；中部流经世界上黄土覆盖面积最大的高原——黄土高原，夹带大量泥沙风蚀水蚀严重；东部位于黄淮海冲积淤积平原，河道内流速缓慢泥沙堆积，从而形成“地上悬河”，雨季洪涝灾害威胁大。

2.3 流域水系

黄河水系的发育，在流域北部和南部主要受阴山—天山和秦岭—昆仑山两大纬向构造体系控制，西部位于青海高原“歹”字形构造体系的首部，中间受祁连山、吕梁山、贺兰山“山”字形构造体系控制，东部受新华夏构造体系影响，黄河迂回其间，从而发展成为今天的水系。

黄河干流的主要特点是弯曲多变，主要有 6 个大弯，即唐克湾、唐乃亥湾、兰州湾、河套河湾、潼关湾和兰考湾。下游河道由于泥沙淤积善徙善变，现行河道已被淤积成一条地上悬河，河床一般高出两岸地面 3～5m，最高达 10m，成为淮河、海河水系的分水岭。黄河干流按地质、地貌、河流特征及治理开发要求等因素划分为上游、中游、下游共 11 个河段，各河段特征值见表 2.1。

表 2.1　黄河干流各河段特征值

河　段	起讫位置	流域面积/km²	河长/km	落差/m	比降/‰	汇入支流/条
全河	河源—河口	752443	5463.6	4480.3	8.2	76
上游	河源—河口镇	385966	3471.6	3496.0	10.1	43
	①河源—玛多	20930	269.7	265.0	9.8	3
	②玛多—唐乃亥	110490	1417.5	1765.0	12.5	22
	③唐乃亥—下河沿	122722	793.9	1220.0	15.4	8
	④下河沿—河口镇	131824	990.5	246.0	2.5	10

续表

河 段	起讫位置	流域面积/km^2	河长/km	落差/m	比降/‰	汇入支流/条
中游	河口镇—桃花峪	343751	1206.4	890.4	7.4	30
	①河口镇—禹门口	111591	725.1	607.3	8.4	21
	②禹门口—三门峡	190842	240.4	96.7	4	5
	③三门峡—桃花峪	41318	24.09	186.4	7.7	4
下游	桃花峪—河口	22726	785.6	93.6	1.2	3
	①花园口—高村	4429	206.4	37.3	1.8	1
	②高村—艾山	14990	193.6	22.7	1.2	2
	③艾山—利津	2733	281.9	26.2	1.9	0
	④利津—河口	574	103.6	7.4	0.7	0

黄河支流众多，尤其是在河段的上游、中游部分。其中最大的支流为渭河，它在流域面积、年水量、年沙量方面，均居各支流之首。洮河和湟水的来水量居第二位和第三位，无定河和窟野河的来沙量居第二位和第三位。

在直接入黄支流中，大于 100km^2 的有 220 条，其中大于 1000km^2 的有 76 条。这些支流呈不对称分布，沿程汇入不均，而且水沙来量悬殊。兰州以上有支流 100 条，其中大支流 31 条，多为产水较多的支流；兰州至托克托之间的支流有 26 条，其中大支流 12 条，均为产水较少的支流；托克托至桃花峪之间有支流 88 条，其中大支流 30 条，绝大部分为多沙支流；桃花峪以下有支流 6 条，大小各占一半，水沙来量有限。

黄河流域的湖泊较少，但仍有一些知名度较高的湖泊，对径流起一定的调节作用。按自上而下顺序，主要湖泊有青海的扎陵湖、鄂陵湖、内蒙古的乌梁素海和山东的东平湖。其中扎陵湖、鄂陵湖位于河源地区，两湖的蓄水总容积约 160 亿 m^3，几乎为鄂陵湖总出口处年径流的 20 倍，具有多年调节性能。将来黄河上游实现南水北调以后，可以发挥很大的调节作用。乌梁素海可以接纳内蒙古灌区退水。东平湖可以调节一部分超标准洪水，对黄河下游防洪有重要作用。

另外，随着黄河水资源的开发利用，陆续出现了一些库容巨大的人工湖泊——水库，其中龙羊峡水库、刘家峡水库、三门峡和小浪底水库正常高水位以下的库容分别为 247 亿 m^3、57 亿 m^3、96 亿 m^3 和 126.2 亿 m^3，在库容上特别是在调节能力上大大超过了天然湖泊的作用。还有规划施工中的黑山峡、龙门和古贤水库，都有巨大的库容，它们将和天然湖泊一道，组成全流域水量调节的庞大体系。

2.4 气候条件

黄河流域东临海岸，西居内陆高原，东西高差显著，流域内各区气候的差异极为明显。从季风角度看，兰州以上地区属西藏高原季风区，其余地区为温带和副热带季风区。流域东南部基本属湿润气候，中部属半干旱气候，西北部属干旱气候。黄河流域冬季受蒙古高压控制，盛行偏北风，气候干燥严寒，降雨稀少，夏季副高增强，温暖的海洋气团进入流域境内，蒙古高压渐往北移，冷暖气团相遇，多集中降水。

黄河流域处于中纬度地带，因此较我国高纬度的东北和西部高原地区要温暖。但是，由于流域幅员辽阔，地形复杂，上下游海拔高差显著，所以气温变化的幅度比较大。例如，中游洛阳站最高气温曾达 44.2℃（1966 年 6 月 20 日），而黄河上游沿线气象站有过 −53℃（1978 年 1 月 2 日）的低温。流域内气温总的变化是自东南向西北递减，自平原向高山递减，局部地形对气温的影响也十分明显。多年平均气温在 1～14℃之间，上游 1～8℃，中游为 8～14℃，下游为 12～ 14℃。7 月平均气温为最高，1 月为最低。气温日较差大部分地区为 10～15℃。一年之内日平均气温不小于 10℃的积温（农作物活跃生长气温）以黄河中下游河谷及平原地区为最大，在 4500℃以上；长城以北为 2500～3000℃；长城以南为 2500～4500℃；最小为河源区，积温近于 0℃。

近年来，全球变暖趋势日趋显著。黄河气温变化与全球总趋势一致，也呈现波动上升趋势。1961—2019 年流域年平均气温共升高了 0.6℃，变化幅度明显高于同期全球气温变化水平。分段计算温度年代际变化特征，发现 20 世纪 90 年代和 21 世纪初增温最为明显，这与 20 世纪 80 年代以后整个流域的气温呈上升趋势、20 世纪 90 年代升温明显加快、2000 年以来的平均气温比 20 世纪 50 年代普遍升高 1℃以上的结果相一致。从季节变化来看，黄河流域四个季节的温度变化均呈现上升趋势，但是不同季节增温趋势差异显著，其中春季的增温趋势最为明显，很多区域均超过 0.05K/a。夏季和秋季上游地区增温最为显著，下游增温相对较小。

黄河流域处于中纬度地带，主要属于干旱、半干旱和半湿润性气候，上游大部属干旱区、中部陕甘宁属半干旱区，中下游属半湿润区。由于受到大气环流和季风环流影响，流域内不同地区降水分布差异显著，季节分布不均。此外，黄河流域蒸发较强，年蒸发量达 1100mm，宁夏和内蒙古地区最大年蒸发量可超过 2500mm。

流域多年平均降水量为 500.6mm（1961—2020 年），降水分布极度不均匀。其总体特点是山区降水量大于平原，降水量由东南向西北递减（东南和西北相差 4 倍以上）。流域大部分地区的降水量在一般在 200～650mm 之间，中上游南部和下游地区多于 650mm。尤其受地形影响较大的南界秦岭山脉北坡，其降水量一般可达 700～1000mm；而深居内陆的西北部宁夏、内蒙古部分地区，其降水量却不足 150mm，南北相差 5 倍之多，这是我国其他河流所不及的。由于黄河流域大部分地区地处季风气候区，降水受季风的影响十分显著。因此，降水季节变化所呈现的主要特点是冬干春旱，其中 70%的降水集中发生在夏秋（6—9 月）。

由于流域各区降水量的多寡不仅与所在的纬度和离海洋的距离有关，同时也取决于冬夏季风的交替影响和周围地形作用。因此，流域内降水量的时空分布极不均匀，全年连续最大 4 个月降水量大部分地区出现在 6—9 月，渭河中下游平原区和泾河中游地区出现在 7—10 月；连续最大 4 个月的降水量占年降水量的百分率由南部的 60%逐渐向北增大到 80%以上，大部分地区为 70%～80%。降水变化也是气候变化最重要的标志之一。总体上，黄河流域降水量呈下降趋势，从时间序列上看，黄河流域 1980—2000 年平均降水量较 1956—2000 年多年均值明显偏少，减少 3.36%；同时流域降水变化趋势具有明显的空间差异性。中上游地区降水有所增加，其最大值超过 1mm/a；中游地区降水显著减小，其中陕西和山西南部地区降水量减少达到 4mm/a。以 10 年为时间段计算降水的变化趋势，20 世纪 80 年代黄河流域降水整体呈增加趋势；20 世纪 90 年代北部降水增加，南部降水呈下降趋势；21 世纪河套地区降水显著增加。季节性降水变化差异显著，其中春季和夏季以减少为主，且减少区域主要集中陕西和山西地区。秋季降水以增加为主，河套地区的降水增加最为明显，部分地区超过 0.5mm/a。冬季降水变化较小，主要变化区分布在黄河流域中游区域。

黄河中下游地区受气候变化影响，流域极端降水与局部洪涝灾害频发。黄河中下游地区总降水量呈减少趋势，但是极端降水强度增强，最大日降水量增强了 17%，最大小时降水强度增强 113%，最大小时降水量 60 年一遇变为 45 年一遇、45 年一遇变为 30 年一遇、25 年一遇变为 15 年一遇。受此影响，近年来该地区暴雨洪涝灾害频发，如 2010 年甘肃舟曲发生特大泥石流灾害；2016 年 7 月太原市由于极端降水出现严重内涝；2017 年 7 月陕西北部出现的强降水过程，子洲（218.7mm）、米脂（140.3mm）、横山（111.1mm）等 3 站日降水量突破历史极值，2021 年 7 月郑州出现的极端强降水过程，三门峡至花园口区间累计降水量超 300mm。

风速、气温、湿度、气压、辐射是影响水面蒸发的主要因素，水面蒸发量是反映当地蒸发能力的指标。水面蒸发地区分布大致为：青藏高原和流域内石山林区，气温低，年水面蒸发量为 850mm；兰州至河口镇区间包括鄂尔多斯高原内流区，气候干燥，雨量少，年水面蒸发量为 1470mm；河口镇至龙门区间变化不大，大部分地区年水面蒸发量为 1000～1400mm；龙门至三门峡区间，面积大、气候条件变化大，年水面蒸发量为 900～1200mm；三门峡至花园口区间及花园口至河口区间，年水面蒸发量分别为 1060mm、1200mm。位于祁连山与贺兰山、贺兰山和狼山之间两条沙漠通路处，是西北干燥气流入侵黄河流域的主要风口，多年平均水面蒸发量等值线的变化趋势与沙漠推进方向一致，由西北向东南递减，其中乌海市邻近地区及毛乌素沙地水面蒸发量为 1600～1800mm，为流域最高值。

2.5　水资源现状

黄河流域多年平均年降水量为 476mm；黄河属太平洋水系，干流多弯曲，支流众多，流域径流主要由大气降水补给，近些年来多年平均天然年径流量 535 亿 m^3，并且河川径流时空分布不均，季节性变化较大。

黄河流域 1956—2000 年多年平均河川径流量为 534.8 亿 m^3，仅占全国河川径流量的 2%，人均年径流量为 473m^3，仅为全国人均年径流量的 23%，水资源短缺问题严重。伴随着降水量的减少，1961—2010 年黄河流域的径流量亦呈减少趋势，线性倾向率约为每 10 年－10%，其减少趋势的检验通过了 0.01 的显著性水平，超过了降水量的减少速率。且从上游到下游，河川径流下降幅度越来越大，趋势越来越显著。年际变化上，以 2000—2010 年的平均径流量为最小值，该时段上游的年径流量为 150.8 亿 m^3，仅为多年平均的 2/3，中游的区间年径流量为 58 亿 m^3，仅为多年平均的 41%。

黄河源区下垫面人类活动的影响较小，径流的年际和年代际变化主要受降水和冰川融雪的影响，近年由于气温升高，黄河流域上游出现冰川退缩、冻土冻融的现象。例如，

1966—2000 年间气候变暖导致黄河源区阿尼玛卿山冰川总面积减少了 17%，高山雪线上升了近 30m。这一现象使得近年来黄河流域的冰川融水径流量呈增加趋势，自 1980 年以来的 30 年间增加了 6%～9%。然而，黄河流域冰川补给量占黄河总径流量的比重较小，仅为 0.8%～1.3%，因此对近年来黄河河川径流量增加的贡献有限。上游区下段径流受河道取用水影响程度大，随着经济社会的发展，径流呈现出显著下降趋势。

黄河下游汇水区极小，来水主要受小浪底出库径流调节，同时河道取水量较大，径流下降程度最大，2002 年以来，下游最大洪峰流量只有 $4200m^3/s$。气候变化和水利工程的调节都会影响洪水的频次和强度。黄河中下游径流变化影响因素较多，主要包括：①受上游来水减少的影响；②受中游降水减少的影响；③中游修建了大量的梯田、淤地坝等水土保持措施，拦蓄了部分水量；④中游植被覆盖增加，导致蒸散发和蓄水能力增强，径流减少；⑤随着经济社会发展的河道取水增加，导致径流减少。

黄河流域径流量下降，导致河流断流现象频繁发生。由于黄河是多泥沙河流，本身的生态需水量较大，还担负了本流域和下游引黄灌区约占全国 15% 的耕地面积和 12% 人口的供水任务。流域水资源开发利用程度较高，加之水资源形势发生了新的变化，1972—1998 年的 27 年中，黄河下游 20 年出现断流（表 2.2）。进入 20 世纪 90 年代以来年年断流，断流的时间越来越长，断流河段向上延伸，1995 年断流 120 多天，1996 年断流 130 多天，1997 年断流最为严重，距河口最近的利津水文站，全年断流 226 天，断流河段延伸至开封。之后通过黄河干流水量统一调度，断流现象得到了缓解，但是断流现象还是延续到了黄河河源区。

表 2.2　黄河下游断流情况

年份	1972	1974	1975	1976	1978	1979	1980	1981	1982	1983
开始日期	4 月 23 日	5 月 14 日	5 月 31 日	5 月 18 日	6 月 3 日	5 月 27 日	5 月 14 日	5 月 17 日	6 月 8 日	6 月 26 日
断流日数/d	19	20	13	8	5	21	8	36	10	5
断流长度/km	310	316	278	166	104	278	104	662	278	104
年份	1987	1988	1989	1991	1992	1993	1994	1995	1996	1997
开始日期	10 月 1 日	6 月 27 日	4 月 4 日	5 月 15 日	3 月 16 日	2 月 13 日	4 月 3 日	3 月 4 日	2 月 14 日	2 月 7 日
断流日数/d	17	5	24	16	83	60	74	122	136	226
段流长度/km	216	150	277	131	303	278	308	683	579	700

黄河下游河段频繁断流是黄河水资源供需失衡和管理失控的集中表现。黄河流域水资源的开发利用已经超过了其承载能力，断流在造成局部地区生活、生产供水困难的同时，使输沙用水得不到保证，主河槽淤积严重，排洪能力下降，增加了洪水威胁和防洪的难度。断流还造成生态环境恶化，使河口地区的生物多样性受到威胁。

黄河的主要特点是水少沙多，淤积严重。在 20 世纪 50 年代，黄河进入下游河道的年水量和年沙量分别为 492 亿 m^3 和 18.07 亿 t（小浪底、黑石关、小董 3 个水文站相加）。大量泥沙进入平原，造成了河道严重的淤积，河床日益抬高，成为华北地区社会和经济发展的严重威胁。20 世纪 80 年代以来，进入黄河下游的沙量显著减小，年平均来沙量仅

8.28 亿 t，不足 50 年代来沙量的一半。来水量年平均为 404 亿 m^3，较 50 年代约少 18%。水量减少较少而沙量减少甚多，从而对黄河下游逐年淤积抬高的格局发生了很大的变化。从 1950 年 7 月至 1960 年 6 月的 10 年中，黄河下游平均每年淤积 4.04 亿 t，而从 1980 年 7 月至 1989 年 6 月的 10 年间，黄河下游平均年淤积量只有 0.34 亿 t，接近冲淤平衡的状态。由此可见，近年来黄河的来水来沙产生了巨大的变化，改变了下游河道持续堆积抬高的形势，影响到对黄河今后的河床演变趋向的预估，因而也就要影响治理黄河的规划设计工作。黄河水沙关系主要体现在以下两个方面。

（1）水少沙多。黄河多年实测平均径流量 470 亿 m^3，天然径流量 580 亿 m^3，沙量 16 亿 t，水流含沙量 35kg/m^3。而长江天然径流量高达 9600 亿 m^3，沙量仅 5.3 亿 t。黄河水量仅为长江的 1/17，在全国的大江河中排第四位，而泥沙量为长江的 3 倍。

（2）水沙关系不协调。

1）时间分布不均匀。黄河是降水补给型河流，降水的年际、年内变化决定了河川径流量时间分配不均。黄河干流各站年最大径流量一般为年最小径流量的 3.1～3.5 倍，支流一般达 5～12 倍；径流年内分配集中，干流及主要支流汛期 7—10 月径流量占全年的 60%以上，沙量占全年的 90%。沙量年际变幅也很大，三门峡站最大年输沙量 39.1 亿 t，是最小年输沙量 3.75 亿 t 的 10.4 倍。

2）空间分布不均匀。黄河河川径流大部分来自兰州以上地区，年径流量占全河的 56.0%，泥沙量占全河的 9.0%，而流域面积仅占全河的 29.6%；黄河泥沙则主要来自河口镇至三门峡区间，该区间的面积占全河的 40.2%，年径流量占全河的 32.0%，而来沙量则占全河的 91.0% 。因此水和沙来源不同，通常将其概括为“水沙异源”。

2.6 主要自然灾害

黄河流域危害最大、影响范围最广的自然灾害主要是旱灾、水灾、风灾和水土流失。严重的水、旱灾害不仅给流域内的人民带来沉重灾难，阻碍国民经济的发展，而且在历史上常是导致社会动乱的重要原因。

（1）旱灾。黄河流域旱灾不仅发生概率大，而且范围广、历时长、危害大，历史上屡见不鲜。据气象部门对 1950—1974 年灾害性气候分析，在这 25 年中，黄河上中游黄土高原地区发生干旱 17 次，平均 1.5 年一次，其中严重干旱有 9 年，平均 2.5 年一次。1965 年陕北、晋西北大旱，山西省受灾面积达 173.3 万 hm^2，陕北榆林地区近 76 万 hm^2 耕地几乎没有收成。新中国成立以来，流域内大兴水利，情况有所改善，但干旱问题还没有很好地解决，像甘肃会宁地区、宁夏山区、陕北、晋西北、晋中等地区，仍受到干旱缺水的严重威胁。

（2）水灾。黄河的水灾害举世闻名，新中国成立以前经常发生决口，并多次改道。黄河下游洪水决溢泛滥的地区，洪水过后，沙岗起伏、河道淤塞、排灌系统严重破坏、平原洪涝灾害加剧、生态环境恶化，造成长期不利的影响。新中国成立以来，兴修了一系列的防洪工程，扭转了过去频繁决口的局面，但防洪问题尚未得到妥善解决。黄河的防洪问题，与其说是洪水造成的，不如说是泥沙淤积、河床抬升所造成。如果只考虑洪量，三门峡以上的洪水，有50亿m^3左右的水库库容即可，而泥沙则带来更深远的影响，它使下游河道不断淤积抬高，并淤塞干支流水库。因此，为了解决黄河的洪水灾害问题，防洪和减淤必须并重。此外，黄河下游山东河段以及上游宁蒙河段有相当严重的冰凌灾害，过去常发生决口、漫溢，三门峡和刘家峡水库投入运用后对控制上述地区的凌汛洪害起到了重要作用，特别是小浪底水库的完工，使下游防洪标准由现在的60年一遇提高到近千年一遇。

(3) 风灾。黄河流域有严重风沙灾害，主要在长城沿线一带。有毛乌素和库布齐两大沙漠，流域受风沙危害范围约20万hm^2，沙漠自西北向东南侵移，每年平均前进3m左右，吞蚀土地，埋压农田，破坏牧场，阻塞交通，威胁村镇。黄河干流流经风沙区长约1000km的河段内，有18处有流沙直接吹入黄河。近年来积极开展治沙，部分地区的风沙危害程度已有所减轻。

(4) 水土流失。黄河流域水土流失十分严重，64万km^2的黄土高原水土流失面积就达到4300km^2，平均每平方千米水土流失面积的土壤侵蚀量高达3700t，多年平均侵蚀模数大于5000t/hm^2的地区达15.6万hm^2，其中河口镇至龙门区间11万hm^2，大部分为年平均侵蚀模数10000t/hm^2以上的剧烈侵蚀区。

黄河中游流经黄土高原，沟壑纵横，梁峁起伏。高原植被稀少，土质疏松、土壤裸露，又地处季风气候区，年降水分布不均且变动较大，多以暴雨出现，雨水夹带高原上的大量泥沙汇入千沟万壑，而后汇入黄河。据丘陵沟壑区观测25°左右的坡耕地，每年每公顷面积土壤流失达120～150t。黄河的高含沙量，也造成了土地瘠薄，肥力减退，破坏农业生产的基础。水土流失造成沟壑纵横，土壤肥力减退，生态环境破坏，人民生活长期处于贫困境地，陷入“越穷越耕，越耕越穷”的恶性循环。水土流失的泥沙，同时也造成水库与河道淤积严重，加大了防洪和水资源开发利用的困难。

为了控制土壤侵蚀和减少入黄泥沙，大规模水土保持综合治理工程开始实施，通过植被恢复达到长期有效遏制水土流失。在气候变化和人类活动双重影响下，黄土高原地区的植被覆盖在1980年以来的年际间波动可以划分为3个阶段：20世纪80年代黄土高原地区降水相对丰沛，植被覆盖呈现明显的上升趋势。进入90年代后，随着气候干旱化趋势发展，植被覆盖不再上升而表现为小幅的波动。自2000年以来，随着降水量的恢复和国家退耕还林还草工程的大规模实施，生态环境得到改善，植被覆盖呈现显著增加的趋势。同时，由于人类在黄河流域大量兴建水利工程，拦蓄水量的同时泥沙淤积，黄河流域含沙量显著减少。

2.7 本章小结

本章通过详细梳理黄河流域的自然概况、地形地貌、流域水系以及气候条件，系统分析了黄河流域的径流和水沙关系等水资源现状，并在此基础上总结了黄河流域典型自然灾害。

(1) 黄河干流全长5464km，流域面积80万km^2，干流河道以河口镇和桃花峪为上中下游分界点。空间上呈西高东低，全程落差4480m。黄河干流弯曲多变，支流众多，尤其是在河段的上游、中游部分。

（2）黄河流域内各区气候的差异极为明显。从季风角度看，兰州以上地区属西藏高原季风区，其余地区为温带和副热带季风区。流域东南部基本属湿润气候，中部属半干旱气候，西北部属干旱气候。

（3）黄河流域多年平均年降水量500.6mm，流域径流补给为大气降水为主，近些年来多年平均天然年径流量为534.8亿m^3，并且河川径流时空分布不均，季节性变化较大。黄河源头区下垫面人类活动的较少，径流的年际和年代际变化主要受降水和冰川融雪的影响，近年来由于气温升高，流域上游出现冰川退缩、冻土冻融的现象；黄河下游汇水区极小，来水主要受小浪底出库径流调节，同时河道取水量较大，径流下降程度较大。

（4）黄河最典型自然灾害主要是旱灾、水灾、风灾和水土流失。黄河流域旱灾不仅发生的概率大，而且范围广、历时长、危害大；下游洪水过后，河道淤塞、排灌系统严重破坏、平原洪涝灾害加剧、生态环境恶化；黄河流域的风沙灾害主要发生在长城沿线一带，干流约1000km的河段流经黄河风沙区。近年来积极开展治沙，部分地区的风沙危害程度已较前有所减轻；黄河流域水土流失十分严重，平均每平方千米水土流失面积的土壤侵蚀量高达3700t，水土流失的泥沙，同时也造成水库与河道淤积严重，加大了防洪和水资源开发利用的难度。

第3章　黄河流域降水量时空演变特征

黄河流域气候变化日趋显著，气候变化对流域自然环境、生态环境、社会经济等产生了一定影响。气候要素受多种因素的综合影响，具有趋势性、周期性、突变性以及“多时间尺度”结构等特征，具有多层次演变规律，主要体现在降水、气温和蒸发三个方面。掌握黄河流域降水、气温、蒸发等气候要素的时空变化规律，为探究气候变化对黄河水资源影响奠定基础。本章依据中国气象网1961—2022年的降水观测资料，采用曼-肯德尔检验法（Mann－Kendall Test，M－K检验法）和小波分析方法等，研究黄河流域降水时空分布特征。

3.1　研　究　方　法

3.1.1　M－K检验法

在时间序列趋势分析中M－K检验法是世界气象组织推荐并已广泛使用的非参数检验方法，最初由Mann和Kendall提出，许多学者不断应用M－K检验法来分析降水、径流、气温等要素时间序列的趋势变化。

M－K检验法是一种非参数秩次相关检验方法。M－K检验法不需要样本遵从正态分布，也少受异常值的干扰，适用于水文、气象等非正态分布的数据，计算简便。运用M－K检验法进行趋势检验的方法如下：原假设时间序列数据（x_1，x_2，…，x_n）是独立的、随机变量同分布的样本；对所有值（x_i，x_j，i，$j \leqslant n$ 且 $j \geqslant i$），x_i，x_j 的分布是不同的。当 $n>1$ 时，趋势检验的统计变量 S 计算如下：

$$S=\sum_{i=1}^{n-1}\sum_{j=i+1}^{n} sgn(x_j-x_i) \tag{3.1}$$

$$sgn(x_j-x_i)=\begin{cases}+1, & x_j-x_i>0\\ 0, & x_j-x_i=0\\ -1, & x_j-x_i<0\end{cases} \tag{3.2}$$

式（3.2）中 S 是均值为0的正态分布，其方差为

$$\mathrm{Var}(S)=[n(n-1)(2n+5)]/18 \tag{3.3}$$

当 $n>10$ 时，标准正态统计变量 Z 通过式（3.4）计算：

$$Z=\begin{cases}\dfrac{S-1}{\sqrt{\mathrm{Var}(S)}}, & S>0\\ 0, & S=0\\ \dfrac{S+1}{\sqrt{\mathrm{Var}(S)}}, & S<0\end{cases} \tag{3.4}$$

$Z_{1-\alpha/2}$ 为标准正态分布 $1-\alpha/2$ 分位数。采用双边趋势检验，给定的显著性水平 α，若 $|Z| \geqslant Z_{1-\alpha/2}$，则拒绝原假设，即认为在 α 显著水平，时间序列有显著变化趋势。若 $|Z| < Z_{1-\alpha/2}$，则接受原假设，认为趋势不显著。统计变量 $Z>0$ 时，表示呈上升趋势；$Z<0$ 时，则呈下降趋势。Z 的绝对值在大于等于 1.28、1.64 和 0.232 时，表示通过信度 90%、95%和 99%的显著性检验。

当 M-K 法应用于序列突变检验时，检验统计量与趋势统计检验 Z 有所不同，时间序列为 t_1，t_2，…，t_n，构造一个秩序列 r_i，定义 S_k 如下：

$$S_k = \sum_{i=1}^{k} r_i \quad (k=2,3,\cdots,n) \tag{3.5}$$

$$\begin{cases} r_i = 1, & t_i > t_j \\ r_i = 0, & t_i < t_j \end{cases} \tag{3.6}$$

S_k 均值 $E(S_k)$ 以及方差 $\mathrm{Var}(S_k)$ 定义如下：

$$E(S_k) = \frac{n(n+1)}{4} \tag{3.7}$$

$$\mathrm{Var}(S_k) = n(n-1)(2n+5)/72 \tag{3.8}$$

在时间序列随机独立假设下，定义统计量为

$$UF_k = \frac{S_k - E(S_k)}{\sqrt{\mathrm{Var}(S_k)}} \quad (k=1,2,\cdots) \tag{3.9}$$

其中 $UF_k=0$，UF_1 为标准正态分布，对于已给定的显著性水平 α，当 $|UF_1|>U_\alpha$，表明序列存在一个明显的增长或减少趋势，所有 UF_k 将组成一条曲线 c_1。把此法引用到反序列中，再重复上述计算过程，并使极端值乘以 -1，得到 UB_k。分别绘制 UF_k 和 UB_k 的曲线图。若 UF_k 的值大于 0，则表示序列呈上升趋势，小于 0 则表示呈下降趋势，当它们超过信度线时，即表示存在明显的上升或下降趋势，若 UB_k 和 UF_k 的交点位于信度线之间，则此点可能就是突变点的开始。

3.1.2 滑动 T 检验

长时间尺度的气候研究中通常涉及年际变化和年代际变化。相关研究中经常出现年代际突变这类描述。使用最多的研究方法是 M-K 法，另一种是滑动 T 检验（Sliding T-test）。

滑动 T 检验是考察两组样本平均值的差异是否显著来检验突变，其基本思想是把气候序列中两段子序列均值有无显著性差异看成来自两个总体均值有无显著差异的问题并进行检验。如果两段子序列的均值差异超过了一定的显著性水平，可以认为均值发生了质变，有突变发生。

对于具有 n 个样本量的时间序列 x，人为设置某一时刻为基准点，基准点前后两段子序列 x_1 和 x_2 的样本分别是 n_1 和 n_2，两段子序列平均值为 $\overline{x_1}$ 和 $\overline{x_2}$，方差为 s_1^2 和 s_2^2。定义统计量为

$$t = \frac{\overline{x_1} - \overline{x_2}}{s \times \sqrt{\dfrac{1}{n_1} + \dfrac{1}{n_2}}} \tag{3.10}$$

其中
$$s=\sqrt{\frac{n_1 s_1^2+n_2 s_2^2}{n_1-n_2-2}} \tag{3.11}$$

式（3.10）遵循自由度 $\nu=n_1+n_2-2$ 的 t 分布。相对M-K突变检验法的精度，滑动T检验具有一定局限性，需要人为设置滑动步长，具有主观性，需反复设置不同步长最终确定合适的突变点。通常与M-K突变检验法组合使用。

3.1.3　小波分析法

小波分析法是由法国工程师Morlet于1980年在对地震资料进行分析时提出的一种时-频多分辨功能的分析法。目前小波分析法在信号处理、图像压缩、语音编码、模式识别、地震勘探、大气科学以及许多非线性科学领域取得了大量的研究成果。随着小波理论的形成和发展，其优势逐渐引起许多水科学工作者的重视并引入水文水资源科学中。小波分析目前主要应用于水文多时间尺度分析、水文事件序列变化特征分析、水文预测预报和随机模拟方面。

小波分析法能清晰地揭示出隐藏在时间序列中的多种变化周期，充分反映系统在不同时间尺度中的变化趋势，并能对系统未来的发展趋势进行定性估计。小波分析是用一簇小波函数来近似表示某一信号特征，因此小波函数是小波分析的关键，它是具有振荡性、能迅速衰减到0的一类函数，其表达式如下：

$$\int_{-\infty}^{+\infty}\psi(t)\mathrm{d}t=0 \tag{3.12}$$

式中：$\psi(t)$ 为基小波函数，可通过时间轴上的平移和尺度的伸缩构成一簇函数系，如式（3.13）所示。

$$\psi_{a,b}(t)=|a|^{-1}\psi\left(\frac{t-b}{a}\right)\quad(a,b\in R;a\neq 0) \tag{3.13}$$

式中：$\psi_{a,b}(t)$ 为子小波；a 为反映小波的周期长度的尺度因子；b 为反映时间上平移的平移因子。

选择合适的基小波函数是进行小波分析的前提，在研究中应针对具体情况选择所需的基小波函数。同一时间序列或信号，由于选择的基小波函数不同，得到的结果会有所差异。目前，选择研究所需的基小波函数是通过对比不同小波分析处理的结果误差来判断的。本研究选用摩尔雷特小波（Morlet Wavelet）作为母小波进行变换时，摩尔雷特小波函数形式为

$$\psi(t)=\pi^{-1/4}\mathrm{e}^{-i\omega_0 t}\mathrm{e}^{-t^2/2}\quad(a,b\in R;a\neq 0) \tag{3.14}$$

式中：ω_0 为常数（一般 $\omega\geqslant 5$）；i 为虚数。

小波变换对于任意函数 $f(x)$ 定义如下：

$$W_f(a,b)=\int_{-\infty}^{+\infty}f(x)\overline{\psi}(a,b)\mathrm{d}(x)=|a|^{-0.5}\int_{-\infty}^{+\infty}\overline{\psi}\left(\frac{x-b}{a}\right)\mathrm{d}x \tag{3.15}$$

式中：$W_f(a,b)$ 为小波系数，其离散变换如式（3.16）所示；$\psi(x)$ 与 $\overline{\psi}(x)$ 互为复共轭函数。

$$W_f(a,b)=|a|^{-0.5}\Delta t\sum_{k=1}^{n}f(k\Delta t)\overline{\psi}\left(\frac{k\Delta t-b}{a}\right) \tag{3.16}$$

式中：$f(k\Delta t)$ 可通过三维脉冲响应的滤波输出，其值可同时反映时域参数 b 和频域参数 a 的特性。

将参数 b 作为横坐标、a 作为纵坐标绘制关于 $f(k\Delta t)$ 可通过三维脉冲响应的滤波器输出，其值可同时反映时域参数 b 和频域参数 a 的特性。将参数 b 作为横坐标、a 作为纵坐标绘制关于 $W(a,b)$ 的二维等值线图，等值线图能反映水文气象序列变化的小波变化特征。实部表示不同特征时间尺度信号在不同时间上的分布信息，模的大小则表示特征时间尺度信号的强弱。

将小波系数的平方值在 b 域上积分可得小波方差，即

$$\mathrm{Var}(a)=\int_{-\infty}^{+\infty}|W_t(a,b)|^2\mathrm{d}b \tag{3.17}$$

小波方差值随尺度 a 的变化过程，称为小波方差图。由式（3.17）可知，小波方差图能反映信号波动能量随尺度 a 的分布情况。故小波方差图可用来确定信号在不同种尺度扰动下的相对强度和存在的主要时间尺度。

3.2 数据来源

降水和气温数据来源于中国气象网提供的黄河流域 1961—2022 年 296 个气象站逐旬、逐月降水数据。

3.3 降水时空分布特征

3.3.1 时变规律

采用算数平均法计算黄河流域面平均雨量。将黄河流域划分为上游、中游和下游，分区域分析上游、中游、下游降水随时间变化规律。

1961—2022 年，黄河流域多年平均降水量为 502.8mm。其中，1997 年降水量最小，为 337.5mm；1964 年降水量最大，为 730.3mm。黄河上游多年平均降水量为 423.0mm，中游多年平均降水量为 527.4mm，下游多年平均降水量为 740.1mm；年降水量从上游至下游逐渐增加。根据线性拟合结果（图 3.1），1961—2022 年整个长时间序列上，黄河上游年降水量呈上升趋势，中游和下游年降水量呈现减少趋势，但降水变化趋势并不显著。其中，黄河上游年降水量以每 10 年 2.4mm 的趋势上升，中游和下游年降水量分别以每 10 年 2.8mm 和每 10 年 5.5mm 的趋势减少，下游年降水量减少趋势最明显。

1961—2022 年，黄河流域多年春季平均降水量为 89.1mm。其中，1962 年春季降水量最小，为 36.0mm；1964 年降水量最大，为 174.5mm。黄河上游多年平均降水量为 82.3mm，中游多年平均降水量为 90.6mm，下游多年平均降水量为 102.9mm；降水量从上游至下游逐渐增加。根据线性拟合结果（图 3.2），1961—2022 年，黄河流域春季降水量整体呈下降趋势，其中只有上游春季降水量呈上升趋势，但降水量变化趋势并不显著。

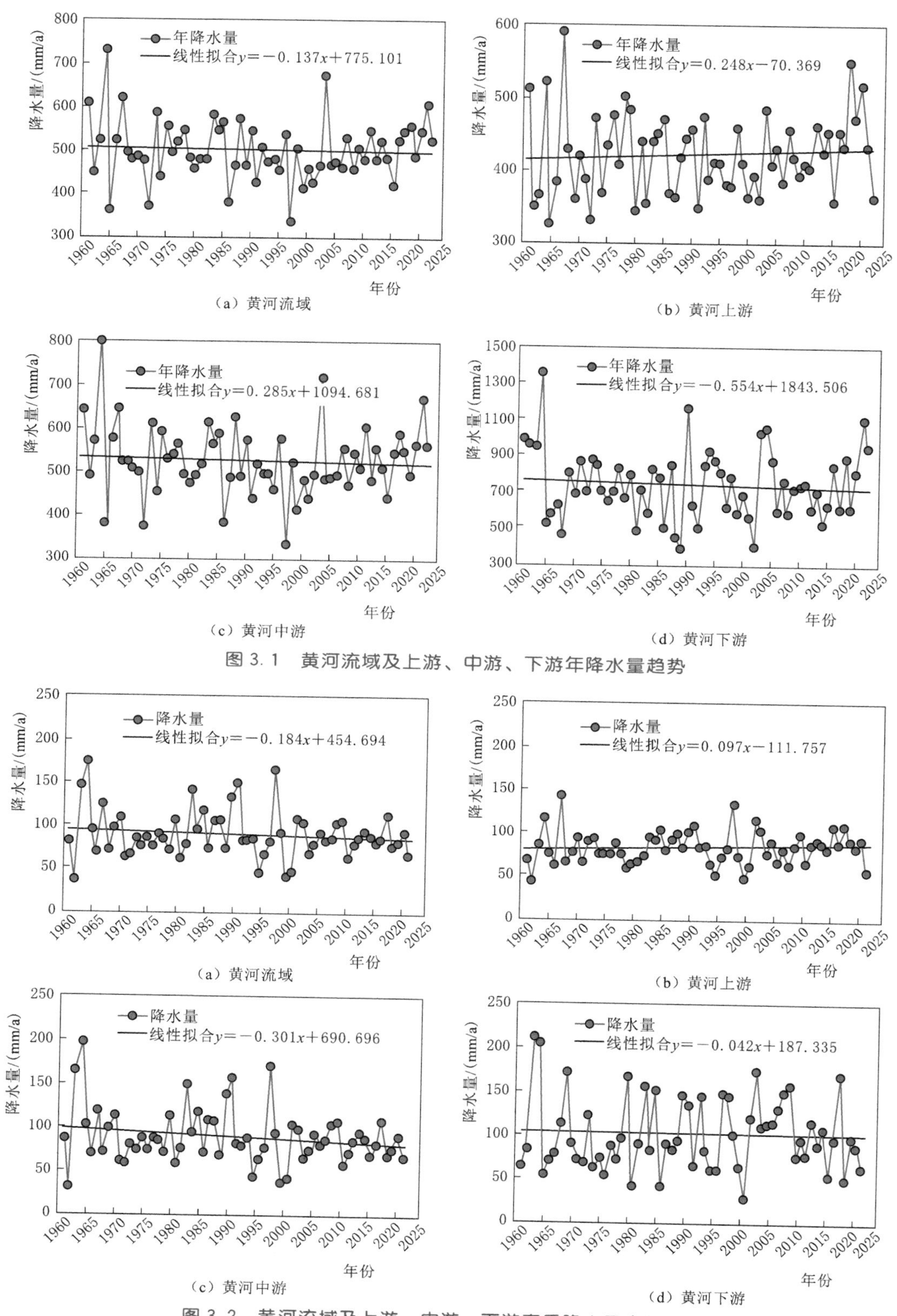

图 3.1　黄河流域及上游、中游、下游年降水量趋势

图 3.2　黄河流域及上游、中游、下游春季降水量变化趋势

1961—2022 年，黄河流域多年夏季平均降水量为 278.4mm。其中，1997 年降水量最小，为 160.9mm，1988 年降水量最大，为 388.4mm 。黄河上游多年平均降水量为 228.8mm，中游多年平均降水量为 285.8mm，下游多年平均降水量为 488.3mm，夏季降水量从上游至下游逐渐增加。根据线性拟合结果（图 3.3），1961—2022 年，黄河流域夏季降水量整体呈上升趋势，其中只有下游夏季降水量呈下降趋势，但变化趋势均不显著。

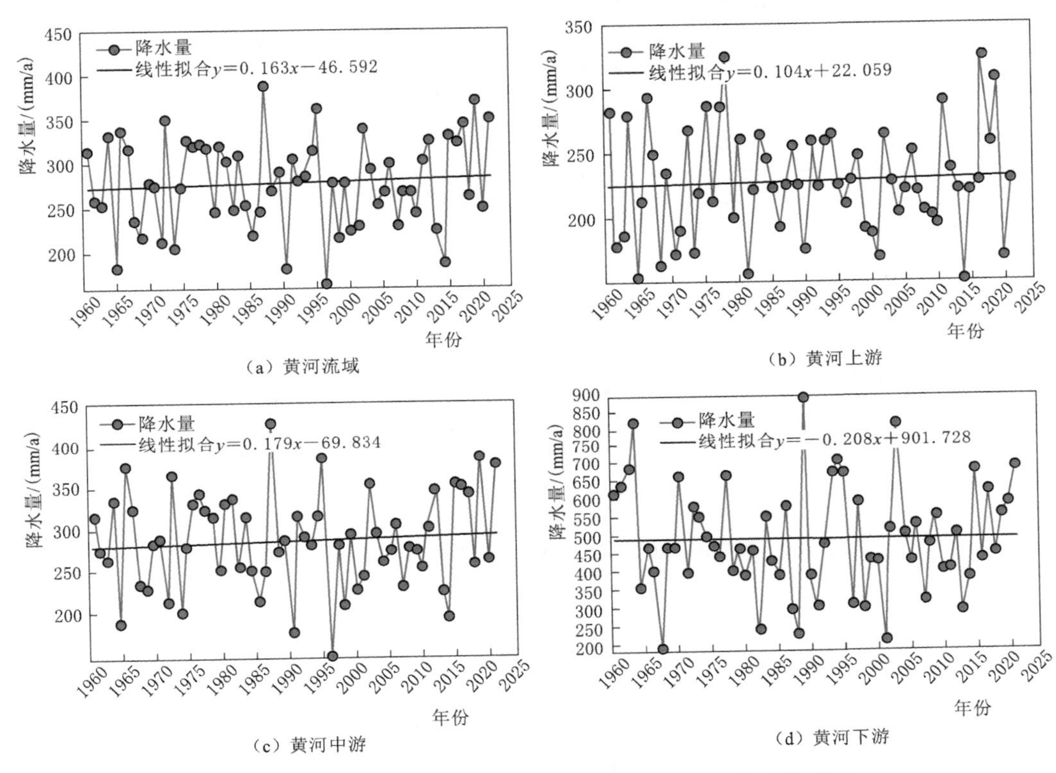

图 3.3 黄河流域及上游、中游、下游夏季降水量变化趋势

1961—2022 年，黄河流域多年秋季平均降水量为 124.9mm。其中，1998 年降水量最小，为 54.5mm；2021 年降水量最大，为 261.9mm。黄河上游多年平均降水量为 94.5mm，中游多年平均降水量为 133.9mm，下游多年平均降水量为 131.1mm。由于流域中游的渭河、伊洛河地区均是华西秋雨的影响范围，因此秋季降水量中游最大。根据线性拟合结果（图 3.4），1961—2022 年，黄河流域秋季降水量整体呈下降趋势。

1961—2021 年，黄河流域多年冬季平均降水量为 17.6mm。其中，1962 年降水量最小，为 2.8mm；2020 年降水量最大，为 54.8mm 。黄河上游多年平均降水量为 17.5mm，中游多年平均降水量为 17.2mm，下游多年平均降水量为 18.7mm。根据线性拟合结果（图 3.5），1961—2022 年，黄河流域冬季降水量整体呈下降趋势，其中黄河上游冬季降水量呈显著增加趋势。

3.3.2 突变分析

根据 M－K 突变检验法检验结果（图 3.6），整个研究时段内黄河流域年降水量未检测出明显的气候突变点，长时间变化趋势上，流域年总降水量整体表现为减少趋势。黄河上游

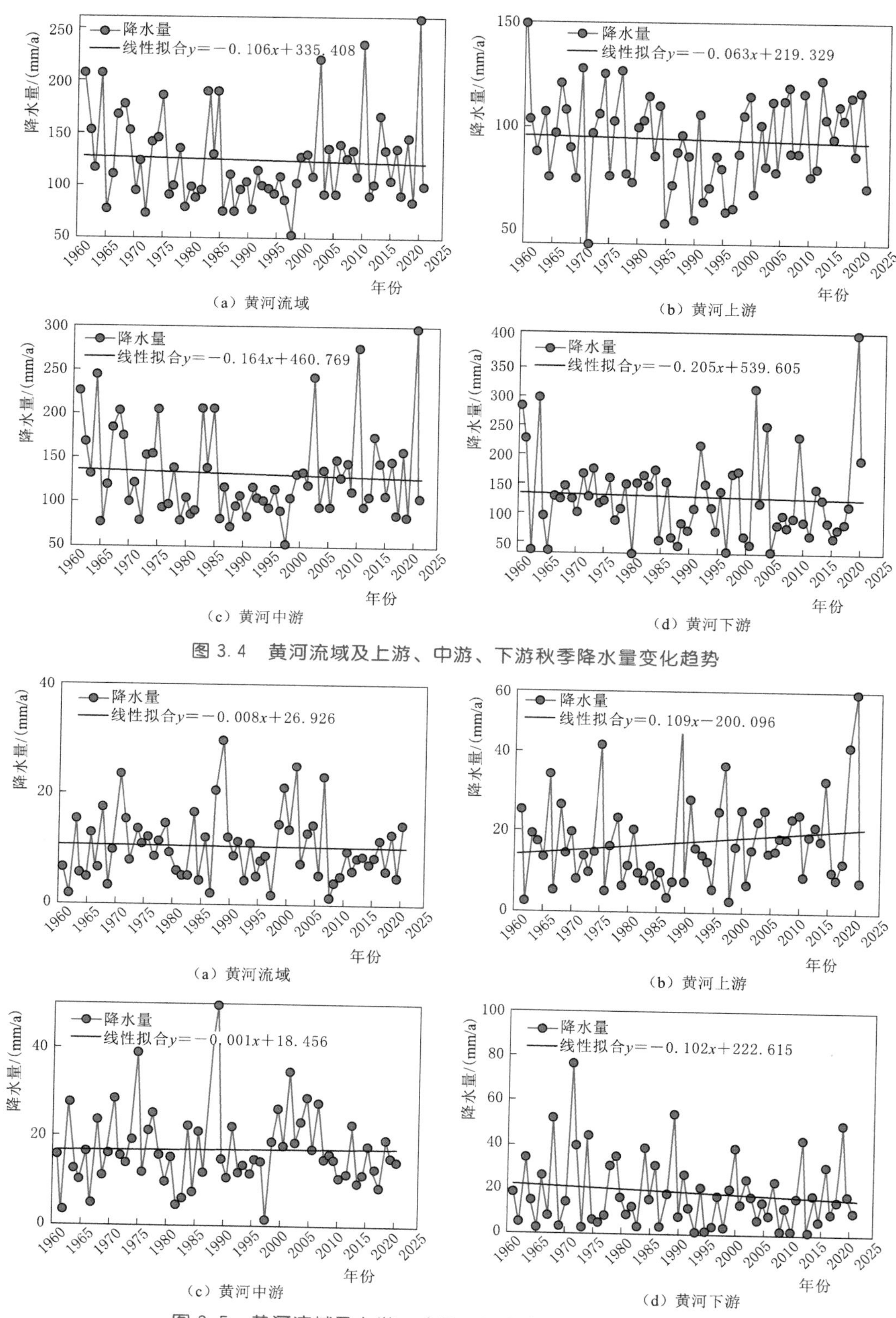

（a）黄河流域　（b）黄河上游

（c）黄河中游　（d）黄河下游

图 3.4　黄河流域及上游、中游、下游秋季降水量变化趋势

（a）黄河流域　（b）黄河上游

（c）黄河中游　（d）黄河下游

图 3.5　黄河流域及上游、中游、下游冬季降水量变化趋势

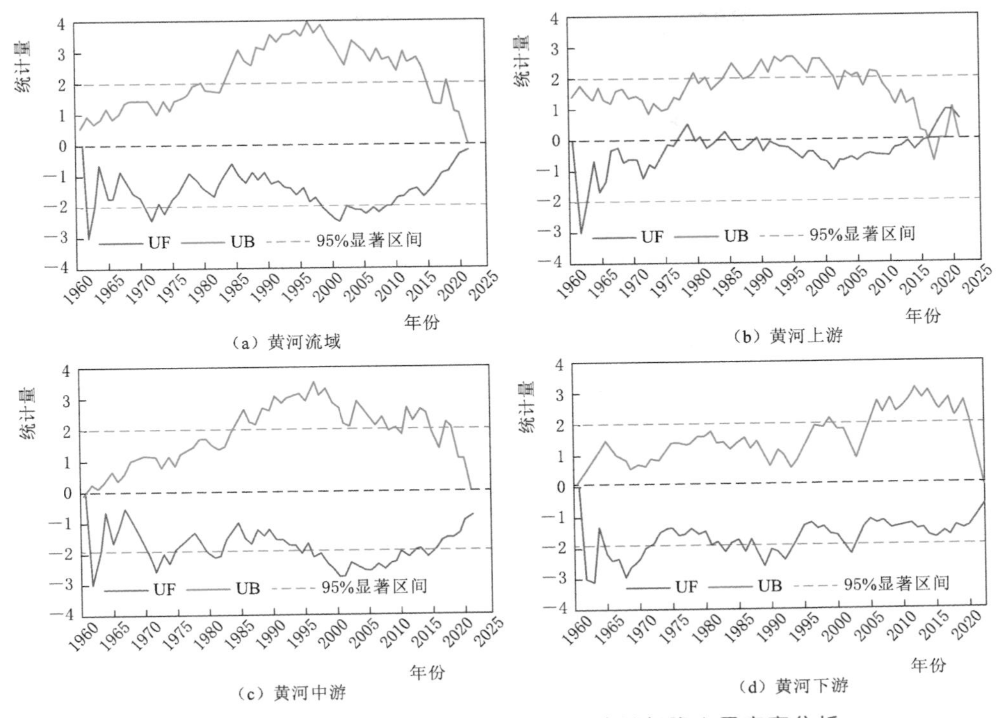

图 3.6 基于 M-K 突变检验法的黄河流域年降水量突变分析

地区年降水量于 2015 年前后发生突变，在突变发生之前，2000—2010 年降水量呈不显著下降趋势，2015 年后开始逐年上升，黄河上游地区呈现湿化趋势。黄河中游和黄河下游地区全年降水量变化整体表现为减小趋势，年代际尺度上，1996—2015 年为黄河中游降水量显著减小阶段。2015 年后，流域逐年降水量减少趋势减弱，逐渐转为增加趋势。

为了进一步验证 M-K 突变检验法的潜在突变点，利用滑动 T 检验进一步验证了潜在突变点（图 3.7）。滑动窗口为 5 的滑动 T 检验结果表明黄河流域 2015 年后流域降水量趋势从显著减少转变为缓慢较少。这与 M-K 突变检验法检验出的 2015 年前后的突变点位置接近，可见 2015 年前后黄河流域年总降水量发生了显著突变，突变后黄河流域降水量较之前显著增加。

图 3.8 为春季降水年际变化趋势图上游、中游、下游不同区域又呈现出不同的变化趋势。1990 年之后黄河中游春季降水量经历了短暂的增加后又转为减少趋势，黄河下游春季降水量转为不显著的增加趋势，一直持续至 2022 年。而在黄河上游，春季降水量在 2015 年前后出现突变，从波动变化转变为明显增加趋势。

基于滑动 T 检验的突变分析表明，黄河流域春季降水量在 1987 年前后发生了突变，与 M-K 突变检验法检验结果一致（图 3.9）。流域中游春季降水量与流域春季总降水量变化趋势一致，1987 年后春季降水量从显著增加转变为不显著增加趋势。整个分析时段上，黄河上游的突变点共计 3 个，分别在 1980 年、1987 年以及 2013 年前后，1980 年前后黄河上游春季降水量从显著减少快速转变为显著增加，1987 年后又转变为减少趋势，2013 年后黄河上游降水量又逐渐转变为增加趋势。黄河下游春季降水量在 2005 年前后发生了显著突变，春季降水量从显著增加转变为明显增加。

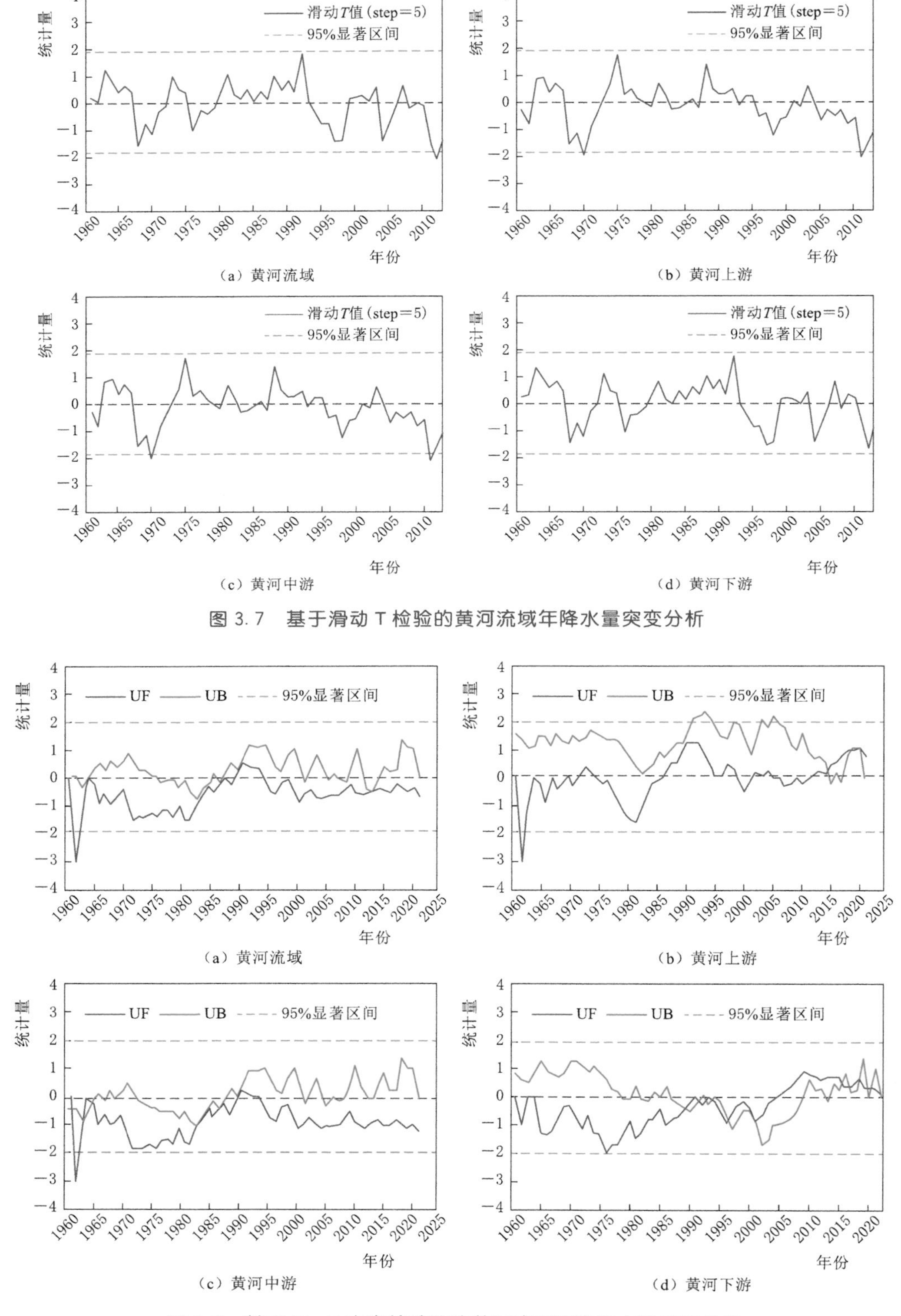

图 3.7　基于滑动 T 检验的黄河流域年降水量突变分析

图 3.8　基于 M-K 突变检验法的黄河流域春季降水量突变分析

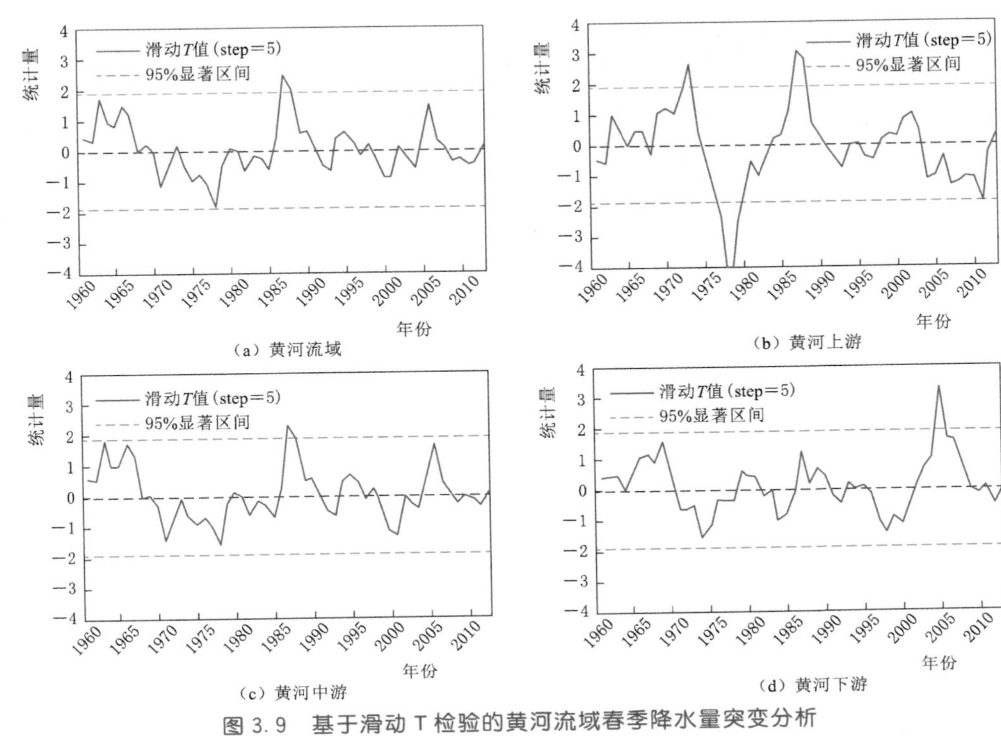

(a) 黄河流域　(b) 黄河上游

(c) 黄河中游　(d) 黄河下游

图 3.9 基于滑动 T 检验的黄河流域春季降水量突变分析

黄河流域夏季降水量整个时段没有明显的突变点（图 3.10），流域内只有黄河上游 1980 年前后存在潜在的突变点。突变后黄河上游夏季降水量从减少趋势转变为增加趋势，

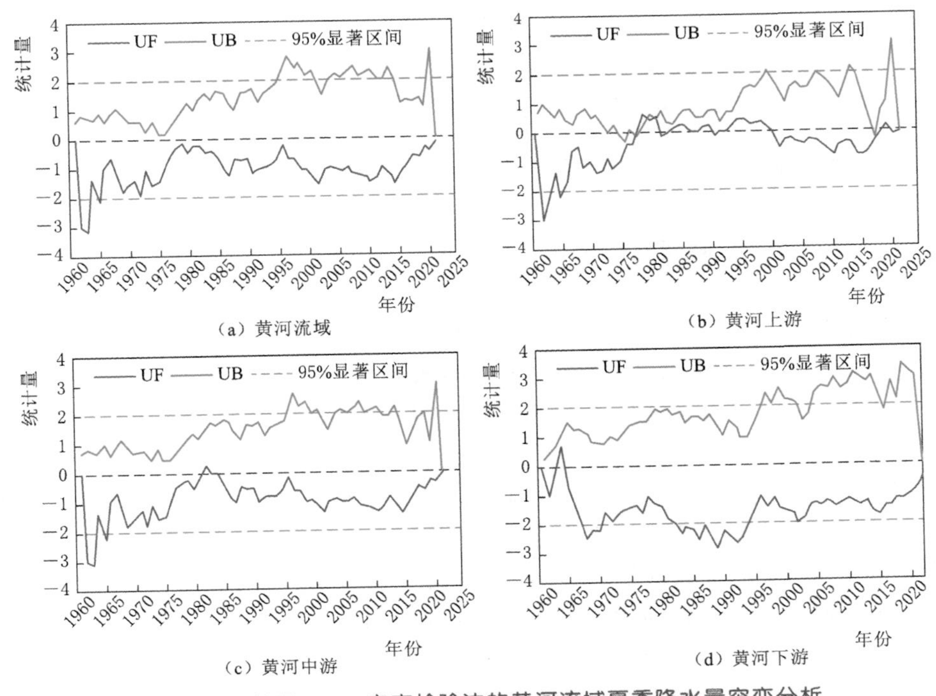

(a) 黄河流域　(b) 黄河上游

(c) 黄河中游　(d) 黄河下游

图 3.10 基于 M-K 突变检验法的黄河流域夏季降水量突变分析

1980年后黄河上游夏季降水量年代际振荡明显。黄河中游、下游夏季降水量整个时段上表现为减少趋势，且具有明显的年代际振荡特征。

当时间窗口滑动步长为11年时，滑动T检验检测出与M-K突变检验法一致的突变点，位于1990年附近，1990年后黄河上游降水量从迅速增加转为减少趋势。黄河中游、下游夏季降水量变化呈现出波动变化特征，特别是黄河中游地区（图3.11）。

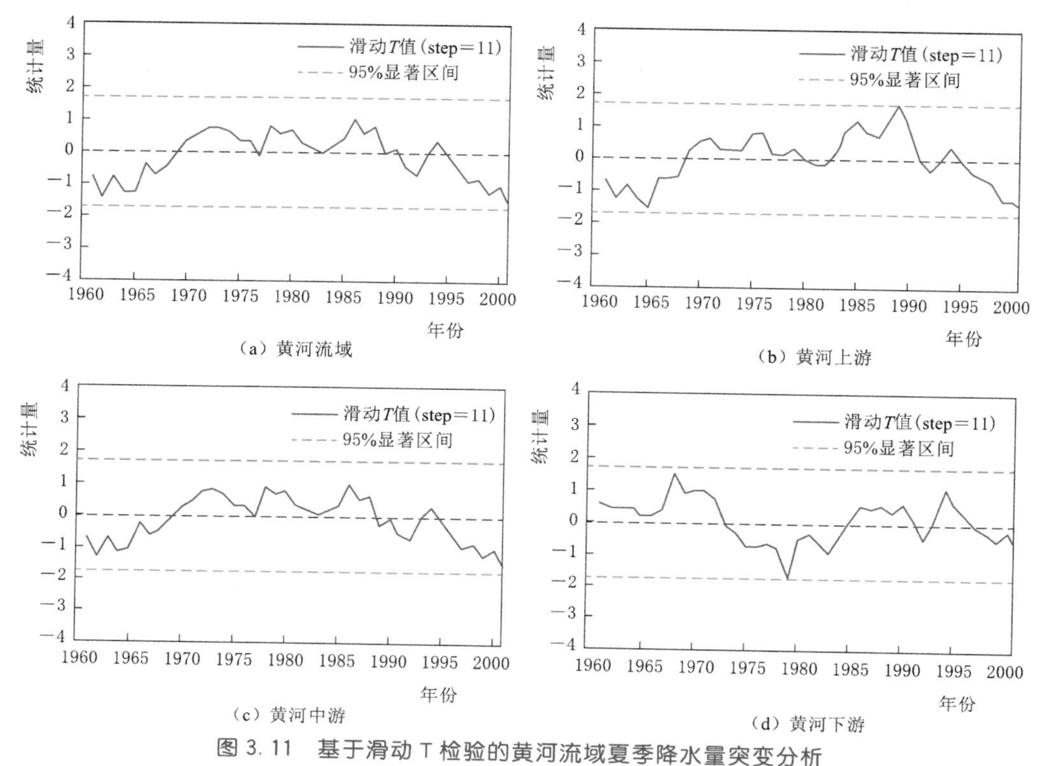

图3.11　基于滑动T检验的黄河流域夏季降水量突变分析

黄河流域秋季降水量整个研究时段上没有明显的突变点（图3.12、图3.13）。但是秋季降水量的年代际振荡特征明显。

流域冬季降水量年代际变化趋势上，M-K突变检验法检测出多个变化趋势突变点（图3.14），分别是1970年、1980年、1990年及1995年附近，滑动T检验检测出1990年及1995年附近的突变点（图3.15），1995年突变之后流域冬季降水由减少转为缓慢增加趋势。黄河中游冬季降水量变化与流域冬季降水量变化类似，突变位置位于1970年、1980年、1990年及2010年附近，2010年后黄河中游冬季降水量由增加趋势转为减少趋势。黄河上游、下游冬季降水量变化没有检测出明显的突变点。

对本节突变检验结果的分析发现，黄河上游地区全年、春季、夏季降水量在年代变化趋势上存在明显的突变点，最后一次突变发生后，黄河源区季节降水量均呈增加趋势。黄河中游春季降水量突变检验发现1990年前后黄河中游春季降水量发生了显著突变，突变后降水量转变为减少趋势；黄河中游冬季降水量在2010年前后发生了显著突变，突变后降水量转为减少趋势。黄河下游冬季和春季降水量年代际变化均发生了明显的突变，最后一次突变后黄河下游冬季、春季降水量均转变为减少趋势。

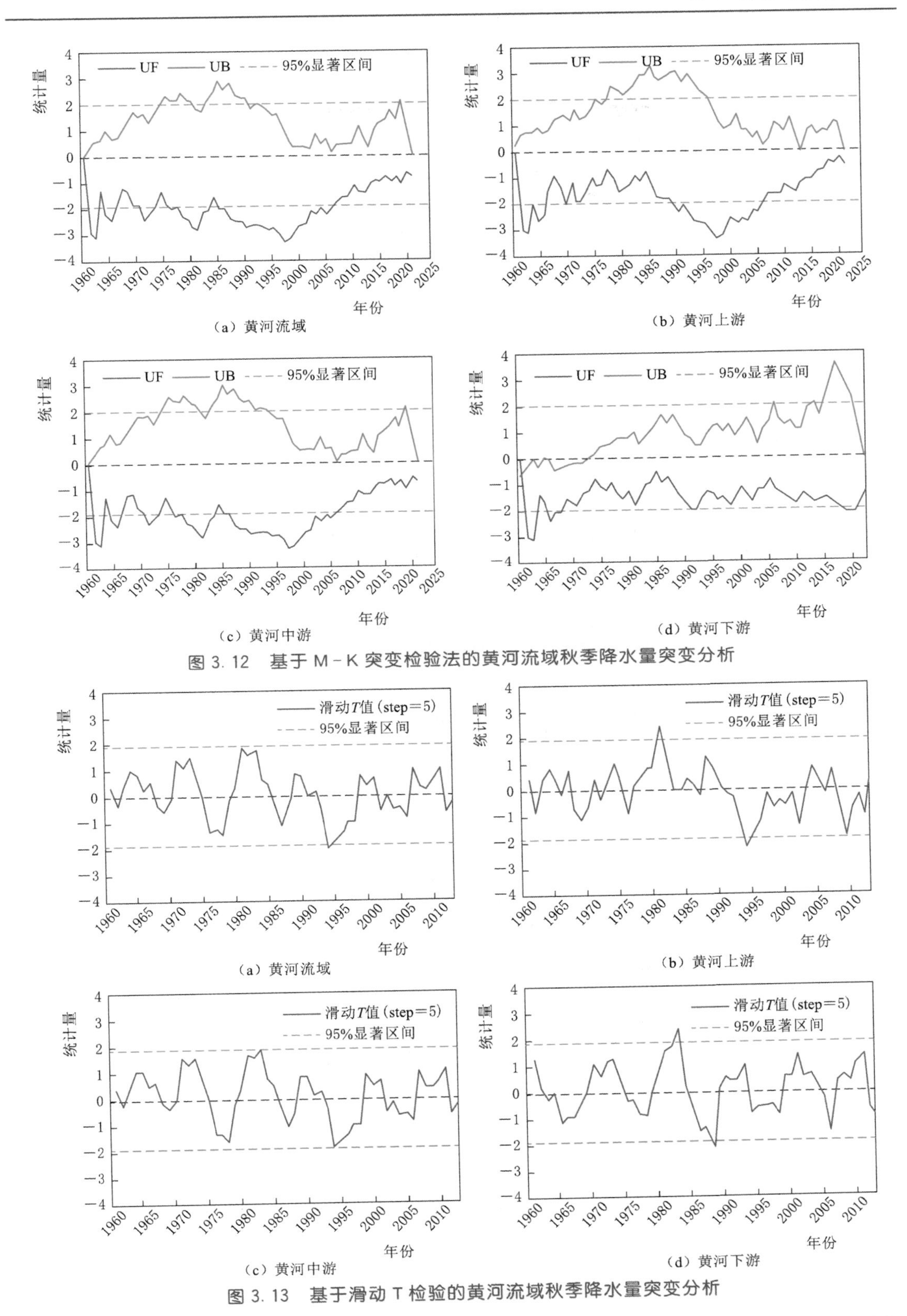

图 3.12 基于 M-K 突变检验法的黄河流域秋季降水量突变分析

图 3.13 基于滑动 T 检验的黄河流域秋季降水量突变分析

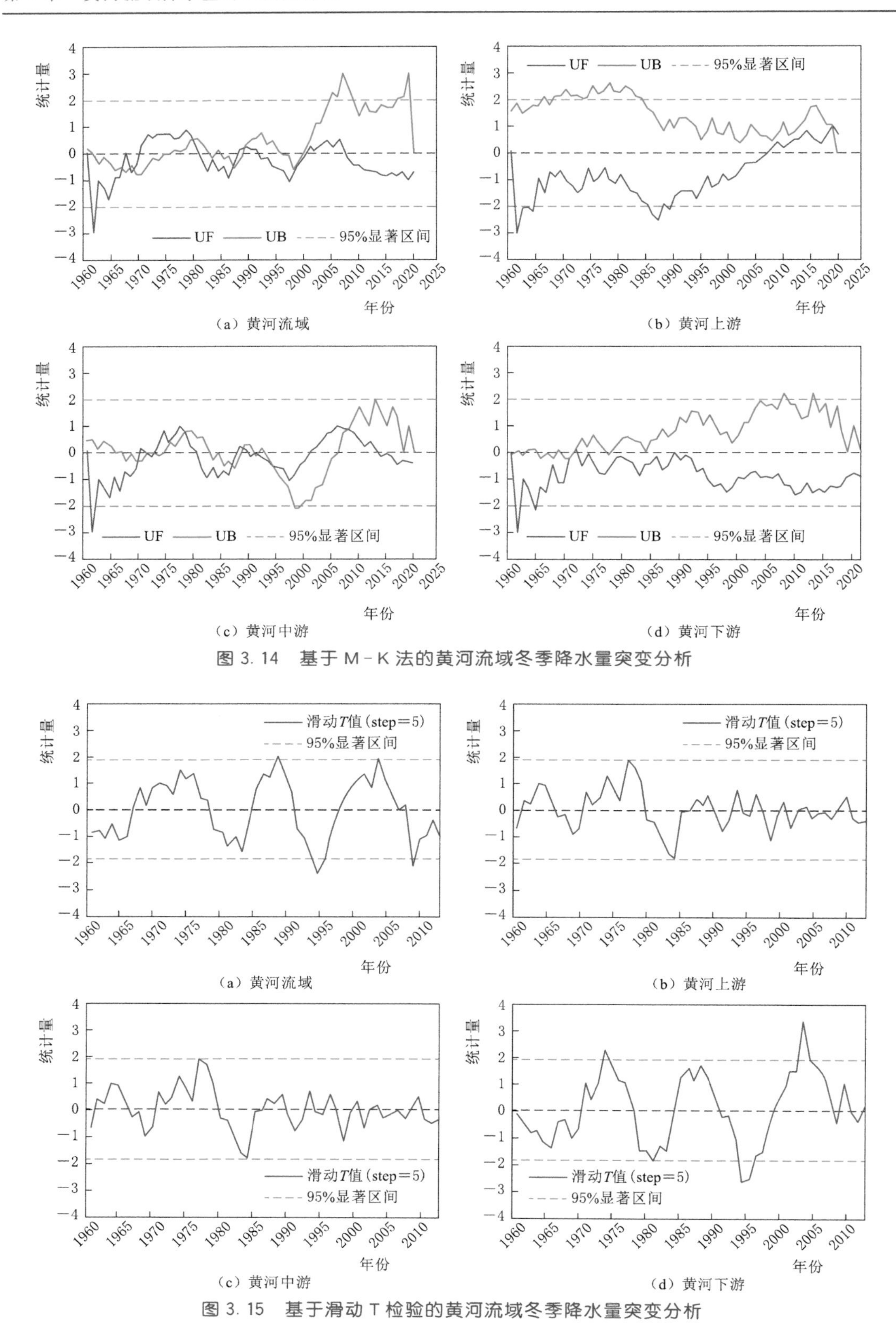

图 3.14　基于 M-K 法的黄河流域冬季降水量突变分析

图 3.15　基于滑动 T 检验的黄河流域冬季降水量突变分析

通过对黄河流域降水量变化进行突变检验，发现流域季节降水量存在显著的周期性振荡变化特征，特别是黄河中游地区。

3.3.3 周期性分析

年降水量时间序列的多时间尺度是指：年降水量在演化过程中并不存在真正意义上的变化周期，而是其变化周期随着研究尺度的不同而发生相应的变化，这种变化一般表现为小时间尺度的变化周期嵌套在大时间尺度的变化周期之中，即在时间域中年降水量存在多层次的时间尺度结构和局部变化特征。

黄河流域降水年代际变化的线性变化趋势以及突变检测分析表明，黄河流域降水量在不同年代际背景下存在周期性振荡特征，本节利用小波分析法对流域不同区域降水量变化趋势进行周期变化分析。

研究时段内，黄河流域年降水量变化存在明显的2～8年的主周期（图3.16），在时间序列上正负相位交替出现，降水量的年际变化也出现交替性增加和减少趋势。研究时段内，黄河流域年降水量变化中的2～8年尺度周期振荡出现了枯-丰交替准5次振荡，且该尺度的周期变化在整个分析时段表现较稳定，具有全域性。2～8年周期振荡的能量谱能量最强，峰值对应3年的时间尺度，说明3年的时间尺度周期振荡最强，为年降水量变化第一主周期，2～8年的周期波动控制着黄河流域年降水量在整个时间域内的变化特征。2～8年降水量周期波动的变化趋势，流域降水量丰-枯变化频繁，说明影响黄河流域降水的因素很多。

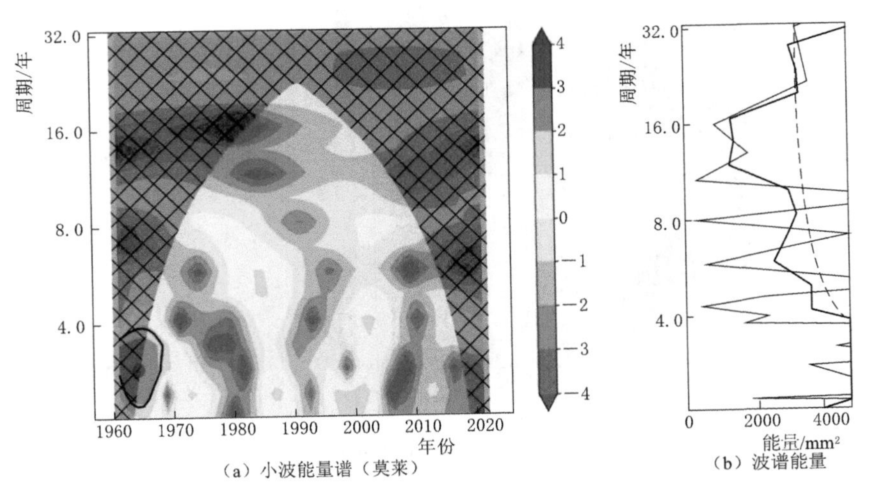

(a) 小波能量谱（莫莱）　(b) 波谱能量

图3.16 黄河流域年降水量小波分析小波系数实部等值线和小波能量谱

1961—2022年黄河上游年降水量存在多时间尺度的周期变化特征（图3.17），分别是2～4年、10～12年，其中2～4年周期振荡能量谱能量最强，为黄河上游年降水量变化周期振荡的第一主周期。研究时段内2～4年周期出现了枯-丰交替准4次振荡，10～12年周期振荡出现了枯-丰交替2次，且这两个尺度的周期变化在整个分析时段表现稳定，具有全域性。时间演变上，2010年之前，2～4年的周期振荡特征尤为显著。与黄河流域年降水量变化的周期振荡相比，黄河上游主周期能量谱小于流域整体水平，说明周期变化规律较弱，更多的是年代际尺度上的变化。

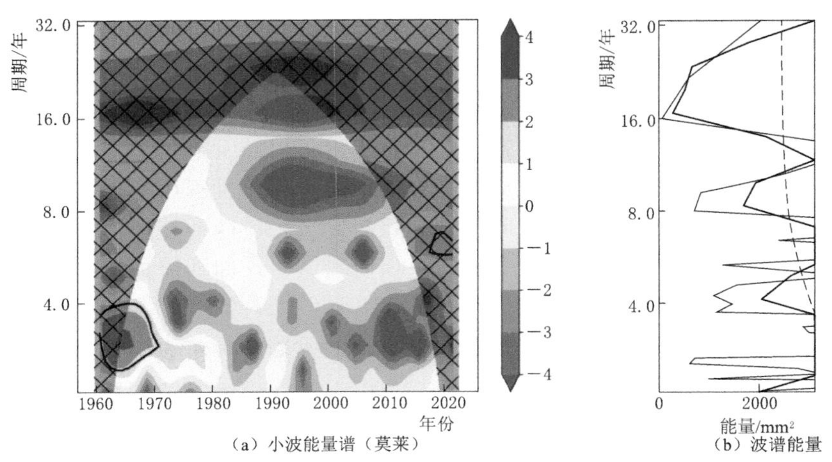

（a）小波能量谱（莫莱）　（b）波谱能量

图3.17　黄河上游年降水量小波分析小波系数实部等值线和小波能量谱

1961—2022年黄河中游年降水量变化周期振荡特征显著（图3.18），其中2～4年为第一主周期，2年时间尺度对应着第一峰值。研究时段内2～4年周期振荡共经历枯-丰交替4次，其中2000年之前的周期振荡规律更加显著。黄河中游年降水量周期变化与黄河流域的降水量振荡特征一致，均表现为频繁的枯-丰交替，这与黄河中游所处地理位置、主要降水响应天气系统有关。

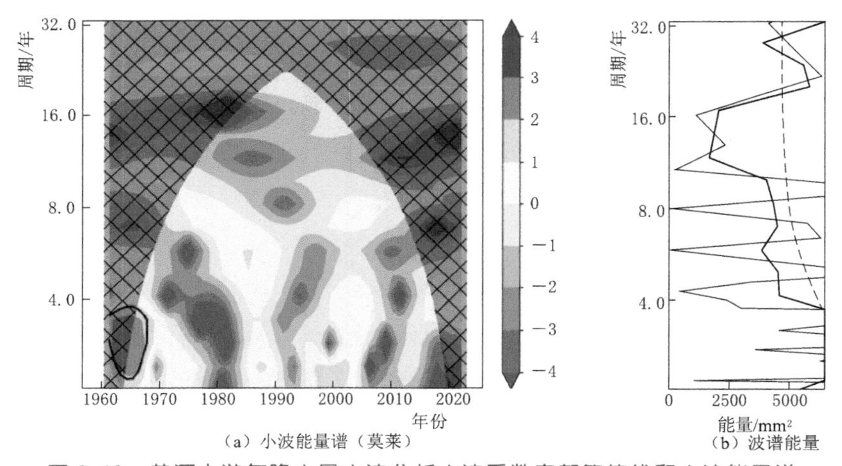

（a）小波能量谱（莫莱）　（b）波谱能量

图3.18　黄河中游年降水量小波分析小波系数实部等值线和小波能量谱

黄河下游年降水量变化过程中存在多时间尺度特征（图3.19）：2～4年、5～9年的两类尺度变化，在时间序列上正负相位交替出现，降水量的年代际变化出现交替性增加和减少趋势。2～4年时间尺度出现了枯-丰交替准4次振荡，5～9年时间尺度出现了枯-丰交替准2次振荡，且这两个时间尺度的周期变化在整个分析时段表现稳定，具有全域性。从图3.20看出，2～4年时间尺度周期性最强，主要发生在2010年之前。

黄河流域季节降水量变化的周期性振荡演变特征上，黄河流域春季降水量的年际尺度内枯-丰振荡特征明显，其中2～6年为第一主周期，春季降水量枯-丰交替变化特征显著（图3.20），1961—2022年共计出现3次显著的枯-丰交替。2010年之前流域春季降水量以2～6年为周期的枯-丰交替特征最显著。流域上游（图3.21）、中游（图3.22）、下游

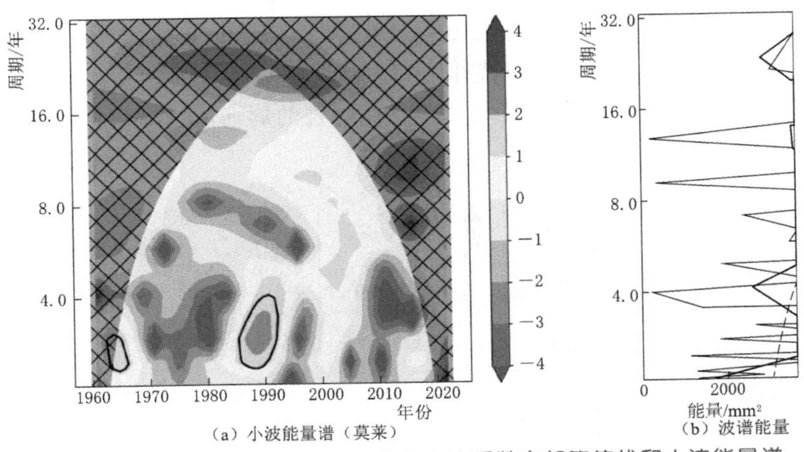

图 3.19 黄河下游年降水量小波分析小波系数实部等值线和小波能量谱

（图 3.23），春季降水量的周期性振荡特征同样显著，2～8 年为第一主周期的枯-丰变化在全流域具有较好的一致性。20 世纪 60 年代为枯水期，20 世纪 70 年代和 80 年代为丰水期，20 世纪 90 年代、2000—2010 年为丰水期，2010 年之后整体为枯水期。

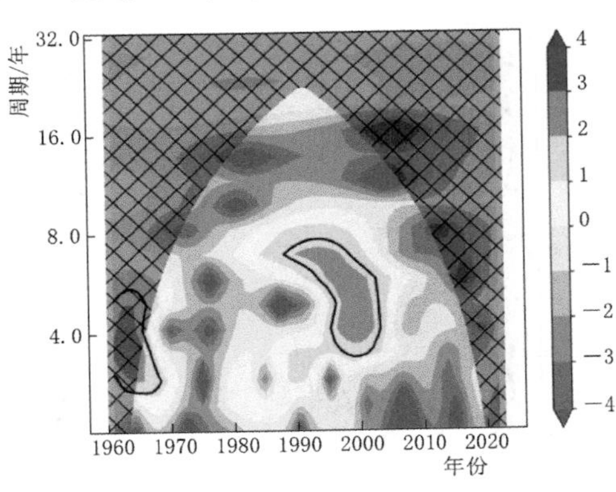

图 3.20 黄河流域春季降水量小波分析小波系数实部等值线

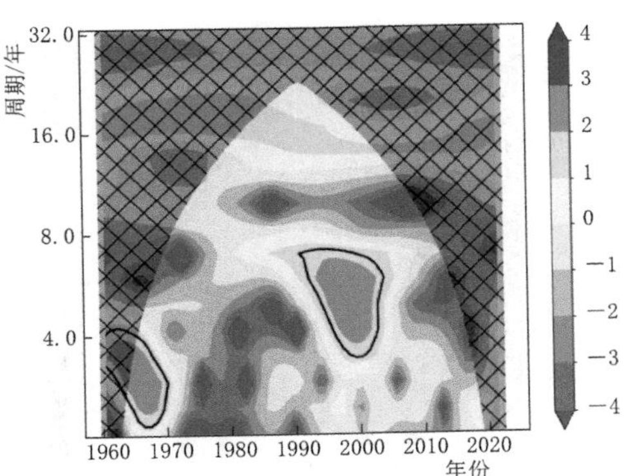

图 3.21 黄河上游春季降水量小波分析小波系数实部等值线

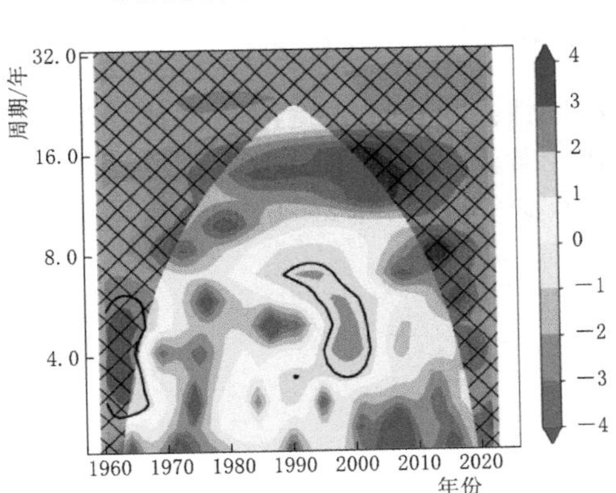

图 3.22 黄河中游春季降水量小波分析小波系数实部等值线

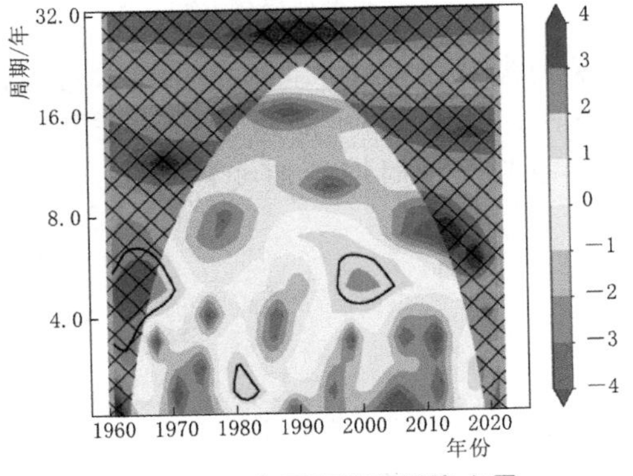

图 3.23 黄河下游春季降水量小波分析小波系数实部等值线

1961—2022 年黄河流域夏季降水量变化呈现出以 6～10 年为主周期的枯-丰交替变化趋势，整个时段上夏季降水量出现交替性增加和减少趋势。整个时段内流域夏季降水量共经历了 2 次明显的枯-丰交替变化（图 3.24）。在更长的周期演变上，黄河流域夏季降水量主要表现为明显的减少趋势。

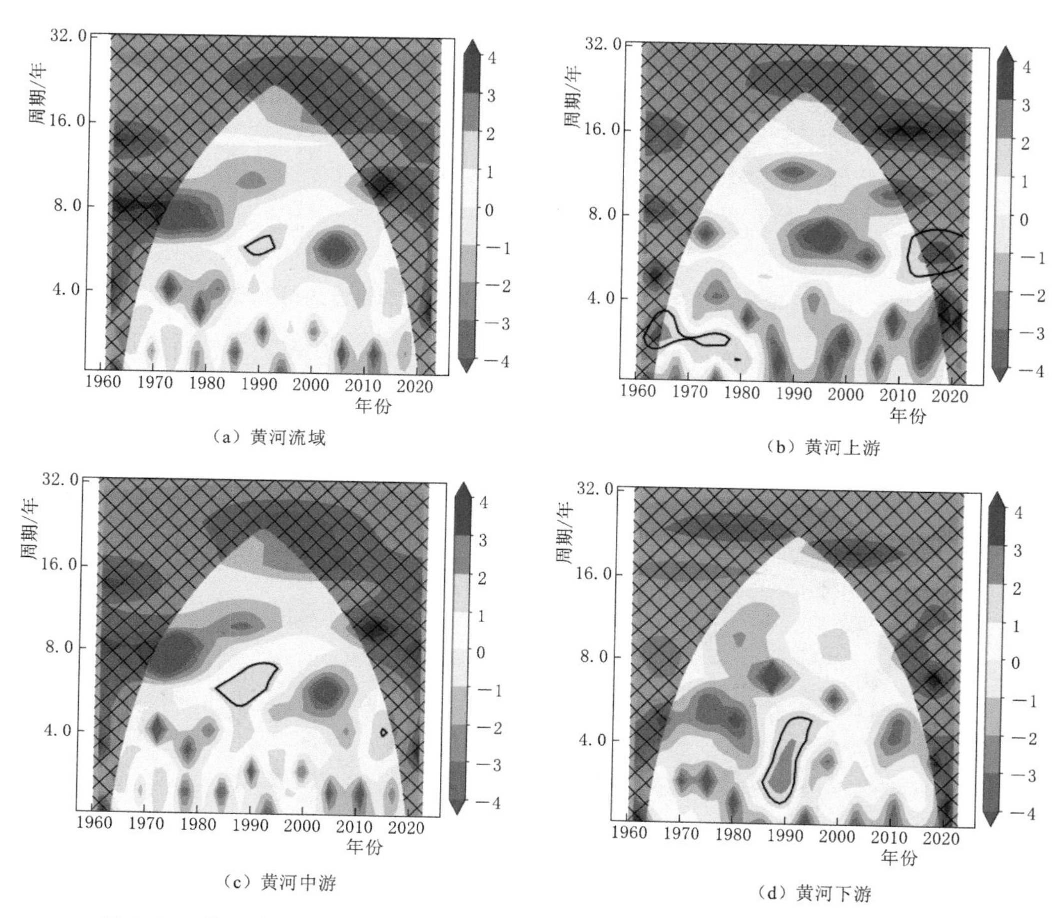

（a）黄河流域

（b）黄河上游

（c）黄河中游

（d）黄河下游

图 3.24　黄河流域及上游、中游、下游夏季降水量小波分析小波系数实部等值线

黄河流域秋季降水量和冬季降水量变化的周期性振荡方面，黄河上游秋季降水量表现为 3～5 年为第一主周期的枯-丰交替变化规律，黄河中下游未发现明显的周期变化趋势。冬季降水量周期性演变趋势上，黄河流域表现为以 2～6 年为主周期的周期变化特征。

3.4　本 章 小 结

本章基于中国气象局实测气象资料，分析了黄河流域上游、中游和下游各区域降水年际变化和突变特征规律。

（1）1961—2022 年整个长时间序列上，黄河上游年降水量呈上升趋势，中游和下游年降水量呈减少趋势，但降水变化趋势并不显著。在季节尺度上，流域春季降水量整体呈下降趋势，夏季降水量呈上升趋势，秋季、冬季降水量整体呈下降趋势。

（2）黄河上游地区年降水量于2015年前后发生突变，突变发生前2000—2010年降水量呈不显著下降趋势，2015年后开始逐年上升，黄河上游地区呈现湿化趋势。黄河上游地区年、春季、夏季降水量年代际变化趋势上存在明显的突变点，最后一次突变发生后，黄河上游季节降水量均呈增加趋势。1990年前后黄河中游春季降水量发生了显著的突变，转变为减少趋势；冬季降水量在2010年前后发生了显著突变，突变后黄河中游冬季降水量转为减少趋势。黄河下游冬季、春季降水量年代际变化均发生明显突变，春季降水量在1990—1995年间发生突变，突变后转为减少趋势；冬季降水量在1970年前后发生突变，突变后转为减少趋势。

（3）黄河流域年降水量变化存在明显的2～8年主周期，降水量年代际变化也出现交替性增加和减少趋势。1961—2022年黄河流域年降水量变化中的2～8年时间尺度周期振荡出现了枯-丰交替准5次震荡。黄河上游、中游年降水量存在多时间尺度的周期变化特征，2～4年第一主周期共经历枯-丰交替4次，与黄河流域的降水量振荡特征一致。黄河下游年降水量变化过程中存在多时间尺度特征：2～4年、5～9年的两类尺度变化以及降水量的年代际变化呈现交替性增加和减少趋势。

第4章　黄河流域降水结构

全球变暖背景下世界范围内高温、暴雨、干旱等极端天气气候事件的发生频次、强度均有增加趋势。许多流域水平衡状态正在发生渐变或突变，这进一步导致了区域至全球范围内水资源时空配置发生变异，洪涝、干旱、台风等极端气象水文事件频发，并具有显著的空间和季节上的差异。我国气候受东亚季风强烈影响，季节、年际和年代际变化都与东亚季风爆发、北进、南撤有密切关系。易成灾的降水可分为两类：一类是短时强降水，另一类是长时间持续的暴雨、低温连阴雨和冻雨等。持续性降水多产生于稳定的大尺度环流背景下，短时强降水与局地对流系统发展密切相关。区域上，短时强降水多发于我国中东部地区，长历时降水则更多出现在我国西南地区。

黄河流域发源于青藏高原，东西横跨三级阶梯，流域降水具有明显的地区差异和季节性变化。上游、中游和下游的主要降水类型、流域产汇流类型和洪水过程大相径庭。气候变化研究表明，黄河流域气温降水等主要气候因子年际变率及极端性均明显增强，尤其是位于季风边缘区的黄河上游其气候因子变化幅度远超同纬度其他地区。全流域范围内，造成汛期气象水文灾害最主要、影响最严重的气象灾害是暴雨洪涝。

在降水变化中，降水总量、降水极端性、降水持续时间、降水过程频次等均是衡量降水变化的重要指标。气候变化背景下黄河流域降水变化相关研究中，学者对流域降水总量变化、极端降水事件变化进行了大量有益的研究，但在对降水持续性结构以及不同持续性降水事件的变化及持续性的转化关系认识方面仍有不足。

本章主要利用黄河流域气象站点的降水观测数据，通过分析流域降水过程发生频次、降水过程强度、降水量极值和过程出现时间等对黄河流域降水结构进行研究，探讨气候变化背景下黄河流域降水结构的季节演变。

4.1　数据和方法

黄河流域地面降水观测数据来自中国气象局位于该区域的296个气象台站。气象数据的时间跨度统一取为1971年1月1日至2019年12月31日，选取1981—2010年作为参考时段。

按发生机制降水可大体分为两类：一类是由局地下垫面引起的小降水事件，另一类是由天气系统造成的区域降水。本章对降水过程及降水强度进行了站点降水强度阈值的计算，主要采用累积降水量对总降水量的贡献率确定站点降水阈值，具体是把每个站点降水逐日降水量按照升序排列，取累积降水量占总降水量的百分比为3%所对应的降水强度值为该站降水阈值。即不大于此站点所有降水日的降水量总和占降水总量的3%。在站点降水过程计算时低于降水阈值的不参与计算。

由于区域性的降水过程可能存在间断点，因此在确定站点降水过程时，无雨日前后两个时次均有明显降水时，该无雨日与前后两个时次统计入同一降水过程中。某一日降水结束后的一个时次没有降水且不是降水过程间断点的即确定为一次降水过程的结束。一次降水过程开始至结束之间的时次数量定为降水持续时间，过程降水强度为过程总降水量与降水时次的比值。过程降水最大强度为过程最大降水日降水量。

4.2 有效降水阈值和无雨日

黄河流域有效降水阈值自东南向西北方向逐渐减小，与总降水量空间分布类似。降水阈值大值区位于黄河下游的大汶河流域，大汶河的泰山站达 1.6mm/d，位于西北地区兰托区间的有效降水量阈值最低为 0.4mm/d（图 4.1）。根据黄河洪水特征及来水特征，黄河流域共计可分为 6 个区间分别为兰州以上、兰托区间、山陕区间、泾渭洛河、三花区间、黄河下游。有效降水阈值空间分布上黄河下游明显高于兰托区间，在站点有效降水阈值空间一致性上，黄河兰州以上、三花区间及黄河下游 3 个区域较好，空间离散度最大的是山陕区间和泾渭洛河。在空间分布上，泾渭洛河、山陕区间内站点有效降水阈值大体呈西多东少、北少南多态势，南北有效降水阈值差异最大可达 0.6mm。

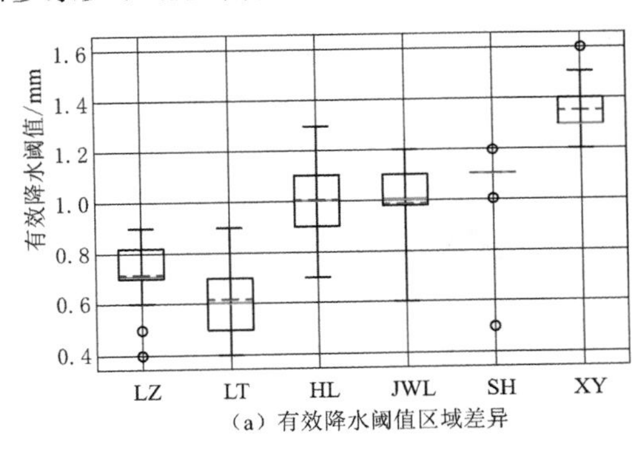

（a）有效降水阈值区域差异

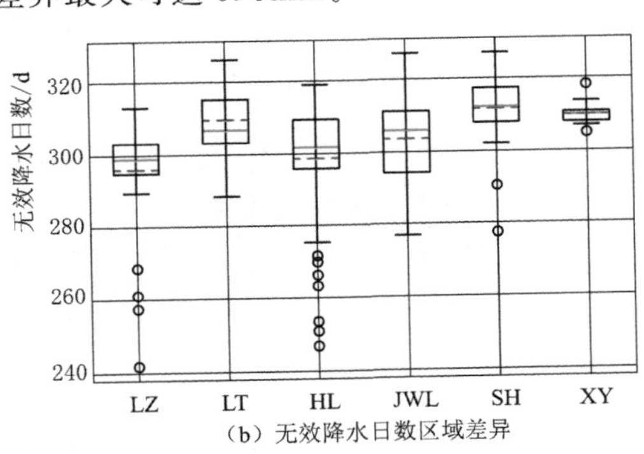

（b）无效降水日数区域差异

图 4.1 1971—2019 年流域 296 个站点有效降水阈值的区域差异和无效降水日数的区域差异

（LZ—兰州以上；LT—兰托区间；JWL—泾渭洛河；HL—河龙区间；SH—三花区间；XY—黄河下游）

如果将低于有效降水阈值的降水认定为无效降水，把无雨日和低于有效降水阈值的日子统一定义为无雨日。1971—2019 年流域平均无雨日数为 303d/a，占全年总日数的 83%。空间分布上，无雨日数最少的地区主要集中在汾河至渭河一线，渭河上游无雨日最少为 240 日，相当于每 3 天就有一次有效降水过程，兰托区间的内蒙古河段和三花区间的沁河为流域无雨日极大值区，最多无雨日站点分布在三花区间的沁河、兰托区间的河套灌区，流域站点无雨日数最高达 312 天。黄河中游汾河、沁河、泾河、渭河无雨日极大值与极小值交替分布，这与区域地形起伏密切相关。

图 4.2 是黄河流域 6 个主要分区的降水量、降水日数、最大日降水量的逐旬演变。年内循环上，5 月开始流域降水量及降水日数逐渐增加，8 月下旬后迅速减少。黄河流域主要降水时段集中在 6—9 月，该时段总降水量和降水日数分别占全年的 67.8%和 55.7%。降水日数逐旬演变上，兰托区间和黄河下游属于单峰型，兰州以上、河龙区间、泾渭洛

河、三花区间属于多峰型。兰托区间和黄河下游降水日数最多在 7 月下旬，其他分区主要集中在 7 月上中旬和 8 月下旬至 9 月中旬。其中 8 月下旬至 9 月中旬与黄河流域秋汛大体一致，在黄河秋汛较明显的泾渭洛河，7 月上旬以及 9 月上旬降水日数明显较多。空间分布上兰州以上平均降水日数最多，兰托区间降水日数最少。

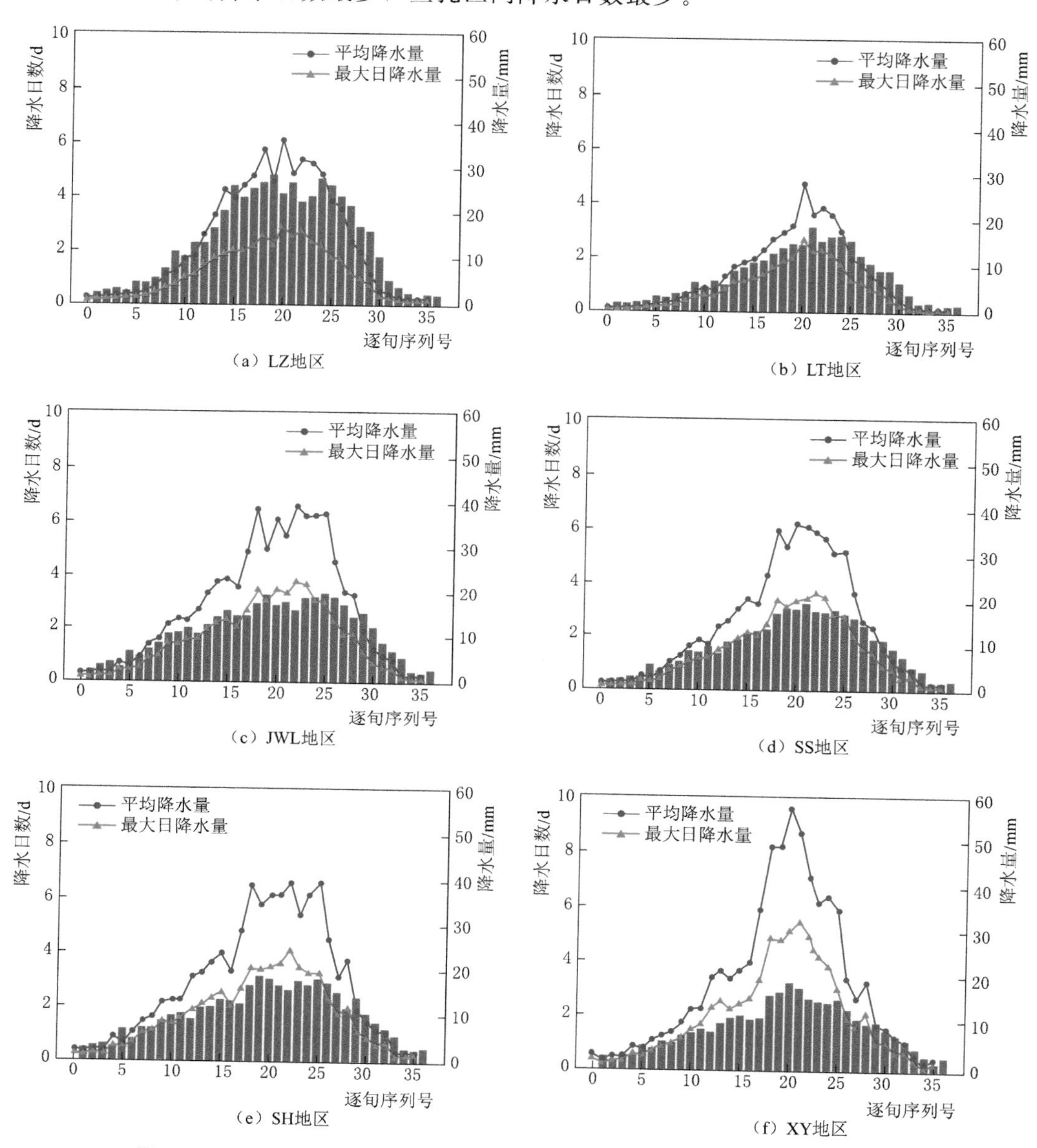

图 4.2　1971—2019 年 6 个主要分区逐旬降水（蓝线）、旬内最大日降水量（红线）及旬内平均有效降水日数（柱状）

旬降水量演变上，流域南部兰州以上、泾渭洛河和三花区间存在两个旬降水量极值时段，分别是 7 月上旬和 9 月上中旬，其他各区主要集中在 7 月中下旬。具有明显秋汛特征的兰州以上、泾渭洛河、三花区间，9 月上旬之后旬降水量减少速率明显增加。最大日降水量的逐旬演变趋势上，日最大降水量与旬降水量变化趋势基本一致，特别是在兰托区间和黄河下游，二者的相关系数可达0.99。除兰州以上（贡献率55%）外，旬最大降水量贡献了该旬超过60%的降水量。季节循环上，夏季二者的相关性相对较差，特别是在7月和9月。

最大旬降水量及其出现时间的空间分布上，1971—2019年全流域最大旬降水量东南多西北少。最小值位于流域西北部的兰托区间，最大旬降水量仅4mm；黄河下游平均最大旬降水量超过20mm，超兰托区间的5倍以上。出现时间上，黄河中上游地区最大旬降水量出现时间自西向东延迟，兰州以上多年平均最大旬降水量出现7月中旬，兰托区间、山陕区间、泾渭洛河出现在7月下旬，在降水日数极大值区（汾河至渭河一线）则出现在8月上旬。黄河下游最大旬降水量通常出现在7月下旬。

为了进一步诊断最大旬降水量的时空演变，进一步提取超多年平均降水量标准化序列超过1.5个标准差的旱涝年。旱涝年黄河流域的最大旬降水量的差异主要集中在黄河中下游地区，特别是在黄河下游，旱涝年最大旬降水量偏差最大可达100mm以上。出现时间上，兰州以上和兰托区间涝年最大旬降水量出现7月中下旬，较旱年较晚1旬左右；山陕区间、泾渭洛河及三花区间涝年最大旬降水量出现在8月上中旬，较旱年偏晚1～2旬；黄河下游涝年最大旬降水量出现在7月下旬至8月上旬，旱年出现7月上中旬，涝年较旱年偏晚1～2旬。

4.3 降水过程特征的季节变化

由于6个主要分区的旬日最大降水量对旬总降水量贡献比例超过50%。本节对1971—2019年黄河流域不同持续时间降水过程进行统计，并计算降水过程发生频次、持续时间及过程总降水量等相关指标。

空间分布上，1971—2019年黄河流域累计降水过程最多的是兰州以上，平均每年约有145个降水过程，其中持续1天的降水过程频率最高（占比58%）、其次为2天、3天（占比均在10%左右）。累计降水过程最少的地区位于三花区间。其中持续1～2天的降水过程频率最高（约占56%）。累计过程降水量方面，泾渭洛河（512mm）最大，兰托区间（251mm）最小。不同持续时间降水过程对年总降水量的贡献比例上，持续时间不大于2天的降水过程贡献比重在沁河附近地区高达80%，不少于5天的降水过程对年总降水量的贡献大值区出现在渭河上游至泾河上游及山陕南部的部分地区。过程降水强度上兰州以上和泾渭洛河和过程降水强度最大（约1.0mm/d），兰托区间和山陕区间降水强度最小（0.7mm/d）；过程降水强度具有显著的空间差异性，泾渭河上游的六盘山南麓的崆峒山南侧的庄浪至华亭一线是流域过程雨强中心，相同降水持续时间上渭河上游秦岭北侧及黄河中游左岸的汾河、沁河流域平均雨强最小；时间演变上，随着降水过程日数的增加，过程降水强度呈明显减小趋势。

经统计流域6个主要分区持续时间不超过2天的发生频次、累计过程降水量占总降水过程的50%以上（图4.3）。对于不超过2天的降水过程，随着降水事件的延长，各个区域降水量累计贡献率明显增加；对于超过2天的降水过程，随着降水过程持续时间的增加，过程降水量累计贡献率呈减小趋势。因此这里将持续时间不大于2天的降水过程定义为短历时降水过程，将持续时间大于2天的降水过程定义为长历时降水过程。

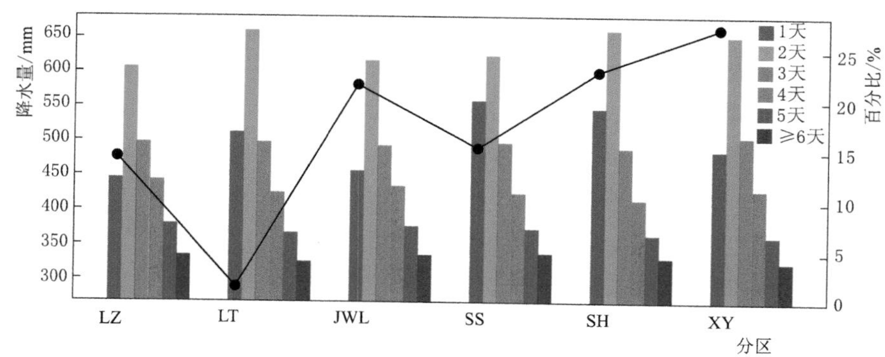

图 4.3　1971—2019 年黄河流域 6 个主要分区不同持续时间降水过程累计降水量占全年总降水量的比例

图 4.4 给出了两类降水事件的发生频次、累计降水量、平均降水强度的逐旬演变。发生频次上，主要可分为两种类型：一种是兰州以上的短历时降水过程发生频次峰值出现提前于长历时降水过程；另一种是短历时降水过程与长历时降水过程高发时期重合。兰州以上短历时降水过程发生频次最高是在 3 月下旬及 7 月下旬，长历时降水过程发生频次最高是在 7 月上中旬及 9 月上中旬，相对于长历时降水过程，短历时降水过程发生频次更高，几乎没有出现旬降水量为零的纪录。在除兰州以上外的其他区域，两种类型降水过程发生频次最高的季节高度一致，均集中在 7—8 月，但各个区域之间也具有明显的差异，泾渭洛河和山陕区间 7—9 月降水过程主要以长历时降水过程（2～3 次/旬）为主，持续时间上泾渭洛河长历时降水过程高发从 7 月持续至 10 月，山陕区间长历时降水过程只出现在 7—8 月；在三花区间和黄河下游短历时降水与长历时降水发生频次（1～2 次/旬）相当，长历时降水过程高发期更多集中在 7 月中下旬至 8 月上旬，这与我国东部季风区降水的季节变化具有高度一致性，与传统的“七下八上”降水关键期高度相关，在黄河下游 9 月上中旬也存在一个明显的峰值，这可能与台风活跃紧密相关。

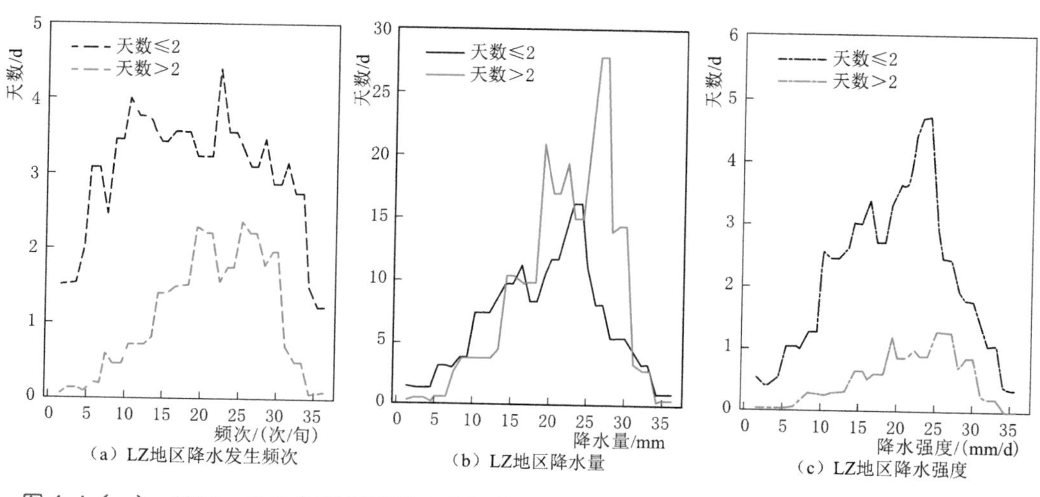

图 4.4（一）　1971—2019 年黄河流域 6 个主要分区短历时降水和持续性降水过程的发生频次、降水量、降水强度逐旬演变

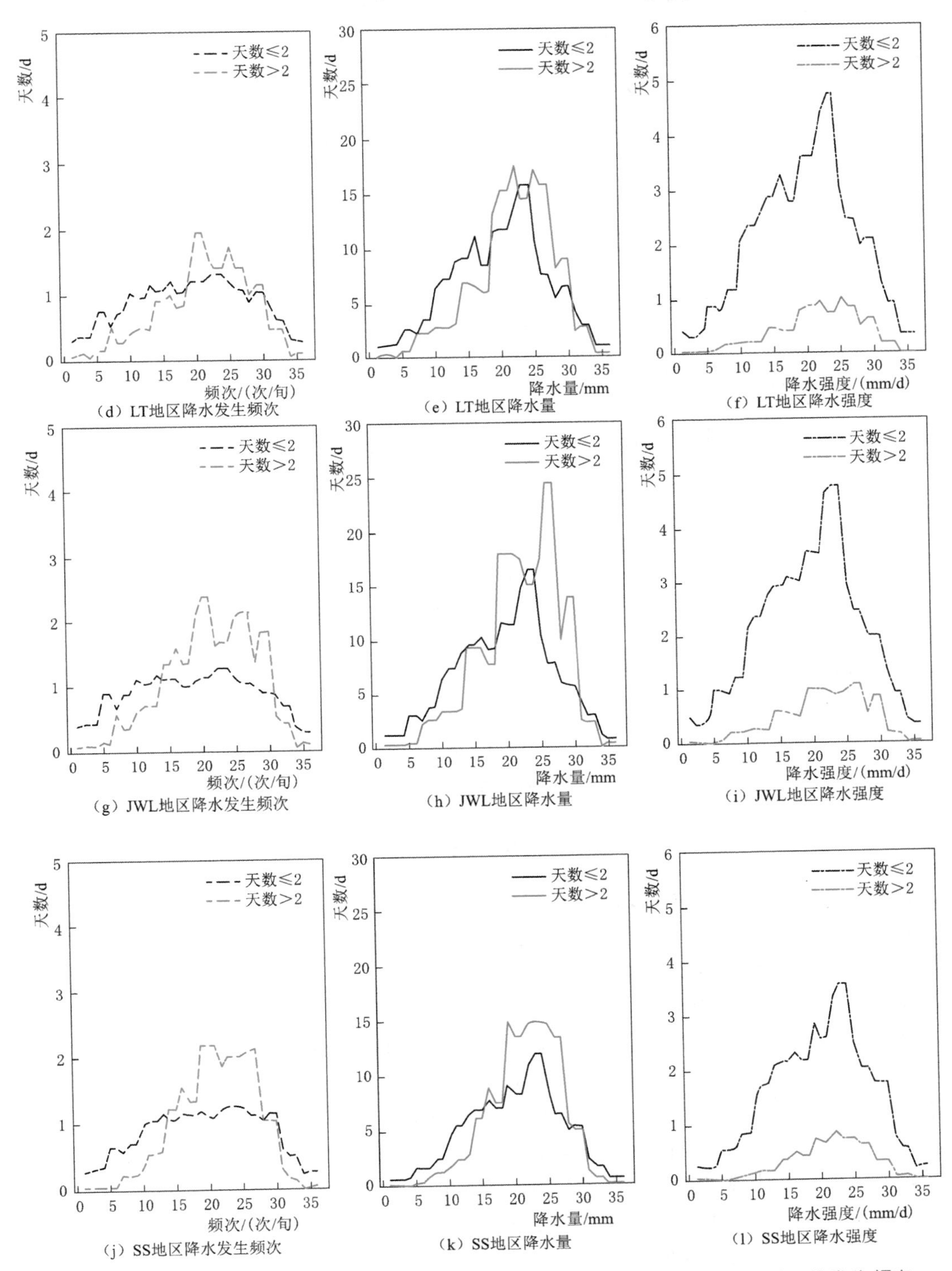

图 4.4（二） 1971—2019 年黄河流域 6 个主要分区短历时降水和持续性降水过程的发生频次、降水量、降水强度逐旬演变

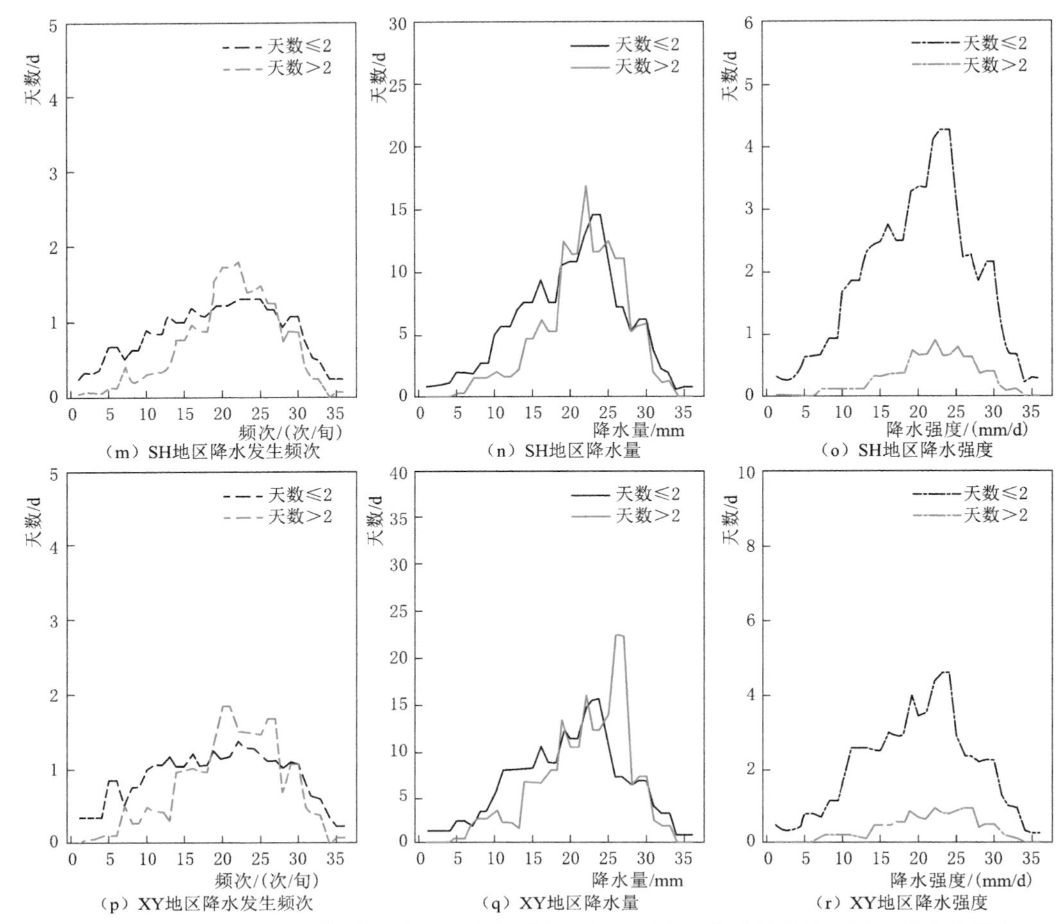

图 4.4（三）　1971—2019 年黄河流域 6 个主要分区短历时降水和持续性降水过程的发生频次、降水量、降水强度逐旬演变

过程累计降水量上，短历时降水过程呈明显单峰型，6 个分区短历时降水过程峰值均集中在 8 月中下旬，长历时降水过程累计降水量峰值分为三类：一类是在兰托区间、山陕区间，其长历时降水过程降水量峰值出现在 8 月上旬；一类是三花区间长历时降水过程与短历时降水过程峰值出现时间一致；一类是泾渭洛河、黄河下游，长历时降水过程累计降水量峰值时间出现在 9 月中下旬。两类降水过程对累计降水量的贡献上，兰托区间和三花区间全年降水量主要源于短历时降水过程，持续性降水过程的贡献率较小；兰州以上、泾渭洛河、山陕区间 1—6 月及 11—12 月流域降水量主要源自短历时降水过程，7—10 月长历时降水过程的累计降水贡献率则具有明显优势。6 个区域两类不同历时降水过程累计降水量峰值出现时间体现了区域降水季节循环的差异。

不同类型降水过程平均雨强的季节变化上，短历时降水过程具有明显的单峰型结构，短历时降水过程年内雨强峰值均出现在 8 月中下旬，其中泾渭洛河雨强最大为 4.8mm/d，山陕区间最小为 3.56mm/d，过了 9 月上旬流域短历时降水过程强度迅速减弱，这与夏季风雨带随时间的北跳和南撤相关。长历时降水过程相对于短历时降水过程无明显的峰值区，同时空间差异性也较大。位于流域中东部的山陕区间、三花区间及黄河下游长历时降水过程雨强最大值出现 8 月上旬，提前于短历时降水过程。流域西部的兰州以上、兰托区间历时降水过程雨强峰值出现 9 月上旬，泾渭洛河出现在 9 月中下旬。长历时降水过程雨强最大值出现在兰州以上（1.3mm/d），其次是泾渭洛河（1.1mm/d），再次是兰托区间（1.0mm/d），东部 3 个区域最大雨强均未超过 1.0mm/d。

4.4 降水过程特征的年际变化

在短历时和长历时降水过程的发生频次、累计降水量及平均雨强方面，1971—2019 年流域 6 个主要气象水文分区短历时降水过程发生频次的变化趋势不明显，长历时降水过程则呈明显增加的趋势。其中兰州以上、兰托区间、黄河下游长历时降水增加趋势最为明显，3 个区域长历时降水过程发生频次平均每年增加 0.44 次、0.42 次、0.61 次。长短历时降水过程的降水量演变上，黄河流域长历时降水过程累计降水量呈明显增加趋势，短历时降水过程降水量波动变化特征明显，其中黄河下游长历时降水过程累计降水量增加趋势最为显著。计算长/短历时降水量对总过程降水量的贡献率，发现 6 个主要气象水文分区短历时降水过程的降水贡献率呈减小趋势（20%～10%，图 4.5），其中兰托区间和黄河下游短历时降水过程的降水贡献率减小最明显（约 20%），兰州以上减小约 15%，泾渭洛河、山陕区间及三花区间减小约 10%。短历时降水过程降水量贡献率减小主要源于短历时降水过程平均降水强度不同程度的下降（图 4.6）。

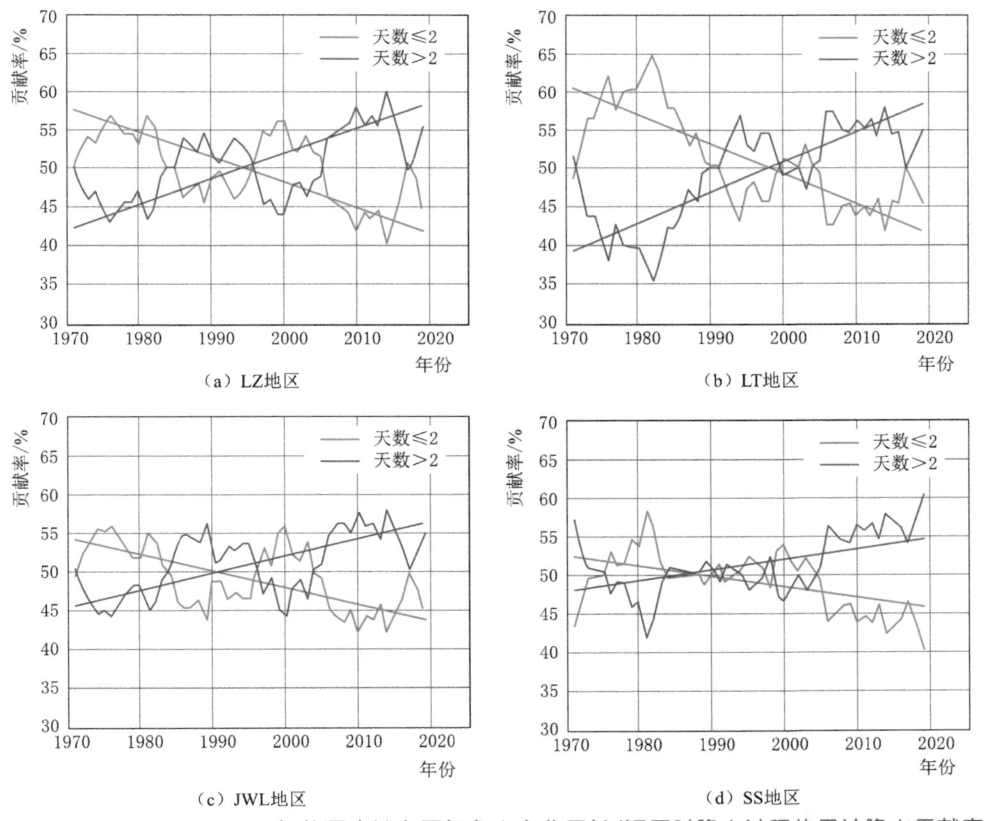

图 4.5（一） 1971—2019 年黄河流域主要气象水文分区长/短历时降水过程的累计降水贡献率

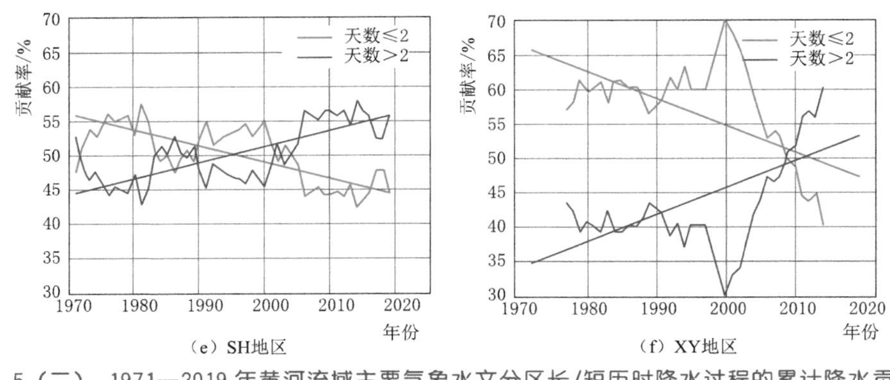

（e）SH地区

（f）XY地区

图4.5（二） 1971—2019年黄河流域主要气象水文分区长/短历时降水过程的累计降水贡献率

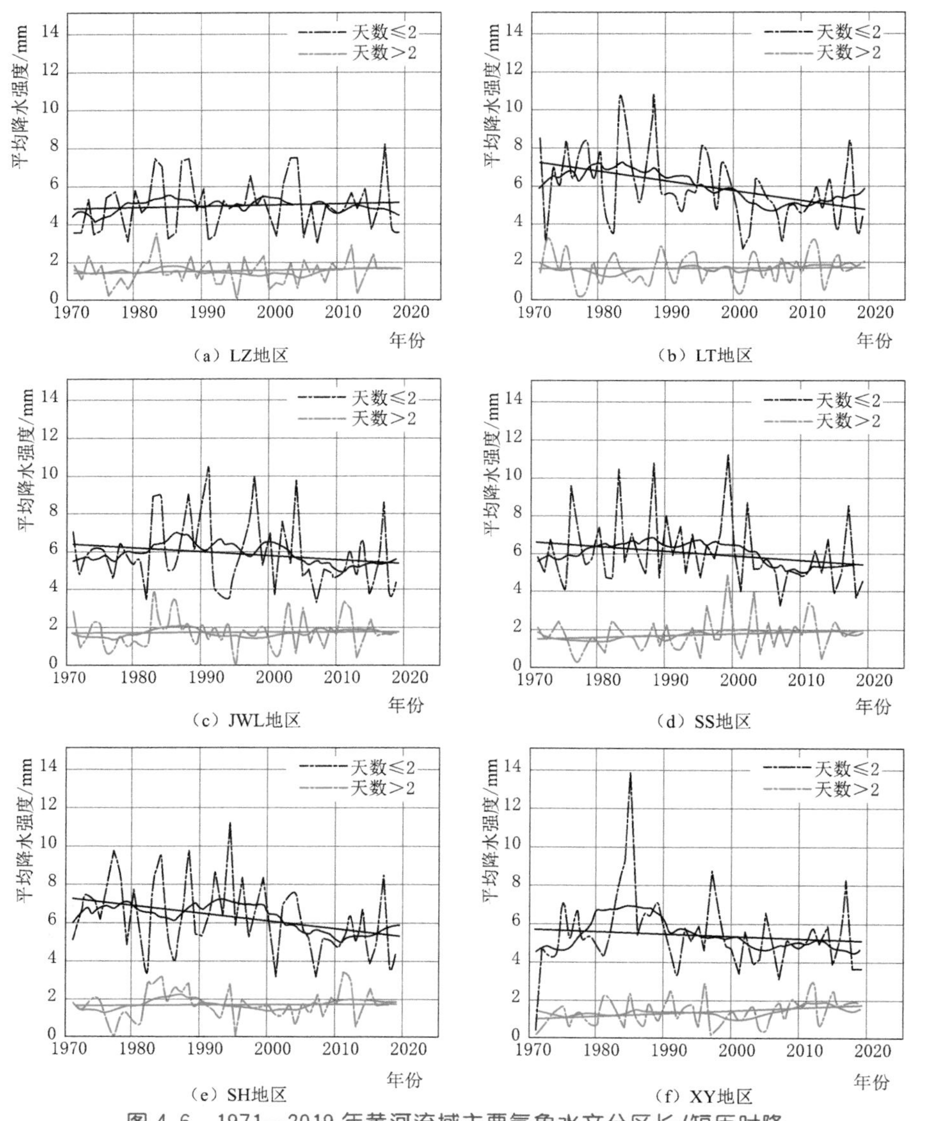

（a）LZ地区

（b）LT地区

（c）JWL地区

（d）SS地区

（e）SH地区

（f）XY地区

图4.6 1971—2019年黄河流域主要气象水文分区长/短历时降水过程的平均降水强度变化趋势（单位：mm/d）

4.5 本 章 小 结

本章利用历史降水实测数据，从降水过程持续时间出发，诊断分析了黄河流域 6 个主要气象水文分区降水持续性的季节变化特征，并针对不同持续时间的降水过程降水量、降水强度和发生频次的季节变化进行了讨论，主要得到以下结论。

黄河流域不同持续时间降水过程地域差异性明显。兰州以上和泾渭洛河年降水过程平均持续时间较长，三花区间平均持续时间最短。旬降水的季节演变反映了流域不同区域的雨季特征，包括青藏高原东部夏季雨季、华北雨季、华西秋雨等。

对于流域的 6 个典型气象水文分区，区域站点降水结构具有显著的空间差异性。最大过程降水量平均出现时间自西向东延迟，兰州以上出现在 7 月中旬，兰托区间、山陕区间、泾渭洛河 7 月下旬，黄河下游出现在 7 月下旬至 8 月上旬。泾渭洛河的庄浪至华亭一线是流域过程降水发生频次、累计降水量、强度最大值中心，黄河中游右岸的汾河、沁河是最小值中心。

流域短历时和长历时降水的季节变化特征差异较大。黄河兰州以上、泾渭洛河短历时降水主要影响时段超前于长历时降水过程，两类降水过程的累计降水量相当；山陕区间、三花区间、短历时降水过程时段与长历时降水过程高度重合，短历时降水量占总降水量比重明显高于长历时降水过程。

黄河流域年降水量整体增加主要源于暖季（夏季、秋季）降水量增加。不同历时降水过程演变趋势上，不大于 2 天的短历时降水过程的整体变化趋势不明显，大于 2 天的长历时降水过程的发生频次及降水强度显著增加，其中黄河下游长历时降水过程降水贡献率最大。

第5章 2011—2019年黄河宁蒙河段首凌过程冷空气演变

黄河宁夏—内蒙古河段（宁夏石嘴山—内蒙古头道拐）（以下简称“宁蒙河段”）地处黄河流域最北端，海拔均在1000m以上，距离海洋遥远，冬季常被蒙古高压控制，大陆性气候特征明显，冬季气候寒冷，日平均气温在0℃以下的时间可持续4～5个月，该河段结冰期长达4～5个月。宁蒙河段冬季大部分时间都为稳定封冻河段，凌汛期通常从11月中下旬开始流凌，12月上旬封冻，次年3月中下旬解冻开河，封冻长度约120天，封冻长度达1000km。据统计，新中国成立以来黄河宁蒙河段冰凌灾害严重，至今已经发生凌灾约30次。

冰情变化最主要的影响因子是热力因素，目前冰凌预报模型框架大多以热力学为基础，利用温度演变预测冰清。其中首凌日期的预报方案均是建立在气温预报基础上，据统计黄河内蒙古河段首凌与冷空气活动密切相关。预报方案大多忽略或简化了动力、河道及人为因素的影响。根据冰水力学理论，流凌过程中的摩擦力、拖曳力及风力均对冰凌的形成和运动存在较大的影响。冰情预报归根到底是对水温的预报，理论上水温的变化取决于水体和周围环境的热交换，包括水与大气的热交换、水与河床的热交换，其中水与大气的热交换起主导作用。

目前已有针对冷空气过程特征的研究主要集中在中国中高纬度地区，特别是冷空气活动频繁的新疆地区及其他行政区域或地理区域，但针对具有黄河内蒙古河段冰凌期间的冷空气特征及其与河道冰情关系的研究仍然较少。同时对首凌期间水体的失热途径及其失热总量研究也相对甚少。本章结合以往冷空气研究和实际业务预报需求对黄河内蒙古河段冷空气特征，同时利用水气界面热量平衡方程对黄河内蒙古河段首凌前期水体失热特征进行研究，分析首凌前期水气界面的热量交换特征及其气候影响因素，为黄河凌汛期防灾减灾提供理论参考和数据支撑。

5.1 数据和方法

5.1.1 数据

计算水汽界面感热通量使用的数据包括黄河内蒙古河段包头站1971—2005年、2011—2019年逐日2m气温、10m风速、0cm地温以及三湖河口水文站逐日水温、逐日平均流量、逐日平均流速。计算冷空气过程使用的数据包括黄河内蒙古河段29个沿河气象观测站点逐日最低气温、平均气温，研究时段与水温数据时间序列一致，为1971—2019年，所有气温数据均经过质量检查和控制。

5.1.2 方法

水汽界面的热交换是水体主要的热量来源，也是引起水温变化主要原因，水面热交换主要包括辐射、蒸发和热传导三部分，通过水面进入水体的净热量如式（5.1）所示。

$$\varphi_n = \varphi_z + \varphi_{an} - \varphi_{br} - \varphi_e - \varphi_c \tag{5.1}$$

式中：φ_n 为水汽界面净热通量；φ_z 为进入水体的太阳净短波辐射，W/m^2；φ_{an} 为大气长波辐射，W/m^2；φ_{br} 为水体长波的返回辐射，W/m^2；φ_e 为水面蒸发热损失，W/m^2；φ_c 为热传导通量，W/m^2。

考虑太阳入射辐射为纬度的函数，内蒙古河段纬度约为43°N，11—12月平均太阳短波入射辐射约为400J；由于斯蒂芬玻尔兹曼常数数量级为10^{-7}，水气表面净长波辐射较小，净长波辐射为水气界面温差与10^{-7}量级小量的乘积；式（5.1）可整合为水气温差、水气界面饱和水汽压差以及风速的函数，各项因子的数量级为10^1，因此，从量纲分析可以看出冬季内蒙古河段水气界面热平衡方程可近似为水气温差、水气界面饱和水汽压差和风速的函数。

为了进一步明确流凌前期水气界面的热交换特征，利用基于 Monin - Obukhov 相似理论的水气表面的热传导通量中的感热通量、潜热通量和风应力计算公式［式（5.2）］对黄河内蒙古流凌前期水气界面的热通量进行分解。

$$\begin{cases} Q_E = \rho_a L C_E (q_a - q_s) \, |\Delta \vec{U}| \\ Q_H = \rho_E C_P C_H (\theta_a - \theta_s) \, |\Delta \vec{U}| \\ \vec{\tau} = \rho_a C_D \, |\Delta \vec{U}|^2 \end{cases} \tag{5.2}$$

式中：Q_E、Q_H、$\vec{\tau}$ 分别为感热通量、潜热通量和风应力；ρ_a、q_a 和 θ_a 分别为水面的空气密度、比湿和位温；q_s、θ_s 分别为水表面的比湿和位温；L 为水表面的蒸发潜热；C_P 为空气定压比热；$\Delta\vec{U}$ 为水表风速和水流速之差；C_E、C_H 和 C_D 分别为动量、感热和潜热通量的整体交换系数（拖曳系数），这里采用 Li 等（2016）在黄河鄂陵湖观测试验计算出的交换系数，分别为1.36×10^{-3}、1.49×10^{-3}、2.51×10^{-3}。

定常波活动通量使用 Plumb（1985）方法计算，公式为

$$F = \frac{F_\lambda}{F_\varphi} = \frac{P}{P_s}\cos\varphi \begin{pmatrix} v'^2 - \dfrac{1}{2\Omega\alpha\sin2\varphi}\dfrac{\partial(v\Phi')}{\partial\lambda} \\ -u'v' + \dfrac{1}{2\Omega\alpha\sin2\varphi}\dfrac{\partial(v'\Phi')}{\partial\lambda} \end{pmatrix} \tag{5.3}$$

式中：u'、v'为应用了地球地转近似之后的纬向距平值；Φ'为位势高度纬向平均值；Ω、α 分别为地球自转角速度和地球半径。

热力学能量方程的诊断如下：

$$\frac{\partial T}{\partial t} = -u\frac{\partial T}{\partial x} - v\frac{\partial T}{\partial y} + (\Gamma_d - \Gamma)\omega + \frac{1}{C_P}Q \tag{5.4}$$

式中：T 为温度；u 和 v 为水平风速；Γ_d 为干绝热递减率；Γ 为环境温度垂直递减率；ω 为垂直速度。

方程右端前两项之和代表风场平流引起的温度变化；右端第三项代表垂直运动引起的

温度变化，这一项未考虑与垂直运动相关的非绝热作用；右端第四项为非绝热作用项。

垂直运动引起的非绝热温度变化使用了 Raymond（1992）和 Emanuel 等（1987）的方法，公式为

$$\theta=\omega\left(\frac{\partial\theta}{\partial p}-\frac{\gamma_m}{\gamma_d}\frac{\theta}{\theta_e}\frac{\partial\theta_e}{\partial p}\right) \tag{5.5}$$

式中：θ 为位温；θ_e 为相当位温；γ_m 为湿绝热递减率；γ_d 为干绝热递减率。

使用 NOAA 空气资源实验室开发的供质点轨迹、扩散及沉降分析用的综合模式系统 HYSPLIT v4（Hybrid Single Particle Larangian Integrated Trajectory Model），HYSPLIT v4 分析气流轨迹的做法是假设气块随风飘动，以气块一个时间步长的运动为例，气块的最终位置由其最初位置和第一猜测位置之间的平均速度计算得到。HYSPLIT v4 模式采用的是地形坐标，输入的气象数据在垂直方向上需要内插到地形追随坐标系统上（Draxler et al.，1998）。

平均轨迹的计算方法为：设有 N 条轨迹，定义每个簇的空间方差为簇内每条轨迹与簇平均轨迹对应点的距离平方和，每条轨迹在起始时刻分别定义空间方差为零，且各自为独立的一个簇，算出所有可能组合的两个簇的空间方差，任选两个簇合并为一个新簇，以使合并后所有簇的空间方差之和（Total Spatial Variance，TSV）比合并前增加最小，一直进行到所有轨迹合并成为一个簇。最初几步 TSV 迅速增加，然后 TSV 增加缓慢，但当分成一定数量的簇后，再进一步合并时，TSV 又迅速增加，说明此时将要合并的两个簇已经很不相似，这时把 TSV 再次迅速增加的点作为分簇过程的结束点，最后计算得到平均轨迹。本书中模式追踪主要采用向后追踪模式，设置向后追踪时长为 168h。

根据《冷空气等级》（GB/T 20484—2017），冷空气过程分为弱冷空气、中等强度冷空气、较强冷空气、强冷空气和寒潮（表 5.1），这里均指单站冷空气过程。

表 5.1 冷空气等级划分标准

类别	过程最大降温幅度	过程最低气温
弱冷空气	$\lvert \Delta T_{48} \rvert < 6$℃	无
中等强度冷空气	6℃ $\leqslant \lvert \Delta T_{48} \rvert < 8$℃	无
较强冷空气	8℃ $\leqslant \lvert \Delta T_{48} \rvert$	$T_d > 8$℃
强冷空气	8℃ $\leqslant \lvert \Delta T_{48} \rvert$	$T_d \leqslant 8$℃
寒潮	8℃ $\leqslant \lvert \Delta T_{24} \rvert$， 或 10℃ $\leqslant \lvert \Delta T_{48} \rvert$， 或 12℃ $\leqslant \lvert \Delta T_{72} \rvert$	$T_d \leqslant 4$℃

5.2 黄河内蒙古河段冷空气活动特征

5.2.1 冷空气活动频率

1961—2019 年，黄河内蒙古河段 29 站冷空气活动发生频率约为 65 次/a。空间分布上，河套平原西部和远离河道地区冷空气高发，发生频率接近 70 次/a，其中弱冷空气约

为 41 次/a。空间分布上弱冷空气发生频率整体表现为东低西高；强冷空气发生频率西低东高，黄河向南转向的北侧地区为强冷空气高发区，较西部多 2～3 次；寒潮方面，黄河内蒙古河段各站每年约有 7 次寒潮冷空气过程，整体呈东高西低分布特征，东部寒潮发生频率较西部偏多 5～6 次/a。

时间演变上，表 5.2 给出了各级冷空气自 20 世纪 60 年代以来的发生频次。整体上各级冷空气年代际变化均具有明显波动特征，其中 1990—2010 年冷空气频率明显偏少阶段。具体而言，弱冷空气年代际减少趋势明显，2011—2019 年较 2000 年之前减少约 7 次/a，中等强度以上冷空气过程在 1991—2010 年呈现明显减小趋势后，2011 年后转为增加趋势。

表 5.2　1961—2019 年各级冷空气年代际变化　单位：次/a

时　间	各级冷空气发生频次				
	弱冷空气	中等强度冷空气	较强冷空气	强冷空气	寒潮
20 世纪 60 年代	43.7	11.4	0.1	7.6	8.7
20 世纪 70 年代	44.7	11.2	0.0	7.3	8.1
20 世纪 80 年代	44.8	10.6	0.1	6.6	6.7
20 世纪 90 年代	40.7	9.4	0.0	5.9	6.0
2001—2010 年	36.5	8.5	0.1	6.1	5.6
2011—2019 年	36.2	9.1	0.5	6.1	6.1

5.2.2　11 月冷空气活动特征

根据黄河宁蒙河段历史凌汛数据，冬季首次流凌（首凌）多发生在三湖河口至头道拐河段，日期多年平均值为 11 月 18 日。表 5.3 给出了 1961—2019 年 11 月各级冷空气活动的年代际变化。整个时段而言，11 月有 5.6 个冷空气过程，其中 3.2 个弱冷空气过程、0.9 个中等强度冷空气、0.7 个强冷空气、0.8 个寒潮天气过程。年代际变化上，20 世纪 90 年代和 2001—2010 年期间除弱冷空气外其他各级冷空气发生频率均明显减少，2011 年后略有增加，这与冷空气过程年变化趋势一致。各级冷空气降温持续时间上，除较强冷空气外，随着冷空气等级增加，降温持续时间增加。年代际变化上，各级冷空气降温持续时间均经历了先减少后增加的过程。2011—2019 年各级冷空气降温持续时间均较 1990 年前明显增加。

表 5.3　1961—2019 年逐年 11 月各级冷空气年代际变化　单位：次/a

冷空气类别	各级冷空气发生频次					
	20 世纪 60 年代	20 世纪 70 年代	20 世纪 80 年代	20 世纪 90 年代	2001—2010 年	2011—2019 年
弱冷空气	3.2	3.4	3.5	3.5	2.6	2.5
中等强度冷空气	1.1	1.0	0.9	0.7	0.8	1.1
较强冷空气	0.0	0.0	0.0	0.0	0.0	0.0
强冷空气	0.7	0.8	0.6	0.5	0.7	0.8
寒潮	0.8	0.9	0.7	0.7	0.6	0.7

5.2.3 冷空气活动降温过程

根据冷空气移动的水平路径特征，采用聚类分析方法将 1971—2020 年直接导致黄河内蒙古河段出现首凌的冷空气路径进行分类。

（1）偏北路径。该路径冷气团汇聚于蒙古境内后经过长时间的堆积后沿东经 110°附近向南扩散进而影响黄河内蒙古河段，占全部路径的 23.7%。

（2）超长路径。冷空气从遥远的欧洲途经中亚从新疆北部侵入内蒙古地区，该路径所占比例仅有不到 6%。

（3）西北路径。该路径的冷气团汇聚于哈萨克丘陵后经蒙古入侵内蒙古地区，占到接近 50%。

（4）偏西路径。冷空气长期在新疆地区盘踞，被偏西风裹挟进入内蒙古地区，该种路径约占全部路径的 20%。

垂直方向上，四种路径的冷气团活动主要在 850hPa 高度层附近及以下活动。最大降温日前 168h 内的垂直运动可概括为下沉—上升—下沉，过程中西北偏北路径气块下沉幅度最大，偏西路径下沉幅度最小。

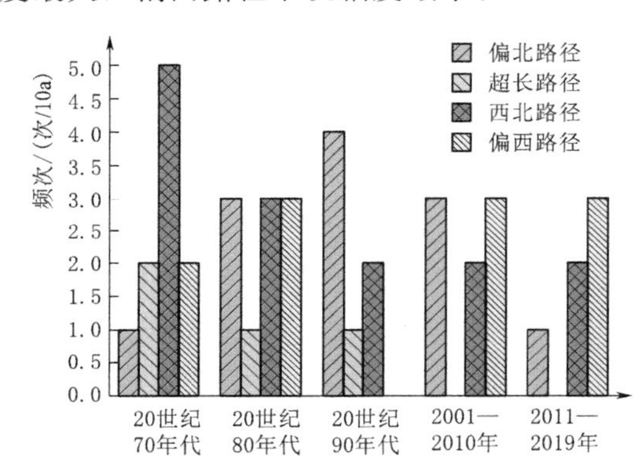

图 5.1 四种不同路径冷空气发生频次年代际变化

直接导致黄河内蒙古河段首凌的四种路径冷空气发生频次的年代际变化趋势差异较大（图 5.1）。其中，偏北路径发生频次增加明显，尤其是 1981—2010 年，偏北路径冷空气频次明显偏多；超长路径冷空气过程减少趋势明显；西北路径和偏西路径发生频次整体波动较小。

表 5.4 是历年首凌过程引起的气温、河道水温变化幅度统计。四路冷空气过程造成的气温降幅从大到小依次是偏北路径、西北路径、偏西路径、超长路径。但在河道水温变幅上，西北路径引起的水温变幅最大，其次是偏北路径、超长路径和偏西路径。由于河道水温除了受到局地气温下降的影响，同时还受上游来水的影响，西北路径冷空气地面冷气团移动路径与河道径流方向接近，冷空气到达包头站前，河道水体与冷空气之间的热交换已大大削弱了水体内能，使得水温变幅最大。

表 5.4 四种路径冷空气过程影响下的气温和水温降幅 单位：℃

冷空气路径	偏北路径	超长路径	西北路径	偏西路径
最大气温降幅	−8.1	−4.4	−7.5	−5.1
最大水温降幅	−3.3	−2.7	−3.5	−2.5

5.2.4 不同冷空气路径的大气环流异常特征

为了进一步探讨导致黄河内蒙古河段首凌的冷空气过程之间的差异，本节首先对不同路径冷空气爆发日之前5天的平均环流场特征进行合成分析，诊断不同路径冷空气过程的环流差异，并在此基础上对引导冷空气爆发的定常波通量异常进行合成，诊断不同路径冷空气导致降温幅度差异的环流异常特征。

冷空气的向南输送是东亚冬季风系统最重要的瞬变扰动形式，通常强冷空气大气环流背景特征存在很大的相似性，但经过路径分类，不同类别冷空气过程对应的环流差异非常明显。

（1）偏北路径冷空气过程对应欧亚中高纬地区500hPa高度场总体为“一槽一脊”型，东北亚地区存在明显低槽，同时东北至华北地区阶梯槽特征显著，黄河中游温度梯度增加，在温压场配置上温度槽明显落后于高度槽，有利于高度槽加深，引导高空冷平流下潜。此外地面冷高压主体位置与温度槽位置接近，有利于冷空气集中爆发，造成大幅度的降温。

（2）超长路径冷空气过程对应的欧亚中高纬500hPa高度场整体形势表现为“两槽一脊”型，纬向型环流特征明显，温度槽与高度槽重合，西风槽主要以东移为主，地面冷高压主体位于哈萨克斯坦东部，中高空温压场配置不利于冷空气主体的快速向南爆发。

（3）西北路径冷空气过程对应的欧亚中高纬500hPa高度场整体形势表现为“一槽一脊”型，中国东北地区径向型环流特征明显，但径向度明显小于偏北路径，温度槽稍落后于高度槽，但温度槽整体温度梯度较小，热成风较弱，不利于引导高空冷平流下潜，西风槽主要以东移为主，地面冷高压主体位于蒙古国境内，中高空温压场配置有利于冷空气主体向东南移动。

（4）偏西路径冷空气过程对应的中高空形势场为弱的“一槽一脊”型，纬向型环流特征明显，高空引导气流较弱，地面冷高压主体偏弱，整体配置不利于冷空气爆发。

大气动力学中通常用波作用通量来诊断罗斯贝波（Rossby）的传播。常用的三种波作用通量分别为局地E-P通量，Plumb波作用通量和T-N波作用通量。其中Plumb波或T-N波作用通量可以直接表现罗斯贝长波的时间演变过程，因此需要诊断一次天气过程的波活动演变特征时，通常选择T-N波或Plumb波作用通量。这里利用Plumb（1985）的计算方法对四种路径冷空气过程爆发当日的定常波活动通量异常进行了诊断。四种路径冷空气爆发过程均对应有波列从欧洲沿东南方向传播到东亚。冷空气爆发当日，黄河内蒙古包头河段Plumb波作用通量由北指向南。根据波活跃于急流附近的理论，该处Plumb波作用通量来自等高线密集的东北低涡。偏北路径冷空气爆发当日，欧亚大陆上游明显的波包输送，东北冷涡强度明显增强，低值距平中心可达到－400m，冷涡南部冷平流强度明显增强，导致冷空气向南爆发；超长路径冷空气爆发当日欧亚大陆槽脊波动能量频散特征明显，与偏北路径相似，东北冷涡南部冷平流明显，较偏北路径明显偏东；西北路径冷空气爆发当日上游地区有明显的小槽东移，东北冷涡强度与位置与偏北路径冷空气位置接近，但引导冷空气入侵内蒙古地区的为偏西气流，同时东亚东部冷空气动量下传特征显著。偏西路径冷空气爆发当天，西风带槽脊振幅较小，同时东北冷涡整体强度较弱，高空引导气流主要以偏西风为主，冷平流较弱。

5.2.5 局地降温幅度差异的物理因子诊断

不同的大气环流配置导致了冷空气影响过程的差异，影响过程的差异必然导致区域水平上三维风场、气压、气温变化的不一致。本节主要利用温度诊断方程分析不同路径冷空气影响下局地气温演变的控制因子。

黄河内蒙古河段平均海拔高度在 1000m 左右，通常在不考虑地面辐射影响时 850hPa 温度变化与地面气温变化具有很好的一致性；历年黄河内蒙古河段首凌发生当天多是阴天或雨日，其中 99%为阴天，因此这里通过了解 850hPa 温度变化反映地面温度变化的大致原因。图 5.2 为四种路径冷空气过程影响下黄河内蒙古河段首凌日之前 5 天 850hPa 温度变化趋势。黄河内蒙古河段首凌日均为（偏西路径外）冷空气造成的累计最大降温日的次日；逐日气温变化特征上，除偏北路径外，其他三种路径对应的气温变化波动明显，其中西北路径冷空气最大降温日前一日伴有明显增温；在降温幅度上，以偏北路径降温幅度最大，超长路径降温幅度最小。此外，在逐日温度变化范围上，偏北路径和西北路径逐日气温变化不确定性较大，对应这两种冷空气影响下，利用冷空气过程最低气温日进行首凌日期预报存在一定的不确定性。

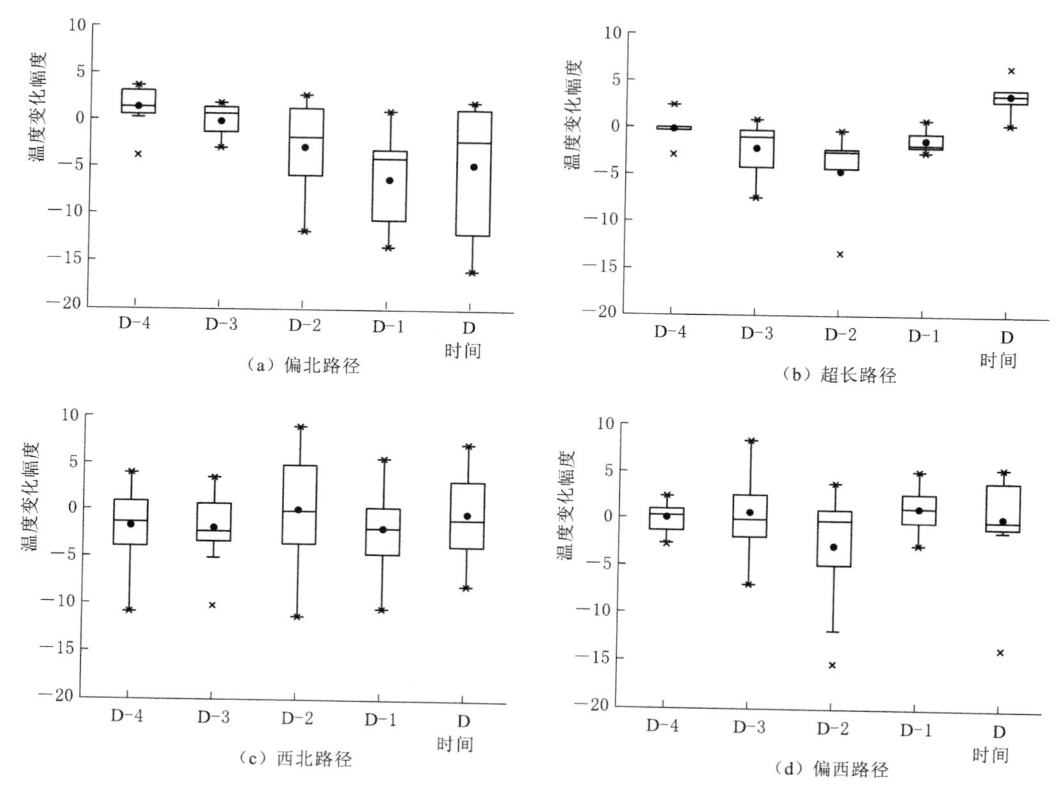

图 5.2　四种路径冷空气过程影响下黄河内蒙古河段首凌日之前 5 天 850hPa 温度变化趋势（单位:℃）

水平风场和垂直上升运动引起的 850hPa 温度平流在温度变化中起着至关重要的作用。图 5.3 给出了包头地区分别由水平风场平流和垂直运动引起的 850hPa 区域平均气温变化的时间序列（样本中位数），其中垂直运动引起的温度变化同时考虑了绝热变化和非绝热变化的作用。四种路径冷空气影响包头地区过程中，除偏北路径外，首凌之前 3 天均有垂直运动造成的增温现象；其中超长路径和西北路径冷空气过程中垂直运动造成的增温最明显。垂直运动造成的温度变化总体为先增温后降温，降温幅度上西北路径冷空气造成的降温最明显。温度平流引起的变温方面，偏北路径冷空气过程中风场平流引起的整体降温强度和维持时间均最强，其次是西北路径和超长路径。与850hPa包头地区温度变化趋势对比，风场平流引起的温度变化与850hPa温度变化趋势最为一致，即风场平流变化对850hPa温度倾向具有较好的指示作用，而垂直运动引起的绝热和非绝热变化主要引起冷空气爆发前的增温以及增加850hPa降温幅度。四种路径冷空气过程中风场平流和垂直运动引起的温度变化趋势上：偏北路径冷空气影响过程中，风场平流和垂直运动造成的温度变化均以降温为主；其他三种路径冷空气影响过程中，风场平流和垂直运动造成的温度变化以反向为主，风场平流变化造成降温，垂直运动变化造成升温。

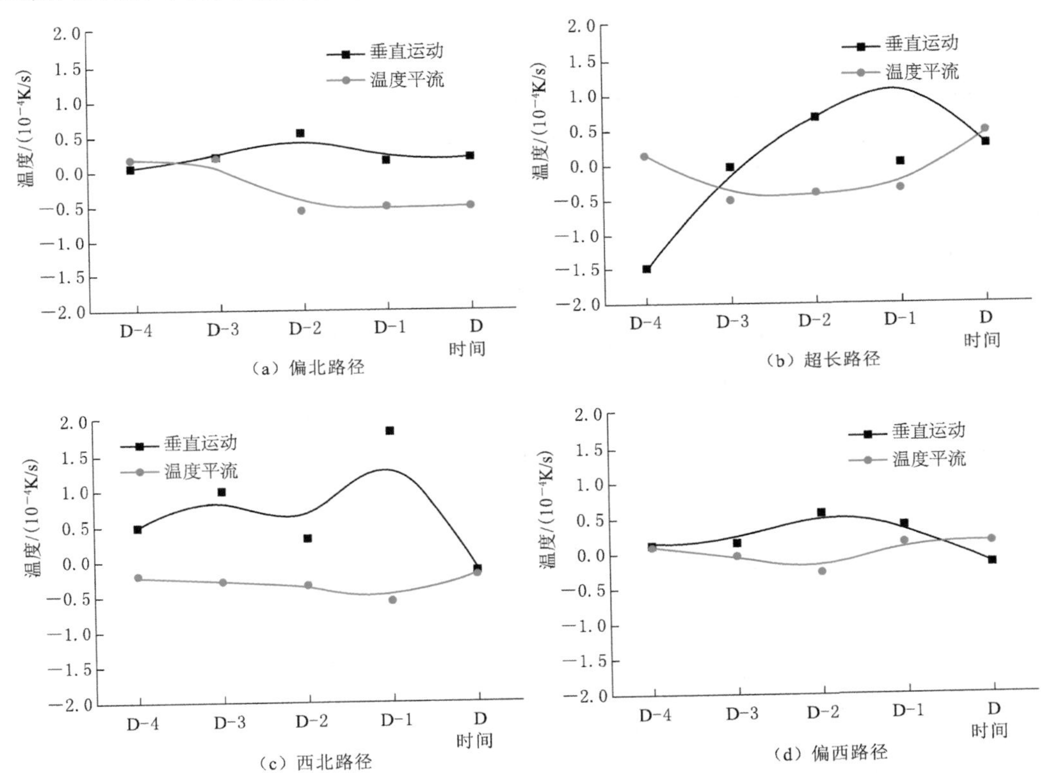

图5.3 影响内蒙古河段首凌的四种冷空气过程包头地区温度平流和垂直运动分别引起850hPa温度变化的时间序列

5.3 三湖河口站首凌前期水文气象特征

5.3.1 基本气象水文要素统计特征

表5.5给出了自1970年以来三湖河口站历年11月1日至当年首凌日期间（这段时间称为流凌前期）的气象水文要素统计值。地面气温年代际波动特征明显：风速方面，2005

年前风速具有明显年代际减小趋势，2011年后有所增加；水文要素上，河道水温呈明显年代际增加趋势，2000年前后增加趋势减缓；对应的河道首凌时间上，2000年后时间明显推迟，平均每10年推迟4天，2011—2019年后较2000年前推迟6.6天；流凌前期的河道流量波动变化，年代际增量为100m³/s，1990年后河道流量增加趋势明显。

表5.5　　1970—2019年逐年11月1日至流凌当日的水文气象要素统计值

时　间	气温/℃	风速/(m/s)	0cm地温/℃	水温/℃	平均流凌日	流凌前平均流量/(m³/s)
20世纪70年代	0.06	3.04	0.86	3.76	11月18日	708.50
20世纪80年代	−0.42	2.21	0.12	3.43	11月18日	599.40
20世纪90年代	0.77	1.90	0.89	4.61	11月17日	471.60
2001—2010年	−0.21	1.43	−0.48		11月22日	571.6
2011—2019年	−0.03	2.52		4.02	11月26日	654.10

黄河宁蒙河段自每年11月1日进入凌汛期，至平均流凌日11月20日（1971—2015年）共计20天，平均水温从4℃（多年平均）降至0℃，对历史首凌前期水温变化统计发现，进入凌汛期的水温（11月1—5日）呈明显增暖趋势，1971—2000年平均水温为5.5℃；2011—2019年平均水温为6.9℃，较2000年前（1971—2000年）增加约1.5℃，对应首凌日期较之前延后约7.3天。鉴于历年11月初河道水温均值均大于5℃，为了对三湖河口站首凌前期水气界面热通量变化进行定量化分析，这里将首凌前期设定为河道水温首次降至5℃的日期至首凌当日期间。

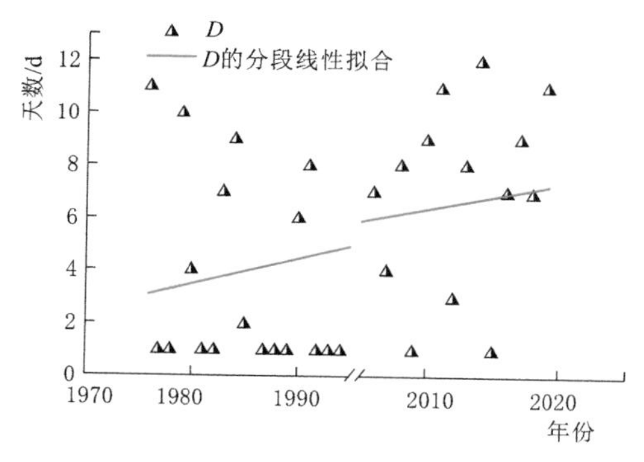

图5.4　1973—2020年三湖河口河道水温自11月1日降至5℃所用天数

图5.4给出了自1973年以来三湖河口河道水温降至5℃所需天数。2000年之前，约有1/3年份进入凌汛期后河道水温即降至5℃，该时段内平均水温降至5℃平均需3.6天，2000年后仅2年凌汛于11月1日河道水温降至5℃，2011—2019年期间平均水温降至5℃需7.3天，较之前约增加3.7天。进一步计算河道初始水温降至5℃的日期与河道首凌日期的相关系数发现二者相关系数为0.34（通过0.05显著性检验），河道初始水温的增加对首凌日期具有显著的延迟作用。

5.3.2　河道水温从5℃降至0℃的通量特征

河道初始水温对河道首凌日期的延迟作用可以解释首凌日期仅10%（方差贡献率）的变化。因此河道水温从5℃降至0℃的水体失热过程是影响河道首凌日期的关键因素。根据河道水体表面的能量平衡方程对2011—2019年河道水温从5℃降至0℃的感热、潜热和风应力能量通量分别进行计算（表5.6）。从表中可见，水汽界面热量方程中的3个通量项中，感热通量所占比重最大，潜热通量其次，风应力最小，量级分别为10^2、10^1、10^{-1}。根据量纲分析，对热量平衡方程进行二阶近似，略去风应力项，河道水面热通量变化主要由感热通量和潜热通量共同决定。进行一阶近似，则潜热通量项和风应力项略去，河道水气界面热通量变化主要由感热通量决定。

受限于水温历史资料，这里给出1971年以来河道流凌前期河道水温从5℃降至0℃总径流量和总感热通量的散点图（图5.5）。整体而言，河道水温由5℃降至0℃对应的总感热通量与总径流量显著相关（相关系数为0.48，通过0.01显著性检验），即随着河道水量增加水气界面热量损失随之增加。2010年后，二者关系发生明显改变，2011年后总径流量和总感热通量关系较2000年之前均存在显著性差异（T检验，95%置信度），总径流量和总感热通量之间关系明显减弱，说明2011年后河道径流量对河道流凌水气界面热交换总量的影响水平显著降低。

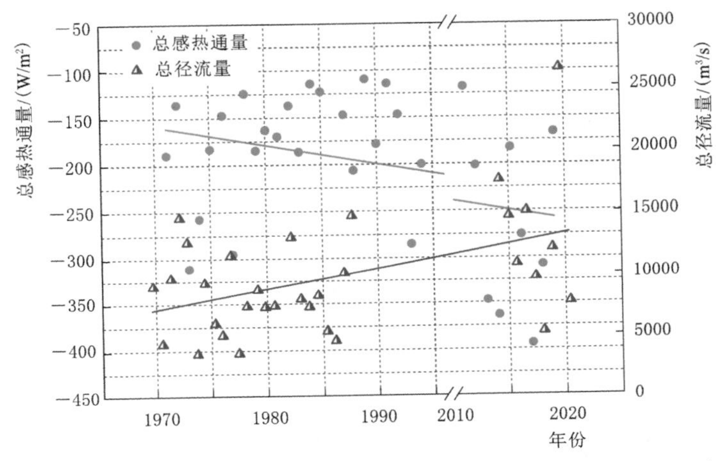

图5.5 河道水温从5℃降至0℃对应的水气界面总感热通量及总径流量

由表5.6可知，2011年后，河道流凌前期总径流量与水气界面感热通量交换总量的分布较为混乱，河道流凌前期水气界面总感热通量与河道总径流量关系仅有0.06。经统计，2011年后同等流量条件下水温由5℃降至0℃对应的水面总感热通量较历史同等流量条件异常偏大。

表5.6　2011—2019年河道水温从5℃降至0℃的各通量项统计

年份	总径流量 /(m³/s)	平均流速 /(m/s)	总感热通量 /(W/m²)	总潜热通量 /(W/m²)	总风应力 /(W/m²)
2011	17437	1.32	119.06	13.62	0.08
2012	14618	0.92	200.47	12.84	0.02
2013	10866	0.53	346.58	32.18	0.51
2014	14933	1.15	362.87	24.49	0.18
2015	9577	0.73	156.39	13.71	0.20
2016	5212	0.69	275.53	25.72	0.28
2017	12099	1.23	394.43	24.82	0.17
2018	21653	1.10	307.53	28.62	0.18
2019	7670	1.04	166.42	12.56	0.13

5.3.3　流凌前期总感热通量异常偏大原因分析

感热通量是温差和风速的合成函数。2011 年以来，首凌前期水汽界面感热通量异常偏大，需考虑的问题：一是流凌前期总体热量损失途径是否发生了变化；二是感热通量自身是否存在异常变化趋势。以下将从这两方面进行原因探讨。

根据《水利水电工程水文计算规范》（SL/T 278—2020），河道中水体与周边环境热交换因素包括辐射因素、水面蒸发损失（潜热）、对流失热损失（感热）河段旁侧入流热量交换、河床与水流热交换、水流动力加热等 9 项。其中辐射、气温、湿度和风速是影响河道水体失热最重要的气象因子；对封冻河段或浅水河道而言，水体与河床的热交换也是一个重要的因素。水体与河床的热交换通量是由热传导系数和土壤中的温度梯度的乘积决定。对 1961—2015 年各层土壤温度变化趋势上，80cm 以上土壤温度具有明显升高趋势，图 5.6 给出了 1961—2019 年逐年 11 月包头气象站各层土壤温度的垂直梯度分布，由图中可见，2000 年后浅层土壤温度梯度（40cm 以上）有明显减小趋势。根据热平衡方程，一定流量条件下河道水温从 5℃降至 0℃时水体热量损失一定，若河道水体与河床热交换减少，水气界面热交换通量将随之增加。

根据式（5.3），假定拖曳系数不变，感热通量是地气温差和风速的耦合函数，其中地气温差是感热通量的根源，风速的作用类似于放大器。

水气温差这里用冷空气活动强度变化进行说明。根据现有历史资料进行统计，黄河内蒙古河段首凌约 97％均发生于某次冷空气活动过程中。这其中有 33％属弱冷空气过程，37％属寒潮降温过程，15％属强冷空气，15％属较强冷空气。年代际变化上，寒潮冷空气和弱冷空气变化趋势显著，其中寒潮冷空气为增加趋势，弱冷空气为减少趋势。此外，强冷空气与寒潮冷空气变化趋势一致，弱冷空气与较强冷空气变化趋势一致。如果将强冷空气和寒潮归为一类，弱冷空气和较强冷空气归为一类，简称为强弱两类冷空气，从年代际变化趋势上，研究时段内首凌当日所在冷空气过程从弱冷空气过程向强冷空气过程过渡（图 5.7）。经统计，2011—2019 年，黄河内蒙古河段首凌当日沿河站点达到强冷空气至寒潮标准的约占站点总数的 75％，较 20 世纪 60 年代增加 45％，相应的弱冷空气比例则从 80％降至 25％。

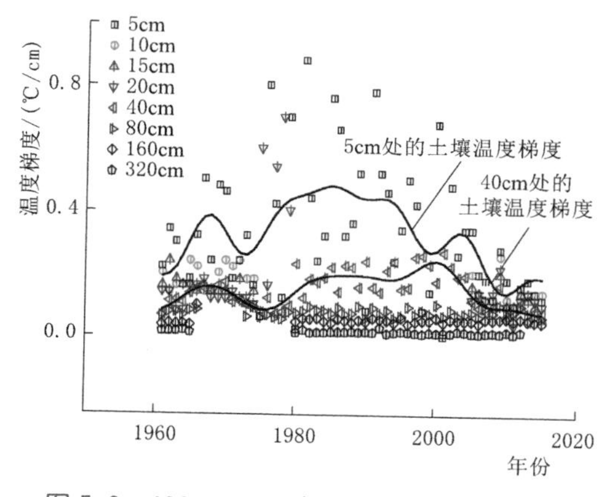

图 5.6　1961—2019 年逐年 11 月平均土壤温度梯度变化趋势

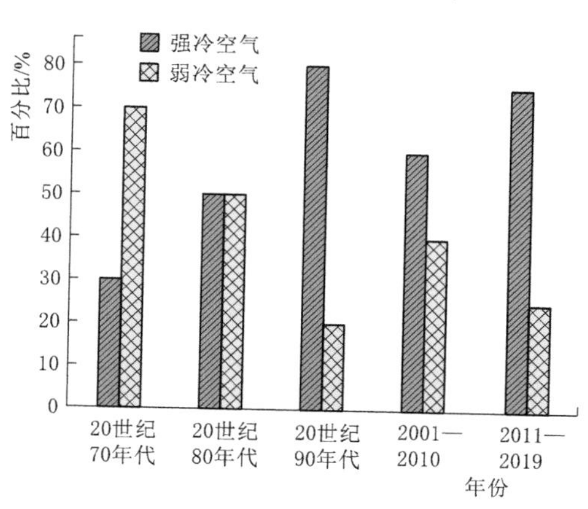

图 5.7　1970—2019 年首凌当日所处强弱两类冷空气过程年代际变化

1970—2019 年除缺测之外的共计 32 年中，河道水温由 5℃至河道首凌当日，约需要经历 2.2 次冷空气降温过程，其中 87.5%的年份包含有寒潮天气过程。同时冷空气过程发生频次年代际变化上具有明显波动特征，2000 年后冷空气发生频次增加趋势明显。

进一步对河道平均水温由 5℃降至首凌当日水温的寒潮冷空气过程最早发生时间进行统计（11 月未发生寒潮过程的记为缺测）。研究时段内寒潮最早发生日期提前趋势明显，2000 年之后，寒潮最早发生日期较之前提前 2 天，同时寒潮过程最大降温强度也有明显增加趋势。

此外，图 5.8 给出了历年 11 月平均风速和水气温差的变化趋势，从图中可见，11 月平均风速在 2011 年后较之前出现了显著差异（95%信度），同时水气温差在 2010 年后处于相对较大阶段。整体而言，2011 年后黄河内蒙古河段进入地面风速异常偏大、水气温差增加的时期，这种气候背景也使得流凌前期水气界面感热通量偏强。

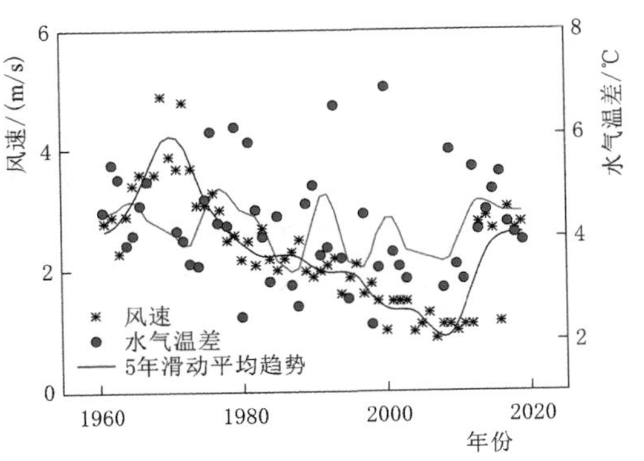

图 5.8　1961—2019 年逐年 11 月平均风速和水气温差

5.4 本章小结

本章通过对内蒙古历年流凌日期、河道水温、风速等地表要素进行特征分析，结合流量分析了河道水气界面热通量演变特征，并对 2011 年后内蒙古河段流凌前期水气界面热通量异常进行了气候方面原因的分析，得到以下结论。

（1）1971—2020 年直接导致黄河内蒙古河段首凌的冷空气过程按照路径差异分为四类：偏北路经占 23.7%，超长路径占 5.9%，西北路径占 50.4%，偏西路径占 20.0%。四种路径冷空气过程造成的河道水温降温幅度上，西北路径最大（−3.5℃），偏北路径为−3.3℃，降温幅度最小的是偏西路径。流凌当日所处冷空气过程从弱冷空气过程向强冷空气过程过渡。年代际变化上，直接导致黄河内蒙古河段的偏北路径冷空气在 1981—2010 年这 30 年发生频率较高，之后频次明显减少；超长路径和西北路径冷空气呈明显减小趋势；偏西路径整体变化趋势不显著。

（2）对应的大气环流异常特征上，四种冷空气过程均伴随着西风带长波槽脊的东移，但是环流形势主要表现为“一槽一脊”和“两槽一脊”两种，地面冷高压主体位置差异较小，但强度差异较大。四种路径冷空气爆发当天均有东北冷涡的向南爆发，四种路径冷空气爆发对应的定常波通量异常的空间分布反映了长波槽脊演变对冷空气爆发的不同作用方式。大多冷空气过程研究指出垂直运动场多表现为下沉运动，对降温没有明显作用，风场平流是引起降温的主要原因。本研究发现四种路径冷空气过程中，风场平流对局地温度变化起主要作用，垂直运动对局地温度变化的作用是先增温后降温。其中偏北路径冷空气主要以风场平流的作用为主，其他三种路径冷空气过程中风场平流和垂直运动的作用同等重要，特别是在冷空气影响的最大降温日（首凌当日）。

(3) 1971—2019 年，内蒙古河段首凌日期多年平均值为 11 月 18 日。2000 年后首凌日期明显推迟，2011—2019 年平均首凌日期较 2000 年前推迟 6.6 天。2000 年后河道初始水温与首凌日期具有明显负相关关系，河道初始水温增加对首凌出现日期具有明显延迟作用。

(4) 1971—2010 年，河道首凌前期水气界面总感热通量与河道总流量显著正相关。2011 年以来河道总流量与首凌前期水气界面感热通量对应关系明显减弱，同时，相同流量条件下，水气界面感热通量异常增加明显。

(5) 土壤温度梯度减弱增加了来自河床的能量通量，相同的水温变化就需要更多的水气界面热量损失；冷空气活动增多特别是强冷空气活动频率增加及地表风速加强加剧了水气界面感热通量交换；这些原因共同促使 2011 年以来内蒙古河段首凌前期水气界面感热通量异常增加。

第6章 黄河流域中尺度数值天气预报模式构建

6.1 数值天气预报模式的发展历史

数值天气预报（Numerical Weather Prediction）是指根据大气实际情况，在一定的初值和边值条件下，通过大型计算机做数值计算，求解描写天气演变过程的流体力学和热力学的方程组，预测未来一定时段的大气运动状态和天气现象的方法。

数值天气预报与经典以天气学方法作天气预报不同。首先，它是一种定量的和客观的预报，因此数值天气预报首先要求建立一个能较好反映预报时段的（短期的、中期的）数值预报模式和误差较小、计算稳定并相对运算较快的计算方法。其次，由于数值天气预报要利用各种手段（常规、雷达、船舶、卫星观测等）获取气象资料。因此，必须恰当地对气象资料进行调整、处理和客观分析。最后，由于数值天气预报的计算数据非常之多，很难用手工或小型计算机去完成，必须要有大型计算机。

预报所用或所根据的方程组和大气动力学中所用的方程组相同，即由连续方程、热力学方程、水汽方程、状态方程和3个运动方程所构成的方程组。方程组中，含有7个预报量（速度沿 x、y、z 3个方向的分量 u、v、w，温度 T，气压 p，空气密度 ρ 以及比湿 q）和7个预报方程。方程组中的黏性力 F、非绝热加热量 Q 和水汽量 S 一般都当作时间、空间和这7个预报量的函数，这样预报量的数目和方程的数目相同，因而方程组是闭合的。虽然数值天气预报在目前的天气预报中发挥着越来越重要的作用，但其本身还存在以下一些问题尚待解决。

（1）次网格尺度的物理过程的引入。由于大气是一种具有连续运动尺度谱的连续介质，故不管模式的分辨率如何高，总有一些接近于或小于网格距尺度的运动，无法在模式中确切地反映出来，这种运动过程称为次网格过程。湍流、对流、凝结和辐射过程都包含有次网格过程。在数值预报中已采用参数化方法来考虑这些过程，即用大尺度变量来描述次网格过程对大尺度运动的统计效应。尽管用这种方法已取得了相当好的效果，但仍有许多未解决的问题。如参数化不能考虑大尺度对小尺度的影响及其反馈作用，参数的数值缺乏客观的确定方法，模式对参数化的差异过于敏感等。

（2）非线性方程的数值解。虽然在适当条件下，可以证明某些线性微分方程组的稳定格式的数值解能够近似表示相应微分方程组的真解，但对于非线性微分方程来说，两种解却可能不完全一致。已有证据表明，虽然有时候数值解是计算稳定的，但却与真解毫无相似之处。

（3）初值形成问题。它包括初值处理、卫星资料的应用和四维同化等问题，这些问题至今尚未很好解决。

上述问题，都是人们对天气演变规律的认识，特别是对中期和长期天气过程及强风暴发生和发展的认识还很不够。此外，虽然用卫星和遥感技术等手段探测大气，对提供记录稀少地区的资料有一定贡献，但气象探测的精度和预报的准确率仍有待进一步提高。

6.2　天气研究预报模式物理框架

天气研究预报（Weather Research Forecast，WRF）模式是以美国国家研究中心（NCAR）、美国国家环境预报中心（NCEP）等科研机构为中心开发的新一代中尺度天气预报模式和同化系统。WRF模式系统具有可移植、易维护、可扩充、高效率、方便等诸多特性。由于该模式集成了过去几十年所有中尺度模式研究的成果，在数值计算、模式框架、程序优化等方面采用了当前最为成熟和最优化的技术，因此，世界上大多数国家选用该模式作为中尺度预报模式应用和科研。WRF模式在天气预报、大气化学、区域气候、数值模拟研究等领域有着广泛的应用。

WRF模式主要框架如图6.1所示，WRF模式提供两种动力核心，分别是由美国国家研究中心负责开发维护的ARW（Advanced Research WRF）和美国环境预测中心开发维护的NMM（Non-hydrostatic Mesoscale Model）。整个模式由前处理模块（WRF Pre-processing System，WPS）、模式（WRF）和后处理模块（Advanced Research WRF，ARW）等3部分组成。其中，前处理模块将静态数据（地形、植被、最大反照率等）和外部气象数据处理为模式所需要格式；WRF是主要模块，进行数值积分，后处理模块则主要对模式计算结果进行绘图分析等。Digital Filter和数据同化系统主要用于生成最优初始场。

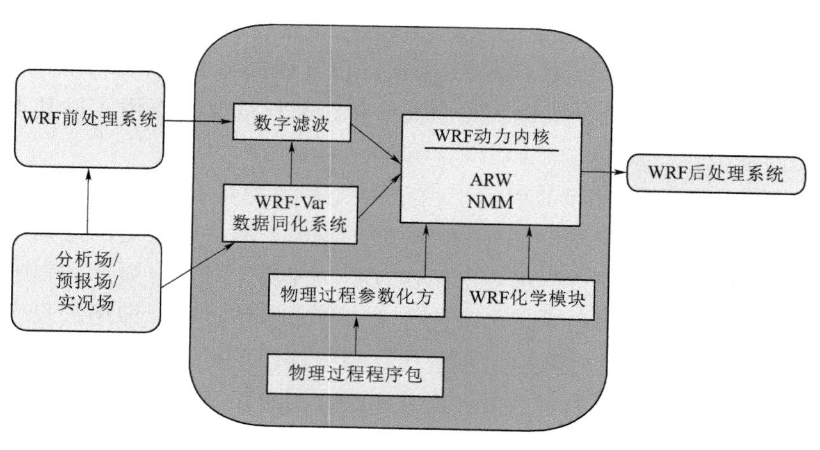

图6.1　WRF模式主要框架

WRF模式是一个完全可压的、非静力模式。其控制方程组都是通量形式。模式的动力框架有三种不同的方案，前两种方案都采用时间分裂显式方案来解动力方程组，而模式中垂直高频波的求解采用隐式方案，其他波动则采用显式方案。这两种方案的最大区别在于它们所采用的垂直坐标不同，分别是几何高度坐标和质量（静力气压）坐标；第三种方案是采用半隐式半拉格朗日方案来求解动力方程组，这种方案的优点是能采用比前两种方案更大的时间步长。

在研究地球大气圈内对流层和平流层的宏观大规模运动的时候，可以认为大气是理想气体，因此描写大气状态的宏观物理量就遵循状态方程，运动方程、连续性方程和热流入量方程等。ARW 采用可压缩滞弹性非静力欧拉方程组，由守恒变量构建通量形式的控制方程组，采用地形追随质量垂直坐标，水平网格为 Arakawa-C 网格。

ARW 采用 η 坐标，坐标定义见式（6.1）

$$\eta=\frac{p_h-p_{ht}}{\mu},\mu=p_{hs}-p_{ht} \tag{6.1}$$

式中：p_h 为气压值；p_{hs} 为地面气压；p_{ht} 为模式顶气压；η 在地面为 1，在模式顶层为 0。

WRF 中定义 $\mu(x,y)$ 为格点（x,y）上从地面到模式顶层单位面积的质量，则变量的通量形式为

$$V=\mu v=(U,V,W),\Omega=\mu\eta,\Theta=\mu\theta$$

在 ARW 的控制方程组中，主要包含的非守恒量有 $\varphi=gz$（位势）、p（气压）和 $\alpha=1/\rho$（密度倒数）。

由以上定义的变量，可得通量形式的欧拉控制方程组为

$$\begin{cases}\partial_t U+(\nabla V_u)-\partial_x(p\partial_\eta\phi)+\partial_\eta(p\partial_x\phi)=F_U\\ \partial_t V+(\nabla V_v)-\partial_y(p\partial_\eta\phi)+\partial_\eta(p\partial_y\phi)=F_V\\ \partial_t W+(\nabla V_w)-g(p\partial_\eta\phi)=F_W\\ \partial_t\Theta+(\nabla V_\theta)=F_\Theta\\ \partial_t\mu+(\nabla V)=0\\ \partial_t\phi+\mu^{-1}[(V\ \nabla\phi)-gW]=0\end{cases} \tag{6.2}$$

密度倒数的诊断方程为

$$\delta_\eta\phi=-\alpha\mu \tag{6.3}$$

状态方程为

$$p=p_0(R_d\theta/p_0\alpha)^\gamma \tag{6.4}$$

下标 x、y、η 表示微分方向：

$$\begin{cases}\nabla Va=\partial_x(U_a)+\partial_y(Va)+\partial_\eta(\Omega a)\\ V\ \nabla a=U\partial_y a+\Omega\partial_\eta a\end{cases} \tag{6.5}$$

式中：α 为任意变量；$\lambda=\frac{c_p}{c_v}=1.4$；$R_d$ 为干空气气体常数；p_0 为参考气压。

式（6.2）等号右边的项 F_U、F_V、F_W 和 F_Θ 表示由物理过程、湍流混合、球面投影和地球旋转引起的强迫项。

ARW 的初始场分为两种类型：一种是为进行理想数值试验准备，另一种是进行实时模拟准备，这里只介绍后一种情况。

ARW 将大尺度数据转换成输入数据格式的主要目的及流程包括：①为 ARW 提供水平和垂直格点上的输入数据；②提供静力平衡态的参考大气和扰动场；③提供包含日期、格点的物理性质及投影信息网格数据。

ARW 的输出数据经过 ARW 的预处理程序 WPS 来生成模式的初始场和侧边界场。

WPS 程序提供的三维数据包括位温、混合比、动量的水平分量，二维静态地理数据包括反照率、科氏参数、地形高度、植被/土地利用类型、海陆分布、地图投影因子、土壤类型、植被盖度、年平均温度及经纬度。随时间变化的二维数据包括土壤湿度、雪深、表层温度及海冰比例。

ARW 中预处理模块（REAL）对 WPS 输出的数据进行处理，生成 ARW 的侧边界场数据。侧边界场中的每个变量均包含初始时刻的有效值及下一时刻的趋势项。侧边界场定义在长方形网格的四个边上（东、南、西、北）。外部侧边界场数据中包含各变量的值及趋势项，从而为嵌套区域提供边界场。四个方向上的侧边界场的宽度由用户指定。

ARW 模式时间积分方案采用的是时间分裂的积分方案，即低频波部分采用三阶 Runge-Kutta 时间积分方案，高频声波部分采用小时间步长积分扰动变量控制方程组以保证数值稳定性。嵌套模拟时，所有嵌套区域都使用由上层模拟区域所提供的边界状况。

现有的 WRF 模式只提供水平嵌套，没有垂直嵌套选项。模式使用改进的软件架构，使得 WRF 模式可以支持移动嵌套来模拟台风路径等。

根据需要，WRF 模式可以方便地耦合全球气候模式（GCM）或其他模式；也可采用其他模式，如 Eta、MM5、AVN 输出的标准格点数据格式或作为客观分析的初始场，或作为侧边界条件，也可以根据自己的需求输入 EAR40、T213、T106 等资料。

6.3 WRF 模式物理过程参数化选项

WRF 模式采用了成熟和新的物理参数化方案：模式加入了最新发展的一些物理过程参数化方案，如辐射、边界层、对流、次网格湍流扩散以及微物理等过程的参数化方案。由于 WRF 模式的模拟重点是 1～10km 的中小尺度系统，因此，WRF 包含了一套适合分辨率在 1～10km 的大气物理参数化方案；二阶到六阶平流选项（水平和垂直），单项传输以及正定平流选项的水汽、动量、TKE，分时小步长的声波以及重力波模式。完整的物理选项包括：陆面、行星边界层、大气与地表辐射、微物理与积云对流、光谱分析、重力波拖拽等。

WRF 模式是一个完全可压的非静力模式，控制方程组都写为通量形式，水平网格格式采用 Arakawa-C 格点，时间积分采用四阶 Runge-Kutta 时间积分方案、小步长水平显式、垂直隐式、辐射阻尼等选项。

ARW 模式主模块涉及 7 个物理过程参数化过程选项。在新的 WRF3.9 以上的版本中，模式预设了两个物理过程参数化方案——“CONUS”和“TROPICAL”。这两个内置物理过程参数化方案通过配置文件中的“physics_suite=”项进行设置。在进行模式模拟时，为获取更好的模式预报结果，必须对模式中的物理过程参数化方案选项进行优化，对各种参数化方案进行敏感性分析。在以往诸多关于 WRF 的物理过程参数化研究中，发现模式对“cu_physics”（积云对流参数化）和“mp_physics”（微物理过程参数化）这两个参数具有较高的敏感度。同时在新版的 WRF 中，增加了许多物理过程参数，表 6.1 给出新旧版本在物理过程参数化方面的区别。WRF3.9 之后的版本在微物理过程、积云对流参数化和行星边界层方案上做了较大的调整，参数化方案较之前增加了许多，在利用 WRF3.9 版本进行数值模拟时应该对新增方案进行敏感性实验，从而获取更准确的模拟效果。

表 6.1 不同 WRF 版本物理过程参数的方法差异

参数化方案设计	WRF3.9 之前版本	WRF3.9 之后版本
微物理过程	10	28
积云对流参数化	6	17
行星边界层方案	5	14
近地面层方案	3	9
陆面过程	4	8
长波辐射方案	3	9
短波辐射方案	4	9
城市地表方案		4

以下给出了“CONUS”和“TROPICAL”两组方案的参数化设置，在对模式进行测试时，可以采用以上两种参数化组合方案。以下给出两种组合方案的具体配置。

physics _ suite= CONUS 的配置如下：

```
Microphysics: Thompson mp_physics= 8
Cumulus: Tiedtke cu_physics= 6
Longwave radiation: RRTMG ra_sw_physics= 4
Shortwave radiation: RRTMG ra_la_physics= 4
Boundary layer: MYJ bl_pbl_physics= 2
Surface layer: MYJ sf_sfclay_physics= 2
Land surface: Noah LSM sf_surface_physics= 22
```

physics _ suite = TROPICAL 配置如下：

```
Microphysics: WRF Single-moment 6-class(WSM6) mp_physics: 6,
Cumulus: New Tiedtke cu_physics: 16,
Longwave radiation: RRTMG ra_lw_physics: 4,
Shortwave radiation: RRTMG ra_sw_physics: 4,
Boundary layer: YSU bl_pbl_physics: 1,
Surface layer: MM5 sf_sfclay_physics: 91,
Land surface: Noah LSM sf_surface_physics: 2
```

6.4 WRF 模式运行环境和安装

WRF 模式使用 Fortran 语言编写，复合调用 C++，全程用 Perl 脚本和 Shell 脚本控制调用。所有的变量都必须通过参数列表传给子程序。为了让用户能在 WRF 模式中实现自己的方案设计，可在多操作平台（UNIX、Linux 环境）下运行 WRF 模式。

6.4.1 模型依赖库

6.4.1.1 C/Fortran 编译器

要求安装 C/Fortran 编译器，建议使用 Intel 编译器或 PGI 编译器，为达到最优性能，建议使用跟处理器型号匹配的较新版本编译器，并且编译过程中始终使用同一类型编译器。这里以 Intel 编译器为例。

6.4.1.2 MPI 并行环境

安装 MPI 并行环境，推荐使用 MVAPICH2 或 Intel MPI。不建议使用 OpenMPI，因为测试经验表明其并行计算效率较低。以 Intel 编译器编译的 MVAPICH2 为例，Intel MPI 应注意选择合适的编译器类型。

6.4.1.3 安装 NetCDF 库

NetCDF 是 Network Common Data Format 的简写，即网络通用数据格式。大部分的气象、海洋模式都需要用到 NetCDF 格式进行数据的读写和存储，WRF 也不例外。

可以从网站下载 NetCDF 源码，然后在本地进行编译。现在主流版本包括 3.x 和 4.x，两者不同之处在于 4.x 除了支持 3.x 的经典 NetCDF 格式，还支持新的 NetCDF-4 格式。WRF 从 3.5.1 开始已经支持 NetCDF-4 格式，但建议使用 NetCDF 经典模式。

NetCDF 包含 C、Fortran、Java 等编程接口，WRF 需要 C 和 Fortran 的接口。NetCDF-4.1.3 及之前版本，C 和 Fortran 接口的 NetCDF 打包在一个压缩包里，可同时编译。之后的版本，C 和 Fortran 接口 NetCDF 源码分开打包、分开编译。在实际使用中，推荐使用 NetCDF-3.6.3 或 NetCDF-4.1.3 两个版本。

安装 NetCDF-3.6.3 和修改环境变量方法如下：

```
tarzxvf netcdf-3.6.3.tar.gz
cd netcdf-3.6.3
./configure --prefix=/YOUR PATH/netcdf363-intel CC=icc CXX=icpc FC=ifort F77=ifort
make
makecheck install
export NETCDF=/public/software/mathlib/netcdf413-intel
export PATH=${NETCDF}/bin:$PATH
export WRFIO_NCD_LARGE_FILE_SUPPORT=1
```

6.4.2 安装 WRF 主模式

6.4.2.1 准备 WRF 安装环境

建议将 WRF、WPS、WRFDA、WRF-Chem、ARWpost 等软件安装在同一级目录下。创建编译主目录方法如下：

```
mkdir -p WRFV3.6.1
cd WRFV3.6.1
```

安装 WRF 主模式之前，需要检查 NetCDF 变量是否按上述要求设置。在此以使用 NetCDF 4.1.3 为例进行介绍。

在主目录下解压 WRF 源码包方法如下：

```
Tarzvxf WRFV3.6.1.TAR.gz
cd WRFV3
```

6.4.2.2 配置 WRF 编译选项

执行 configure 配置编译环境方法如下：

./configure

configure 脚本会自动识别系统环境及变量，然后给出一个可用的选项列表，要根据实际情况进行选择。类似输出如下（加粗部分为信息中心安装时使用的选项）：

checking for perl5... no

checking for perl... found /usr/bin/perl (perl)

Will use NETCDF in dir: **/public/software/mathlib/netcdf363 - intel<注释:configure 自动识别 NetCDF 变量>**

PHDF5 not set in environment. Will configure WRF for use without.

which: no timex in (/public/software/mathlib/netcdf413 - intel/bin:/public/software/mpi/mvapich2/2.0.1/intel/bin:/public/software/mathlib/ncl612/bin:/usr/kerberos/sbin:/usr/kerberos/bin:/public/software/compiler/intel/composer _ xe _ 2013 _ sp1.0.080/bin/intel64:/usr/local/bin:/bin:/usr/bin:/usr/local/sbin:/usr/sbin:/sbin:/opt/ibutils/bin:/public/home/sugon/bin)

If you REALLY want Grib2 output from WRF, modify the arch/Config_new.pl script.

Right now you are not getting the Jasper lib, from the environment, compiled into WRF.

\- -

Please select from among the following supported platforms.

1. Linux x86_64 i486 i586 i686, PGI compiler with gcc (serial)
2. Linux x86_64 i486 i586 i686, PGI compiler with gcc (smpar)
3. Linux x86_64 i486 i586 i686, PGI compiler with gcc (dmpar)
4. Linux x86_64 i486 i586 i686, PGI compiler with gcc (dm+sm)
5. Linux x86_64, PGI compiler with pgcc, SGI MPT (serial)
6. Linux x86_64, PGI compiler with pgcc, SGI MPT (smpar)
7. Linux x86_64, PGI compiler with pgcc, SGI MPT (dmpar)
8. Linux x86_64, PGI compiler with pgcc, SGI MPT (dm+sm)
9. Linux x86_64, PGI accelerator compiler with gcc (serial)
10. Linux x86_64, PGI accelerator compiler with gcc (smpar)
11. Linux x86_64, PGI accelerator compiler with gcc (dmpar)
12. Linux x86_64, PGI accelerator compiler with gcc (dm+sm)
13. Linux x86_64 i486 i586 i686, ifort compiler with icc (serial)
14. Linux x86_64 i486 i586 i686, ifort compiler with icc (smpar)
15. **Linux x86_64 i486 i586 i686, ifort compiler with icc (dmpar)<注释:选择 Intel 编译器 + MPI 并行环境>**
16. Linux x86_64 i486 i586 i686, ifort compiler with icc (dm+sm)
17. Linux x86_64 i486 i586 i686, Xeon Phi (MIC architecture) ifort compiler with icc (dm+sm)
18. Linux x86_64 i486 i586 i686, Xeon (SNB with AVX mods) ifort compiler with icc (serial)
19. Linux x86_64 i486 i586 i686, Xeon (SNB with AVX mods) ifort compiler with icc (smpar)
20. Linux x86_64 i486 i586 i686, Xeon (SNB with AVX mods) ifort compiler with icc (dmpar)
21. Linux x86_64 i486 i586 i686, Xeon (SNB with AVX mods) ifort compiler with icc (dm+sm)
22. Linux x86_64 i486 i586 i686, ifort compiler with icc, SGI MPT (serial)
23. Linux x86_64 i486 i586 i686, ifort compiler with icc, SGI MPT (smpar)
24. Linux x86_64 i486 i586 i686, ifort compiler with icc, SGI MPT (dmpar)
25. Linux x86_64 i486 i586 i686, ifort compiler with icc, SGI MPT (dm+sm)
26. Linux x86_64 i486 i586 i686, ifort compiler with icc, IBM POE (serial)

```
27. Linux x86_64 i486 i586 i686, ifort compiler with icc, IBM POE  (smpar)
28. Linux x86_64 i486 i586 i686, ifort compiler with icc, IBM POE  (dmpar)
29. Linux x86_64 i486 i586 i686, ifort compiler with icc, IBM POE  (dm+sm)
30. Linux i486 i586 i686 x86_64, PathScale compiler with pathcc  (serial)
31. Linux i486 i586 i686 x86_64, PathScale compiler with pathcc  (dmpar)
32. x86_64 Linux, gfortran compiler with gcc  (serial)
33. x86_64 Linux, gfortran compiler with gcc  (smpar)
34. x86_64 Linux, gfortran compiler with gcc  (dmpar)
35. x86_64 Linux, gfortran compiler with gcc  (dm+sm)
36. Linux x86_64 i486 i586 i686, xlf compiler with xlc  (serial)
37. Linux x86_64 i486 i586 i686, xlf compiler with xlc  (smpar)
38. Linux x86_64 i486 i586 i686, xlf compiler with xlc  (dmpar)
39. Linux x86_64 i486 i586 i686, xlf compiler with xlc  (dm+sm)
40. Cray XT CLE/Linux x86_64, PGI compiler with gcc  (serial)
41. Cray XT CLE/Linux x86_64, PGI compiler with gcc  (smpar)
42. Cray XT CLE/Linux x86_64, PGI compiler with gcc  (dmpar)
43. Cray XT CLE/Linux x86_64, PGI compiler with gcc  (dm+sm)
44. Cray XE and XC30 CLE/Linux x86_64, Cray CCE compiler  (serial)
45. Cray XE and XC30 CLE/Linux x86_64, Cray CCE compiler  (smpar)
46. Cray XE and XC30 CLE/Linux x86_64, Cray CCE compiler  (dmpar)
47. Cray XE and XC30 CLE/Linux x86_64, Cray CCE compiler  (dm+sm)
48. Cray XC30 CLE/Linux x86_64, Xeon ifortcompiler  (serial)
49. Cray XC30 CLE/Linux x86_64, Xeon ifortcompiler  (smpar)
50. Cray XC30 CLE/Linux x86_64, Xeon ifortcompiler  (dmpar)
51. Cray XC30 CLE/Linux x86_64, Xeon ifortcompiler  (dm+sm)
52. Linux x86_64 i486 i586 i686, PGI compiler with pgcc  (serial)
53. Linux x86_64 i486 i586 i686, PGI compiler with pgcc  (smpar)
54. Linux x86_64 i486 i586 i686, PGI compiler with pgcc  (dmpar)
55. Linux x86_64 i486 i586 i686, PGI compiler with pgcc  (dm+sm)
56. Linux x86_64 i486 i586 i686, PGI compiler with gcc -f90=  (serial)
57. Linux x86_64 i486 i586 i686, PGI compiler with gcc -f90=  (smpar)
58. Linux x86_64 i486 i586 i686, PGI compiler with gcc -f90=  (dmpar)
59. Linux x86_64 i486 i586 i686, PGI compiler with gcc -f90=  (dm+sm)
60. Linux x86_64 i486 i586 i686, PGI compiler with pgcc -f90=  (serial)
61. Linux x86_64 i486 i586 i686, PGI compiler with pgcc -f90=  (smpar)
62. Linux x86_64 i486 i586 i686, PGI compiler with pgcc -f90=  (dmpar)
63. Linux x86_64 i486 i586 i686, PGI compiler with pgcc -f90=  (dm+sm)

Enter selection [1-63] :15
------------------------------------------------------------------------
Compile for nesting? (1=basic, 2=preset moves, 3=vortex following) [default 1]:
Configuration successful. To build the model type compile .
------------------------------------------------------------------------
testing for MPI_Comm_f2c and MPI_Comm_c2f
   MPI_Comm_f2c and MPI_Comm_c2f are supported
```

```
testing for fseeko and fseeko64
fseeko64 is supported
------------------------------------------------------------------------


# Settings for Linux x86_64 i486 i586 i686, ifort compiler with icc  (dmpar)
#
#        By default, some files are compiled without optimizations to speed up compilation. Removing
#        respectivemakefile rules in the end of this file will result in longer compilation time, and, possibly
#        Out Of Memory messages, but might produce binaries which are substantially faster.
#
#        Please visit http://www.intel.com/support/performancetools/sb/cs-028607.htm
#        for latest info on how to build WRF with Intel compilers.
#
#        If you got Out Of Memory message, there are several options:
#          1. Check your memory limits (ulimit -a), possibly increasing swap partitions size.
#          2. Remove any debugging flags (-g, -check, -traceback).
#          3. Force the problematic file to be compiled with less optimizations (see examples at the
#             end of this file), try -no-ip compiler flag.
#
#        This configuration is aimed at accuracy. To improve performance (at the expence of accuracy) you might
#        consider removing '-fp-model precise' flag from FCBASEOPTS. This enables non value-safe optimiza-
tions.
#        Another option is to add '-ftz' flag, which flushes denormal results to zero when the application is in
#        the gradual underflow mode. It may improve performance if the denormal values are not critical to the
#        behavior of your workload. To further improve performance, add suitable vectorization options for your
#        processor to FCOPTIM (see ifortmanpage).
#
#        If you have Intel MPI installed and wish to use instead, make the
#        following changes to settings below:
#        DM_FC  = mpiifort<若用 intel mpi,
#        DM_CC  =mpiicc
#        and source bin64/mpivars.sh file from your Intel MPI installation
#        before the build.
#
#        Suggestions for timing improvements from Craig Mattocks
#
  #CFLAGS_LOCAL     =        -w -O3 -ip -fp -model precise -w -ftz -align all -fno -alias $(FORMAT_
FREE) $(BYTESWAPIO) #-xHost -fp -model fast=2 -no -prec -div -no -prec -sqrt -ftz -no -multibyte -chars
  #LDFLAGS_LOCAL    =        -ip -fp -model precise -w -ftz -align all -fno -alias $(FORMAT_FREE)
$(BYTESWAPIO) #-xHost -fp -model fast=2 -no -prec -div -no -prec -sqrt -ftz -align all -fno -alias -fno -
common
  #FCBASEOPTS_NO_G =        -w -ip -fp -model precise -w -ftz -align all -fno -alias $(FORMAT_FREE)
$(BYTESWAPIO) #-xHost -fp -model fast=2 -no -heap -arrays -no -prec -div -no -prec -sqrt -ftz -align all -
fno -alias -fno -common $(FORMAT_FREE) $(BYTESWAPIO)
```

```
DMPARALLEL      =         1
OMPCPP          =      # -D_OPENMP
OMP             =     # -openmp -fpp -auto
OMPCC           =     # -openmp -fpp -auto
SFC             =     ifort
SCC             =     icc
CCOMP           =     icc
DM_FC           =     mpif90 -f90=$(SFC)
DM_CC           =     mpicc -cc=$(SCC) -DMPI2_SUPPORT
FC              =     $(DM_FC)
CC              =     $(DM_CC) -DFSEEKO64_OK
LD              =     $(FC)
RWORDSIZE       =     $(NATIVE_RWORDSIZE)
PROMOTION       =     -i4
ARCH_LOCAL      =     -DNONSTANDARD_SYSTEM_FUNC -DWRF_USE_CLM
CFLAGS_LOCAL    =     -w -O3 -ip #-xHost -fp-model fast=2 -no-prec-div -no-prec-sqrt -ftz -
no-multibyte-chars
LDFLAGS_LOCAL   =     -ip #-xHost -fp-model fast=2 -no-prec-div -no-prec-sqrt -ftz -align all -
fno-alias -fno-common
CPLUSPLUSLIB    =
ESMF_LDFLAG     =     $(CPLUSPLUSLIB)
FCOPTIM         =     -O3
FCREDUCEDOPT=         $(FCOPTIM)
FCNOOPT=        -O0 -fno-inline -fno-ip
FCDEBUG         =     # -g $(FCNOOPT) -traceback # -fpe0 -check all -ftrapuv -unroll0 -u
FORMAT_FIXED    =     -FI
FORMAT_FREE     =     -FR
FCSUFFIX        =
BYTESWAPIO      =     -convert big_endian
FCBASEOPTS_NO_G =     -ip -fp-model precise -w -ftz -align all -fno-alias $(FORMAT_FREE)
$(BYTESWAPIO) #-xHost -fp-model fast=2 -no-heap-arrays -no-prec-div -no-prec-sqrt -fno-common
FCBASEOPTS      =     $(FCBASEOPTS_NO_G) $(FCDEBUG)
MODULE_SRCH_FLAG =
TRADFLAG        =     -traditional
CPP             =     /lib/cpp -P
AR              =     ar
ARFLAGS         =     ru
M4              =     m4
RANLIB          =     ranlib
CC_TOOLS        =     $(SCC)

#####################################################################
# POSTAMBLE
```

```
FGREP = fgrep -iq

ARCHFLAGS        =      $(COREDEFS) -DIWORDSIZE=$(IWORDSIZE) -DDWORDSIZE=$(DWORD-
SIZE) -DRWORDSIZE=$(RWORDSIZE) -DLWORDSIZE=$(LWORDSIZE) \
                   $(ARCH_LOCAL) \
                   $(DA_ARCHFLAGS) \
                    -DDM_PARALLEL \
                    \
                    -DNETCDF \
                    \
                    \
                    \
                    \
                    \
                    \
                    \
                    \
                    -DUSE_ALLOCATABLES \
                    -DGRIB1 \
                    -DINTIO \
                    -DLIMIT_ARGS \
                    -DCONFIG_BUF_LEN=$(CONFIG_BUF_LEN) \
                    -DMAX_DOMAINS_F=$(MAX_DOMAINS) \
                    -DMAX_HISTORY=$(MAX_HISTORY) \
        -DNMM_NEST=$(WRF_NMM_NEST)
CFLAGS           =      $(CFLAGS_LOCAL) -DDM_PARALLEL   \
                    -DMAX_HISTORY=$(MAX_HISTORY) -DNMM_CORE=$(WRF_NMM_CORE)
FCFLAGS          =      $(FCOPTIM) $(FCBASEOPTS)
ESMF_LIB_FLAGS   =
# ESMF 5 -- these are defined in esmf.mk, included above
ESMF_IO_LIB      =      -L$(WRF_SRC_ROOT_DIR)/external/esmf_time_f90 -lesmf_time
ESMF_IO_LIB_EXT  =      -L$(WRF_SRC_ROOT_DIR)/external/esmf_time_f90 -lesmf_time
INCLUDE_MODULES  =      $(MODULE_SRCH_FLAG) \
                   $(ESMF_MOD_INC) $(ESMF_LIB_FLAGS) \
                    -I$(WRF_SRC_ROOT_DIR)/main \
                    -I$(WRF_SRC_ROOT_DIR)/external/io_netcdf \
                    -I$(WRF_SRC_ROOT_DIR)/external/io_int \
                    -I$(WRF_SRC_ROOT_DIR)/frame \
                    -I$(WRF_SRC_ROOT_DIR)/share \
                    -I$(WRF_SRC_ROOT_DIR)/phys \
                    -I$(WRF_SRC_ROOT_DIR)/chem -I$(WRF_SRC_ROOT_DIR)/inc \
                    -I$(NETCDFPATH)/include \

REGISTRY         =      Registry
CC_TOOLS_CFLAGS = -DNMM_CORE=$(WRF_NMM_CORE)
```

```
LIB_BUNDLED      = \
                   $(WRF_SRC_ROOT_DIR)/external/fftpack/fftpack5/libfftpack.a \
                   $(WRF_SRC_ROOT_DIR)/external/io_grib1/libio_grib1.a \
                   $(WRF_SRC_ROOT_DIR)/external/io_grib_share/libio_grib_share.a \
                   $(WRF_SRC_ROOT_DIR)/external/io_int/libwrfio_int.a \
                   $(ESMF_IO_LIB) \
                   $(WRF_SRC_ROOT_DIR)/external/RSL_LITE/librsl_lite.a \
                   $(WRF_SRC_ROOT_DIR)/frame/module_internal_header_util.o \
                   $(WRF_SRC_ROOT_DIR)/frame/pack_utils.o

LIB_EXTERNAL     = \
                   -L$(WRF_SRC_ROOT_DIR)/external/io_netcdf -lwrfio_nf -L/public/software/math-
lib/netcdf413-intel/lib -lnetcdff -lnetcdf

LIB              =   $(LIB_BUNDLED) $(LIB_EXTERNAL) $(LIB_LOCAL) $(LIB_WRF_HYDRO)
LDFLAGS          =   $(OMP) $(FCFLAGS) $(LDFLAGS_LOCAL)
ENVCOMPDEFS      =
WRF_CHEM=0
CPPFLAGS         =   $(ARCHFLAGS) $(ENVCOMPDEFS) -I$(LIBINCLUDE) $(TRADFLAG)
NETCDFPATH       =   /public/software/mathlib/netcdf413-intel
PNETCDFPATH      =

bundled:  io_only
external: io_only $(WRF_SRC_ROOT_DIR)/external/RSL_LITE/librsl_lite.agen_comms_rsllitemodule_dm_rsl-
lite $(ESMF_TARGET)
io_only:  esmf_timewrfio_nf   \
wrf_ioapi_includeswrfio_grib_share wrfio_grib1 wrfio_intfftpack


#######################
------------------------------------------------------------------------
Settings listed above are written to configure.wrf.
If you wish to change settings, please edit that file.
If you wish to change the default options, edit the file:
arch/configure_new.defaults



Testing for NetCDF, C and Fortran compiler


This installation of NetCDF is 64-bit
                   C compiler is 64-bit
Fortran compiler is 64-bit
                 It will build in 64-bit
*************************** W A R N I N G ***************************
```

```
There are some Fortran 2003 features in WRF that your compiler does not recognize
The IEEE signaling call has been removed.   That may not be enough.

************************** *************************** ***********
```

同一种编译环境，一般有如下 4 个选项：

1）serial 是串行版本，一般不使用。

2）smpar 是共享内存版本，即 OpenMP 并行，适合单机环境，用得也不太多。

3）dmpar 是分布内存版本，即 MPI 并行，适用于集群环境，最经常用到。

4）dm＋sm 即 MPI＋OpenMP 混合版本，支持节点间 MPI＋节点内 OpenMP，在 WRF 业务运行中用得也不多，但在一些情况下可以提高性能。

configure 完成后，在当前目录下生成 configure. wrf 文件，该文件包含了编译 WRF 所需的环境设置。目前 WRF 已经做得非常智能，无须修改即可直接进行下面的编译过程。如果要修改使用“vi”命令进行编辑。

configure. wps 编译器选项部分如下：

```
DMPARALLEL        =        1
OMPCPP            =        # -D_OPENMP
OMP               =        # -openmp -fpp -auto
OMPCC             =        # -openmp -fpp -auto
SFC               =        ifort<串行 Fortran 编译器>
SCC               =        icc<串行 C 编译器>
CCOMP             =        icc
DM_FC             =        mpif90 -f90=$(SFC)<并行 Fortran 编译器>
DM_CC             =        mpicc -cc=$(SCC) -DMPI2_SUPPORT<并行 C 编译器>
FC                =        $(DM_FC)
CC                =        $(DM_CC) -DFSEEKO64_OK
LD                =        $(FC)
RWORDSIZE         =        $(NATIVE_RWORDSIZE)
PROMOTION         =        -i4
ARCH_LOCAL        =        -DNONSTANDARD_SYSTEM_FUNC -DWRF_USE_CLM -DNO_IEEE_MOD-
ULE
CFLAGS_LOCAL      =        -w -O3 -ip #-xHost -fp-model fast=2 -no-prec-div -no-prec-sqrt -ftz -
no-multibyte-chars
LDFLAGS_LOCAL     =        -ip #-xHost -fp-model fast=2 -no-prec-div -no-prec-sqrt -ftz -align all -
fno-alias -fno-common
CPLUSPLUSLIB      =
ESMF_LDFLAG       =        $(CPLUSPLUSLIB)
FCOPTIM           =        -O3
FCREDUCEDOPT      =        $(FCOPTIM)
FCNOOPT           =        -O0 -fno-inline -fno-ip
FCDEBUG           =        # -g $(FCNOOPT) -traceback # -fpe0 -check all -ftrapuv -unroll0 -u
FORMAT_FIXED      =        -FI
```

```
FORMAT_FREE       =      -FR
FCSUFFIX          =
BYTESWAPIO        =      -convert big_endian
FCBASEOPTS_NO_G   =      -ip -fp -model precise -w -ftz -align all -fno -alias $(FORMAT_FREE)
$(BYTESWAPIO) #-xHost -fp -model fast=2 -no -heap -arrays -no -prec -div -no -prec -sqrt -fno -common
FCBASEOPTS        =      $(FCBASEOPTS_NO_G) $(FCDEBUG)
MODULE_SRCH_FLAG  =
TRADFLAG          =      -traditional
CPP               =      /lib/cpp -P
AR                =      ar
ARFLAGS           =      ru
M4                =      m4
RANLIB            =      ranlib
```

6.4.2.3 编译 WRF 程序

运行 WRF 模式的程序如下：

```
nohup./compile em_real>& compile.log &
```

程序的编译过程时间较长，一般为 10～30min，建议放在后台执行。通过 tail -f compile.log 命令可以实时查看编译的进度。

编译完成后，在当前目录的 main 子目录下生成 wrf.exe、real.exe、nup.exe、ndown.exe、tc.exe 等可执行文件。一般常用到 wrf.exe 和 real.exe，其他很少用。

若编译失败，应查看 compile.log 日志文件进行排错。还可以使用./clean -a 命令清除之前的编译结果，作用类似 make clean。

6.4.2.4 安装 WPS 前处理程序

WPS 是 WRF 的前处理程序，编译 WPS 依赖于 WRF，所以首先应成功编译 WRF，再安装 WPS。

除了 NetCDF，WPS 还依赖于 3 个外部库，它们是 zlib、libpng 和 jasper。

（1）编译 zlib。

编译 zlib 的程序如下：

```
tarzxvfzlib-1.2.3.tar.gz
cd zlib-1.2.3
./configure --prefix=/public/software/mathlib/zlib
make
make install
```

（2）编译 libpng。

编译 libpng 的程序如下：

```
tarzxvf libpng-1.2.12.tar.gz
cd libpng-1.2.12
./configure --prefix=/public/software/mathlib/libpng --disable-shared
CPPFLAGS="-I/public/software/mathlib/zlib/include"
LDFLAGS="-L/public/software/mathlib/zlib/lib"
make
```

```
make install
```

（3）编译 jasper。

编译 jasper 的程序如下：

```
tarzxvf jasper-1.701.0.tar.gz
cd jasper-1.701.0
./configure --prefix=/public/software/mathlib/jasper
make
make install
```

（4）配置 WPS 编译选项。

通过 vi 命令在~/.bashrc 设置环境变量，程序如下：

```
export JASPERINC=/public/software/mathlib/jasper/include
export JASPERLIB=/public/software/mathlib/jasper/lib
```

在与 WRFV3 同级目录解压 WPS 源码包，程序如下：

```
tarzxvfWPSV3.6.1.TAR.gz
cd WPS
```

执行 configure 脚本配置 WPS 编译选项（加粗部分为信息中心安装目录），程序如下：

```
./configure
Will use NETCDF in dir:/public/software/mathlib/netcdf363-intel
Found Jasper environment variables for GRIB2 support...
  $JASPERLIB = /public/software/mathlib/jasper/lib
  $JASPERINC = /public/software/mathlib/jasper/include
------------------------------------------------------------------------
Please select from among the following supported platforms.

  1.  Linux x86_64, gfortran    (serial)
  2.  Linux x86_64, gfortran    (serial_NO_GRIB2)
  3.  Linux x86_64, gfortran    (dmpar)
  4.  Linux x86_64, gfortran    (dmpar_NO_GRIB2)
  5.  Linux x86_64, PGI compiler   (serial)
  6.  Linux x86_64, PGI compiler   (serial_NO_GRIB2)
  7.  Linux x86_64, PGI compiler   (dmpar)
  8.  Linux x86_64, PGI compiler   (dmpar_NO_GRIB2)
  9.  Linux x86_64, PGI compiler, SGI MPT   (serial)
  10.  Linux x86_64, PGI compiler, SGI MPT   (serial_NO_GRIB2)
  11.  Linux x86_64, PGI compiler, SGI MPT   (dmpar)
  12.  Linux x86_64, PGI compiler, SGI MPT   (dmpar_NO_GRIB2)
  13.  Linux x86_64, IA64 and Opteron    (serial)dy
  14.  Linux x86_64, IA64 and Opteron    (serial_NO_GRIB2)
  15.  Linux x86_64, IA64 and Opteron    (dmpar)
  16.  Linux x86_64, IA64 and Opteron    (dmpar_NO_GRIB2)
```

```
 17.  Linux x86_64, Intel compiler      (serial)
 18.  Linux x86_64, Intel compiler      (serial_NO_GRIB2)
 19.  Linux x86_64, Intel compiler      (dmpar)<选择此项,支持 grib2,支持 MPI 并行>
 20.  Linux x86_64, Intel compiler      (dmpar_NO_GRIB2)
 21.  Linux x86_64, Intel compiler, SGI MPT      (serial)
 22.  Linux x86_64, Intel compiler, SGI MPT      (serial_NO_GRIB2)
 23.  Linux x86_64, Intel compiler, SGI MPT      (dmpar)
 24.  Linux x86_64, Intel compiler, SGI MPT      (dmpar_NO_GRIB2)
 25.  Linux x86_64 g95 compiler     (serial)
 26.  Linux x86_64 g95 compiler     (serial_NO_GRIB2)
 27.  Linux x86_64 g95 compiler     (dmpar)
 28.  Linux x86_64 g95 compiler     (dmpar_NO_GRIB2)
 29.  Cray XE/XC CLE/Linux x86_64, Cray compiler     (serial)
 30.  Cray XE/XC CLE/Linux x86_64, Cray compiler     (serial_NO_GRIB2)
 31.  Cray XE/XC CLE/Linux x86_64, Cray compiler     (dmpar)
 32.  Cray XE/XC CLE/Linux x86_64, Cray compiler     (dmpar_NO_GRIB2)
 33.  Cray XC CLE/Linux x86_64, Intel compiler     (serial)
 34.  Cray XC CLE/Linux x86_64, Intel compiler     (serial_NO_GRIB2)
 35.  Cray XC CLE/Linux x86_64, Intel compiler     (dmpar)
 36.  Cray XC CLE/Linux x86_64, Intel compiler     (dmpar_NO_GRIB2)

Enter selection [1-36] :19
------------------------------------------------------------------------
Configuration successful. To build the WPS, type: compile
------------------------------------------------------------------------

Testing for NetCDF, C and Fortran compiler

This installation NetCDF is 64-bit
C compiler is 64-bit
Fortran compiler is 64-bit
```

configure 会在当前目录生成 configure.wps 配置文件，应注意根据实际情况修改 jasper、libpng、zlib 等库文件和头文件的位置，其程序如下：

```
COMPRESSION_LIBS    = -L/public/software/mathlib/jasper/lib -ljasper -L/public/software/mathlib/libpng/lib -lpng -L/public/software/mathlib/zlib/lib -lz
COMPRESSION_INC     = -I/public/software/mathlib/jasper/include -I/public/software/mathlib/libpng/include -I/public/software/mathlib/zlib/include
FDEFS               = -DUSE_JPEG2000 -DUSE_PNG
SFC                 = ifort
SCC                 = icc
DM_FC               = mpif90 -f90=ifort
DM_CC               = mpicc -cc=icc
FC                  = $(DM_FC)
CC                  = $(DM_CC)
LD                  = $(FC)
```

```
FFLAGS              = -FR -convert big_endian
F77FLAGS            = -FI -convert big_endian
FCSUFFIX            =
FNGFLAGS            = $(FFLAGS)
LDFLAGS             =
CFLAGS              = -w
CPP                 = /lib/cpp -P -traditional
CPPFLAGS            = -D_UNDERSCORE -DBYTESWAP -DLINUX -DIO_NETCDF -DIO_BINARY -
DIO_GRIB1 -DBIT32 -D_MPI
ARFLAGS             =
CC_TOOLS            =
```

（5）编译 WPS 程序。

执行 compile 脚本，编译 WPS 源码，程序如下：

```
nohup. /compile>& compile. log
```

编译完成后，在当前目录下生成 geogrid. exe、ungrib. exe 和 metgrid. exe 等 3 个可执行程序。如果没有生成，检查 compile. log 日志文件进行排错。

执行 clean -a 可以清除之前编译出来的结果，作用类似 make clean。

6.4.2.5 安装 WPS 后处理程序

（1）安装 ARWpost。ARWpost 是 WRF 官方提供的一个后处理程序，可以将 WRF 的结果转换为 GRADS 格式的文件，再通过 GRADS 软件进行处理和画图等。ARWpost 非常简单，只依赖 NetCDF 库，不支持并行。

其安装程序如下：

```
tar zxvf ARWpost_V3. tar. gz
cd ARWpost
. /configure
Will use NETCDF in dir:/public/software/mathlib/netcdf363-intel
------------------------------------------------------------------
Please select from among the following supported platforms.

  1.  PC Linux i486 i586 i686 x86_64, PGI compiler
  2.  PC Linux i486 i586 i686 x86_64, Intel compiler
  3.  PC Linux i486 i586 i686 x86_64, gfortran compiler

Enter selection [1-3] :2
------------------------------------------------------------------
Configuration successful. To build the ARWpost, type: compile
------------------------------------------------------------------
. /compile
```

编译成功后，在当前目录下生成 ARWpost. exe 可执行文件。

（2）安装 NCL。NCL（The NCAR Command Language）是一种专门为科学数据处理以及数据可视化设计的高级语言，很适合用在气象数据的处理和可视化上。NCL 源码编译过程非常复杂，推荐直接使用 NCL 官方提供的二进制包，解压缩即可使用。需要根据操作系统版本和 GCC 版本选择近似的、合适的 NCL 版本下载。以 Redhat 6.5 为例，可下载：ncl_ncarg-6.2.1.Linux_RHEL6.4_x86_64_nodap_gcc447.tar.gz。

其安装步骤如下：（加粗部分为信息中心安装路径）

```
mkdir -p/public/software/mathlib/ncl621_gcc447
cd/public/software/mathlib/ncl621_gcc447
tar zxvf/public/sourcecode/ncl_ncarg-6.2.1.Linux_RHEL6.4_x86_64_nodap_gcc447.tar.gz
```

解压后，在环境变量中增加如下设定：

```
export NCARG_ROOT=/public/software/mathlib/ncl621_gcc447
export PATH=${NCARG_ROOT}/bin:$PATH
```

执行 ncl -V 查看 ncl 版本，程序如下：

```
ncl -V
6.2.1
```

6.5　WRF 模式调试与运行

WRF 模式运行包括模式前处理、模式运行和模式结果后处理。模式前处理主要包括：建立静态地面数据，解压 GRIB 格式气象数据，将气象数据水平插入模式模拟区域。

6.5.1　WPS 模式前处理

进入 WPS 目录，首先将模式驱动数据接入 WPS 所在目录，这里需要提前准备好再分析数据或者 GFS 模式的预报场数据，以 FNL 6h 一次的再分析数据为例：

```
cd/public/home/mingming/WPS/
./link_grib.csh/public/home/mingming/dataFNL/fnl_20190* ./
```

通过 vi 命令对 namelist.input 进行模拟区域和空间分辨率的设置，文件中有模拟开始时间、结束时间、模拟层数、模式核心、和静态地理数据存放位置，可根据自身模拟需求进行修改。（加粗部分为模拟区域、模拟时间和静态地理数据修改位置）

```
&share
wrf_core = 'ARW',
max_dom = 3,
start_date = '2019-06-21_00:00:00','2019-06-21_00:00:00','2019-06-21_00:00:00',
end_date   = '2019-07-01_00:00:00','2019-07-01_00:00:00','2019-07-01_00:00:00',
interval_seconds = 21600
io_form_geogrid = 2,
/

&geogrid
parent_id         =   1,   1,   2,
```

```
parent_grid_ratio =   1,   3,   3,
i_parent_start    =   1,  70,   5,
j_parent_start    =   1,  80,   7,
e_we              =  235, 277,  751,
e_sn              =  203, 193,  487,
!
!!!!!!!!!!!!!!!!!!!!!!!!!!!!! IMPORTANT NOTE !!!!!!!!!!!!!!!!!!!!!!!!!!!!!
! The default datasets used to produce the MAXSNOALB and ALBEDO12M
! fields have changed in WPS v4.0. These fields are now interpolated
! from MODIS-based datasets.
!
! To match the output given by the default namelist.wps in WPS v3.9.1,
! the following setting for geog_data_res may be used:
!
! geog_data_res = 'maxsnowalb_ncep+albedo_ncep+default', 'maxsnowalb_ncep+albedo_ncep+default',
!
!!!!!!!!!!!!!!!!!!!!!!!!!!!!! IMPORTANT NOTE !!!!!!!!!!!!!!!!!!!!!!!!!!!!!
!
geog_data_res = 'default','default',
dx = 9000,
dy = 9000,
map_proj = 'lambert',
ref_lat   =  35.0,
ref_lon   = 105.0,
truelat1  =  30.0,
truelat2  =  60.0,
stand_lon = 105.0,
geog_data_path = '/public/home/mingming/geog/WPS_GEOG/'<注释>这里的路径为存放全球地理信息的文件的路径
/

&ungrib
out_format = 'WPS',
prefix = 'FILE',
/

&metgrid
fg_name = 'FILE'
io_form_metgrid = 2,
/
```

通过执行./geogrid.exe生成模拟区域的DEM文件。生成文件个数取决于设置的模拟区域个数。如果max_dom = 3，则生成3个区域的DEM文件，程序如下：

```
./geogrid.exe
ls
```

```
geo_em.d01.nc   geo_em.d02.nc   geo_em.d03.nc
```

链接驱动数据的数据表格，以使用的FNL数据为例，解压GRIB数据。通过执行ungrib.exe和metgrid.exe分别对GRIB数据进行解压和将驱动文件插值到geogrid生成的3个模拟区域上去。如果中间报错没有生成相应的文件，说明区域设置有问题，需要在WPS所在目录下的namelist.input中重新设置模拟区域和模拟区域内的格点位置，其程序如下：

```
ln -sf ungrib/Variable_Tables/Vtable.GFS Vtable
./geogrid.exe
ls
geo_em.d01.nc   geo_em.d02.nc   geo_em.d03.nc
./ungrib.exe
ls
FILE:2019-07-15_18......
./metgrid.exe
met_em.d02.2019-07-15_18:00:00.nc......
```

6.5.2 WRF主模块运行

前处理过后，进入WRF主目录下的run子目录。通过vi对namelist.input进行修改。需要修改的部分主要包括模拟时间、区域和物理过程参数化选项等内容，在下面以加粗形式体现。首先模拟时间可以和WPS的时间设置一致，也可以是WPS时间中的某一段，其次模拟区域必须和WPS模拟区域保持一致，最后需要设置合理的参数化方案，才能获得更好的模拟效果。参数化方案需要经过一系列的敏感性试验进行选取，其程序如下：

```
&time_control
run_days                   = 2,
run_hours                  = 00,
run_minutes                = 0,
run_seconds                = 0,
start_year                 = 2019, 2019, 2019,
start_month                = 06,   06,   06,
start_day                  = 27,   27,   27,
start_hour                 = 00,   00,   00,
end_year                   = 2019, 2019, 2019,
end_month                  = 06,   06,   06,
end_day                    = 29,   29,   29,
end_hour                   = 00,   00,   00,
interval_seconds           = 21600
input_from_file            = .true.,.true.,.true.,
history_interval           = 60,   60,   60,
frames_per_outfile         = 1000, 1000, 1000,
restart                    = .false.,
```

```
restart_interval            = 7200,
io_form_history             = 2
io_form_restart             = 2
io_form_input               = 2
io_form_boundary            = 2
/

&domains
time_step                   = 162,
time_step_fract_num         = 0,
time_step_fract_den         = 1,
max_dom                     = 3,
e_we                        = 235,    277,    751,
e_sn                        = 203,    193,    487,(和 WPS 的 namelist 保持一致)
e_vert                      = 33,     33,     33,
p_top_requested             = 5000,
num_metgrid_levels          = 34,
num_metgrid_soil_levels     = 4,
dx                          = 9000, 3000,   1000,
dy                          = 9000, 3000,   1000,
grid_id                     = 1,      2,      3,
parent_id                   = 0,      1,      2,
i_parent_start              = 1,      70,     5,
j_parent_start              = 1,      80,     7,
parent_grid_ratio           = 1,      3,      3,
parent_time_step_ratio      = 1,      3,      3,
feedback                    = 1,
smooth_option               = 0
/

&physics

mp_physics                  = 2,      2,      2,
cu_physics                  = 5,    5,    5,
ra_lw_physics               = 99,     99,     99,
ra_sw_physics               = 99,     99,     99,
bl_pbl_physics              = 1,      1,      1,
sf_sfclay_physics           = 1,      1,    1,
sf_surface_physics          = 5,      5,      5,
radt                        = 27,     27,     27,
bldt                        = 0,      0,      0,
cudt                        = 0,      0,      0,
icloud                      = 1,
num_land_cat                = 21,
sf_urban_physics            = 0,      0,      0,
```

```
/

&fdda
/

&dynamics
hybrid_opt                          = 2,
w_damping                           = 0,
diff_opt                            = 1,      1,      1,
km_opt                              = 4,      4,      4,
diff_6th_opt                        = 0,      0,      0,
diff_6th_factor                     = 0.12,   0.12,   0.12,
base_temp                           = 290.
damp_opt                            = 3,
zdamp                               = 5000.,  5000.,  5000.,
dampcoef                            = 0.2,    0.2,    0.2
khdif                               = 0,      0,      0,
kvdif                               = 0,      0,      0,
non_hydrostatic                     = .true., .true., .true.,
moist_adv_opt                       = 1,      1,      1,
scalar_adv_opt                      = 1,      1,      1,
gwd_opt                             = 1,
/

&bdy_control
spec_bdy_width                      = 5,
specified                           = .true.
/

&grib2
/

&namelist_quilt
nio_tasks_per_group = 0,
nio_groups = 1,
/
```

利用并行计算模块运行 real. exe，形成 WRF 模式的初始边界场和初始场文件，正确的初始场文件包括 3 个，相关程序如下：

```
./real.exe
ls
```

wrfbdy_d01(边界场文件)　wrfinput_d01　wrfinput_d02　wrfinput_d03(初始场文件)

最后进入 WRF 主模式运行阶段，主模式运行必须采用并行计算模式，这里以 IntelMPI 为例调用 WRF 主程序，其程序如下：

```
lscpu（在调用该命令行后，查看计算环境的 cpu 核数）
mpirun -np 8 ./wrf.exe(8 为参与并行计算的 cpu 核数，根据实际需要对计算环境进行修改)
ls
wrfout_d01_2019-06-13_00:00:00
wrfout_d02_2019-06-13_00:00:00
wrfout_d03_2019-06-13_00:00:00(wrf 运行后的输出文件)
```

6.5.3 ARW 后处理

WRF 模式结果的后处理方式有很多，可直接利用 NCL 脚本调用进行画图、统计，也可利用 GrADS 脚本语言进行画图和数据转化。除了这两种比较常用的处理方式外，RIP 也是常用的模式结果后处理语言，这里以 NCL 脚本处理为例说明 WRF 模式输出结果的后处理过程。

利用 NCL 语言需要先导入 NCL 环境变量，导入环境变量后利用命令查看 NCL 是否可用，程序如下：

```
which ncl
ncl -v
```

利用 NCL 脚本对 WRF 输出数据进行处理，给出 NCL 读取 wrfout 的标准脚本格式如下：

```
ncl ***.ncl
```

给出绘制逐日累计 24h、48h 降水量的 NCL 脚本，脚本通过调用下面的命令执行。

```
;***************************************************
; WRF: near surface winds and total precipitation
;***************************************************
load "$NCARG_ROOT/lib/ncarg/nclscripts/csm/gsn_code.ncl"
load "$NCARG_ROOT/lib/ncarg/nclscripts/csm/gsn_csm.ncl"
load "$NCARG_ROOT/lib/ncarg/nclscripts/csm/contributed.ncl"
load "$NCARG_ROOT/lib/ncarg/nclscripts/csm/shea_util.ncl"
load "$NCARG_ROOT/lib/ncarg/nclscripts/wrf/WRFUserARW.ncl"
load "$NCARG_ROOT/lib/ncarg/nclscripts/wrf/WRF_contributed.ncl"


begin
; Make a list of all files we are interested in
  f1     = addfile("/public/home/mingming/WRF-4.1.2-l/run/wrfout_d03_2019-06-25_00:00:00", "r")
     ; refers to 1st file only
  wks = gsn_open_wks("pdf","plt_Precip_case1_domain3-25-26")
; Set some basic resources
  res                          = True
  res@gsnDraw                   = False
  res@gsnFrame                 = False
  mpres = True
  mpres@mpDataSetName            = "Earth..4"
  mpres@mpDataBaseVersion      = "MediumRes"
```

```
    mpres@mpOutlineOn               = True
    mpres@mpOutlineSpecifiers       = (/"Beijing Shi","Tianjin Shi"/)
    mpres@mpOutlineSpecifiers       = (/"China:states","Taiwan"/)
    mpres@mpOceanFillColor          = 5              ; array index in color map
    mpres@mpFillAreaSpecifiers      = (/"land","water"/)
    mpres@mpSpecifiedFillColors     = (/0,0/)
    mpres@mpAreaMaskingOn           = 1                        ; * * *
    mpres@mpOutlineSpecifiers       = (/"China:states","Taiwan"/)
    mpres@mpGeophysicalLineColor    = "Black"
    mpres@mpNationalLineColor       = "Black"
    mpres@mpUSStateLineColor        = "Black"
    mpres@mpGridLineColor           = "Black"
    mpres@mpLimbLineColor           = "Black"
    mpres@mpPerimLineColor          = "Black"

    times = wrf_user_getvar(f1,"times",-1)   ; get all times in the file
    ntimes = dimsizes(times)                  ; number of times in the file
    print(times)
    ; Get non-convective, convective and total precipitation
    rain_exp = wrf_user_getvar(f1,"RAINNC",-1)
    rain_con = wrf_user_getvar(f1,"RAINC",-1)
    print("ok")
    rain_tot = rain_exp + rain_con
    rain_tot@description = "Total Precipitation"
    printVarSummary(rain_tot)
    ; just creating new arrays here
    rain_tot_tend_24 = rain_tot(0,:,:)
    rain_tot_tend_48 = rain_tot(0,:,:)
    rain_tot_tend_24 =0.0
    rain_tot_tend_48 =0.0
    dimss=dimsizes(rain_tot(0:1,:,:))
    nlat=dimss(1)
    nlon=dimss(2)
    rain_tot_daily=rain_tot(0:1,:,:)
rain_tot_daily(0,:,:)=rain_tot_tend_24(:,:)
rain_tot_daily(1,:,:)=rain_tot_tend_48(:,:)
copy_VarCoords(rain_exp(0,:,:),rain_tot_daily(0,:,:))
printVarSummary(rain_tot_daily)
; Plotting options for Precipitation
    opts_r = res
    opts_r@gsnDraw                  = False          ; don't draw
    opts_r@gsnFrame                 = False          ; don't advance frame
    opts_r@UnitLabel                = "mm"
    opts_r@cnLevelSelectionMode = "ExplicitLevels"
    precip_levels = (/ .1, 4,8,12,16,20,24 /)
```

```
    opts_r@cnLevels              = precip_levels   ;(/ .1, 10, 25, 50, 100, 150, 200/)
    opts_r@cnFillColors          = (/"White","DarkOliveGreen1", "Chartreuse","Green","Blue", "Orange","
Red","Violet"/)
    opts_r@cnInfoLabelOn          = False
    opts_r@cnConstFLabelOn         = False
    opts_r@cnFillOn              = True
  ; Total Precipitation (color fill)
  do it=0,1
  opts_r@SubFieldTitle = "from " + times(it * 24) + " to " + times((it+1) * 24) +" (UTC)"
  contour_tot = wrf_contour(f1,wks, rain_tot_daily(it,:,:), opts_r)
 res@tfDoNDCOverlay          = True
 ;* * * * * * * * * * * * * * * * * * * * * * * * * * * * * * * * * * * * * * * * * * * * *
  if (.not. res@tfDoNDCOverlay) then
      lat2d   = f1 ->XLAT(0,:,:)
      lon2d   = f1 ->XLONG(0,:,:)
      lat2d@units="degrees_south"
      lon2d@units="degrees_east"
      rainTot1@lat2d = lat2d
      rainTot1@lon2d = lon2d
      rainTot2@lat2d = lat2d
      rainTot2@lon2d = lon2d
   end if
   ;;;;;;;;;;;;;;;;; MAKE LOTS ;;;;;;;;;;;;;;;;;;;;;;;;;;;;;
      ;Total Precipitation
       plot = wrf_map_overlays(f1,wks,contour_tot,True,mpres)
     ; plot = gsn_csm_contour_map(wks, contour_tot(1,:,:),mpres)
 draw(plot)
 frame(wks)
   end
```

并通过执行 ls 查看输出的图形文件。

6.6 物理参数敏感性分析

WRF 模式中，与湍流、对流输送、凝结和辐射相伴随的非绝热物理过程普遍采用参数化方式描述。为满足模拟实际天气的需要，模式中需要一套物理过程。WRF 模式中考虑了较为细致的物理过程，提供的物理参数化方案较其他中尺度模式更加丰富，很好地改善了中尺度天气的模拟和预报。中尺度数值模式对于强降水过程的形成机制和发生发展研究已成为实际预报工作中的主要手段。在实际模拟过程中，不同的动力和物理过程对降水有很大影响。不同物理过程方案对不同区域、不同量级降水模拟的效果各有优势。

高原的环境变化对天气及气候变化具有敏感的响应和强烈影响。高原地-气作用强烈，天气过程变化快，夏季辐射强，大气加热快，边界层深厚，对流云发展旺盛。目前很多模式对高原天气系统的模拟存在较大的误差，预报存在一定的复杂性和难度性。因此，将数值模拟模拟结果与观测资料相结合来评价降水过程，针对不同物理过程参数化方案展开对比试验，进行模式预报能力检验，从而合理配置数值模式中的各参数化方案，达到对强降水过程的最佳模拟。

6.6.1　试验设计

研究指出，WRF模拟对湿物理过程的选择十分敏感，而云微物理方案和积云参数化方案则是主要的湿物理过程。在层状云降水中，云微物理过程起着决定作用，它控制着总降水量的多少；在对流降水中，云微物理方案影响模拟大气的温湿结构，从而影响对流降水。而不同云微物理方案对不同量级降水预报的准确度不同。积云对流是中尺度系统发生、发展的重要过程，而中尺度系统直接决定了暴雨的发生、发展以及范围和强度。不同积云对流参数化方案对暴雨的模拟结果有很大的差异，由于对流活动发生发展的环境以及成因的不同，不同方案对暴雨的强度、范围、发生的时间的模拟也具有很大的差异。

为了解WRF模式中各参数化方案组合、嵌套技术的使用对高原强降水模拟结果的影响，进行了相关研究，结果表明嵌套区域的强降水中心雨强与实况比较接近，使用边界层方案可以大大改进降水模拟的效果。通过对各物理量的分析及边界层方案的选择加强了垂直运动和对流作用，有利于低层水汽的辐合，对整体的降水范围和强度有较大的影响。结合前人的研究，本研究采用的WRF主要参数化方案如表6.2所示。

表6.2　强降水物理参数化方案

物理方案	方案细分	物理方案	方案细分
积云参数化	New_KF、KF、GD	长波辐射	RRTM
云微物理	WSM6、Lin、NSSL2	短波辐射	Dudhia
边界层	YSU	陆面过程	Noah

积云对流参数化方案主要用于描述由不可被网格尺度分辨的上升或下沉气流所引起的垂直运动和云外补偿运动。在考虑次网格尺度积云对流作用以及凝结加热作用时，使用积云对流参数化方案。目前WRFV4.1.2中共有15种积云对流参数化方案，针对龙羊峡以上地区主要比较分析以下3种方案。

1）Kain-Fritsch（以下简称KF）方案是以Eta模式为基础，通过Kain-Fritsch进行调整和修改。该方案利用伴有水汽上升、下沉的简单云模式，包括卷入和卷出作用及相对简单微物理过程。KF方案在边缘不稳定和干燥的环境场中，采用最小卷入率以抑制大范围的对流，最小降水云厚度随云底温度变化而变化，对于不能达到最小降水云厚度的上升气流则考虑浅对流。

2）Multi-scale Kain-Fritsch（以下简称New_KF）方案是在WRF3.7版本引入的，利用基于LCC的具有尺度效应的动力调整时间尺度，并使用了基于Bechtold的触发函数。

3）Grell - Devenyi（以下简称 GD）方案是多种积云方案集合的结果，在各个格点上同时运行多个积云参数化方案，最后取各方案结果的平均反馈。参与该集合方案中的成员均属于质量-通量型，主要区别在于垂直气流的卷入、卷出相关参数设置及降水效率并不相同。该方案采用准平衡假设，由上升和下沉气流及卷入、卷出参数决定稳定状态环流构成的云模式。

目前 WRFV4.1.2 版本提供了 26 种云微物理参数化方案，每个参数化方案对次网格尺度物理过程的处理都不一样，从最简单的暖云方案（包括云滴和雨滴）到包含微物理过程全面而复杂的混合相方案（冰相粒子最多包括冰晶、雪、霰以及雹等类别）都涉及。本节主要比较分析以下 3 种方案。

1）WSM6 方案在 WSM5 方案上有所改进，增加了霰及相关联的一些过程。与 WSM3、WSM5 一样，饱和度调整对计算的量级进行最优化处理，分开处理冰和水的饱和过程，减小方案对模式时间步长的敏感性，适合于高分辨率的模拟。

2）Lin 方案是物理过程较为复杂的方案，与水相物理有关的预报量有水汽混合化、云水、雨水、云冰、雪和霰，包括饱和调整和冰晶沉降。Lin 方案是 WRF 模式中相对较成熟的方案，适合于对再分析数据的高分辨率模拟，适合理论研究。

3）NSSL2 - moment（以下简称 NSSL2）方案是 WRF3.4 版本以后引入的一种双参数方案，该方案增加了雹粒子的比质量和数浓度预报，以及云凝结核的体积浓度等，模拟得更为复杂。它可预测的参数有混合比和粒子数浓度，具体包括 6 种云的水滴、滴雨、雪、冰晶体、霰和冰雹等。

目前，WRFV4.1.2 边界层参数化方案总共有 13 种，主要分为非局地闭合方案和局地巧合方案。常见的局地方案有 YSU（Yonsei University）、ACM2（Asymmetric Convective Model version 2）等；非局地方案有 MYJ（Mellor - Yamada - Janjic）、BL（Bougeault - Lacarrere）等。它们分别采用 K 廓线理论、TKE 闭合法来处理湍流运动。YSU 方案由 MRF 方案改进后得来，是一种典型的非局地方案，已在科学研究中得到了较多应用。MRF 方案在湍流扩散中考虑了反梯度项，而在稳定层结条件下不考虑反梯度项，这是 MRF 的优点。但 MRF 也存在一定局限性，比如在模拟混合层时模拟的混合过强，导致模拟的边界层高度偏高，作为非局地方案，未能正确反映夹卷效应。这些在 YSU 方案中得到了较大的改进。

陆面过程方案采用 Noah 方案提高了预报土壤结冰、积雪影响及处理城市地面的能力，同时考虑了地面发射体的性质。

长波辐射方案采用 RRTM 方案，其来自 MM5 模式，利用一个预先处理的对照表来表示由于水汽、臭氧、二氧化碳、其他气体以及云的光学厚度引起的长波过程。

短波辐射方案采用 Dudhia 方案，来自 MM5 模式，简单地累加由于干净空气散射、水汽吸收、云反射和吸收所引起的太阳辐射通量。

本研究采用双重双向嵌套方案，区域中心为（105°E、36°N），粗细网格的水平分辨率分别为 27km 和 9km，对应网格格点数分别为 D1（301×205）和 D2（133×112）。模式垂直方向分为 33 层，模式顶层气压为 50hPa，地形数据采用 MODIS 全球 30′高分辨率地形资料。以美国环境预测中心一日 4 时次的 1°×1°FNL 全球分析资料作为模式的初始场和侧边界条件，时间积分方案采用三阶精度 Runge－Kutta 积分方案（时间分裂方案），模式粗细网格的积分步长分别为 180s 和 60s。降水观测资料为黄河水利委员会水文局的水文站雨量数据和中国气象局的气象台站降雨量数据。

模式预报区域为两层嵌套，但对模拟预报结果进行分析比较时采用内层区域预报结果，内层区域范围为 25°～35°N、95°～107°E，水平网格分辨率为 9km。

为了检验一定分辨率下各个物理过程在强降水过程中的不同作用，选取具有代表性的降水过程进行回报试验，通过具体降水事件的预报，对模式降水预报技巧进行综合评价。

WRF 模式运行预报区域内的数据，模式输出变量层次为 1000hPa、950hPa、900hPa、850hPa、800hPa、750hPa、700hPa、650hPa、600hPa、550hPa、500hPa、450hPa、400hPa、350hPa、300hPa、250hPa、200hPa、150hPa、100hPa（19 层）。

针对不同参数化方案对降水过程预报的影响，分别设计了 3 种积云对流参数化方案和 3 种云微物理过程参数化方案的试验。

研究不同积云对流参数化方案对降水过程模拟的对比试验时，采用 New_KF、KF 和 GD 等 3 种积云对流参数化方案对选取的 2 场强降水过程分别进行降水模拟。为了排除模式初始场误差和其他物理方案带来的不确定性可能引起的降水预报误差，模式中除了积云对流参数化方案外，模式的初始边界条件和其他物理过程方案保持不变，这些物理过程方案包括 WSM6 微物理参数化方案、Noah 陆面过程方案、YSU 行星边界层方案、RRTM 长波辐射方案、Dudhia 短波辐射方案。最终确定适用于龙羊峡以上地区最优的积云对流参数化方案。

研究不同云微物理过程参数化方案对降水过程模拟的对比试验时，模式的初始边界条件、基本设置及物理过程方案保持不变，分别采用 WSM6、Lin 和 NSSL2 等 3 种云微物理过程参数化方案与最优积云对流参数化方案的组合，评估 WRF 模式中不同云微物理过程参数化方案对龙羊峡以上降水的模拟能力，并给出对此地区有较好模拟能力的方案。

6.6.2 不同积云对流参数化方案模拟分析

2017 年 8 月 26—27 日受副高和切变线影响，黄河流域中上游出现一次系统性降水过程，其中龙羊峡以上大部降中雨，局部大雨。此次降水呈东西走向，强降水中心主要集中在唐克—军功河段。累积降水量最大点为河南站，达 57mm。

3 种积云对流参数化方案均模拟出了龙羊峡以上的主要雨带及其走向，但模拟的雨带较实况均偏北，降水中心不同程度地偏强，其中 KF 方案模拟的降水范围和量级偏大最为明显。整体来看，GD 方案的效果相对较为理想，模拟的雨带范围和量级与实况最为吻合。

表 6.3 是对 2017 年 8 月 26—27 日龙羊峡以上降水预报的检验结果。3 种方案对 24h 累计降水量的预报准确率达 0.8，且随着预报时效的增加，WRF 预报技巧均有所提高，48h 预报的 TS 评分达到 0.9 以上。说明 WRF 模式对龙羊峡以上降水事件具有较好的预测能力。24h 降水空报率为 0.2，随着预报时效的增加，48h 均趋近于 0，漏报率接近 0。

总体来看，随着预报时效增加，3 种方案的模拟效果均有所提高，WRF 预报技巧均有所提高。

表 6.3　　不同积云对流参数化方案的降水评分结果

方　案	时　效	TS 评分	空报率	漏报率
New _ KF	24h 预报	0.8	0.2	0
	48h 预报	0.9	0.05	0.05
KF	24h 预报	0.8	0.2	0
	48h 预报	0.95	0.05	0
GD	24h 预报	0.8	0.2	0
	48h 预报	0.95	0.05	0

由表 6.4 可以看出，对小雨的模拟，随着预报时效的增加，3 种方案的 TS 评分均明显提高，48h TS 评分达 0.8 以上，空报率也趋于 0，漏报率全部为 0，说明 3 种方案对龙羊峡以上小雨量级的降水均具有较好的预测能力。

表 6.4　　不同积云对流参数化方案对小雨的降水评分结果

方　案	时　效	TS 评分	空报率	漏报率
New _ KF	24h 预报	0.5	0.5	0
	48h 预报	0.88	0.12	0
KF	24h 预报	0.69	0.31	0
	48h 预报	1	0	0
GD	24h 预报	0.67	0.33	0
	48h 预报	1	0	0

对于中到大雨的模拟，GD 方案 24h 预报的 TS 评分最高（表 6.5），达 0.71。New _ KF 方案的评分最低，并且其 24h 中到大雨空报率达 0.56，但其漏报率也最低，仅为 0.06。3 种方案对 48h 中到大雨预报的 TS 评分差别不大，较 24h 降水评分明显降低。

表 6.5　　不同积云对流参数化方案对中到大雨的降水评分结果

方　案	时　效	TS 评分	空报率	漏报率
New _ KF	24h 预报	0.38	0.56	0.06
	48h 预报	0.17	0.17	0.67
KF	24h 预报	0.5	0.11	0.38
	48h 预报	0.18	0.41	0.41
GD	24h 预报	0.71	0	0.29
	48h 预报	0.2	0.33	0.47

分析不同积云对流参数化方案的平均误差值发现（表 6.6），24h 的预报值与实际观测值的平均误差值均为正，GD 方案 48h 预报值与实际观测值的平均误差值也为正，表明降雨量的预报值比实际观测值偏大。GD 方案 24h 预报的平均误差最小，KF 方案 48h 预报的平均误差最小，但 GD 方案的平均误差与其比较接近，New _ KF 方案的平均误差最大。3 种方案模拟的降水量与观测降水之间的相关系数均在 0.5 以上，其中 KF 方案 24h 预报降水与实况之间的相关系数最大；3 种方案在 48h 预报降水与实况降水之间的相关系数均

大于0.5。

表6.6 模式次网格区域不同积云对流参数化方案的平均误差、均方根误差和相关系数

方案	时效	平均误差	均方根误差	相关系数
New _ KF	24h预报	5.4	10.91	0.53
	48h预报	−8.21	17.33	0.55
KF	24h预报	1.86	8.35	0.71
	48h预报	0.76	21.23	0.53
GD	24h预报	0.48	9.58	0.6
	48h预报	−1.24	18.51	0.57

总之，在其他参数固定的情况下，GD方案对于雨带范围和量级的模拟与实况最为接近，TS评分最高，相对误差也最小。3种方案模拟的降水量与观测降水的相关系数较高。

500hPa高度场上，3种积云对流参数化方案对大尺度环境背景场的模拟均表现良好，模拟出了贝加尔湖附近的高空槽、副高、1714号热带气旋等，与实况基本一致。3种方案对于副高强度的模拟存在不同程度的偏强，592线较实况明显偏西，大于588dgpm的副高面积明显偏大，尤其是New _ KF方案和KF方案最为明显。相对而言，GD方案模拟的副高与实况最为接近，西伸脊点与实况基本一致，584线的走向与实况最为符合。3种方案均模拟出了影响此次降水的南北向风速切变线，但GD方案对于副高和切变线的综合模拟最接近实况。

200hPa高度场上，3种积云对流参数化方案对中纬度西风急流的模拟与实况基本吻合，但对于南亚高压强度和面积的模拟分别存在不同程度的偏强和偏大。

通过New _ KF、KF和GD这3种积云对流参数化方案对龙羊峡以上典型降水过程的对比试验，发现3种积云对流参数化方案试验均较好模拟出了龙羊峡以上的降水事件，尤以GD方案的模拟效果最优。

6.6.3 不同微物理参数化方案模拟分析

GD方案对典型降水过程模拟效果最佳，本节利用WSM6、Lin和NSSL2这3种云微物理过程参数化方案对2017年两次降水过程进行对比，以得出适宜于龙羊峡以上地区的最佳模拟方案组合。

6.6.3.1 2017年7月26—27日强降水过程模拟分析

2017年7月26—27日，受西风槽和西太平洋副热带高压共同影响，黄河流域出现一次系统性降水过程，其中龙羊峡以上大部降中雨、局部降大雨，累计雨量最大点玛曲站的降雨量达38mm。

WSM6方案和Lin方案模拟的降水分布、强降水中心比较接近，NSSL2方案模拟的效果相对较差。

表6.7是3种微物理参数化方案下，对2017年7月26—27日龙羊峡以上降水预报的检验结果。3种方案24h的TS评分均为0.6，空报率均为0.4，漏报率均为0。随着预报

时效的增加，WRF 预报技巧均有所提高。3 种方案的 48h 预报的 TS 评分均达到 0.85，空报率减小到 0.15，说明 WRF 模式对此次降水事件具有较好的预测能力。

表 6.7 不同微物理参数化方案的降水评分结果

方案	时效	TS 评分	空报率	漏报率
WSM6	24h 预报	0.60	0.40	0
	48h 预报	0.85	0.15	0
Lin	24h 预报	0.60	0.40	0
	48h 预报	0.85	0.15	0
NSSL2	24h 预报	0.60	0.40	0
	48h 预报	0.85	0.15	0

由表 6.8 可以看到，对于 24h 小雨的模拟，WSM6 方案和 Lin 方案的 TS 评分均为 0.50，NSSL2 方案的 TS 评分则为 0。随着预报时次的增加，3 种方案的 TS 评分均提高到 0.75，空报率均为 0.25，漏报率均为 0。对于 24h 中到大雨的模拟，3 种方案的差异很小（表 6.9），TS 评分均小于 0.3。而对于 48h 中到大雨的模拟，3 种方案的 TS 评分均为 0。

表 6.8 不同微物理参数化方案对小雨的降水评分结果

方案	时效	TS 评分	空报率	漏报率
WSM6	24h 预报	0.50	0.50	0
	48h 预报	0.75	0.25	0
Lin	24h 预报	0.50	0.50	0
	48h 预报	0.75	0.25	0
NSSL2	24h 预报	0	1.00	0
	48h 预报	0.75	0.25	0

表 6.9 不同微物理参数化方案对中到大雨的降水评分结果

方案	时效	TS 评分	空报率	漏报率
WSM6	24h 预报	0.22	0.50	0.28
	48h 预报	0	0	1.00
Lin	24h 预报	0.16	0.53	0.32
	48h 预报	0	0	1.00
NSSL2	24h 预报	0.29	0.44	0.25
	48h 预报	0	0	1.00

在积云对流参数化方案为 GD 的情况下，分析 3 种微物理参数化方案的平均误差值（表 6.10）发现，24h 的预报值与实际观测值的平均误差值均为正，48h 的预报值与实际观测值的平均误差值均为负，这与之前改变积云对流参数化方案得到的结果一致，说明 WRF 模式自身存在系统误差。WSM6 方案的平均误差最小，24h 的相关性均不高，相关系数均小于 0.3；NSSL2 方案在 48h 的相关系数最高，达 0.7。

表6.10 模式次网格区域不同微物理过程方案的平均误差、均方根误差和相关系数

方案	时效	平均误差	均方根误差	相关系数
WSM6	24h预报	5.26	12.31	0.12
	48h预报	−7.28	14.53	0.37
Lin	24h预报	5.14	12.23	0.13
	48h预报	−7.41	15.18	0.57
NSSL2	24h预报	6.31	11.54	0.27
	48h预报	−8.47	15.36	0.7

总之，在其他参数固定的情况下，WSM6方案和Lin方案对于降水分布的模拟效果比较接近，但WSM6方案的平均误差最小，预报效果最佳。

500hPa高度场上，3种微物理参数化方案均模拟出了造成此次降水过程的高空槽、副高等大尺度环流背景场，但3种方案对于贝加尔湖以东高空槽位置的模拟有所偏北。3种方案对副高的预报均存在不同程度的偏强，尤其是Lin方案和NSSL2方案模拟的副热带高压面积明显偏大，同时584线模拟均偏北，造成模拟的降水明显偏弱。

200hPa高度场上，3种微物理参数化方案对沿蒙古国南部—内蒙古东部—我国东北—日本海东西走向的高空急流的模拟与实况基本吻合，对于南亚高压强度和位置的模拟分别存在不同程度的偏强，黄河源头处于高压前部，以下沉气流为主，导致高原槽异常偏南，黄河源头降水强度较实况偏弱。

6.6.3.2 2017年8月26—27日强降水过程模拟分析

2017年8月26—27日受副高和切变线影响，黄河流域中上游出现一次系统性降水过程，其中龙羊峡以上大部降中雨、局部大雨，此次降水呈东西走向，强降水中心主要集中在唐克—军功河段。累计降水量最大点为河南站，达57mm。

3种微物理参数化方案都模拟出了龙羊峡以上的中雨以上量级的降水。3种方案对南部大雨的模拟比较分散，玛多以上的降水模拟明显偏强，Lin方案和NSSL2方案模拟的暴雨中心明显偏大。整体来看，WSM6方案的模拟效果相对较为理想，模拟的大雨范围与实况相对较为吻合。

根据2017年8月26—27日龙羊峡以上降水预报的检验结果（表6.11）可知，3种方案对24h累计降水量的预报准确率都较高，均为0.8，随着预报时效的增加，WRF预报技巧均有所提高，48h预报的TS评分达到0.9以上。说明WRF模式对龙羊峡以上降水事件具有较好的预测能力。24h降水空报率为0.2，随着预报时效的增加，48h均趋近于0，漏报率则基本上为0。

总体来看，随着预报时效增加，3种方案的模拟效果均有所提高，WRF预报技巧均有所提高。

表6.11 不同微物理参数化方案的降水评分结果

方案	时效	TS评分	空报率	漏报率
WSM6	24h预报	0.80	0.20	0
	48h预报	0.95	0.05	0

续表

方案	时效	TS评分	空报率	漏报率
Lin	24h预报	0.80	0.20	0
	48h预报	0.95	0.05	0
NSSL2	24h预报	0.80	0.20	0
	48h预报	0.95	0.05	0

由表6.12明显可以看到，对于小雨的模拟，3种方案的差异很小，24h TS评分均在0.6以上，48h均达到1，说明随着预报时效的增加，模式对于小雨的模拟效果明显提高。而对于24h中到大雨的模拟，WSM6方案和NSSL2方案的TS评分均为0.5，Lin方案的评分最低，48h 3种方案的TS评分均不高（表6.13）。

表6.12　不同微物理参数化方案对小雨的降水评分结果

方案	时效	TS评分	空报率	漏报率
WSM6	24h预报	0.67	0.33	0
	48h预报	1.00	0	0
Lin	24h预报	0.62	0.38	0
	48h预报	1.00	0	0
NSSL2	24h预报	0.60	0.40	0
	48h预报	1.00	0	0

表6.13　不同微物理参数化方案对中到大雨的降水评分结果

方案	时效	TS评分	空报率	漏报率
WSM6	24h预报	0.50	0.12	0.38
	48h预报	0.20	0.33	0.47
Lin	24h预报	0.25	0.42	0.33
	48h预报	0.24	0.41	0.35
NSSL2	24h预报	0.50	0.30	0.20
	48h预报	0.30	0.50	0.20

分析不同微物理参数化方案的平均误差（表6.14）发现，24h的预报值与实际观测值的平均误差值均为正，WSM6方案24h预报的平均误差最小，WSM6方案和Lin方案48h预报的平均误差均为负值，且比较接近，NSSL2方案的平均误差为正值。WSM6方案在24h和48h预报的相关系数均为最高。

表6.14　不同微物理参数化方案的平均误差、均方根误差和相关系数

方案	时效	平均误差	均方根误差	相关系数
WSM6	24h预报	0.48	9.58	0.60
	48h预报	−1.24	18.51	0.59
Lin	24h预报	2.08	10.8	0.32
	48h预报	−1.72	18.43	0.58

续表

方　案	时　效	平均误差	均方根误差	相关系数
NSSL2	24h 预报	1.32	9.68	0.57
	48h 预报	1.11	17.75	0.54

在其他参数固定的情况下，WSM6 方案和 NSSL2 方案的 TS 评分比较接近，但 WSM6 方案的平均误差相对最小，相关系数也最高，由此可见 WSM6 方案对于龙羊峡以上此次降水的模拟效果最佳。

500hPa 高度场上，3 种微物理参数化方案对大尺度环境背景场的模拟均表现良好，模拟出了贝加尔湖附近的高空槽、副高、1714 号热带气旋等，与实况基本一致。3 种方案对于副高强度的模拟存在不同程度偏强，592 线较实况明显偏西，大于 588dgpm 的副热带高压面积偏大，强度偏强，位置偏北。其中 NSSL2 方案对于 584 线的模拟异常偏北，受副高外围水汽输送影响，3 种方案模拟的降水较实况均偏强。200hPa 高度场上，3 种微物理参数化方案对中纬度西风急流的模拟和实况基本吻合，但对于南亚高压中心的模拟较实况异常偏强。

6.6.4　模拟结果探讨

龙羊峡以上降水对于黄河流域来水贡献至关重要，针对黄河源的降水模拟非常重要。针对不同参数化方案下多次降水过程的模拟结果探讨如下。

（1）27km 网格分辨率下，WRF 模拟的降水背景场较好，尤其对中高纬度西风带系统的模拟与实况接近 WRF。同时 9km 网格分辨率下 WRF 模式的模拟结果基本能够重建高原降水的范围、中心位置和降水强度，3 种积云对流参数化方案对降水事件预报的 Ts 评分均达到 0.85，说明 WRF 模式对龙羊峡以上降水事件具有较好的预测能力，但对中到大雨的预报信号较弱。

（2）通过对比模拟过程中积云参数化方案和微物理过程参数化方案，得出 WSM6 云微物理方案和 GD 积云参数化方案的组合在几次强降水过程中为模拟评分综合最高的组合，微物理过程参数化方案相对于积云参数化方案对龙羊峡以上降水影响较弱。

（3）黄河源区夏秋时期主要是受高原槽和切变线的影响，同时还会有西风带槽脊、副高等的相互作用。模式对于高空场的模拟中，副高强度、南亚高压强度较实况均一致偏强。

第7章　MM5和WRF模式对黄河流域降水预报技巧及差异

7.1　概　　述

数值预报是现代天气预报定时、定点、定量的最根本、最科学的途径，也是目前提高天气预报水平的最有前途的一种方法。世界上已有许多国家自20世纪就开始发展数值天气预报业务系统（包括全球模式和区域模式），并取得了显著成效。其中区域数值天气模式由于在区域物理过程描述、分辨率等方面具有显著优势，在目前天气预报业务中尤其在精细化要素预报业务中有着不可替代的作用，特别是区域中尺度数值模式系统提供的高分辨率物理量空间信息，对研究中尺度灾害性天气系统的形成、发展具有积极的指导意义，对天气系统监测和预警能力的提高具有重要意义。

目前在我国的天气预报业务系统中，MM5、天气研究与预报模型（Weather Research Forecasting，WRF）、全球/区域同化预报系统（Global/Regional Assimilation PrEdiction System，GRAPES）等中尺度数值天气模式都已得到广泛应用。同时对中尺度数值天气模式预报能力的检验评估工作在我国亦有很多研究成果。大量研究结果表明中尺度数值天气模式均对不同地区天气具有一定的再现和预报能力，在降水方面，模式可模拟和预测出局地大气环流及区域尺度上的强对流过程造成的雨区、降水强度和强降水中心，模式能较好地把握中国区域夏季降水总体空间分布特征，但在某些局地区域，由于模式对降水影响系统的模拟和预测偏差，常导致降水较大的模拟偏差，例如在受热带对流系统影响的云南南部地区。在对降水量级的把握上，模式对小雨具有较好预报能力，对暴雨及以上降水预报能力有限。

黄河流域地处东亚中纬度地区，南北跨近13个纬度，东西横跨近30个经度，流域西侧地处青藏高原东部，夏季降水多受高原低值系统影响；东侧为华北平原南部，每年夏季降水与西太平洋副高之间联系较强；北侧地处古高原南部，是中纬度西风槽影响范围；南部接近秦岭淮河一线，是夏季西南低涡和南支槽东移较常影响的区域。在流域主要产流区（泾渭洛河、伊洛河以及山陕区间），夏季降水多受到西风带、西南低值系统、副高综合影响，其夏季降水预报难度较高。鉴于黄河流域夏季降水预报的复杂性和重要性，在黄河流域开展中尺度数值降水预报和模式预报能力检验具有重要现实意义。

目前，黄河流域降水预报业务化运行中，MM5模式仍然是近些年的主要数值预报模式，但是随着数值模式的不断发展，WRF模式在近些年得到了更为广泛的应用。为了进一步提高黄河流域汛期降水预报能力，希望通过采用更为合理和科学的数值模式，分析新旧模式之间的预测偏差，为WRF模式在黄河流域的预报适用提供参考依据。

本章利用MM5和WRF两个中尺度数值模式和同一套大气环流初始场，针对汛期逐日降水进行数值降水预报，结合同期气象观测数据，开展模式降水预报技巧评估。通过分析两个模式之间的预报技巧差异，识别模式本身在黄河流域适用的特征和不确定性，为 WRF 模式在黄河流域降水预报提供参考依据。

本章研究内容主要包括以下两个方面：①针对整个汛期的预报数据，对两个模式对整个汛期的降水预报进行预报技巧统计和分析，从定性和定量的两个方面给出两个模式的预报技巧特征和差异；②针对具有显著特征的降水过程，进行模式预报，通过预报对①的研究结论进行更深入的印证和讨论，给出两个模式预报差异的可能原因。

7.2　模式和试验设计简介

7.2.1　数值天气预报与数值天气模式

数值天气预报是根据大气实际情况，在一定的初值和边值条件下，通过大型计算机作数值计算，求解描写天气演变过程的流体力学和热力学的方程组，预测未来一定时段的大气运动状态和天气现象的方法。

数值天气预报是一种定量的和客观的预报，首先要求建立一个较好地反映预报时段的（短期的、中期的）数值预报模式和误差较小、计算稳定并相对运算较快的计算方法。其次，必须恰当地对气象资料进行调整、处理和客观分析。最后，数值天气预报必须采用大型计算机。

目前全世界已有 30 多个国家和地区把数值天气预报作为制作日常天气预报的主要方法，其中不少国家和地区除制作 1～2 天的短期数值天气预报外，还制作一个星期左右的中期数值天气预报。

中国于 1955 年开始探索进行数值天气预报，1959 年开始在计算机上进行数值天气预报，1969 年国家气象局正式发布短期数值天气预报，以后逐步改进数值预报模式并实现了资料输入、填图、分析和预报输出的自动化。目前，除完成日常的短期数值天气预报业务外，正准备作出中期数值天气预报。

虽然数值天气预报在目前的天气预报中发挥着越来越重要的作用，但是数值预报本身还存在许多问题尚待解决，如次网格尺度物理过程的引入、非线性方程的数值解、初值形成问题等。这些问题都是设计模式时会直接碰到的，但是最根本的还是人们对天气演变规律的认识，特别是对中期和长期天气过程和强风暴发生和发展的认识还很不够。此外，虽然用卫星和遥感技术等手段探测大气，对提供记录稀少地区的资料有一定贡献，但气象探测的精度和预报的准确率，仍有待进一步提高。

7.2.2　MM5（Mesoscale Model v5）模式简介

MM5（Mesoscale Model version 5）是 PSU/NCAR 自 20 世纪 80 年代以来共同开发的第 5 代中尺度数值模式。和上一代模式 MM4 相比，在模式动力框架上最大的改进之处在于引进了非静力平衡效应，从而使得模式具备了对较小空间尺度发展强烈的天气系统的描述能力，对于局地扰动生成和发展的描述能力超过 MM4。该模式是具有数值天气预报业务系统能力和天气过程机理研究功能的综合系统，一经发布就以其优良的性能赢得世界各国相关学科众多业务和科研部门科学家的关注，并自发参与到模式系统的进一步开发更新工作中去。目前 MM5 的注册用户遍及全球数十个国家，我国是 MM5 的主要使用国家之一，在气象、环境、生态、水文等多个学科领域都得到广泛使用。

图 7.1 是一幅完整的 MM5 系统流程图。其显示了程序的流程次序、数据的流动并简要地描述它们的主要功能。地形和气压层上的气象数据从经纬度格点水平插值（程序 TERRAIN 和 REGRID）到一个可变的高分辨率区域上。所采用的投影方式可以是麦卡脱投影、兰勃脱投影或极射投影。程序 INTERPF 把气压层上的数据转换为 MM5 程序所需要的 sigma 层上的数据。MM5 为模式主模块，将 INTERPF 的输出数据拷贝至 MM5/Run 目录下，运行 MM5 主程序，进行模式预报。其他模块如 3DVAR 为可选模块，其主要作用是对模式初始场进行资料同化。

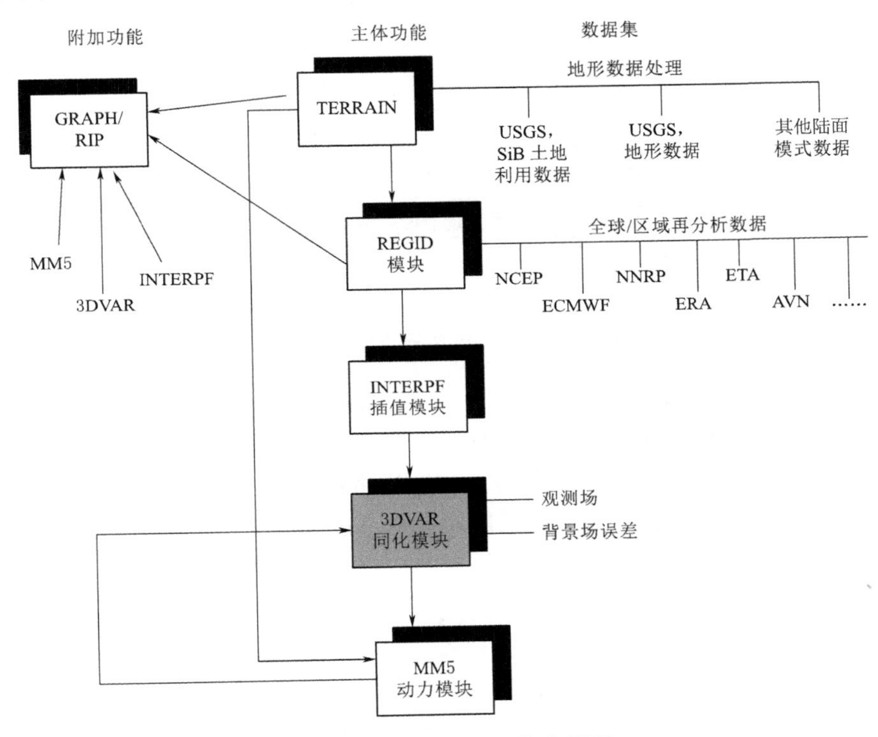

图 7.1　MM5 模式系统流程图

模式系统通常获得和分析气压层上的数据，但是在把数据输入模式之前，必须把它们插值到模式的垂直坐标上去。垂直坐标是沿地形的（图 7.2），这意味着较低的格点层是沿地形的，而高层则是平的，中间的模式层则随着气压随高度的减小趋于平缓。用于模式层定义的标量如下：

$$\sigma=(P_0-P_t)/(P_{s0}-P_t) \tag{7.1}$$

式中：P_0 为气压；P_t 为一指定的顶层气压（常数）；P_{s0} 为地面气压。

非静力模式坐标是使用一个参考态气压来定义的，而不是使用静力模式中的实际气压。从式（7.1）和图 7.2 中可以看出，在顶层为 0、在底层为 1，并且每个模式层都被定义了某个值。使用位于 0 和 1 之间的值的列表来定义模式的垂直分辨率，这些值没有必要一定是均匀的。一般而言，边界层内的分辨率要高于其上的分辨率。尽管原则上对层数没有限定，但是最好取在 10～40 之间。

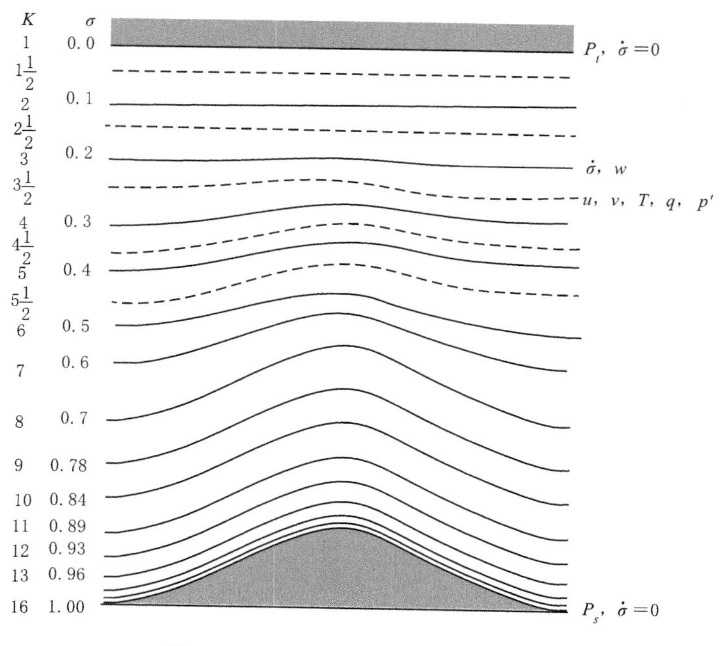

图 7.2 MM5 模式的垂直结构示意图

图 7.2 所示有 15 层，虚线表示半 sigma 层，实线表示完整的 sigma 层。可以从图 7.3 中看到，在水平格点上既有风速矢量又有标量。标量（T、q 等）定义在四方形格点的中间，而东向（u）和北向（v）的风分量位于四方形格点的角上。四方形格点区域的中间使用交叉点来表示，而角上用圆点来表示。因而水平风速被定义在圆点上。比如当数据被读入时，预处理器将做必要的插值以确保与格点的一致性。

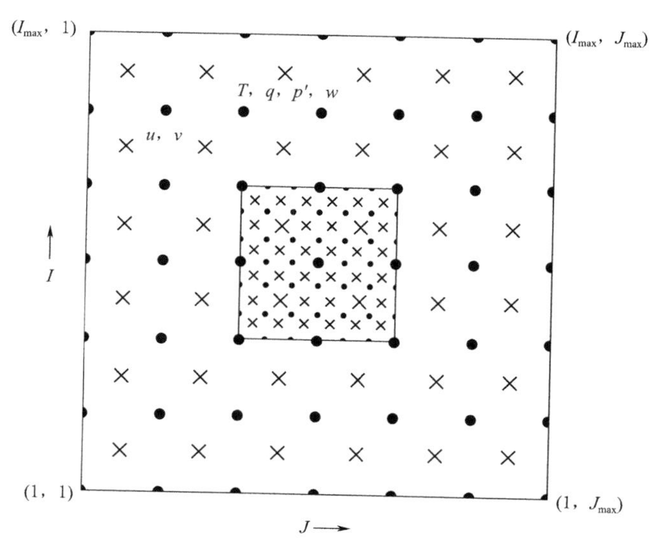

图 7.3 MM5 模式水平圆点和交叉点示意图

较小的内方框表示细网格格距与粗网格（外方框）格距之比是1∶3。以上所有的变量（u，v，T，q，p'）都被定义在了模式垂直层的中间，即半 sigma 层上（图 7.3 中的虚线）；垂直风速存在于完整的 sigma 层上（图 7.3 中的实线）。在定义 sigma 层时，所列出的是完整的层次，包括 0 和 1 上的层次。因此模式层的数量总是要比完整的 sigma 层数少 1。

MM5 具有最多同时运行 9 个相互作用区域的多重嵌套能力。图 7.4 显示了一个可能的设置。对于双向嵌套，其比率通常是 3∶1。“双向作用（嵌套）”表示粗网格可以作用于细网格的边界上，同时细网格对粗网格的反馈作用发生在细网格内部。允许在一个给定的嵌套层次上有多个嵌套（比如图 7.4 中的区域 2 和 3）。也允许它们重叠。区域 4 在第 3 层上，意味着它的格点大小和时间步长是区域 1 的 1/9。每一个子区域有一个“母区域”，子区域完全嵌套其中。这样的话，对于区域 2 和 3，它们的母区域是 1；对于区域 4，其母区域则是 3。嵌套可以在模拟的任何时候开启或关闭。需要注意的是，无论一个母区域何时终结，其所有子区域必须都被关闭。在模拟时也可以移动一个区域，只要它不是一个活动区域的母区域，同时也不是最粗的网格。

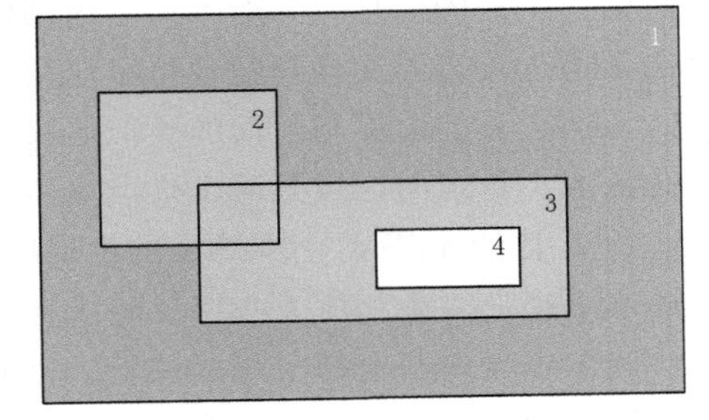

图 7.4 MM5 模式嵌套设置

有 3 种作双向嵌套的方法（基于 IOVERW 的开关项），分别如下。

1）嵌套插值（IOVERW＝0）。使用粗网格场对嵌套区域进行插值，地形高度和类型仅保留粗网格的精度，要移动嵌套必须使用该选项，它不需要额外的输入文件。

2）嵌套分析输入（IOVERW＝1）。除了粗网格外，这个选项需要为嵌套网格准备一个模式输入文件。它允许在嵌套中包含高分辨率的地形数据和初始分析。通常这样的网格必须和粗网格同时开始运行。

3）嵌套地形输入（IOVERW＝2）。这个新选项仅要求一个地形高度/类型的输入文件，同时气象要素场从粗网格插值获得并且依据新地形作了垂直调整。这样的嵌套网格可以在模拟的任何时刻启动，但是需要一个过渡时间来将模式调整到新的地形上。

MM5 中也使用单向嵌套。此时，模式第一次运行就可以使用任意比率的插值（不一定是 3∶1）产生一个输出。同时一旦单向嵌套区域的位置被指定了以后，一个边界文件也会被创建。通常边界文件是以小时为间隔（根据粗网格的输出频率），而且这些数据是经过时间插值来支持此嵌套的。因此，单向嵌套不同于双向嵌套的地方在于它不存在反馈和边界处较粗的时间精度。单向嵌套也可以使用高分辨的数据和地形来作初始化。很重要的一点是，在边界区域内地形必须与粗网格一致，TERRAIN 程序需要对两个区域一次性运行，以确保这一点。

运行任何区域数值天气预报模式都需要侧边界条件。在 MM5 中所有的 4 个边界指定了水平风场、温度场、气压场和湿度场。如果可行的话，也能指定微物理场（比如云）。因此，在运行一个模拟前，除了为这些变量场设定初始值外，边界值也必须设定好。

边界值或来自未来时次的分析数据，或是一个先前的粗网格模拟（单向嵌套），或来自另一个模式的预报（实时预报）。对于实时预报，侧边界最终依赖于全球的模式预报。

在历史个例的模拟中，提供边界条件的数据可以通过测站分析（RAWINS 和 little _ r）来提高，其方法和初始场类似。如果使用的是高空分析资料，则侧边界的值可能只有 12h 的有效间隔。而如果用的是模式输出的侧边界资料，则它可以有一个更短的有效间隔时间，比如 6h 或甚至是 1h。

模式通过把这些时间离散的分析数据线性插值到模式时次上来使用它们。这些分析数据完全指定了模式格点外面的行列上的特征。边界处由外向内的四行四列上，模式根据分析进行逼近同化，这里也存在着一个平滑过程。同化的强度随着远离边界而线性减小。为了使此种同化得到应用，模式采用了一个边界文件，但它主要使用了每个边界时次离边界最近的 5 个点的信息。一般不需要内部区域的分析数据，除非要进行格点的四维同化。这样的话通过使边界文件仅包含每个变量场的边缘数据可以节省磁盘空间。

双向嵌套的边界与前面的类似，只是每隔一个粗网格，步长就要更新一次，而且没有松弛区域。指定的区域是两个格点宽而不是一个。

历史上 Penn State/NCAR 的中尺度模式曾使用静力模式，这是因为中尺度模式中典型的水平格点大小和所关心特征的垂直厚度相当或比它更大。因此可以使用静力假定而且气压完全可以由其上的空气柱决定。然而当模式中可分辨特征的尺度接近于 1 的纵横比时，或者当水平尺度变得比垂直尺度更短时，非静力效应就不能被忽略。

在非静力动力中需要添加的唯一一项是垂直加速度，它将对垂直的气压梯度有影响，从而使得静力平衡不再被准确地满足。相对于参考态的气压扰动和垂直动量一起成为必须加以初始化的额外的三维预报变量。

在静力平衡中参考态是一个理想化的温度特征廓线。它由式（7.2）来指定：

$$T_0 = T_{s0} + A\log_e\left(\frac{P_0}{P_{00}}\right) \tag{7.2}$$

$T_0(P_0)$ 由 3 个常数来指定：P_{00} 取值为 105 的海平面气压，T_{s0} 是 P_{00} 上的参考温度，A 是一个递减率的度量标准，通常取为 50K，表示 P_{00} 和 $P_{00}/e = 36788\text{Pa}$ 之间的温度差。这些常数在 INTERP 程序中进行选择。通常依据区域中的一次典型的探空观测就可以选定 T_{s0}。参考廓线在 $T - \log P$ 热力图上是一条直线。其拟合的准确性不是很重要，通常 T_{s0} 被取为最接近的 10K（如在极地、中纬冬季、中纬夏季和热带分别取为 270、280、290、300）。然而如果拟合得好的话，可以减小与地形之上的倾斜坐标面相关的气压梯度力的错误。因此 T_{s0} 应该通过与对流层下部的廓线相比较来选择。

因而，地面的参考气压完全依赖于地形。这可以通过使用静力关系来导出：

$$Z = -\frac{RA}{2g}\ln\left(\frac{P_0}{P_{00}}\right)^2 - \frac{RT_{s0}}{g}\ln\frac{P_0}{P_{00}} \tag{7.3}$$

在式（7.3）中，只要给定地形高度 Z，就可以得到地面气压 P_0。之后就可以从式（7.4）得到模式层的高度：

$$P_0 = P_{s0}\sigma + P_{top} \tag{7.4}$$

这里

$$P_{s0}=P_0(\text{surface})-P_{top} \tag{7.5}$$

然后通过式（7.3）由 P_0 求 Z。可以发现，因为参考态不随时间变化，所以给定格点上的高度是常数。

为了能更好地近似描述平流层，参考态在顶层包含了一个等温层，它由一个单独的附加温度（T_{iso}）来定义，此温度作为基态温度的更低界线，使用它可以有效地提高模式顶的高度。

在扩展时间段内的数据被输入模式的情况下，可以选择四维数据同化（FDDA）。事实上，FDDA 允许使用外部驱动项来运行模式，此项的作用是使模式的中间结果能够不断地逼近实际的观测或分析。这样做的好处是，经过一段时间的逼近后，模式在一定程度上和此时间段内的数据项相适应，同时仍然保持了动力平衡。这样处理要优于仅在某个时次使用分析数据做初始化处理。因为在某段时间内加入数据能够有效地增加数据的密度，同时测站数据的影响可由模式带往下游，帮助填补其后时间段的资料空缺。

对 FDDA 的两个主要运用是动态初始化和四维同化数据集。动态初始化主要用在预报之前的时段内，其目的是为实时预报优化初始条件。与由初始时刻的分析提供的静态初始化相比较可以发现，所加入的数据对于预报很有用处。四维同化数据集的应用十分广泛，当在扩展时段内进行数据的同化逼近时，模式保持了流动的真实连续性以及地转风和热成风的平衡。

根据数据是格点数据还是单独的测站数据，数据同化可分为两种方法。格点数据可以被用于在一个给定的时间常数内逐点进行模式同化。此方法常被用于大尺度，这是因为分析数据能准确地描述测站间的大气状况。对于较小尺度的，非定时的或是其上不能进行完整分析的特殊平台（如飞机、风廓线仪等），就可采用测站数据来对模式进行同化逼近。对于每个测站必须给定一个时间窗和一个影响模式格点的半径。测站在某个格点上的权重取决于此格点与测站的时空分布。当然，在一个给定的时次上可能有多个测站共同影响某个格点。

模式对陆地类型有 3 种设置选项，这些陆地类型和地形高度在 TERRAIN 程序中被赋值。这 3 种设置分别是 13 类、16 类、24 类（植被类型、沙漠、城市、水、冰等）。每个格点元被模式赋予了其中一种类型，而这会决定地面的属性，如反照率、粗糙度、长波发射率、热容量和水汽有效率。除此以外，如果有可用的雪盖数据集，则地表的属性也会作出相应的修改。每个格点土地利用类型的属性值随冬夏两季是可变的（对于北半球），要注意的是其值具有气候特征，所以它对于某个特定个例可能不是最优的。

模式系统可以选择几种地图投影。兰勃脱投影适用于中纬度地区，极射投影适用于高纬度，麦卡脱投影适用于低纬度。除了麦卡脱投影，在模式中 x 和 y 坐标方向并不对应于东-西向和南-北向。因此实际的观测风必须被旋转到模式格点上，而模式的 u、v 分量必须在与实测风比较之前加入旋转。这些转换在模式的前处理器和后处理器中被解决了。

地图比例因子 m 被定义为：m=格点上的距离/地球表面的实际距离。它的值接近于 1 且通常是随纬度而变化的。模式中的投影能保持小区域的形状，因而在任何地方 $dx=dy$。但是格点长度在穿越区域时会发生变化，这样可以显示行星的半球面。当需要用到水平梯度时，在模式方程中必须对地图比例因子予以考虑。

MM5 模式系统运行至少需要以下两类数据。

1）地形高度和陆地类型。

2）至少含有以下变量的大气格点数据——海平面气压、风、温度、相对湿度和位势高度；以及这些气压层——地面、1000hPa、850hPa、700hPa、500hPa、400hPa、300hPa、250hPa、200hPa、150hPa、100hPa。

相较于 WRF 多个物理过程参数化方案，MM5 模式中包含的物理过程参数化方案相对较少，本研究采用的 MM5 主要物理参数化方案为 Grell 方案、Reisner2 方案和 Burk - Thompson 方案。

模式积分中采用的物理过程方案包括：微物理过程采用 Reisner2 方案、积云参数化采用 Grell 方案、行星边界层方案采用 Burk - Thompson 方案、侧边界条件采用松弛流入/流出方案，考虑地表和大气的云辐射冷却方案，不考虑潜对流。其中，Grell 方案是基于准平衡状态或不稳定度、处理有上升和下沉通量的简单一云，补偿性运动决定加热和加湿廓线，适用于水平分辨率为 10～30km 的模式。

7.2.3　模式输入和输出信息

模式初始场均采用美国 GFS 未来 84h（时间分辨率为 3h，空间分辨率为 0.5°×0.5°）的预报场数据。WRF 模式和 MM5 模式分别通过数据提取模块提取模式运行所需的 1000～100hPa（WRF 共计大气 29 层、土壤 4 层，MM5 共计大气 20 层）各层上的 UU、VV、HGT、TMP、RH 数据。

WRF 和 MM5 模式运行产生未来 84h 预报区域内的预报数据（例如，2015 年 7 月 1 日 12UTC 积分至 2015 年 7 月 4 日 00UTC，其中前 12h 作用模式预热时间）。WRF 模式逐小时输出一次预报结果，MM5 模式每 2h 输出一次预报结果。模式输出结果在计算变量数量和垂直方向上的分层较为一致，WRF 相对于 MM5 输出变量更多。WRF 模式输出变量层次为 1000.、950.、900.、850.、800.、750.、700.、650.、600.、550.、500.、450.、400.、350.、300.、250.、200.、150.、100.（19 层）；MM5 模式输出变量层次为 1000.、950.、925.、900.、850.、800.、750.、700.、650.、600.、550.、500.、450.、400.、350.、300.、250.、200.、150.、100.（20 层）。在输出变量上，WRF 内置了更多物理诊断变量的算法，用户能根据需要输出变量，MM5 模式相对于 WRF 模式输出变量较少，物理诊断变量较少。

模式预报区域为 3 层嵌套，采用外层和次内层区域预报结果进行分析，中层区域水平网格经向有 271 个格点、纬向有 142 个格点，水平范围为 30～45°N、90～125°E，水平网格分辨率为 9km。模式垂直方向为 23 层，模式层顶为 100hPa，地形数据采用全球 30′高分辨率地形资料。USGS 为 24 类地表土地使用类型数据。模式初始值所用资料为美国 GFSv2（Global Forecast System version2.1）逐日 12UTC 的未来 84h 预报场数据，模式每 3h 输入 1 次侧边界值，时间步长为 27s，积分时间从每日 12UTC 至未来 84h（例如：2015 年 7 月 1 日 12UTC 积分至 2015 年 7 月 4 日 00UTC）。

将模式预报的未来 24h、48h 和 72h 的累计 24h（8：00—8：00）降水量和相应实况进行分类统计，降水量预报评分规划见式（7.6）～式（7.8）。

预报准确率 TS 评分：

$$\mathrm{TS}=\frac{NA}{NA+NB+NC} \tag{7.6}$$

预报漏报率 P_o：

$$P_o=\frac{NC}{NA+NB+NC} \tag{7.7}$$

预报空报率 NH：

$$NH=\frac{NB}{NA+NB+NC} \tag{7.8}$$

式中：NA 为预报有降水的正确次数；NB 为空报次数；NC 为漏报次数。

NA、NB、NC 计算方法见表 7.1。

而对于晴雨的检验，其预报准确率计算方法见式（7.9）。

$$NH=\frac{NA+ND}{NA+NB+NC+ND} \tag{7.9}$$

式中：NA 为有降水预报正确站（次）数；NB 为空报站（次）数；NC 为漏报站（次）数；ND 为无降水预报正确站（次）数。

NA、NB、NC 计算方法见表 7.2。

表 7.1　　降水预报检验分类

实况	预报	
	有	无
有	NA	NC
无	NB	—

表 7.2　　晴雨检验分类

实况	预报	
	有	无
0.0mm	NA	ND
≥0.1mm	NA	NC
无降水	NB	ND

由于黄河流域区域范围较大，流域内 7—9 月降水总量空间分布极为不均，利用小雨（<10mm）、中雨（10～25mm）、大雨（25～50mm）、暴雨（>50mm）的降水阈值不能对流域内降水预报进行准确的评估，这里采用较小的降水阈值评估模式对黄河流域各等级降水的预报技巧进行。降水等级分别为 0～5mm、5～10mm、10～15mm、15～20mm、20～25mm、25～30mm、30～40mm、40～50mm、50～60mm、60～80mm、80～100mm。

用于检验的气象站点为黄河流域共 349 个气象站点的逐日 24h 累计降水量值，模式降水预报使用距离平方倒数法插值到站点。

7.3　模式预报结果分析

7.3.1　黄河流域晴雨预报准确率检验

表 7.3 是 MM5 模式对 2015 年 7—9 月黄河流域降水预报的检验结果。整体而言，模式对流域降水事件（累计 24h 降水量大于 0.0mm）的 TS 评分为 40 分左右，空报率较高（接近 60%），漏报率很低（小于 10%），晴雨预报准确率大于 55%。随着预报时效增加，MM5 预报技巧减小不明显。较高的 TS 评分说明 MM5 对黄河流域降水具有较好的预测能力，空报率大于 60%可能是模式对流域潜在降水势估计过高，也可能与模式“毛毛雨”（模拟不存在绝对 0 值）有关。模式在 3 个不同预报时效的预报技巧接近，说明模式在黄

河流域具有较好的预报稳定性。

表 7.3　　MM5 模式的黄河流域降水预报检验结果（349 个站点平均）

预报类型	TS 评分	空报率/%	漏报率/%	晴雨准确率/%
24h 预报	41	57	3	55
48h 预报	42	58	5	54
72h 预报	41	57	7	54

表 7.4 给出了 WRF 模式对 2015 年 7—9 月黄河流域逐日降水预报的检验结果。就全流域而言，在相同的预测初始场的条件下，WRF 模式在黄河流域降水预报的 TS 评分较 MM5 模式高出 5 分，同时 WRF 模式在漏报率和空报率上比 MM5 模式小，其中漏报率为 0，即在 2015 年汛期模式几乎完美地捕捉到了流域内每场降水。而在不同预报时效的 TS 评分上，WRF 模式预报准确率的衰减也并不明显。3 个预报时效中，MM5 模式和 WRF 模式在 48h 预报时效内的 TS 评分最高，一定程度上可以说明天气过程演变在 48h 内的扰动误差较小，仍主要受大气运动基本方程和热量守恒方程组的控制，24h 和 72h 预报技巧较 48h 略低，从侧面反映了降水发生的或然因子和随机误差的作用。

表 7.4　　WRF 模式的黄河流域降水预报检验结果（349 个站点平均）

预报类型	TS 评分	空报率/%	漏报率/%	晴雨准确率/%
24h 预报	46	52	0	62
48h 预报	47	52	0	61
72h 预报	46	53	0	61

在 MM5 模式的黄河流域晴雨预报准确率空间分布上，晴雨预测准确率空间上呈北高南低的纬向型分布特征。流域北部的兰托区间、山陕北部和黄河下游入海口地区模式预测的晴雨准确率最高，所有预报时效内均大于 70%，兰州以上、泾渭河南部以及伊洛河地区晴雨预报准确率较低，其中兰州以上黄河源头地区的晴雨预测准确率最低（小于 30%）。随着预报时效增加，模式在流域南部的晴雨预报准确率有下降趋势。这种空间分布在一定程度上与黄河流域 7—9 月降水影响系统有关，流域北部降水通常与西风带槽脊移动相关，降水影响系统较为简单，而流域南部降水影响系统较为复杂，其中不仅有西风带槽脊移动影响，也包括了局地生消的高原低槽、热带低值系统南支槽、西太平洋副高等的相互作用。其中动力和热力作用相互配合生成的高原低槽生消和移动在目前的数值模拟中难度依然较大，而数值模式对热带地区环流系统的模拟和预测能力较中高纬度等其他地区较强。黄河流域主要位于中纬度地区，造成降水的天气尺度影响系统通常不仅包括热带天气影响系统，也包括中高纬天气影响系统，同时在黄河上游地区青藏高原的作用也不能忽视，因此利用数值模式进行降水预报本身就存在一定的困难。本章分析的两个模式降水预报结果采用的水平分辨率均为 9km，这对于青藏高原东部的陡峭地形而言仍略显粗糙，可能进一步导致模式无法精确地对高原槽和局地地形造成的降水进行预报。

整体平均而言，WRF 模式的晴雨预报准确率较 MM5 模式更高（晴雨预报准确率为 65%左右），在空间分布上，晴雨预报准确率在黄河流域内分布均匀，极差约为 30%。模式在内蒙古河段西北部和兰州以上的玛曲至军功河段具有更高的预报准确率，晴雨预报准确率在80%左右；晴雨预报准确率最低约为50%，主要位于泾渭洛河、山陕南部和黄河下游地区。这种分布特征与MM5模式晴雨预报技巧的“纬向型”空间分布特征之间具有一定的相似性，二者均在较高纬度上具有更好的预报技巧。在二者的空间分布差异上，WRF模式在MM5模式晴雨预报准确率较差的兰州以上地区有了较大的提高（提高了30%～40%），而在山陕北部地区WRF模式的准确率较MM5模式有所下降。在3个不同的预报时效内，只在山陕南部地区（包括沁河、龙三干流、三花间）晴雨预报准确率略有下降（约下降了10%）。

综上，WRF模式和MM5模式均在黄河流域北部地区（兰托区间、山陕北部）具有较强的晴雨预报技巧，两个模式普遍在黄河流域南部地区预报技巧略差。在预报时效上，两个模式的预报技巧均维持在较好的水平上；二者在黄河上游的兰州以上地区预报技巧具有明显不同，其中WRF模式具有较好的晴雨预报技巧，MM5模式则不具有预报技巧。

7.3.2 不同阈值降水预报准确率检验

在降水预报中，除了晴雨预报外，不同等级降水预报准确率也同样重要，尤其是在汛期，大雨和暴雨通常与洪水相联系。目前洪水预报业务中已将不同量级洪水与不同量级降水相对应，因此本研究采用更细降水等级，将0～100mm划分为0～5mm、5～10mm、15～20mm、20～25mm、25～30mm、30～40mm、40～50mm、50～60mm、60～80mm、80～100mm、100mm以上共计11个等级，并对两个模式降水预报结果进行预报技巧等级评分分析。

就黄河流域整体而言，MM5模式对黄河流域各等级降水预报技巧总体水平不高，只在0～5mm和5～10mm两个阈值范围内降水预报TS评分接近20%，其他大于10mm降水阈值的预报评分均小于15，且随着降水阈值的增加，模式预报评分呈显著递减趋势，在大于80mm的降水阈值预报中，模式预报技巧为0（图7.5）。这种随着降水阈值增加，预报技巧减小的趋势与以往研究结论相似，即模式对大雨及以上降水事件的预报技巧明显小于小雨、中雨。此外，随着预报时效增加，模式在小于25mm的各个降水阈值预报中，模式预报技巧随时效增加略有减小，但在25mm以上阈值的降水预报中，模式预报技巧随着预报时效增加呈明显增加趋势。在72h内的3个预报时效中，模式对25mm以下降水的预报技巧随着预报时效增加而略有减小，在大量级的降水事件预报中（大于25mm），模式随着时效增加，预报技巧略有增加，特别是在40mm以上量级的降水预报技巧上。这就提出一个问题，大量级降水预报中提前72h预报技巧为何会高于邻近的24h和48h预报技巧。基于2015年黄河流域降水实况，可能存在两方面的原因。一个原因可能是因为2015年汛期出现的较大量级降水事件较少（2015年流域内超过10000km^{2}面积的暴雨过程较少，统计了2015年大面积的大到暴雨事件，发生不超过3次）。此外还可能与大量级降水事件发生的环流背景有关，大量级降水事件的发生通常配合有西风带系统和热带系统的相互影响，例如，三花区间暴雨最常见的降水环流形势是副高和西风带槽前气流交绥在三花区间辐合上升造成的一种大范围的降水事件；本章统计的降水预报技巧来自中层黄河流域的预报区域，该区域的环流背景场来自其外层的环流背景场，当降水系统是从预测区域外移入预测区域内时，该降水影响系统可能会因为空间尺度的限制不能得到准确的模拟和预报；2015 年汛期 3 次主要的降水过程都是低纬的低值系统或副高北抬与西风带交绥在流域南部造成的系统性降水事件，72h 预报时效的降水预报多是基于大尺度环流场的演变信息，而 24h 预报时效内降水影响系统进入预报区域内，对流天气影响系统的发展模式从能量和动量守恒转变成能量和动量不守恒模式，再者中尺度模式对对流过程的描述依然存在半经验参数，还不能准确描述各类降水发展机制。上述可能是造成 MM5 模式 72h 预报时效的预报精度大于 24h 和 48h 预报精度的原因。

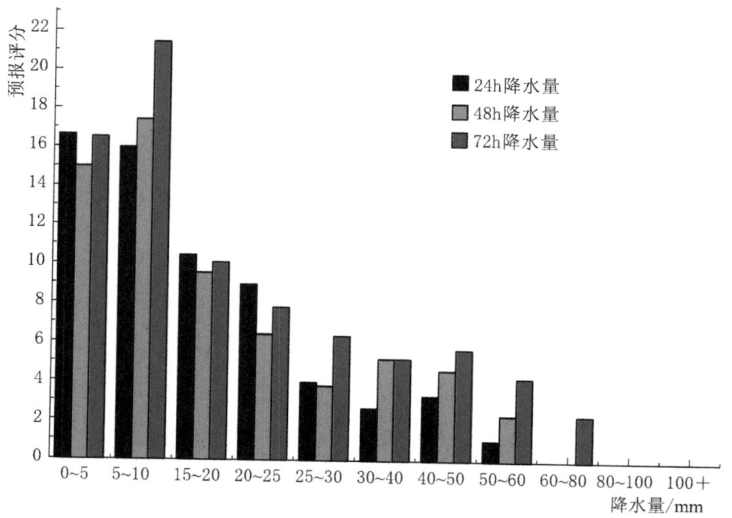

图 7.5 MM5 模式不同阈值降水预报技巧 TS 评分

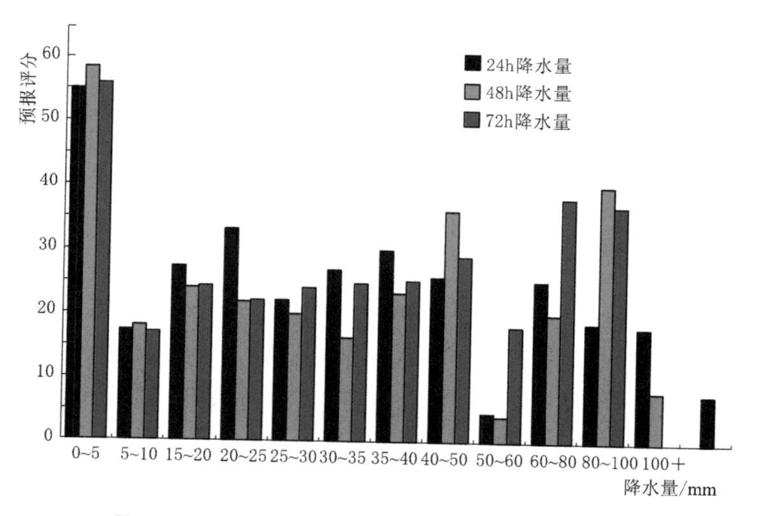

图 7.6 WRF 模式不同阈值降水预报技巧 TS 评分

图 7.6 是 WRF 模式对 2015 年汛期不同阈值降水事件的预报技巧评分的区域平均的统计结果。13 个不同阈值的降水事件的预报技巧中，WRF 模式对 0～5mm 的降水事件的预报技巧最高，平均 TS 评分在 55 左右。在除 50mm 和 100mm 以上的其他阈值降水预报技巧上，模式预报技巧评分维持在 30～40 分。不同预报时效上，24h 和 48h 降水预报技巧

评分随着降水阈值增加呈不显著的下降趋势，但没有MM5模式下降明显；72h降水预报技巧与24h和48h降水预报技巧分布差异较大，在40mm以下量级降水事件中，WRF模式降水预报技巧随着降水量增加而减小，在40mm以上量级降水事件中，WRF模式预报技巧随降水量级增大而增加。在40mm以下量级降水事件中，72h降水预报技巧较24h降水预报技巧偏小，而在40mm以上量级降水事件中，72h降水预报技巧明显高于24h降水预报技巧。相对于MM5模式，WRF模式在13个不同量级降水事件的预报技巧上，均优于MM5模式，特别是在10mm以下小雨降水事件的预报技巧上，WRF模式的预报技巧高达60，高出MM5模式预报技巧3～4倍。在小量级降水事件的预报技巧上，WRF模式临近时效预报技巧较好，MM5模式则是72h降水预报技巧接近或好于临近时效预报技巧；在较大量级降水事件的预报技巧上，两个模式均在不同程度上表现出72h降水预报技巧好于临近时效预报技巧的趋势。

以往研究认为中纬度系统性小雨天气事件多是由于系统逐渐移入/移出流域范围内造成的一种天气事件，这种降水过程一般影响系统相对简单，其影响系统处于发展或者消散阶段，利用大气热力状况和大气运动方程就可对系统发展和移动趋势进行预测，因此模式预报技巧较高。但中纬度中雨、大雨及暴雨事件多是西风带系统与西南涡、南支槽、副高等多个系统共同影响造成的，在这种多系统相互影响过程中，必伴随有不稳定能量释放和系统变形，而不稳定能量释放和系统变形多是由局地大气触发，如地形、局地热对流等。但由于模式的中小尺度物理过程参数化方案还是半经验的，对大量级降水开始、发展、结束的预报仍存在固有的缺陷。此外，模式的物理过程参数化方案选择也可能是造成模式对大量级降水预报技巧较低的原因。

7.3.3 不同阈值降水预报准确率空间分布

0～5mm阈值的降水预报中，MM5模式预报技巧评分空间上表现出明显的“纬向型”分布特征，模式在流域南部具有较高预报评分，尤其黄河源头、渭河下游及伊洛河地区；而兰托区间以及山陕北部模式则缺乏预报技巧。随着预报时效增加，伊洛河地区模式预报技巧呈明显增加趋势，72h内降水预报技巧评分大于40。

在0～5mm阈值降水预报技巧的空间分布上，MM5模式明显缺乏预报技巧区域呈类似“西风槽”型分布，这可能是因为模式预报的西风槽降水明显高于实际，即模式预报的西风槽明显偏强，位置偏南。模式在流域南部特别是三花区间、伊洛河及其以南地区具有较高预报技巧，空间分布呈现“暖脊”型分布特征，这与7—9月副高控制的西南气流路径相联系，而伊洛河及以南地区通常也为700hPa和850hPa上切变线出现的位置，MM5模式在这一地区具有较好的预报技巧，从侧面反映了该模式对副高强度变化和西南低涡移动变化具有较好的预报能力。

类似于MM5模式，WRF模式对0～5mm降水事件的预报技巧空间分布也呈现出纬向型分布特征，低纬地区降水预报技巧评分最高，流域北部地区模式降水预报技巧最低。在24h预报技巧上，黄河流域南部的伊洛河、黄河源区和渭河上游地区模式预报技巧评分高达80～90，而在兰托区间模式的0～5mm降水预报技巧评分只有不到30，在流域其余地区模式的预报技巧在40～60之间。48h降水预报技巧整体较24h降水预报技巧空间分布较为一致，纬向型特征明显，72h 降水预报时效上，纬向型特征依然明显，预报技巧只在黄河源区出现了明显的衰减，整体降水预报技巧评分在 50～60 之间。相较于 MM5 模式，模式整体降水预报技巧显著提高，同时高低纬之间的降水预报技巧差异明显缩小，不同时效上，WRF 模式相较于 MM5 模式没有出现明显的预报技巧衰减区和预报技巧增加区。这进一步说明 WRF 模式相对于 MM5 模式具有更好的稳定性，模式信噪比有了较大的提升。

0～5mm 阈值降水反映了模式对降水影响系统位置变化的预报技巧，而在大于 5mm 阈值降水预报中，则一定程度上反映了模式对影响系统发展、移动特征的预报技巧。在 5～10mm 阈值降水预报技巧上，MM5 模式同样呈现出纬向型特点，流域南部预报技巧明显高于流域北部；模式在内蒙古河段降水（<10mm 降水事件）预报技巧接近 0，特别是在 24h 和 72h 降水预报时效上；而在兰州以上泾渭河—伊洛河一线区域则具有较好预报技巧；同时随着预报时效的增加，MM5 模式预报技巧明显增加，特别是在黄河源头地区以及泾渭河—伊洛河地区。

在 5～10mm 的降水事件的预报技巧上，WRF 模式表现出与 MM5 模式较大空间差异。首先，WRF 模式对 5～10mm 的降水预报技巧空间分布呈纬向型分布，在兰州以上地区的预报技巧明显高于其他地区，而在黄河中游的右岸和下游地区，WRF 模式的预测技巧相对较差；其次，在不同的预报时效上，WRF 模式预报技巧只在兰州以上部分地区有所衰减，其他地区衰减并不明显。与 MM5 模式相比，在空间分布型上二者具有显著的差异。第一，MM5 模式在内蒙古河段 5～10mm 降水事件的预报技巧空间分布上呈现出明显的纬向型分布特征，而 WRF 模式则呈现出明显的经向型分布特征。第二，在内蒙古河段，MM5 模式对该地区 5～10mm 降水事件基本不具备预报技巧，而 WRF 模式则在该区域具有相对较好的预报技巧。第三，在 3 个预报时效上，MM5 模式随着预报时效的增加，模式在流域中南部的预报技巧出现明显的增加趋势，而在 WRF 模式中，随着预报时效增加，模式预报技巧相对更加稳定。

7.3.4　20～50mm 降水预报准确率空间分布

以下给出 MM5 模式和 WRF 模式对黄河流域有代表性的较大阈值降水预报技巧的空间分布，分别为 20～25mm 降水和 40～50mm 降水。整个流域范围内，MM5 模式对 20～25mm 阈值降水具有预报技巧的区域主要位于泾渭河以及伊洛河地区；其他地区模式不具有预报技巧，特别是在流域北部地区。这种空间分布可能与流域北部 2015 年 7—9 月中 20～25mm 降水事件发生概率很小有关；而在模式具有预报技巧的流域南部，一方面是与该地区 7—9 月多受北太平洋副高控制的西南气流和西南低值系统影响造成降水偏多有关，另一方面与模式对西太平洋副高具有较好的预报能力有关。

WRF 模式对 20～25mm 降水事件的预报技巧的空间分布与 10mm 以下降水事件的空间分布具有较大的差异，空间分布上没有明显的纬向和径向型分布特征，而是呈现出明显的几个中心的分布特征，山陕北部、泾渭河和三花区间部分地区 WRF 模式具有较高的预报技巧。在不同的预报时效上，WRF 模式的预报技巧在部分地区有明显的衰减趋势，比如三花区间，而在黄河上游地区和泾渭河地区，模式预报技巧衰减并不明显。与 MM5 模式向对比，WRF 模式预报技巧总体稍好，两个模式在流域南部地区的预测技巧都较北部地区好。

流域内，MM5 模式对 40～50mm 阈值降水具有预报技巧的区域主要位于泾渭河上游和山陕南部地区；其他地区模式预报技巧很低。出现这种空间分布的原因可能是因为 MM5 模式在较大量级降水的预报方案本身存在固有的缺陷，另一个原因可能与 2015 年汛期较大量级降水发生的次数较少有关。WRF 模式在流域南部的山陕区间、泾渭河、伊洛河和三花区间对 40～50mm 阈值降水均具有相对较好的预报技巧，在整个黄河中游地区，WRF 模式预报技巧相对最高；这种空间分布型与黄河流域主要暴雨洪水源区相对应，黄河流域的主要来水区间中，河龙区间、渭河、三花区间、伊洛河是最主要的几个暴雨洪水源区，也是黄河流域汛期暴雨的主要发生地，WRF 模式在这几个区域表现出较好的预报技巧，说明 WRF 模式对黄河流域汛期主要来水区间的大降水事件具有一定的模拟和预报能力。另外，3 个预报时效上，WRF 模式在内蒙古河段西部地区预报技巧衰减得比较明显。

7.3.5 50mm 以上降水预报准确率空间分布

根据 MM5 模式对黄河流域 60～80mm 阈值降水预报技巧的空间分布，在 60～80mm 降水阈值范围内，MM5 模式预报技巧在 24～48h 的预报时效内基本为 0，在 72h 预报时效内，MM5 模式只在三花区间、伊洛河和渭河下游部分地区对 2015 年汛期 60～80mm 阈值降水具有一定的预测技巧。这种特征与 2015 年黄河流域大量级降水事件出现频率较少有关，另外与模式本身对流参数化方案的选择有关，在所采用的 MM5 的对流参数化方案（Grell 方案）中采用了多种不同的闭合假设和参数，这些闭合假设和参数来源于以往各种数值模式中使用的积云对流参数化方案，其次是利用统计学或集合概率密度函数和资料同化的方法得到最优的积云对大尺度场的反馈。在以往多个暴雨个例研究中认为，这种积云对流参数化方案对降水落区和降水强度具有更好的刻画能力，但以往的研究多是对江淮和华南暴雨进行的个例分析，理论研究也表明通常模式在低纬度地区具有更好的预测能力（由于低纬度地区的天气系统多是正压系统，而中高纬度地区大气运动多属于斜压系统，目前模式对斜压系统的描述能力相较于正压系统还较弱），因而模式在流域低纬度地区对大暴雨以上量级降水的预报技巧稍大于流域北部，同时也从侧面说明 MM5 模式在对当前天气和降水形势的预报方面具有一定的局限性。

根据 WRF 模式对黄河流域 60～80mm 阈值降水预报技巧的空间分布，在流域空间分布上没有明显的规律性，但依然能看出几点具体特征。流域内 WRF 模式预报技巧空间差异性很大：渭河上游 60～80mm 阈值降水事件的预报技巧随着预报时效的增加表现出明显衰减，三花区间、伊洛河和黄河下游地区 WRF 模式预报技巧随预报时效增加而增加，72h 预报时效内 WRF 模式降水预报技巧在 3 个预报时效内相对最高。与 MM5 模式相对比，WRF 模式在整个流域范围内的预测技巧都有了较大的提高，同时，WRF 模式预报技巧的空间差异性相对更大，不同地区的预测技巧随时间变化具有较大不一致性，这说明 WRF 模式相对于 MM5 模式在对流过程的描述上有了进一步的发展，也表明系统性较强的大量级降水中尺度模式的预报能力依然有限，而对于尺度较小的中-γ 尺度的天气系统

（中低纬度高原地区的单体暴雨）生消演变具有相对更好的预报能力，而对于多种天气影响系统相互作用的降水事件的预报能力相对有限。

7.4　本章小结

本部分研究内容基于美国全球预报系统6—9月逐日12UTC（世界协调时间）未来84h的预报场数据，利用两个中尺度数值模式MM5和WRF分别进行动力降尺度，对黄河流域进行降水数值天气预报，重点对比了未来3天逐日累计24h累计降水量的模式预报技巧。通过分析得出以下几点结论。

（1）就黄河流域整体而言，两个中尺度数值模式对黄河流域晴雨预报的Ts评分均在50以上，相较而言，WRF模式预报技巧高于MM5模式；在防止降水的空报和漏报上，WRF模式的优势也更加明显。

（2）在0～5mm量级的降水预报上，空间上两个模式均呈现纬向型的分布特征，在流域南部两个模式预报技巧大于流域北部；而在5～10mm降水事件的预报上，两个模式之间开始出现显著的差异，MM5模式同样表现出显著的纬向型特征，而WRF模式则呈现出经向型分布特征，这种差异只出现在中雨以下量级的降水事件中。随着降水量级不断增加，WRF模式的这种经向型分布特征逐渐表现出块状特征，而MM5模式的降水预报技巧随降水量增加明显减小。

（3）对于40mm以上降水事件上，MM5模式的精细化刻画能力相对有限，只在黄河流域南部的伊洛河、三花区间部分地区表现出有限的预报技巧，相较于MM5模式，WRF模式明显提高了几个主要暴雨区大量级降水的预报技巧，如渭河上游、三花区间、伊洛河和黄河下游等地区。同时WRF模式在一定程度上也反映了其目前存在的一些问题，如WRF模式对于中小尺度对流单体（例如高原涡）造成的短时强降水具有一定的预报技巧，对于系统性和斜压性较强的大规模降水事件模式预报效果还有待进一步提高。

（4）对于小量级降水事件预报技巧，WRF模式临近时效预报技巧较大，MM5模式与之相反；40mm以上降水事件两个中尺度模式的预报技巧上，72h预报时效的预报技巧较24h和48h的更高，如三花区间、伊洛河的大降水事件。

第 8 章　基于 Nudging 的 WRF 同化试验

Nudging 是借助模式动力框架，使模式输出结果逼近到观测资料（Observation Nudging）或再分析资料（Analysis Nudging）的一种四维资料同化方法。本质上该方法是一种削减模式与观测站点偏差场的数学方法。在 Analysis Nudging 中谱 Nudging 是一种只针对大尺度信号的同化方案，例如，在时空分辨率较粗的全球模式中，用于保留长波信号，过滤短波信号（粗分辨率全球模式中的次网格过程）。谱 Nudging 通常用于较长时间的气候模拟中，例如利用全球气候模式驱动区域气候模式进行长达数年的模拟。

Nudging 是四维数据同化（Four - dimensional Data Assimilation，FDDA）的一种。Nudging 是一种时段间歇同化方法，不同于在特定时刻进行模式逼近的同化方法。1961 年，Thompson 开创了利用动力模型进行基于站点的同化分析方法；1969 年，Charney 提出使用模式集合进行站点同化的方案。在模式应用方面，2005 年之后，NCAR 编写了 MM5 中尺度模式中的 Nudging 模块，这一工作是 WRF 模式中 Nudging 的基础。

每种数据同化方法都有优势和劣势。第一项优势在于计算简单，计算中只需要添加趋势项；第二项优势是不需要偏差场信息，在 3DVAR 同化方法中就需要模式和观测之间的偏差场数据；第三项优势是持续性的数据同化在模拟中只需要对模式模拟结果进行微小的修正，这一特性能使同化后的模式趋势项和模式模拟保持相对较好的一致性，避免瞬时模式数据同化中短时间内模式模拟值出现跳跃。劣势方面，其一就是传统的 Nudging 不能直接利用观测数据同化模式模拟的物理量，即由于模式变量中没有雷达经向风速这一变量，因此雷达观测的经向速度不能直接用于模式 Nudging 中，但是在其他的同化方法中，例如 3DVAR 中，则可同化雷达经向风速；此外 Nudging 中观测站点的权重不依赖于气流。混合数据同化方法融合了 Nudging 和其他一些数据同化技术，汲取各种同化技术的优点，如 WRF 中的 Nudging - EnKF 和 4D 卡尔曼滤波等。

Nudging 方法不仅用于提高模式初始场质量，同时为模式模拟天气提供参考。在提高模式初始场质量方面，Nudging 用于模式初始化阶段，对模式的初始场和预报前的数据进行订正，提高模式模拟的一致性。模拟试验中，Nudging 能在整个模拟过程中实时对模式结果进行校正，提高模式模拟结果的准确度。通过 Nudging 后的模式模拟结果能直接驱动与大气相关的各种评价模型。

8.1　Nudging 数学模型

Nudging 是利用模式和观测之间的偏差进行建模，构造不同变量与偏差之间的函数，并将该函数代入模式趋势方程中进行微调。在 WRF 模式中，趋势方程为

$$\frac{\partial qu}{\partial t}=(x,y,z,t)=F_q(x,y,z,t)+\mu G_q\frac{\sum_{i=1}^{n}W_q^2(i,x,y,z,t)[q_0(i)-q_m(x_i,y_i,z_i,t_i)]}{\sum_{i=1}^{n}w_q(i,x,y,z,t)} \tag{8.1}$$

式中：q 为水汽混合比；μ 为干空气流体静压气压；F_q 为 q 的趋势项；G_q 为 q 的 Nudging 强度系数；n 为观测的样本量；i 为同化序列号；w_q 为时空权重函数（模式和观测的时空差异）；q_0 为 q 的观测值；q_m 为模拟模拟值 q 在站点位置上的插值。

（q_0-q_m）的值就是 Nudging 值；而 Nudging 值与时间有关。因此模式模拟值越接近观测，Nudging 值越小。在温度的 Nudging 中，温度需要转化为位温后再进行 Nudging。有一点需要说明的是，模式同化是空间场的同化，并不是站点水平的数据校正，因此基于站点的 Nudging 方法遵循一个假设，即单个站点的误差与水平空间的其他站点是一致的。

8.2　WRF 中应用 Observation Nudging

在 WRF 中具体使用 Observation Nudging 需要开启几个功能选项，总体控制选项为 obs _ nudge _ opt，对哪几个变量进行 Nudging 应通过 obs _ nudge _ wind、obs _ nudge _ temp 和 obs _ nudge _ mois 进行控制。

OBS Nudging 使用的观测数据通常存放在 WRF 运行主目录下，命名方式为：OBS _ DOMAINX01。其中 X 为区域的序号，原则是每个同化区域都需要一个 OBS _ DOMAIN 文件。Nudging 过程中与模式当前积分时间相距较远的观测通常会被舍弃，在控制选项中，max _ obs 选项控制每个区域在进行一个时次的站点 Nudging 时的站点数量。在站点观测中，站点探空资料中 80hPa 以下的观测资料和地面气压超出 700～1050hPa 范围的站点观测都会被舍弃。这在一定程度上有利于甄别观测奇异值，但在一定程度上会降低模式模拟和预报地面冷空气强度，造成模拟产生更大的偏差。

模式进行 Nudging 时通过 obs _ ionf（粗网格时间步长）控制同化的时间间隔。模式设置小的同化时间间隔时，模式在进行 Nudging 时花费的计算代价会大大超出模式提高计算效率的花费。因此，在设置 obs _ ionf 时有两点需要特别注意。

首先，在设置 obs _ ionf 时，auxinput11 _ interval 和 auxinput11 _ end _ h 两个选项的设置可以更好地使用 Nudging。其中 auxinput11 _ interval 控制模式查看 obs _ ionf 值的时间间隔，通常设定为 1，即模式在每隔一个固定时间间隔就查看 obs _ ionf 值，这里时间间隔不是模式积分步长。auxinput11 _ end _ h 选项指的是停止查看 obs _ ionf 值的时间，其程序如下：

```
obs_ionf
auxinput11_interval
auxinput11_end_h
```

此外，Nudging 是否按设计运行对 obs _ ionf 值相关性很高。在 WRF 模式中设计了通过模拟水平分辨率比率和 obs _ ionf 值及确定几个模式积分时间步长进行一次 Nudging，计算公式为：obs _ ionf * [parent _ grid _ ratio (n)$^{nest\_level(n)}$]。其中，parent _ grid _ ratio (n) 模式模拟区域的空间分辨率比率，nest _ level (n) 为模拟区域的序列号。

8.2.1 时间权重及相关参数设置

Nudging 包括两种，分别是 Dynamic Analysis 和 Dynamic Initialization。前一种主要是用于模式的回报试验，回报试验中，fdda _ end 参数设置应晚于模式模拟的结束时间。后一种是模式的预报试验，Nudging 只在模式初始化阶段进行，其中 fdda _ end 设置为观测数据结束的时间，同时 Nudging 时段包括了 Rampdown Period，同时 obs _ idynin 应设置为 1。在模式预报试验中，存在的 Rampdown Period 是 Nudging 停止前削减模式微调幅度的时间长度，假设为 1h，如果这 1h 使用观测数据时间序列，则 Rampdown Period 设置为−60。fdda _ end 时间应与 Rampdown Period 相匹配。

每个站点定时观测数据具有一定的影响半径（包括时间和空间）。进行 Nudging 时需要用户主观设定同化窗口期。设定的窗口期包括区域、时间和影响半径（影响的模式格点数），理想的模式格点均处在某些站点的影响范围之内，受站点影响程度是格点位置与站点距离的函数。

对于被应用的观测资料的同化系数，Nudging 时段内权重系数随时间变化，用户可以通过指定 obs _ twindo 调整权重系数。假设 t_o 时刻观测数据的时间系数从 t_o−obs _ twindo 的 0 增加到 t_o−obs _ twindo/2 的 1，至 t_o+obs _ twindo/2 时刻保持 1 不变，到 t_o+obs _ twindo 时刻时间系数线性减小至 0。时间窗口长度是 obs _ sfcfact 的倍数。对于地面要素快速变化的地面观测数据，地面观测数据在超出有效时间窗口外仍然会被使用，在准备观测数据进行 Nudging 时，obs _ twindo 设置的时间应该早于 Nudging 开始的时间。时间权重函数示意图如图 8.1 所示。

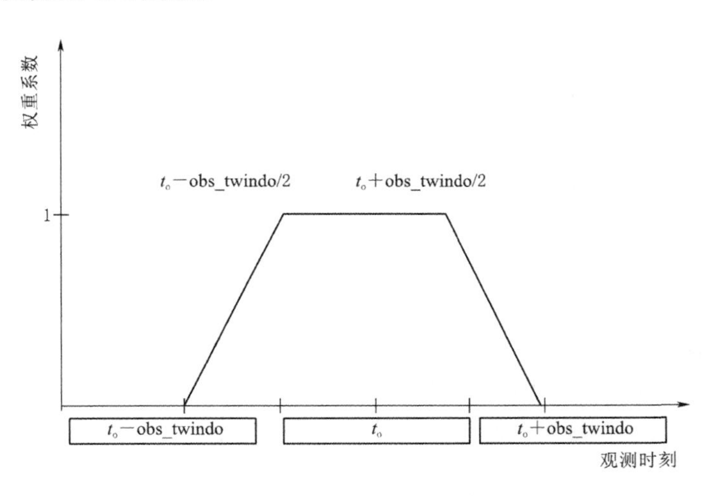

图 8.1 时间权重函数示意图

8.2.2 垂直权重及相关参数设置

垂直方向上的权重函数与观测数据类型有关，地面观测、多层观测或者地面以上的单层观测对模式垂直方向上的订正差别很大。参数 obs _ rinsig 目前还未被使用。除了观测数据类型（地面或者探空）外，考虑到有效区域和有效时间范围内站点观测数据的空间代表性不足的问题，针对大气边界层（PBL）内的数据是否被同化设置了 obs _ no _ pbl _ nudge _ VAR 列表，其中 VAR 可以是 u、v、t、q 中的某一些或者全部。

8.2.3　地面数据

地面观测数据在垂直方向上的影响权重函数有两种方案，分别是 obs _ sfc _ scheme _ vert＝1 和 obs _ sfc _ scheme _ vert＝0。

当 obs _ sfc _ scheme _ vert＝1 时，观测数据的影响权重从地面向高空线性递减，同化时在 PBL 层顶有两个例外，当 PBL 层顶位于模式总层数的 3％分位数以下或位于 25％分位数以上时，权重函数适用范围为地面至 3％分位数模式层上。因此模式垂直分层中的 3％分位数和 25％分位数上的模式层非常重要。

obs _ sfc _ scheme _ vert＝0 这一设置具有更高的灵活性，这种方案下，用户自主设置地面资料完全影响高度（权重为 1）及影响的最高高度（权重为 0），其中高度可以是相对于地面，也可以是相对于 PBL 层顶，同时可以按变量和对流能力分别设置。地面观测垂直方向上的同化的高度依赖于 PBL 的混合程度。试验中如果指定地面数据同化取决于 PBL 的高度，同时同化的有效性取决于模式对 PBL 的预测和对 PBL 方案诊断的 PBL 层顶高度。WRF 目前已经能识别 3 种不同类别的对流，分别为：1——稳定对流；2——阻尼机械湍流；4——自由对流；3——强迫对流（WRF 不能识别的对流方式）。PBL 参数化方案定义了对流性质，但未纳入计算，Nudging 对对流的定义和识别方法非常简单，具体程序如下：

```
obs_sfc_scheme_vert
```

对每种对流方式和同化变量，用户可指定同化高度和临界高度（此高度以上至同化高度权重线性递减至 0）。obs _ nudgezfullr＃ _ VAR 用来设置某一 VAR（u、v、t、q）在＃种对流下按权重为 1 进行同化，临界高度通过 obs _ nudgezrampr＃ _ VAR 进行设置。对于这两个参数，如果设置的数值是正值，则按单位为 m 进行计算，若设置为负值，则会在该值基础上加上 5000，同时该数的绝对值将作为相对于 PBL 层顶的距离。例如：－5010 代表的是距离 PBL 层顶 10m 的高度。obs _ nudgezfullmin 和 obs _ nudgezrampmin 分别是定义同化权重为 1 的最低高度和权重线性减小的最小临界高度（单位是 m）。obs _ nudgezmax 定义权重非零最大同化高度（单位是 m）。最大值和最小值的设置是为了避免 PBL 厚度过小或过大引起的相对偏差。其具体程序如下：

```
obs_nudgezfullr#_VAR
obs_nudgezrampr#_VAR
obs_nudgezmax
obs_nudgezrampmin
obs_nudgezfullmin
obs_sfc_scheme_vert
```

8.2.4 高空数据

多层探空数据在同化时，观测站点通过插值进行同化，插值在压力对数层上进行。垂直插值的数据间隔通过 obs _ max _ sndng _ gap 进行设置。假设观测数据是 950hPa、850hPa、600hPa 和 450hPa 上的观测数据，obs _ max _ sndng _ gap 应设置为 200hPa。950hPa 和 850hPa 的观测数据将被插入这两层之间的模式层，而其他等压面上的数据将不进行插值。对于单层的高空观测数据而言，同化的范围仅限于与观测等压面相差 75hPa 的等压面上，垂直方向权重函数从观测层上的 1 线性减小到与观测相差 75hPa 的等压面上。如果同化高度设定为 PBL 顶部以上，那么位于 PBL 层顶部以下的等压面将不参与同化，例如，850hPa 上的站点观测资料中，PBL 层顶为 900hPa，设定在 PBL 层顶以上进行插值，那么同化将只在 900～775hPa 之间进行。设置只同化 PBL 层顶以下模式高度的情况下，若 PBL 层顶气压为 930hPa，那么 850hPa 上的观测数据将不会对模式 PBL 层产生任何影响。

8.2.5 水平方向权重及相关参数设置

水平方向的同化权重函数依赖于站点类型。地面观测站点权重减小的自变量为模式地面层，高空观测数据的数据同化权重减小的自变量为等压面。当地面观测为等压面上的观测数据时，这一数据将作为距离模式地面 200m 上空的数据（模式地形较观测偏低时）。相反的，当模式地形较观测偏高时，那么地面观测数据将不能应用于数据同化中。

水平方向的同化权重函数的参数设置为 obs _ rinxy，站点观测的水平影响半径是 obs _ sfcfacr 的倍数。对于高空观测来说，500hPa 观测的影响半径是地面观测影响半径的 2 倍。这是除了地面海拔造成的地面气压差异以外的另一个误差源。模式对观测数据进行站点上的同化提供了严格的限制方法，obs _ sfc _ scheme _ horiz = 0 方案是早期 WRF 模式中的方案，obs _ sfc _ scheme _ horiz = 1 是 MM5 模式中的同化限制方案。其具体程序如下：

```
obs_rinxy
obs_sfcfacr
obs_sfc_scheme_horiz
```

两种方案均对站点气压最大值通过 obs _ dpsmx 参数进行了设置。在实际模式应用中，利用模式中最大气压差异的倍数气压进行改参数的设置。WRF 中的原始方案是水平权重函数与这个参数的乘积，但在 MM5 模式方案下，则是利用这一参数减小复杂地形下站点观测的有效影响半径。MM5 模式方案下，对站点观测进行模式数据同化的有效距离（有效影响半径）定义为

$$distance = obs_{\mathrm{rinxy}} + \frac{|p_{\mathrm{m@ob}} - p_{\mathrm{m}}|}{obs\_dpsmx} \tag{8.2}$$

式中：$distance$ 为观测站点和被同化模式站点之间的距离；$p_{\mathrm{m@ob}}$ 为站点经纬度上的模式地面气压；p_{m} 为模式中被同化位置上的模式地面气压。

水平方向的同化权重方程为

$$w_{xy} = \frac{(oobs_{\mathrm{rinxy}} * obssfcfacr)^2 - distance_e^2}{(oobs_{\mathrm{ainxy}} * obssfcfacr)^2 + distance_e^2} \tag{8.3}$$

WRF 模式中，只要观测站点和模式站点之间的气压差异不超过 obs _ dpsmx 设置，则在指定位置模式水平权重能降至 0。即在气压差异超过 obs _ dpsmx 设置时，WRF 模式并不考虑地形复杂时减小影响半径，而是降低影响权重。以下给出两种方案下的同化权重随距离变化的示意图。

图 8.2（a）是随距站点距离的权重变化，这种情况基于的假设是随着观测站点距离越远海拔越高。图 8.2（b）为气压随距离增加而增加和减小的变化趋势（气压变化与山谷和山脊变化相对应）。图中假设 $obs_rinxy=100$km、$obs\_sfcfacr=0.75$、$obs_dpsmx=75$hPa，同时不考虑地面气压的变化，图 8.2（a）中模式数据同化权重在距离站点 75km（$obs\_rinxy \times obs\_sfcfacr$）位置迅速减小到 0。在不考虑地面气压变化的情况下，WRF 模式中的应用方案插值权重也将在距离站点 75km 处减小至 0，但权重相对较小。相同情况下，MM5 模式插值权重在 45km 处减小为 0。图 8.2（b）和图 8.2（a）一样，站点的插值半径在 75km 和 45km 处插值权重减小至 0。

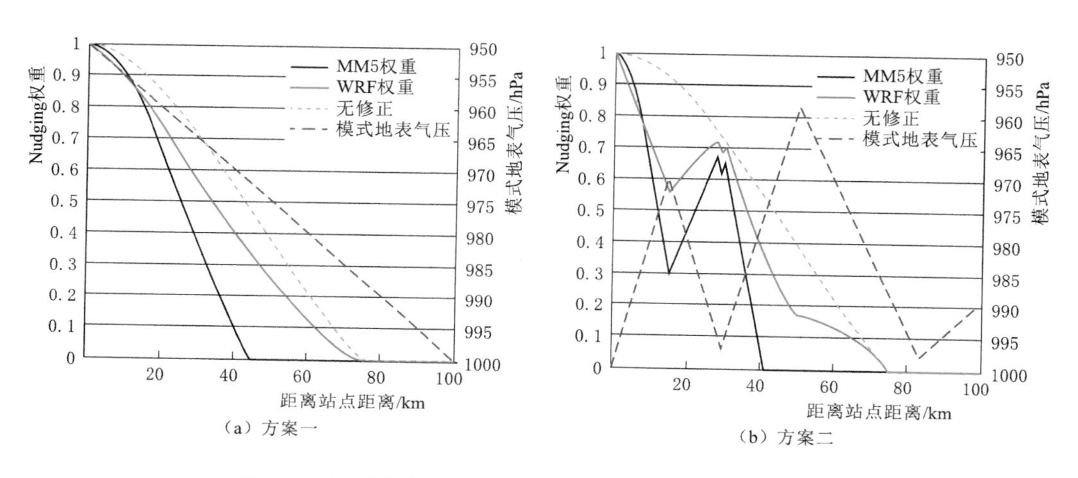

图 8.2　两种方案下 Nudging 水平方向同化权重衰减曲线

$$w_{xy}=\left[1-\min\left(1,\frac{|p_{m@ob}-p_m|}{obs\_dpsmx}\right)\right]*\frac{(oobs_{rinxy}*obs\_sfcfacr)^2-distance_e^2}{(oobs_{rinxy}*obs\_sfcfacr)^2+distance_e^2} \tag{8.4}$$

8.2.6　准备数据

用于 Nudging 的观测数据存放文件的命名方式为 OBS _ DOMAIN? .01，其中“?”指的是区域序号。如果只有一个 OBS _ DOMAIN 文件，则多个模拟区域都将对该文件进行读取，但是模式本身将自动区分模拟区域范围，只读取模拟区域以内的数据。

在利用观测数据进行 Nudging 前，必须进行严格的质量控制，质量控制是为了将“烂数据”剔除出 OBS _ DOMIAN 文件。数据同化效果会因为“烂数据”的存在降低模式模拟技巧。Obsgrid 模块是 WRF 用于观测数据控制的质量控制模块，该模块主要通过误差测试寻找异常数据，同时寻找站点观测中的明显不连续点，以及测试根据需要同化的模式初始场数据与观测数据的一致性。

8.2.7 观测数据格式

模式 Nudging 能识别的观测数据文件均包括 4 行文件头。表 8.1 给出了文件头所包含的变量。

表 8.1　　OBS _ DOMAIN 文件头所包含的变量

行	变量标识	变量类型	格式	变量描述
1	SPACES		1x	
	Data _ char	Character * 14	A14	日期字符串（YYYYMMDDHHMMSS）
2	SPACES		2x	
	latitude	Real	F9.4，1x	南半球为负值
	longitude	Real	F9.4，1x	西半球负值
3	SPACES		2x	
	Id	Character * 40	A40，3x	站点 ID
	Namef	Character * 40	A40，3x	观测站点类型
4	SPACES		2x	
	platform	Character * 40	A16，2x	观测系统名称
	Source	Character * 40	A16，2x	观测数据来源
	elevation	Real	F8.0，2x	观测位置海拔（m）
	is _ sound	Logical	L4，2x	是否为探空数据
	Bogus	Logical	L4，2x	是否为虚拟数据
	Meas _ mount	Integer	I5	探空数据的行数

如果 OBS _ DOMAIN 文件中数据为地面观测数据（is _ sound = FALSE），文件中每个站点观测只包含一行记录，一行记录中包含站点观测记录以及相应的变量质量控制（QC）标记。变量的质量控制标记为在 var _ qc 进行标识，var _ data 为观测变量本身。表 8.2 为地面观测数据记录的格式说明。地面观测记录中本站气压缺测，则模式将利用海平面气压和本站海拔进行海平面气压计算。如果海平面气压同时缺测，模式则假定海平面气压为 1000hPa，同时利用该值和海拔进行换算来获取本站气压。如果按以上两种方法进行计算仍不能获得本站气压值，则温度观测记录将按照缺测进行处理。在非地面观测中，如果气压和高度均缺测，则气温也将被标记为缺测，假设高度场不缺测、气压缺测，那么气压将利用高度场和模式气压以及模式高度进行换算。对于两种观测数据，静风需要标记为缺测。

表 8.2　　OBS _ DOMAIN 地面观测数据格式说明

变量标识	变量类型	格式	变量描述
SPACES		1x	
pressure _ data	real	F11.3，1x	海平面气压（Pa）
pressure _ qc	real	F11.3，1x	海平面气压质控（Pa）

续表

变量标识	变量类型	格式	变 量 描 述
height _ data	real	F11.3，1x	高度（m）
height _ qc	real	F11.3，1x	高度质控（m）
temperature _ data	real	F11.3，1x	温度（K）
temperature _ qc	real	F11.3，1x	温度质控（K）
u _ met _ data	real	F11.3，1x	纬向风速（m/s）
u _ met _ qc	real	F11.3，1x	纬向风速质控（m/s）
v _ met _ data	real	F11.3，1x	经向风速（m/s）
v _ met _ qc	real	F11.3，1x	经向风速质控（m/s）
rh _ data	real	F11.3，1x	相对湿度（%）
rh _ qc	real	F11.3，1x	相对湿度质控（%）
psfc _ data	real	F11.3，1x	本地气压（Pa）
psfc _ qc	real	F11.3，1x	本地气压质控（Pa）
precip _ data	real	F11.3，1x	降水量（mm）
precip _ qc	real	F11.3，1x	降水量质控（mm）

对于非地面观测数据（利用 is _ sound = TRUE 进行标识），单个站点每层的观测记录按行进行存放。meas _ count 参数用来标识单个站点高空观测记录的行数，即单个站点探空观测所记录的具有观测数据的高空等压面个数。同时每一行的观测数据均成对出现，一个观测数据对应一个质控数据，观测数据标识为 _ data，质控数据标识为 _ qc，详见表 8.3。

表 8.3　OBS _ DOMAIN 非地面观测数据格式说明

变量标识	变量类型	格式	变 量 描 述
SPACES		1x	
slp _ data	real	F11.3，1x	海平面气压（Pa）
slp _ qc	real	F11.3，1x	海平面气压质控（Pa）
ref _ pres _ data	real	F11.3，1x	参考气压（Pa）
ref _ pres _ qc	real	F11.3，1x	参考气压质控（Pa）
height _ data	real	F11.3，1x	高度（m）
height _ qc	real	F11.3，1x	高度质控（m）
temperature _ data	real	F11.3，1x	温度（K）
temperature _ qc	real	F11.3，1x	温度质控（K）
u _ met _ data	real	F11.3，1x	纬向风速（m/s）
u _ met _ qc	real	F11.3，1x	纬向风速质控（m/s）

续表

变量标识	变量类型	格式	变 量 描 述
v _ met _ data	real	F11.3，1x	经向风速（m/s）
v _ met _ qc	real	F11.3，1x	经向风速质控（m/s）
rh _ data	real	F11.3，1x	相对湿度（%）
rh _ qc	real	F11.3，1x	相对湿度质控（%）

OBS _ DOMAIN 文件中记录缺测值按－888888.000 进行标记。

8.2.8 观测数据的处理格式

以下针对地面观测及非地面观测进行举例，分别说明两种不同数据的存放格式。以下是 2017 年 7 月 27 日 23 时的地面观测记录。

```
2017072723
  22.5000   103.9700
 48803                                        OBS-PRESSURE
 FM-12 SYNOP     FROM STATION SOU      112.      F     F      1
 104100.000       0.000 -888888.000 -888888.000     112.000        0.000      303.350         0.000
0.000         0.000         1.000         0.000       76.940         0.000 -888888.000 -888888.000        0.000
   0.000
```

- 第 1 行

* data_char =2017072715　　观测时间为 2017 年 7 月 27 日 15 时(世界时)

- 第 2 行

* latitude =22.5000；
* longitude = 　103.9700，观测站点的位置；

- 第 3 行

* id =48803，观测站点的站码或者名称
* namef = OBS-PRESSURE，观测站点名称，区域属性；

- 第 4 行

* platform = FM-12 SYNOP，观测平台型号，或者观测记录的来源；
* source = FROM STATION SOU，数据来源；
* elevation = 112.，观测站点的观测高度；
* is_sound =F，该观测记录是否是高空探测数据；
* bogus =F，该数据是否为模拟数据；
* meas_count = 1 地面观测记录数。

- 第 5 行

* slp_data/slp_qc= 104100.000/ 0.000；海平面气压为 104100Pa，质控为 0.000；
* ref_pres_data/ref_pres_qc = －888888.000/－888888.000；参考气压和质控均为缺测；
* height_data/height_qc = 112.000/0.000；观测高度和参考高度；观测高度应与测站海拔高度保持一致；
* temperature_data/temperature_qc = 303.350/0.000；地面气温观测值和气温质控；

* u_met_data/u_met_qc　=　0.000/0.000;地面站点的纬向风速和纬向风质控;
* v_met_data/v_met_qc　=　1.000/0.000;地面站点的经向风速和经向风质控;
* rh_met_data/rh_met_qc　=　35.343/0.000;地面站点地面相对湿度和相对湿度质控;

以下是地面探空数据。这里以 2017 年 10 月 8 日 20 时的探空数据为例。

```
2017100820
  70.9300   -8.6600
 1001                                    OBS-PRESSURE
 FM-12 SYNOP        FROM STATION SOU         9.      T      F     12
 101300.000      0.000 -888888.000 -888888.000      3.000      0.000     -2.052      0.000
5.638      0.000 -888888.000 -888888.000
 100000.000      0.000      11.000      0.000      2.000      0.000     -1.553      0.000
5.796      0.000 -888888.000 -888888.000
  92500.000      0.000      74.000      0.000     -1.000      0.000     -3.078      0.000
8.457      0.000 -888888.000 -888888.000
  85000.000      0.000     141.000      0.000     -1.000      0.000      2.828      0.000
2.828      0.000 -888888.000 -888888.000
 .......
```

- 第 1 行

* data_char　=2017100820　　观测时间为 2017 年 10 月 28 日 20 时(世界时)

- 第 2 行

* latitude　　=-8.6600;
* longitude　=　70.9300;观测站点的位置;

- 第 3 行

* id　=1001,观测站点的站码或者名称;
* namef　=　OBS-PRESSURE,观测站点名称,区域属性;

- 第 4 行

* platform = FM-12 SYNOP,观测平台型号或者观测记录的来源;
* source = FROM STATION SOU,数据来源;
* elevation = 9.,观测站点的观测高度;
* is_sound =　T,该观测记录是否是高空探测数据;
* bogus =　F,该数据是否为模拟数据;
* meas_count = 12 高空探测的等压面层记录数。

- 第 5 行

* pressure_data/pressure_qc=92500.000/ 0.000;气压为 92500Pa,质控为 0.000;
* height_data/height_qc = -888888.000/-888888.000;观测高度和参考高度,首层为地面气压时,高度应与测站海拔高度保持一致;
* temperature_data/temperature_qc = 3.0000/0.000;92500.000Pa 等压面上气温观测值和气温质控;
* u_met_data/u_met_qc　=　0.000/0.000;92500.000Pa 等压面上的纬向风速和纬向风质控;
* v_met_data/v_met_qc　=　1.000/0.000;92500.000Pa 等压面上的经向风速和经向风质控;

* rh_met_data/rh_met_qc = 35.343/0.000;92500.000Pa 等压面上相对湿度和相对湿度质控;

- 第 6 行

* pressure_data/pressure_qc= 100000.000/ 0.000;气压为 100000Pa,质控为 0.000;
* height_data/height_qc = 11.000/0.000;观测高度和参考高度,首层为地面气压时,高度应与测站海拔高度保持一致;
* temperature_data/temperature_qc =23.0000/0.000;100000.000Pa 等压面上气温观测值,和气温质控;
* u_met_data/u_met_qc = −1.553/0.000;100000.000Pa 等压面上的纬向风速和纬向风质控;
* v_met_data/v_met_qc = 5.796/0.000;100000.000Pa 等压面上的经向风速和经向风质控;
* rh_met_data/rh_met_qc = −888888.000/−888888.000;100000.000Pa 等压面上相对湿度和相对湿度质控;

- 第 7 行

* pressure_data/pressure_qc= 100000.000/ 0.000;气压为 100000Pa,质控为 0.000;
* height_data/height_qc = 74.000/0.000;观测高度和参考高度,首层为地面气压时,高度应与测站海拔高度保持一致;
* temperature_data/temperature_qc =−1.00/0.000;100000.000Pa 等压面上气温观测值和气温质控;
* u_met_data/u_met_qc = −3.078/0.000;100000.000Pa 等压面上的纬向风速和纬向风质控;
* v_met_data/v_met_qc = 8.457/0.000;100000.000Pa 等压面上的经向风速和经向风质控;
* rh_met_data/rh_met_qc = −888888.000/−888888.000;100000.000Pa 等压面上相对湿度和相对湿度质控;

- 第 8 行

* pressure_data/pressure_qc= 100000.000/ 0.000;气压为 85000Pa,质控为 0.000;
* height_data/height_qc = 74.000/0.000;观测高度和参考高度,首层为地面气压时,高度应与测站海拔高度保持一致;
* temperature_data/temperature_qc =−1.00/0.000;85000.000Pa 等压面上气温观测值和气温质控;
* u_met_data/u_met_qc = 2.828/0.000;85000.000Pa 等压面上的纬向风速和纬向风质控;
* v_met_data/v_met_qc = 2.828/0.000;85000.000Pa 等压面上的经向风速和经向风质控;
* rh_met_data/rh_met_qc = −888888.000/−888888.000;85000.000Pa 等压面上相对湿度和相对湿度质控;

8.2.9 Nudging 的参数设置

驱动 WRF 模式进行 Nudging 之前，需要这 WRF 主目录下对 Nudging 进行设置，fdda 是 Nudging 的标识符。Nudging 的误差分析以及输出子程序 ERROB、NUDOB 和 IN4DOB 启动需要将 obs_ipf_errob、obs_ipf_nudob 和 obs_ipf_in4dob 均设置为“.true.”，在 Nudging 统计功能开启后，模式将输出站点进入 Nudging 程序的数量及统计信息。图 8.3 为模式进入 Nudging 后的输出界面。

```
****** CALL IN4DOB AT KTAU = 8 AND XTIME = 24.00: NSTA = 11040 ******
++++++CALL ERROB AT KTAU = 8 AND INEST = 1: NSTA = 11040 ++++++
```

图 8.3 Nudging 运行界面输出示例

以下是对模式 Nudging 参数设置的介绍。

obs_nudge_opt = 1, 1, 1, 0, 0

含义：每个嵌套网格是否进行 Analysis Nudging 的开关，取值为（0，1，2），当取值=0，关闭 Nudging=1 开启格点逼近、=2 开启普逼近。

max _ obs = 150000,

含义：每个区域进行站点Nudging时读入的最多站点数量。

fdda _ start = 0.,0.,0.,0.,0.

含义：模式开始运行后多久开始进行Nudging。

fdda _ end = 99999.,99999.,99999.,99999.,99999.

含义：模式运行多长时间后，停止Nudging。

obs _ nudge _ wind = 1，1，1，1，1

含义：是否对风场进行Nudging，=0关闭，=1开启。

obs _ coef _ wind = 6.E−4，6.E−4，6.E−4，6.E−4，6.E−4

含义：风场进行Nudging的权重系数。

obs _ nudge _ temp = 1，1，1，1，1

含义：是否对温度进行Nudging，=0关闭，=1开启。

obs _ coef _ temp = 6.E−4，6.E−4，6.E−4，6.E−4，6.E−4

含义：气温进行Nudging的权重系数。

obs _ nudge _ mois = 1，1，1，1，1

含义：是否对湿度场进行Nudging，=0关闭，=1开启。

obs _ coef _ mois = 6.E−4，6.E−4，6.E−4，6.E−4，6.E−4

含义：湿度进行Nudging的权重系数。

obs _ rinxy = 240.，240.，180.，180，180

含义：站点数据进行Nudging的最大半径，单位：km。

obs _ rinsig = 0.1,

含义：站点数据Nnudging在垂直方向上的最大影响半径。

obs _ twindo = 0.6666667，0.6666667，0.6666667，0.6666667，0.6666667，

含义：单时次站点观测的时间影响半径。

obs _ npfi = 10,

含义：两次Nudging诊断输出的时间间隔。

obs _ ionf = 2，2，2，2，2，

含义：检查观测数据是否进行Nudging的时间间隔。

obs _ idynin = 0,

含义：模式运行是否是动力初始化运行。1=是，0=否。

obs _ dtramp = 40.,

含义：动力初始化的模式预热时间。

obs _ prt _ freq = 10，10，10，10，10，

含义：Nudging诊断输出的时间间隔。

obs _ prt _ max = 10

含义：Nudging输出的最大站点个数。

obs _ ipf _ errob = .true.

obs _ ipf _ nudob = .true.

obs _ ipf _ in4dob = . true.

obs _ ipf _ init = . true.

含义：是否进行误差输出。

auxinput11 _ interval _ s = 1，1，1，1，1，

含义：模式运行过程时，查询进行 Nudging 的时间间隔。

auxinput11 _ end _ h = 6，6，6，6，6，

含义：模式运行过程时，停止查询进行 Nudging 的时间。

8.3 同化试验设计

本章同化试验共包括两类：一类是针对黄河内蒙古河段凌汛期河道首凌冷空气过程进行同化的敏感性试验，测试不同同化方法对模拟结果的影响；另一类是针对黄河中游强降水过程的模式模拟能力，检验模式在模拟和预测中游强降水落区、强度等方面的同化效果。

Nudging 是借助模式动力框架，使模式输出结果逼近到观测资料（Observation Nudging）或再分析资料（Analysis Nudging）的一种四维数据同化方法（Four - dimensional Data Assimilation，FDDA）。本质上该方法是一种消减模式与观测站点的偏差场的一种数学方法。Nudging 是一种时段间歇同化方法，不同于在特定时刻进行模式逼近的同化方法。

Nudging 方法不仅用于提高模式初始场质量，同时为模式模拟天气提供参考。在提高模式初始场质量方面，Nudging 用于模式初始化阶段，对模式的初始场和预报前的数据进行订正，提高模式模拟的一致性。在回报试验中，Nudging 能在整个模拟过程中实时对模式结果进行校正，提高模式回报结果的准确度。通过 Nudging 后的模式模拟结果能直接驱动与大气相关的各种评价模型。

8.4 2019年黄河宁蒙河段首凌冷空气过程

2019年11月影响黄河内蒙古地区的冷空气势力整体偏弱，内蒙古河段气温整体偏高，且河道流量较大。11月上旬内蒙古河段气温明显偏高，惠农、磴口、包头和托克托四站气温分别为8.4℃、7.3℃、5.3℃和4.8℃，分别较常年同期偏高4.6℃、3.9℃、3.1℃和2.0℃，巴彦高勒—头道拐河段河道水温在7.6～10.1℃之间，流量基本维持在1000m^3/s以上。11月7日起，内蒙古河段气温开始波动下降。11月12—14日受较强冷空气影响，内蒙古河段气温下降4℃左右；11月13日包头气象站气温达到−1.7℃，内蒙古河段气温首次降到0℃以下。受强冷空气影响，11月16—18日黄河内蒙古地区气温明显下降，包头气象站日均气温下降10℃左右；18日包头气象站日均气温达−8.4℃，最低气温达−13℃。受此影响，11月17日内蒙古河段气温稳定转负，11月19日8时黄河内蒙古三湖河口河段出现流凌，首凌日期较常年（1970—2015年，下同）偏早1天，流凌密度为10%。首凌当日8时三湖河口断面流量为646m^3/s，相应水位为1016.90m；当日平均流量为

720m^3/s，流凌前3天平均流量为755m^3/s。

按照冷空气标准对2019年11月17—19日黄河宁蒙河段首凌前期四站（惠农、磴口、包头、托克托）16—19日变温特征进行统计发现，2019年11月18日，四站中磴口站降温等级达到单站寒潮标准，48h最低气温降幅为12℃，包头站和托克托站降温等级为单站强冷空气，48h降温幅度为8℃，惠农站降温等级为单站中等强度冷空气。

分析500hPa环流形势演变。2019年11月17—19日，黄河宁夏内蒙古河段首凌降温过程的环流形势的演变为：中高纬度地区里海低压槽维持和突然加强，黑海高压脊减弱，贝加尔湖北部极涡南调，环流经向度一度加强，西伯利亚低涡引导冷空气南下。

2019年11月3日起，贝加尔湖北部持续为稳定冷中心，极地不断有冷空气向南扩散，东亚中高纬开始从纬向型环流向经向型环流转变。自11月10日20时起，贝加尔湖北部冷涡持续有−52℃冷中心配合。11月14日20时，里海地区形成东低西高的环流型，贝加尔湖冷涡西部稳定维持为一横槽，东亚中高纬地区经向度减弱，黄河内蒙古河段北部为偏西气流控制。11月16日20时，里海西部高压脊开始崩溃，减弱东移，里海东部低涡快速加强，南北向压力梯度迅速增加，里海高压脊前偏北气流开始引导冷空气南下，80°E以东地区经向度迅速增加。贝加尔湖冷涡中心位置于11月17日20时移至贝加尔湖附近，17日里海低涡减弱加速了贝加尔湖冷涡东移速度，冷中心于18日20时完成和东北冷涡结合，冷空气直接从东北冷涡后部向黄河内蒙古河段输送，造成了该次内蒙古河段冷空气降温过程。

对应的地面气压场上，地面冷高压于11月15日20时开始持续加强，中心闭合等值线由1044hPa加强至1052hPa（11月16日20时），中心随着高空环流经向度加强，冷中心从新疆东移至蒙古境内。随着高空冷涡东移南下，地面冷空气向南爆发，冷空气前沿于11月17日20时开始影响内蒙古河段。

2019年11月16—18日，贝加尔湖低涡冷空气在里海附近高压脊减弱后加速东移南下，18日冷涡在东北地区稳定加强槽后，西北气流引导地面冷空气开始在内蒙古地区爆发。

这里利用WRF对该次冷空气过程进行过程模拟，模拟共设计3个试验，包括未同化试验（exp0）、格点Nudging同化试验（exp1）、谱Nudging同化试验（exp2）。这里通过站点、河道温度对模式试验结果进行说明。

图8.4给出了2019—2020年度黄河内蒙古河段首凌前期四个重要站点气温变化趋势。受强冷空气影响，四站气温出现了明显的波动。从逐日观测实况来看，2019年11月18日8时为过程降温最低点，冷空气补充南下，18日夜间四站气温又出现明显下降，19日日间气温回升。本次冷空气过程影响宁蒙河段，四站气温变化趋势一致，受冷空气路径影响，磴口站、包头站过程最低气温较其他两站略低。3组同化控制试验结果中，包头、托县两站模式模拟结果明显优于磴口和惠农两站，较其他两站，模式系统误差明显减小，模式对18日主要降温过程的模拟结果接近实况，过程最低温模拟偏差仅为包头1.0℃、托县−1.0℃。两种Nudging方法中，谱Nudging同化方法效果优于格点Nudging同化（表8.4）。此外，模拟区域西部两站模式模拟结果明显不如东部的包头和托县两站。

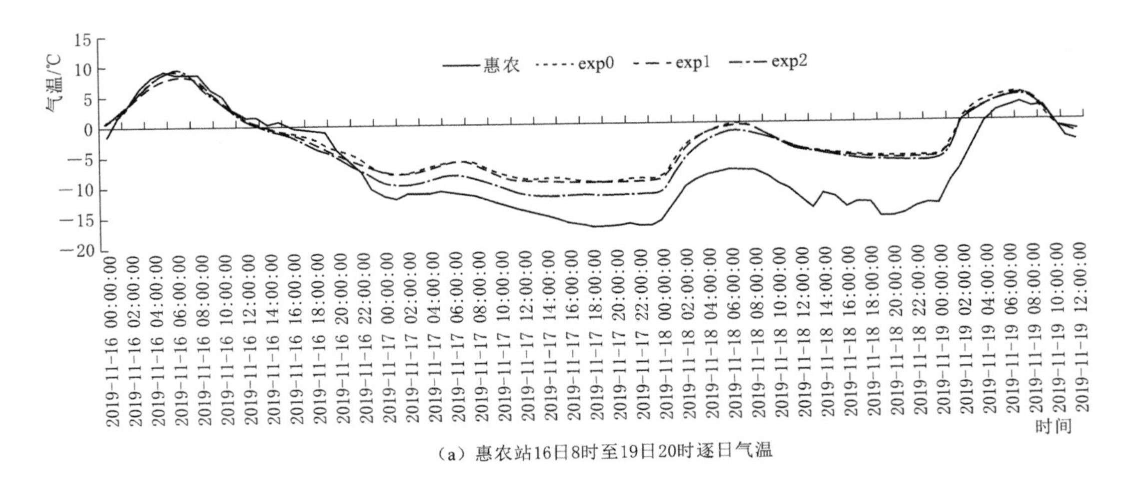

(a) 惠农站16日8时至19日20时逐日气温

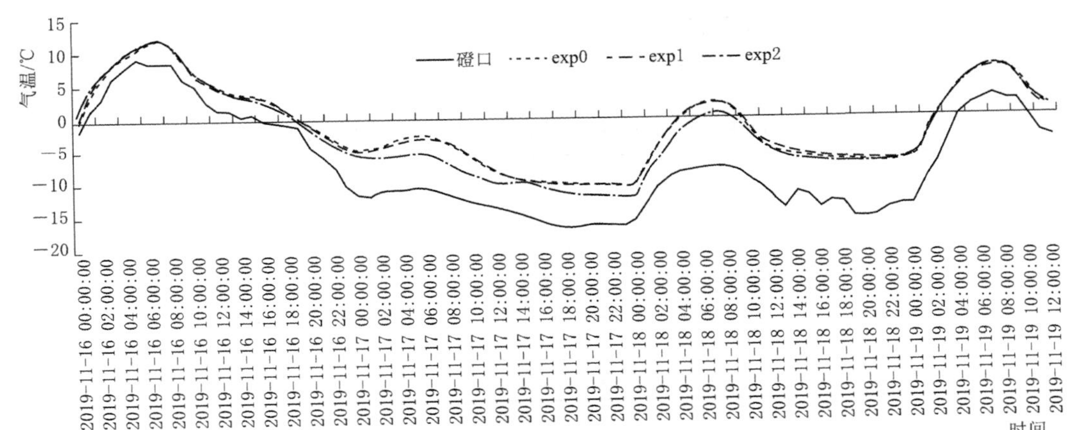

(b) 磴口站16日8时至19日20时逐日气温

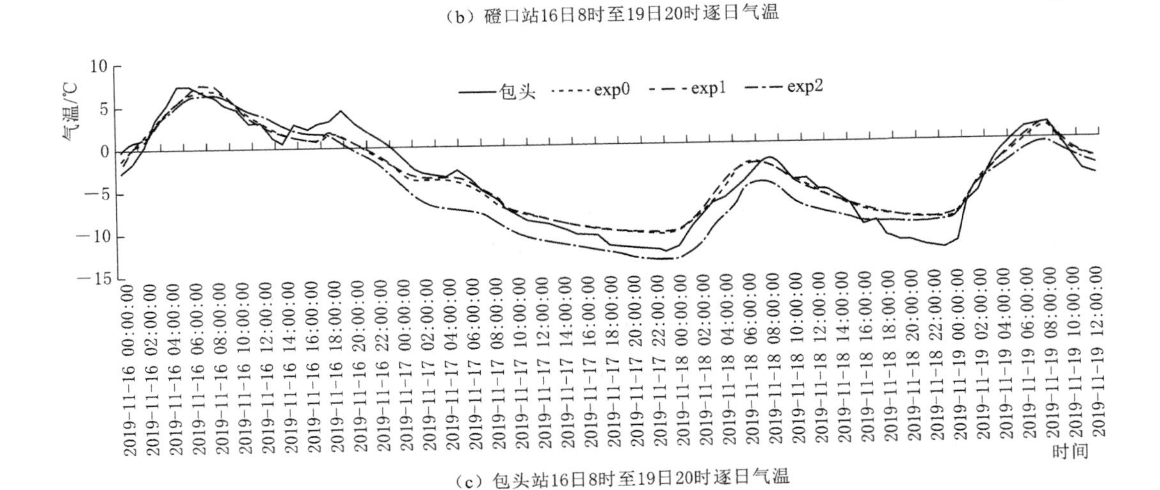

(c) 包头站16日8时至19日20时逐日气温

图 8.4（一） 黄河宁蒙河段四站（惠农、磴口、包头、托县）2019 年 11 月 16 日 8 时至 19 日 20 时逐小时气温变化趋势

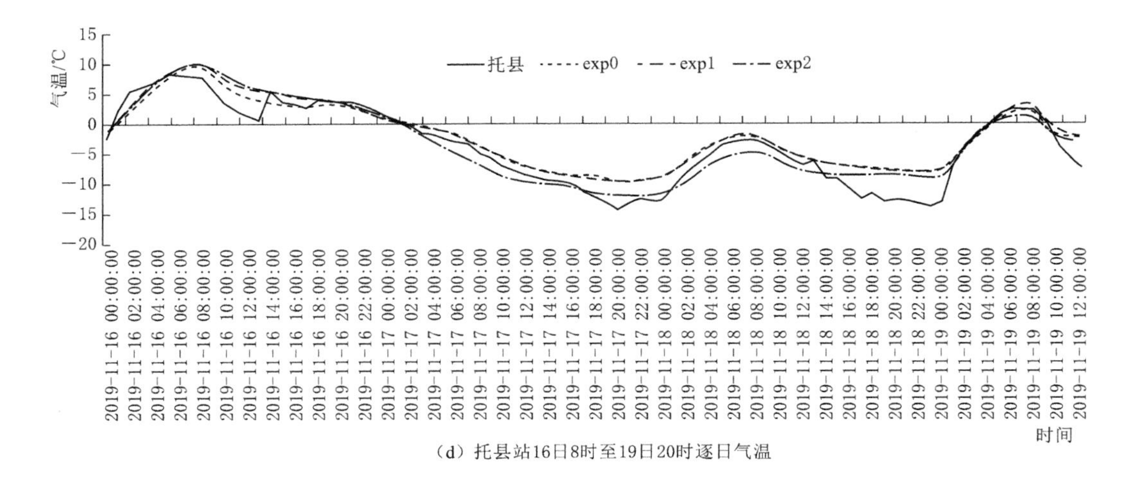

（d）托县站16日8时至19日20时逐日气温

图 8.4（二）　黄河宁蒙河段四站（惠农、磴口、包头、托县）2019 年 11 月 16 日 8 时至 19 日 20 时逐小时气温变化趋势

表 8.4　　2019 年 11 月 16—19 日冷空气过程最低温模式模拟结果对比

试验类别	惠农站		磴口站		包头站		托县站	
	绝对值	偏差	绝对值	偏差	绝对值	偏差	绝对值	偏差
观测	−16.8	—	−16.8	—	−12.7	—	−12.9	—
exp0	−9.1	7.7	−10.6	6.2	−10.5	2.2	−9.4	3.5
exp1	−9.4	7.4	−10.5	6.3	−10.4	2.3	−9.7	3.2
exp2	−11.6	5.2	−12.4	4.4	−13.7	−1	−11.9	1

8.5　2017 年“7·26”黄河中游强降水过程

8.5.1　降水实况和天气形势

2017 年 7 月 25 日 8 时至 26 日 8 时，黄河中游山陕区间北部的无定河流域出现了近几十年来罕见的突发性暴雨天气，主要降水时段出现在 26 日凌晨，最大雨强出现时间段在 7 月 26 日 2—8 时。最大雨强出现的区域主要是位于黄河流域山陕区间的无定河流域，最大降水量超过 100mm 的站点有 3 个，其余大部分站点降水量在 50mm 以下。以降水中心为中心，对 35°～45°N、105°～115°E 范围内的站点降水进行统计。其中，43.32%的站次出现了降水天气，27.63%的站次为 10mm 以下降水，15.13%的站次为 25mm 以下降水，只有约 16%的站次降水为大雨（大于 25mm）以上降水，1%左右的站次为大暴雨（大于 100mm）。出现暴雨量级以上降水的站次具有明显的局地特征。

中尺度降水系统的对流不稳定能量释放前 12～24h，通常是位势不稳定层结建立的时间。强降水发生前，25 日 20 时 500hPa 上欧亚地区中高纬度为两槽一脊型，贝加尔湖以东为低压区，中西伯利亚有短波槽东移南下，无定河流域位于西风带短波槽槽前。低纬地区，西太副高主体稳定维持在35°N，主体呈块状位于我国大陆东部。西太副高主体西侧偏南气流向黄河中游输送水汽。850hPa上山陕区间西部为一条暖湿切变线，暖湿切变线南侧的东南气流和河套平原地区的偏北气流在山陕区间北部形成辐合。地面气压场上中心位于四川的暖低压向北发展至内蒙古北部，东北冷高压主体向南扩散至华北平原，无定河流域处于高压后部、低压前部。26日2时，东北冷高压和四川暖低压之间气压梯度加强。地面风场上，无定河流域西部存在一个明显的气旋性切变。此次短时强降水过程发生在大尺度西风槽前，副高稳定维持、低层的暖湿切变和地面风场辐合线的有效合理配置为触发无定河流域短时强降水提供了有利的天气尺度背景条件。

8.5.2　卫星TBB资料分析

造成26日2—8时无定河流域强降水的中尺度对流系统。时间演变过程为：对流云团自7月25日午后开始不断生成，在西风带短波槽引导下汇入西风带短波槽前西南气流中；25日20时，随着无定河流域南部700hPa以下开始形成具有较强组织性的偏南气流水汽输送，对流运动进一步加强，对流云团开始快速发展；2017年7月26日2时，对流云团开始在榆林东部逐渐稳定发展，云体中心TBB降至−40℃以下；伴随主要降水过程结束，4时对流云团边缘开始毛化，对流强度减弱；6时，对流云团在研究区东部加强东移。

8.5.3　基于多源数据同化的数值模拟

采用双层嵌套方案，模式中心点设在（100°E、37°N），内外层分别为大东亚区和黄河流域山陕北部，内层空间分辨率为9km，内外层网格数分别为193×205、103×100。模式采用NCEP每6h一次的FNL初始场（水平分辨率1°×1°）。微物理过程采用WSM6类冰雹方案，长波辐射和短波辐射过程分别为RRTM方案和Dudhia方案，近地面层为Monin-Obukhov的MM5相似方案，陆面过程为Noah参数化方案，行星边界层采用YSU方案，积云对流参数化方案为Grell-Devenyi综合方案。利用三维变分同化系统3D-Var将中国气象局下发的站点探空资料中的位势高度、温度、露点温度、风场数据以及地面观测的气压、温度、露点温度、风场数据对模式外层初始场和侧边界进行同化。模式模拟时间设置为2017年7月20时至7月26日8时，模拟时段涵盖本次降水主要降水时段。模拟试验包括两个，分别是同化（谱Nudging）试验和未同化试验。

将未同化常规观测资料的模拟结果与观测的6h降水量对比，模式模拟降水整体呈东西向的块状分布，模拟的降水中心位置较观测偏北，强降水范围和强度较观测偏大偏强。相较于未同化模拟结果，同化试验模拟结果模拟的降水区为分为南北两个降水中心，主要降水区为东西走向，强降水区范围明显缩小。南部的降水中心接近实际降水区位置，但位置较观测略偏北。整体而言，同化站点观测资料的试验结果与观测更为接近。

为了更客观地评估同化模拟的效果，利用TS评分对此次短时局地强降水模拟结果进行评估。评估区域同样为35°～45°N、105°～115°E范围内的站点降水。整体而言，同化试验的降水模拟TS评分为74%，未同化试验的降水模拟TS评分为63%。在划定的6个阈值范围的降水中，同化试验对不大于10mm的降水改进效果最明显（图8.5），而对于该次强降水中10～25mm范围降水改进效果不明显。

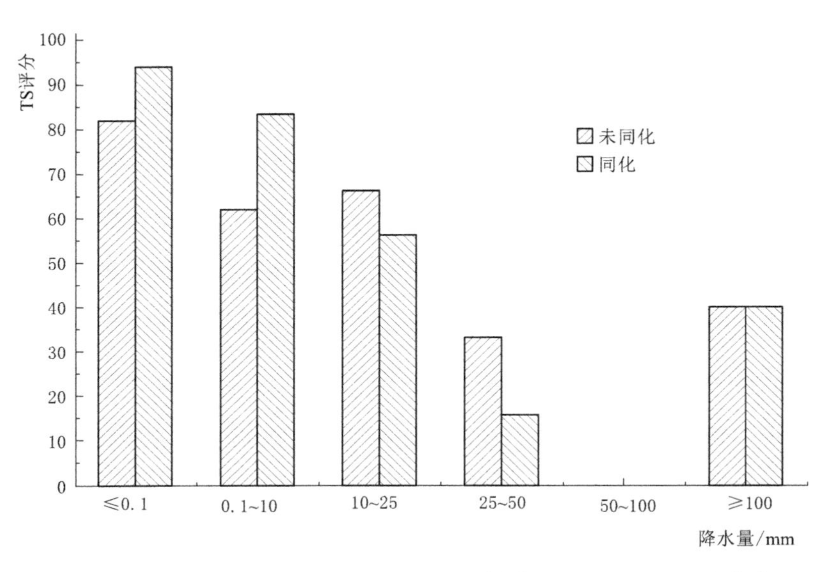

图 8.5　2017 年 7 月 26 日 2—8 时模式模拟的 6h 降水量 TS 评分分布

在对 2017 年 7 月 26 日 2 时 500hPa 的位势高度场和风场的模拟上，两组试验对西太平洋副高位置存在一定差异。同化试验模拟的西太平洋副热带高压主体西侧较未同化试验明显东退南压。两组试验对西风带短波槽模拟具有较高的相似度，模拟西风带短波槽强度均较弱，槽前西南风风速只有 4～6m/s，槽线大体成东北-西南向。在主要强降水区，同化试验较未同化试验存在一个高度场异常正偏高，风场上同化试验模拟的山陕区间南部南风偏弱。

充沛的水汽供应是强降水形成和发展的重要条件。同化和未同化模拟结果显示：该次强降水过程的水汽主要源主要有两个：一个是来自西太平洋副高西侧的西南气流水汽输送，另一个来自主要降水区西部的南北向切变线南侧的偏南气流输送，偏南气流在山陕区间北部形成辐合形势，850hPa 偏南风平均风速为 6～8m/s。

对流有效位能（CAPE）分布上，同化试验在偏南风辐合的区域 110°E、38°N 附近模拟出对流有效位能高值区，该区位于 500hPa 短波槽前，中心闭合等值线为 60J/kg，对流活动发展旺盛，但空间尺度较小（约 1 个经度）。未同化试验模拟的对流有效位能值局地特征明显，不具有明显的组织性。两组试验的差异主要包括两个方面：一是同化试验模拟的强降水区附近对应了有组织的对流不稳定能量区（高对流有效位能值区），二是同化试验模拟的西太平洋副高西侧的偏南风较弱。

触发机制是强降水出现最重要的指标。同化试验模拟结果显示，强降水出现时，地面对应了一个中尺度气旋，强降水区位于气旋前部的偏南气流中，气压场上对应低气压中心。未同化试验在强降水区西部模拟出一个强风场辐合区，风场辐合位置较同化试验偏北偏东。差异场上，同化试验在山陕区间南部和北部对应了两个异常的南北风辐合中心，这种差异与同化试验模拟的两个降水中心对应。与观测的地面形势场对比，同化试验强化了强降水区西侧的气旋，同时也加强了山陕区间南部的偏南气流；未同化试验则弱化了地面气旋，但强化了偏南气流向北输送，使得更多的水汽能进入山陕区间北部地区。两组试验模拟的地面形势场分布与其模拟的6h降水分布相对应，同化试验中地面气旋前部的偏南气流对应了南侧的降水中心，异常的南北风辐合区对应了北侧的降水中心；而未同化试验异常偏强的偏南风输送与强度偏强、范围偏大的降水对应。

从系统上下层配置来看，造成无定河流域短时强降水的大气层结配置具有明显的前倾槽特征，500hPa槽线位于850hPa切变线和地面气旋前部，高层的槽后干冷空气叠加于低层切变线和地面气旋前部的暖湿空气之上。高空短波槽和地面气旋之间的区域不稳定能量增加，黄河山陕北部地区累积了大量的不稳定能量，并在西南-东北向上对应了等θ_{se}极大轴。对流云团移动方向与850hPa上θ_{se}极大轴走向一致。等θ_{se}极大轴有利于对流云团的生成、合并、发展，主要降水区也发生在θ_{se}极大轴西侧。

本次黄河山陕区间无定河流域出现的短时强降水过程是一次典型的前倾槽降水过程。高空短波槽超前于低层切变线和地面气旋，高空槽和地面气旋之间的狭窄地区累积了大量不稳定能量。在高空短波槽东移和地表冷空气减弱的背景下，在山陕区间北部地区诱生的中尺度对流系统沿θ_{se}极大轴移动造成了一次强降水事件。

为进一步分析此次局地强降水过程，本节利用WRF模式及同化系统分析了短时强降水对应的天气形势，以及强降水对应的中尺度系统特征，并在此基础上分析了同化站点地面和探空数据对模式模拟效果的影响，得出以下结论。

(1) 本次局地强降水过程是在有利的大尺度环流背景下发生的，西太副高的维持和西风带短波槽的配合为黄河山陕区间对流活动的发展提供了有力的环流和水汽输送条件。850hPa上切变线和地面气旋是导致本次强降水过程发生的中尺度系统。

(2) 同化站点地面和探空资料及未同化的两组模式模拟试验结果中，同化试验模拟的南侧强降水落区更接近观测，其对主要降水区6h降水的整体TS评分也明显高于未同化试验。其中，同化试验明显改善了10mm以下降水的预报效果，而对10～50mm降水等级的预报效果稍逊于未同化试验。对于50mm以上降水等级，两组模拟试验模拟技巧相当。

(3) 两组试验在模拟500hPa上两个重要大尺度系统——西太平洋副高和西风槽上，其主要差别在于：同化试验模拟的西太平洋副高主体西侧较之前明显南退，模拟的西太平洋副高主体西侧西南气流强度较未同化试验偏弱。在对中尺度系统的模拟上，同化试验明显加强了山陕区间南部对流不稳定能量的累积，模拟地面气旋较未同化试验明显偏强，两组模拟试验的模拟差异在一定程度上解释了两组试验模拟的主要强降水落区位置的差异。同化试验模拟的对流层500hPa向山陕区间北部的偏南风偏弱，而地面气旋强度偏强，有利于不稳定能量在山陕区间南部地区累积，进而造成了同化试验模拟的强降水区位置较未同化试验偏南，更接近观测值。

8.6 本章小结

本章同化试验涉及黄河流域不同子流域典型的天气过程，包括黄河内蒙古河段凌汛期的降温过程、黄河中游短时强降水过程等。通过对以上典型天气过程的同化试验模拟并与实际观测进行对比发现，基于Nudging的四维变分模式同化方法在典型天气过程模拟中表现出优化原始试验结果的现象，但在不同天气过程的模拟中对原始试验结果改善效果不同步。

（1）黄河内蒙古河段的冷空气过程模拟中，基于谱 Nudging 的模式同化试验表现出较好的订正效果，与模式降水同化试验的订正效果相比，基于谱 Nudging 的模式同化对局地气温变化具有更好的订正效果。

（2）对于黄河中游相对较小尺度的强降水模拟中，相对于强降水区的水平空间尺度，站点数据仍略显粗糙，这可能会漏掉一些中小尺度系统。不能还原模式地形对降水的增幅作用模式。

第9章　基于贝叶斯理论的模式订正

9.1 概　述

不同于数值模式确定性预报，集合预报能够提供关于预报不确定性的信息，提示预报员模式确定预报结果的可靠性以及极端天气发生的概率。20世纪90年代初，美国国家环境预报中心（NCEP）和欧洲中期天气预报中心（ECMWF）率先建立了各自的集合预报系统业务系统，经过30年的研究和开发，集合预报系统在发达国家数值业务体系中已占据了非常重要的位置。降水预报从性质上来划分有两种：一种是确定性预报，另一种是概率性预报。集合预报是概率性预报的一种。近年来，为了克服单一数值预报模式的局限性，集合预报技术取得了重大进展。但是，因为数值模式和集合方法的缺陷的影响，集合预报目前仍然存在不足之处。定量降水预报对及时、准确的洪水预报和警报具有重要意义。一方面，降水具有很大的随机性，呈偏态分布，不能像温度那样被当成正态分布的变量进行分析处理；另一方面，采用降水出现可能性大小的形式进行预报，即降水概率预报（PoP），比起传统的定量预报更符合天气变化的客观规律，更能揭示降水本身具有的随机性及不确定性。现在已有一些可以在确定性预报基础上进行降水概率预报的方法，如回归方法中的模型输出统计（MOS）方法可用于产生超过某个阈值的概率。但是这些方法还是有局限性的，只是给出某些特定事件的概率而不能产生一个完整的预测概率密度函数（PDF），也没有很好地利用集合预报资料的所有信息。集合预报资料可以指示出不确定性，并且多个集合预报系统中可以建立起预测误差和集合发散度之间的关系。在用订正后的参数或集合平均的变形来拟合Gamma分布时，发现对集合成员预报有很好的效果，但还是不明确如何使用这种方法得到订正的降水概率预报。

前人利用卡尔曼滤波技术对500hPa高度场进行了订正试验，证明卡尔曼滤波双因子订正对提高暴雨预报能力是有效的；此外使用自适应误差订正方法对美国国家环境预报中心等多国的区域集合预报模式2m温度预报进行订正，订正后的各项检验指标都得到了不同程度的改善。在这些产品适用技术方法中，多数只对集合预报结果进行处理，这使得历史预报资料中的集合预报性能信息没有得到利用；有些虽然利用了历史预报资料，但其处理结果不是概率预报，并不能反映预报的不确定性。但利用贝叶斯概率决策理论结合暴雨的气候概率对集合降水概率预报产品进行了修正，暴雨预报准确率有所提高。在集合预报产品使用之前，完善后处理算法，降低或者去除模式的误差十分必要。所以研究和发展一套统计后处理方案，用以减小集合预报产品相对于分析场的系统性误差是十分有意义的。本章利用降水的历史实况和不同模式的预报数据，采用Sloughter等（2006）研究中曾采用的贝叶斯平均模型，对预报成员的降水进行概率集成并订正，利用概率预报的评价检验方法对集成效果进行检验和评价，对比分析集成和订正的效果。

9.2　贝叶斯模型介绍

贝叶斯方法利用所有能够获得的资料和信息，包括样本信息和先验样本的信息，以做出良好的判断和决策。贝叶斯模型平均（Bayesian Model Averaging，BMA）是一种集合预报的前处理方法，可以产生有预测效果的概率密度函数（PDF）。它将这个具有预测性的概率密度函数描述成由建立在独立偏差校正预报上的多个概率密度函数加权平均后得到，其中权重是产生预报的模型的后验概率，反映了某个预报在一个训练期内对预测的相对贡献能力。贝叶斯模型平均模型不仅能提供最大的预报可能性，而且也是对天气预报不确定性的现实描述，它最初是运用于诸如温度和海平面气压等物理量。对于温度和海平面气压来说，其条件概率密度函数可以用正太分布进行很好的拟合。贝叶斯模型平均的原始形式未被运用在降水上，是因为降水的预测性概率密度函数是非正态的，主要体现在两个方面：它的概率为接近零的正数，并且分布呈偏态。

在集合预报的贝叶斯模型平均模型中，每个集合预报成员 f_k 都与一个条件概率密度函数有关。$h_k(y|f_k)$ 即具有预测功能的概率密度函数，可以理解为当 f_k 为集合中最佳预报时的概率密度函数。贝叶斯模型平均的预报概率密度函数为

$$p(y \mid f_1,\cdots,f_k)=\sum_{k=1}^{K}\omega_k h_k(y \mid f_k) \tag{9.1}$$

式中：ω_k 为当 k 成员为最佳预报时的先验概率；f_k 为每个集合成员的原始预报值。

ω_k 为概率，所以是非负数，并且和为1，即 $\sum_{k=1}^{K}\omega_k=1$。

降水是不连续的物理量，因此降水概率的逻辑回归模型为非连续模型，该模型为两部分之和，即降水量为0时的概率以及非0时的概率：

$$p(y \mid f_1,\cdots,f_k)=\sum_{k=1}^{K}\omega_k\{P(y=0 \mid f_k)I[y=0]+P(y>0 \mid f_k)g_k(y \mid f_k)I[y>0]\} \tag{9.2}$$

Hamill等（1998）发现用gamma拟合较大的原始观测值效果不太乐观。此逻辑模型中将 f_k 进行了 $f_k^{1/3}$ 转换，得到：

$$\log it\ P(y=0|f_k)=\log\frac{P(y=0|f_k)}{P(y>0|f_k)}=a_0+a_1f_k^{1/3}+a_2\delta_k \tag{9.3}$$

如果降水量不是0，则用gamma分布函数拟合降水量，即：$g_k(y \mid f_k)=\frac{1}{\beta_k^{a_k}\Gamma(a_k)}y^{a_k-1}\exp(-y/\beta_k)$，gamma分布函数的两个参数 a_k、β_k^2 由以下关系式与预报值 f_k 联系起来，即分布的均值 $\mu_k=a_k\beta_k$ 和方差 $\sigma_k^2=a_k\beta_k^2$，其中 $\mu_k=b_{1k}f_k+b_{2k}\delta_k$，$\delta^2=c_{0k}+c_{1k}f_k$。

a_{0k}、a_{1k}、a_{2k} 及 b_{0k}、b_{1k}、b_{2k} 在每个集合预报成员中是不一样的。a_{0k}、a_{1k}、a_{2k} 为独立变量，通过以 $f_k^{1/3}$ 与 δ_k 为预报因子变量的logistic回归估计得到。b_{0k}、b_{1k}、b_{2k} 为在有雨情况下，以降水量的立方根为独立变量，通过以原始预报值 f_k 和 δ_k 为预报因子变量的线性方程求得。

对贝叶斯模型涉及的参数 ω_k（$k=1$，…，K）以及 c_0、c_1，则利用训练期的数据采用极大似然估计得到。似然函数是带估计参数的函数，定义为包含了待估计参数的降水量的概率 p（$y \mid f_1$，…，f_k）。极大似然估计值就是在训练期内最大可能被观测到的实况数据值。将似然函数的对数做最大化处理，比对似然函数本身做这种处理更方便，贝叶斯模型平均的对数似然函数为

$$l(\omega_1,\cdots,\omega_k;c_0;c_1)=\sum_{s,t}\log p(y_{st} \mid f_{1st},\cdots,f_{Kst}) \tag{9.4}$$

角标 s、t 分别添加到 y 和 f_k，用来表示数据集的站点和时间。在用极大似然法的处理过程中，采用最大期望算法（Expectation - Maximization algorithm，EM）算法。从最初估测出来的参数开始，轮流进行两步计算。

第一步为 E 步骤（Expectation），引进指示量 z_{kst}，当 k 成员为 s 站点在 t 时的最佳预报时，$z_{kst}=1$；其他则 $z_{kst}=0$。对于每一组（s、t），$\{z_{1st}$，…，$z_{kst}\}$ 中只有一个为 1。z_{kst} 用当下估计出的参数进行估计，不一定是整数，即

$$\hat{z}_{kst}^{(j+1)}=\frac{\omega_k^{(j)}p^{(j)}(y_{st} \mid f_{kst})}{\sum_{l=1}^{k}\omega_l^{(j)}p^{(j)}(y_{st} \mid f_{lst})} \tag{9.5}$$

利用 ω_k 和 c_0、c_1 得到的 z_{kst}，在这一步中用 $\hat{z}_{kst}^{(j+1)}$。j 标识 EM 算法中第 j 次迭代，$\omega_k^{(j)}$ 表示第 j 次迭代时 ω_k 的估计值，$p^{(j)}$（$y_{st} \mid f_{kst}$）为第 j 次迭代 p（$y_{st} \mid f_{kst}$）的值，用到第 j 次迭代时 c_0、c_1 的值。

第二步为 M 步骤（Maximization），用第一步中得到的 $\hat{z}_{kst}^{(j+1)}$ 对原先估计出来的参数进行再次估计，即

$$\omega_k^{(j+1)}=\frac{1}{n}\sum_{s,t}\hat{z}_{kst}^{(j+1)} \tag{9.6}$$

式中：n 为数据集的容量，也就是（s，t）的组数和。

这两步迭代要保证收敛，起始值对收敛的影响最大，通常的做法是选择第 t 天的估计值作为第（$t+1$）天起始值，可以是迭代收敛。在此按照该迭代法定义一个训练期，训练期是一个滑动窗口，模型中的参数由每次滑动生成的新窗口估计得到，因此，训练期天数的选择会对贝叶斯模型平均模型的参数估计造成影响，从而也会影响到预报效果。

Sloughter 等（2006）用连续分级概率评分（Continuous Ranked Probability Score，CRPS）和平均绝对误差（Mean Absolute Error，MAE）检验过训练期天数 N 对预报效果的影响（$N=15$，20，25，…，50），证明观察期越长，则由估计得到的参数所确定的预报模型效果越好。当天数取为 30 天时效果最优，长于 30 天时，增长效果不明显。训练期天数不能超过总的资料时间序列长度。根据资料时间序列长度和实际问题的需求，24h、48h、72h 集合预报的训练期经过多次试验，根据订正的效果，训练期大致为 5 天左右。

9.3 数　　据

本章使用的降水预报资料为 2020 年 7 月 30 日至 8 月 10 日中国气象局卫星广播系统地面气象数据接收系统获取的逐日欧洲中期天气预报中心（European Centre for Medium -

Range Weather Forecasts，ECMWF）、德国气候预测系统（GERMAN）、全球预报系统（Global Forecast System，GFS）、WRF 本地化在内的四家模式预报资料，模式资料空间分辨率为 0.125°×0.125°，最长预报时效为 9 天，本章用到的模式预报时效为 48h。降水观测数据资料为预报时效对应时段的站点 24h 累计降水量。

9.4　降水概率检验方法

（1）排序概率评分（Continuous Ranked Probability Score，CRPS）。评估一个集合预报系统的整体性能可以采用排序概率评分指标。排序概率评分代表了观测和预报的累积分布函数（CDF）的差别，其值越大，表示集合预报系统的预报能力越低。即

$$CRPS=\sum_{m=1}^{K+1}(\hat{X}_m-X_m)^2=\sum_{m=1}^{K}(\hat{X}_m-X_m)^2\omega_k^{(j+1)}=\frac{1}{n}\sum_{s,t}\hat{z}_{kst}^{(j+1)} \tag{9.7}$$

（2）平均绝对误差（Mean Absolute Error，MAE）。平均绝对误差是能反应预报误差的指标，即 $MAE=\frac{1}{n}\sum_{k=1}^{n}(\hat{x}_k-x_k)$。只有当所有预报与相应的观测相同时，平均绝对误差才会是 0，也就是理想的预报。在集合预报中，用集合平均值与实测值的绝对误差表示；在贝叶斯模型平均模型中用中位数与实测值绝对误差来表示。平均绝对误差值越小，表示预报能力越高。

（3）布莱尔评分（Brier Scores，BS）。布莱尔评分也是常用来反映概率预报系统性能的评价指标之一，是一种均方概率误差，该方法综合考虑了可靠性、分辨能力和不确定性。其定义为 $BS=\frac{1}{n}\sum_{k=1}^{n}(p_{Fi}-p_{oi})^2$。$p_{Fi}$ 为某一预报时效内第 i 次降水预报概率，取值为 1（有降水）或 0（无降水）；n 为预报试验次数。布莱尔评分数值满足 $0\leqslant BS\leqslant 1$。布莱尔评分值越小表示预报效果越好。

9.5　排序概率评分、平均绝对误差以及布莱尔评分对比分析

表 9.1 中排序概率评分为黄河流域 349 个气象站点预报与实况观测的排序概率评分的平均值。除了 2020 年 8 月 8 日贝叶斯模型平均没有订正效果外，所有贝叶斯模型平均的预报结果均优于原始集合预报（MME），贝叶斯模型平均的订正效果优势明显。随着训练期天数增长贝叶斯模型平均模型订正效果更加明显。

表 9.1　不同训练天数下原始集合预报（MME）与贝叶斯模型平均集合预报（BMA）的 48h 预报排序概率评分对比

训练期/d	2020 年 8 月 11 日		2020 年 8 月 10 日		2020 年 8 月 9 日		2020 年 8 月 8 日	
	MME	BMA	MME	BMA	MME	BMA	MME	BMA
9	7.68	5.35						
8	7.68	5.54	6.57	5.16				
7	7.68	5.75	6.57	5.49	5.11	4.9		
6	7.68	5.56	6..57	5.88	5.11	5.4	5.37	5.51

平均绝对误差指数的变化特征与排序概率评分变化相似，亦呈现出随训练期长度增加而订正效果更优的特征。但与排序概率评分不同的是，平均绝对误差指数在训练期大于7天时，贝叶斯模型平均预报优势最明显；而排序概率评分指数则是在训练期大于5天时，贝叶斯模型平均方法的订正优势已比较明显（表9.2）。

表9.2　不同训练天数下原始集合预报（MME）与贝叶斯模型平均集合预报（BMA）的48h预报平均绝对误差评分对比

训练期/d	2020年8月11日		2020年8月10日		2020年8月9日		2020年8月8日	
	MME	BMA	MME	BMA	MME	BMA	MME	BMA
9	8.32	6.82						
8	8.32	7.15	7.28	6.4				
7	8.32	7.5	7.28	7.02	5.82	6.14		
6	8.32	7.41	7.28	7.69	5.82	7.08	6.15	6.75

排序概率评分和平均绝对误差评分是对降水观测场预测的总体效率系数的变化特征，但对于降水预报，提高不同量级降水的预报水平才是重点，这里根据2020年8月8—11日逐日黄河流域降水空间分布特征，选取雨日、小雨、中雨3种量级的降水预报精度进行布莱尔评分（图9.1）。

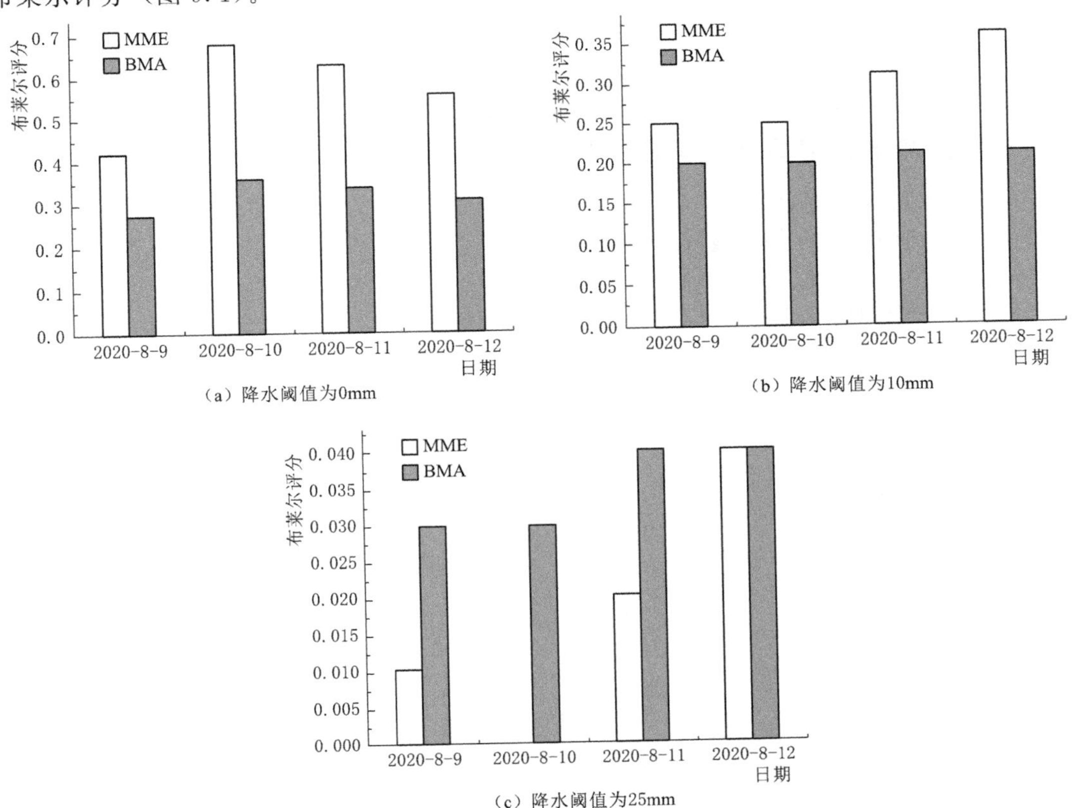

图9.1　48h原始集合预报（MME）和贝叶斯模型平均集合预报（BMA）大雨以下3种降水阈值的布莱尔评分（BS）

这里的阈值是指某一降水量出现的概率。取这一阈值的布莱尔评分是检验对这一值的降水概率预报的效果。贝叶斯模型平均预报在本次试验的 4 天预报中，在对大雨以下量级降水，相对于原始集合预报订正效果明显，评分整体较原始模式结合结果减少约 0.1；但针对大雨及以上量级降水，贝叶斯模型平均基本不具有订正效果，4 天中贝叶斯模型平均的布莱尔评分均不大于原始集合预报评分。

9.6 本 章 小 结

本章利用黄河流域 2020 年 8 月 8—12 日 4 天逐日累计 24h 降水量资料以及 ECMWF、GERMAN、GFS、WRF 四种模式降水预报数据资料，采用贝叶斯模型平均方法对模式成员的定量降水预报进行集成和订正。整个试验时段上，贝叶斯模型平均模型相对于原始集合预报起到明显的偏差订正效果；本案例中，对不同降水阈值的布莱尔评分而言，贝叶斯模型平均方法对大雨及以上量级降水不具有订正效果；不同训练期对贝叶斯模型平均订正效果影响明显，相对于其他学者研究认为训练期为 5～6 天时贝叶斯模型平均订正效果最优不同，本试验中模式训练期为 7 天以上时贝叶斯模型平均订正效果更优。

9.7 本 章 附 录

9.7.1 GET_DATA_MODEL24_48_72_OBS.R（站点观测数据、模式站点水平预报数据的读写 R 语言脚本）

```
####获取模式 ONE 数据
setwd("J:\\YOUR PATH") ##模式 1 所在目录
files1=list.files(pattern = "20.036")
files2=list.files(pattern = "20.012")
print(files1)
length(files1)
stationID=read.table(file="YRCC-349-STATION-LOC-lat-lon-0923.txt",skip=0)
rown=nrow(stationID)
coln=ncol(stationID)
print(stationID[349,1])
mf=stationID
mf[,5]=-999.0
for(i in 1:length(files1))
{
  filename = files1
  filenamea="EC_THIN"
  data1=read.table(file=files1[i],skip=4)
  data2=read.table(file=files2[i],skip=4)
  dataF=data1-data2
  rowno=nrow(data1)
```

```
  colno=ncol(data1)
  # print(rowno)
  # print(colno)
  for(jj in 1:349){
  print(dataF[stationID[jj,3],stationID[jj,2]])
  mf[jj,5]=dataF[stationID[jj,3],stationID[jj,2]]
  }
  cc1 <- format(mf[,5], width = 10)
  data<- data.frame(EC=cc1,date=c(paste("20",substr(files1[i],1,8), sep ="")))
  # print(data)
  # write.csv( data ,"ec77.csv", col_names = TRUE , append = TRUE)
  # write.table(data,"ec5.txt",quote = FALSE,col.names = FALSE, append = TRUE)
}
##############获取模式 TWO 数据
setwd("J:\\YOUR PATH")##模式 2 所在目录
#files1=list.files(pattern = "20.060")
files2=list.files(pattern = "20.036")
print(files1)
length(files1)
stationID=read.table(file="YRCC-349-STATION-LOC-lat-lon-0923.txt",skip=0)
rown=nrow(stationID)
coln=ncol(stationID)
print(stationID[349,1])
mf=stationID
mf[,5]=-999.0
for(i in 1:length(files1))
{
   filename = files1
   filenamea="EC_THIN"
   data1=read.table(file=files1[i],skip=4)
   data2=read.table(file=files2[i],skip=4)
   dataF=data1-data2
   rowno=nrow(data1)
   colno=ncol(data1)
   # print(rowno)
   # print(colno)
   for(jj in 1:349){
   print(dataF[stationID[jj,3],stationID[jj,2]])
   mf[jj,5]= dataF[stationID[jj,3],stationID[jj,2]]
   }
   cc2 <- format(mf[,5], width = 10)
   data<-data.frame(EC=cc2,date=c(paste("20",substr(files1[i],1,8), sep ="")))
   # print(data)
   # write.csv( data ,"ec77.csv", col_names = TRUE , append = TRUE)
   # write.table(data,"ec5.txt",quote = FALSE,col.names = FALSE, append = TRUE)
```

```
}
######获取模式 THREE 数据
setwd("J:\\YOUR PATH")##模式 3 所在目录
files1=list.files(pattern = "20.084")
files2=list.files(pattern = "20.060")
print(files1)
length(files1)
stationID=read.table(file="YRCC-349-STATION-LOC-lat-lon-0923.txt",skip=0)
rown=nrow(stationID)
coln=ncol(stationID)
print(stationID[349,1])
mf=stationID
mf[,5]=-999.0
for(i in 1:length(files1))
{
  filename = files1
  filenamea="EC_THIN"
  data1=read.table(file=files1[i],skip=4)
  data2=read.table(file=files2[i],skip=4)
  dataF=data1-data2
  rowno=nrow(data1)
  colno=ncol(data1)
  #print(rowno)
  #print(colno)
  for(jj in 1:349){
  print(dataF[stationID[jj,3],stationID[jj,2]])
  mf[jj,5]= dataF[stationID[jj,3],stationID[jj,2]]
  }
  cc3 <- format(mf[,5], width = 10)
  data<-data.frame(EC=cc3,date=c(paste("20",substr(files1[i],1,8), sep ="")))
  #print(data)
  #write.csv( data ,"ec77.csv", col_names = TRUE , append = TRUE)
  #write.table(data,"ec5.txt",quote = FALSE,col.names = FALSE, append = TRUE)
}
########获取观测降水数据日雨量
setwd("J:\\DZ\\rain24\\")
filesR=list.files(pattern = "08.000")
print(filesR)
stationID=read.table(file="YRCC-349-STATION-LOC-lat-lon-0923.txt",skip=0)
rown=nrow(stationID)
coln=ncol(stationID)
print(stationID[349,1])
obs=stationID
obs[,5]=-999.0
nno=nrow(obs)
```

```
for(i in 1:length(filesR))
{
  filename = filesR[i]
  filenamea="OBS"
  print(filename)
  data1=read.table(file=filesR[i],skip=14)
  rowno=nrow(data1)
  colno=ncol(data1)
  for(j in 1:length(stationID[,1])){
  for(ii in 1:rowno){
  if(data1[ii,1]==stationID[j,1])obs[j,5]=data1[ii,5];print(data1[ii,5])
  }
  }
  dataF<-data.frame(EC24=cc1,EC48=cc2,EC72=cc3,obs=obs[,5],date=c(paste("20",substr(files1[i],1,
8))),station=obs[,1],lat=stationID[,4],lon=stationID[,5])
  write.table(dataF,"test866688.txt",quote = FALSE,col.names = FALSE, append = TRUE)
}
```

9.7.2 GET _ MODEL _ GRID.R（模式网格预报数据读写 R 语言脚本）

```
####构建 741 * 621 网格矩阵
lon<-array(1,c(641,721))
lat<-array(1,c(641,721))
for(i in 1:641)
{
  for(j in 1:721)
  {
   lon[i,j]=60+0.125 * (j-1)
   lat[i,j]=70-0.125 * (i-1)
  }
}
####获取模式 ONE 数据
setwd("J:\\DZ\\EC24")  #####修改为逐日 20 时模式预报的未来 24h 累计 24h 降水量文件目录,注意对应
模式预报时效为 036 和 012
files1=list.files(pattern = "20.036")
files2=list.files(pattern = "20.012")
print(files1)
print(files2)
setwd("J:\\DZ\\EC48")  #####修改为逐日 20 时模式预报未来 48h 累计 24h 降水量文件目录,注意对应模
式预报时效分别为 060 和 036
files3=list.files(pattern = "20.060")
files4=list.files(pattern = "20.036")
setwd("J:\\DZ\\EC72")   #####修改为逐日模式预报的未来 72h 累计 24h 降水量文件目录,注意对应模式
预报时效分别为 084 和 060
files5=list.files(pattern = "20.084")
```

```
files6=list.files(pattern = "20.060")
setwd("J:\\DZ\\rain24")      #####修改为逐日8时24h累计降水量,注意对应模式预报时效分别为08.000
filesOBS=list.files(pattern = "08.000")
header=c("id","ec24","ec48","ec72","longitude","latitude")
writeLines(header,"model-GRID-data-final.txt",sep=" ")
for(i in 1:length(files1))
{
  setwd("J:\\DZ\\EC24")
  data1=read.table(file=files1[i],skip=3)
  print(i)
  data2=read.table(file=files2[i],skip=3)
  dataF24=data1-data2
  rowno=nrow(data1)
  colno=ncol(data1)
#########################################
####获取模式TWO数据
  setwd("J:\\DZ\\EC48")
  print("ok in 48")
  filename = files3
  filenamea="EC_THIN"
  data3=read.table(file=files3[i],skip=3)
  data4=read.table(file=files4[i],skip=3)
  dataF48=data3-data4
#########################################
####获取模式THREE数据
  setwd("J:\\DZ\\EC72")
  filename = files5
  filenamea="EC_THIN"
  data5=read.table(file=files5[i],skip=3)
  data6=read.table(file=files6[i],skip=3)
  dataF72=data5-data6
  rowno=nrow(data5)
  colno=ncol(data6)
############对应范围是北纬32°~43°,东经85°~120°
  setwd("J:\\DZ\\rain24")
  for(lati in 209:305){
  for(loni in 201:481){
  outdata<-data.frame(ec24=dataF24[lati,loni],ec48=dataF48[lati,loni],ec72=dataF72[lati,loni],date=c(paste("
20",substr(filesOBS[i],1,8),"00", sep ="")),lat=lat[lati,loni],lon=lon[lati,loni])
      write.table(outdata,"model-GRID-data-final.txt",sep="    ",col.names = FALSE, append = TRUE)
  }


  }
print(i)
print(filesOBS[i])
```

```
#####################################################################
#dataF<-data.frame(EC24=cc1,EC48=cc2,EC72=cc3,obs=obs[,5],date=c(paste("20",substr(filesR[i],1,
8),"00", sep ="")),station=obs[,1],lat=stationID[,4],lon=stationID[,5])
  #write.table(dataF,"model-input-data-final0122.txt",quote = FALSE,col.names = FALSE, append =
TRUE)
}
```

第10章 基于微粒群算法和多种数据挖掘算法的内蒙古河段水温实时预测

黄河流域位于东经96°～119°、北纬32°～42°之间，冬季上游、中游、下游均可产生冰凌，然而由于各河段河道条件及所处纬度差异，易造成凌汛灾害的河段主要位于黄河宁夏至内蒙古河段和黄河下游河段。黄河凌汛特点是来势迅猛，凌峰流量沿程不断增加，水位壅高剧烈，易灾难防。研究河冰生消演变及其运动规律，根据气象、水文、冰情等多源观测资料和河道特征，利用热力学和水力学原理，对河道首凌日期进行预报、防治冰凌危害是黄河高质量发展中必须考虑的一个重要问题。

1956年，黄河水利委员会开始冰情监测和预报工作。最初主要选取1～3个指标，通过这些指标的变化趋势预测冰情的发生日期，之后随着冰凌物理过程监测系统的不断完善和监测数据的不断积累，逐渐形成了包含一定物理基础的数理统计预报方法。天气系统过境带来当地气团性质的改变会影响水体与大气之间的热交换过程，冷空气作为冬季最主要的天气事件，水体与大气之间的水热交换会随着空气温度、湿度、风速及湍流交换强度变化而变化。来自北方的大陆性冷空气过境带来的干冷气团和大风速会使水、汽、热交换剧烈增加。量级上冷锋过境会使水体潜热和感热交换增加至原来的1.2～1.3倍，时间上这种热交换的爆发性增长会在1～3天的时间内完成。这种短时间内的水体内能消耗，最终造成水体不同程度的降温。目前利用气温变化预测首凌日期的方法主要分为两类：一类主要考虑的是累积气温与水温的统计关系，另一类是依赖热交换系数的冰凌数学模型。由于不同冷空气引起的气温、湿度、风速变化和湍流交换增加过程和强度均不一致，由此引发的水热交换通量的增加过程和强度也不尽相同，因而冰凌模型中热交换系数也应是浮动的，但现有研究中鲜有量化不同强度下冷空气过程对河道水体热交换通量影响的，冰凌数学模型中热交换系数也是固定不变的。

黄河内蒙古河段是每年黄河防凌的重点区域，亟须在气象水文观测精密度提高的基础上提高冰情预报精度。

10.1 冰情的主要预测方法

近年来，国内外针对黄河内蒙古河段冰情预报的研究工作越来越多，河道冰凌生消机制研究也逐渐成为水文研究的一个重要分支。现阶段河道首凌日期预报，实际上主要是对河道水温降至0℃的日期进行预测。虽然气象条件、河道条件、水情变化及人类活动均能对河道水温产生较大影响，但现有的河道水温预测模型几乎没有对所有水温影响因子全部进行考虑的，通常情况下，气象因子（如气温、风速、辐射）对河道水温演变起着重要作用，在一定范围内气温与河道水温之间一直具有良好的对应关系。此外气温相对于热交换通量的其他因子观测数据序列更长，观测范围更大，观测也更规范，因而过去研究中气温经常作为预测水温变化的唯一自变量。

目前，河道水温预测模型主要分为确定性模型和诊断物理模型两种，确定性模型主要是基于河道水体热量平衡和物质守恒方程，这类模型需要大量的模型输入，需要河道地形、气象水文要素的精细化网格观测。受限于目前的观测条件，很难具体实现。因此学者均是通过不同方式对模型进行简化，比较常见的是利用水、气、热交换率代替总热交换，因此热交换率系数的确定就成为模拟精度的关键。而诊断物理模型多是将水流动力、热力传导、模糊理论、人工神经网络、模糊数学等方法应用于河道水温预测，预测因子一般包括气温、植被、河道条件等在内的2～4个预测因子。在河道日平均水温预报精度上，不同河流、不同季节，确定性模型和诊断物理模型预测偏差变化范围较大；但气温偏高或偏低时，模型模拟偏差均较大。如可素娟等（2002）利用一维冰凌数学模型对在黄河内蒙古昭君坟站断面首凌日期进行预报，模式预报原始误差为1～8天，但经过对低温时段热交换系数进行修正后，模型模拟偏差缩短至1天。根据诊断物理模型的特点，模型更适用于河道日旬尺度平均水温的预报。这两类河道水温预测模型在目前的河道水温预测中均有应用，但预报精度不太高，如诊断物理模型对1972年黄河三湖河口断面首凌日期的预报偏差高达27天。因而目前这两类河道水温预测模型均未在日常业务预报系统中进行直接应用。

两类模型在河道水温预测中的偏差主要源于：气温偏高和偏低时，气温与水温间的非线性变化关系；水温对气温变化的响应明显滞后；河道水温的变化主要是长周期分量和短波动周期分量的叠加，长周期分量能利用简单的统计模型（正余弦函数、傅里叶级数展开）计算，但短周期变化不能通过统计关系获取；河道附近水温观测记录多是定点观测，缺乏连续性或观测不规范，由此将导致数理统计关系存在较大的不确定性。

数据挖掘也称为知识发现，是指从大量数据中抽取出那些隐含的、令人感兴趣的、有价值的知识的过程。数据挖掘是数据库技术的深层次应用，可以进一步提高信息资源的使用价值和使用效益，能更好地解决日益复杂的决策问题，进一步调高决策的准确性和可靠性，为科学决策提供依据。

数据挖掘的过程可分为问题定义、数据收集与预处理、模型建立、结果分析及模型评估、模型应用等5个阶段。问题定义是整个过程的第一个重要阶段，数据挖掘是为了发现事物之间隐藏的关联，首先必须要明确数据挖掘的具体需求和所需采用的具体方法；数据收集与预处理阶段是对数据进行选择、清洗、转换，使得数据适合于算法的使用；模型建立阶段根据问题的定义选择挖掘的算法，根据实际情况调整参数并执行计算，得到相应的模型；结果分析及模型评估阶段对建立的模型进行测试、评估，获取模型的质量，如果所建模型不符合要求要回退到之前的阶段，应重新检查数据清洗的质量、算法的选择和参数的调整，调整之后重新建立和评估模型，直至所建模型符合要求。模型应用阶段主要是将建立的模型应用实际需求中，输入应用数据，获得输出结果并展示。

常用的数据挖掘技术包括：①分类与预测，即在训练数据中找出描述或识别数据类的模型，以便能够使用模型进行预测；②关联分析，即用于发现关联规则，这些规则是数据对象之间的关系或一些数据与另一些数据之间的派生关系；③聚类分析，聚类分析是无指导学习，聚类的目的是根据一定的规则合理地进行分组或聚类，并描述不同的类别；④序列分析及时间序列，用于说明数据中的序列信息及序列对之间的关系，关注序列数据之间的关系及随时间变化的趋势。

水文预报的相关模型很多，这些模型反映了水文学的一些规律，但由于人类对流域水文气象规律认识有限，自然界规律又复杂多变，各种模型的建立还不能摆脱真实水文现象模拟概化的种种假设，所以再好的模型也难以客观反映规律。而水文数据库中大量水文历史数据是各种因素作用产生的结果，它能反映出一些模型中被忽略但是又很有意义的水文现象的形成原因。因此对水文历史数据进行数据挖掘并进行水文预报是数据挖掘技术提出以来水文预报研究的一个重要分支。

近年来，国内外学者先后将神经网络、决策树、关联规则分析等数据挖掘算法应用于水文预测领域。

（1）神经网络方面。蔡煜东等（1995）通过神经网络来预测径流级别，Supharatid（2003）利用 MLFF 网络建立了入海口受潮汐影响的河流水文预报模式。Keskin 等（2006）利用 ANFIS 方法和随机水文模型相结合建立了流量预测模型。神经网络模型自身对输入数据的依赖性较强并缺乏物理联系，在实际应用中出现了各种各样的问题，如水文历史数据时长不够、计算时间太长等，随后科学家针对这些问题引起的预测偏差进行分析，结果表明基于神经网络的水文预报模型不太适合进行大规模洪水预报，只适合中小规模的洪水预测。同时针对神经网络模型自身的缺陷提出了各种方法对模型进行优化以提高模型预测能力。此外已有研究多集中在水文数据的单项和局部数据的模拟及处理，基于气象水文数据的全局性、多要素挖掘还很少。

（2）决策树方面。水文预报中，用决策树技术对水文数据进行分析，通过在数的每个节点上的信息增量来进行模型属性选择，把具有最高信息增量的属性作为当前节点的预测属性，创建一个节点，并对该属性进行标记；对属性的每个值创建分支，并据此划分样本来构建决策树水文预报模型。决策树水文预报模型最大的优点是具有一定的物理规则，通过类似的自变量变化规律预测后期的因变量变化类型。但决策树难以对连续型变量进行预测。

（3）冰凌预测方面。伴随着模糊集、神经网络和遗传算法的出现和高度发展，一种根据人脑逻辑判断特点——模糊性发展而来的模糊理论（包括模糊识别、模糊优选、模糊决策和模糊预测）也逐渐被应用于冰凌预报中。目前冰凌预报中主要有模糊模式识别神经网络预报模型，基于遗传算法的模糊优选神经网络 BP 模型、投影寻踪回归模型、基于支持向量机（Support Vector Machines，SVM）的冰凌预报模型、可变模糊聚类迭代模型等。

传统数据挖掘算法中，神经网络模型、决策树、支持向量机、XGBoost 等算法都要通过初始化模型进行最优参数的设定和预测因子数量的初始化设定，主观设定各种初始化参数会使得预测模型结果达不到全局最优，模型训练出来的结果只能是局部最优，因此在模型初始化时需要对各种初始参数和模型参数进行优化。

关于模式参数优化的算法有很多，如爬山法、遗传算法等，优化算法的目标是寻找全局最优位置和较高的收敛速度。爬山法精度较高名单容易陷入局部极小，遗传算法属于进化算法的一种，通过模拟自然界的选择与遗传的机理来寻找最优解。遗传算法有 3 个基本算子——选择、交叉和变异，但是遗传算法的编程实现比较复杂，首先需要对问题进行编码，找到最优解之后还需要对问题进行解码；另外3个算子的实现也有许多参数，如交叉率和变异率，并且这些参数的选择严重影响解的品质，同时这些参数的选择大部分主要是依赖经验。粒子群优化算法以其实现容易、精度高、收敛快等优点引起了学术界的重视，并且在解决问题中展现出很强的优越性。和遗传算法相似，它是从随机解出发，通过迭代寻找最优解，通过适应度评价解的品质，但是他比遗传算法规则更为简单，且没有遗传算法的“交叉”和“变异”，通过追随当前搜索到的最优值来寻找全局最优。

粒子群优化算法由于具有强大的寻优能力在水文科学有广泛的应用，与其他行业领域相比，它在水文领域的应用范围还较小。水库优化调度是粒子群优化算法在水文科学应用较为集中的领域，在这一领域内粒子群优化算法的更新、改进速度也越来越快。利用粒子群优化算法可提高水库运行的经济模型、水库调度模型、现有模型的收敛速度和精度，大量研究表明粒子群优化算法在模型优化效果和速度上优势明显。

根据研究目标本章主要研究内容包括：①收集、整理黄河内蒙古河段包头站气象水文观测数据；②对收集数据进行数据检查、清洗和过滤；③搭建数据挖掘环境和选择模型；④模式初始化和模式参数优化；⑤模式结果对比和评价；⑥确定黄河内蒙古河段首凌前期河道水温预测模型。

10.2 数据挖掘和模型选择

10.2.1 数据挖掘

10.2.1.1 数据挖掘定义

数据挖掘（Data Mining）是指从大量的资料中自动搜索隐藏于其中的有着特殊关联性的信息的过程。在全世界的计算机存储中，存在未使用的海量数据并且它们还在快速增长，这些数据就像待挖掘的金矿，而进行数据分析的科学家、工程师、分析员的数量一直相对较小，这种差距成为数据挖掘产生的主要原因。数据挖掘是一个多学科交叉领域，涉及神经网络、遗传算法、回归、统计分析、机器学习、聚类分析、特异群分析等，可开发挖掘大型海量和多维数据集的算法和系统，开发合适的隐私和安全模式，提高数据系统的使用简便性。

数据挖掘与传统意义上的统计学不同。统计学推断是假设驱动的，即形成假设并在数据基础上进行验证；数据挖掘是数据驱动的，即自动地从数据中提取模式和假设。数据挖掘的目标是提取容易转换成逻辑规则或可视化表示的定性模型，与传统的统计学相比，更加以人为本。

10.2.1.2 数据挖掘技术分类

数据挖掘技术有很多种，常用的包括统计技术、关联规则、基于历史的分析、遗传算法、聚类检测、连接分析、决策树、神经网络、粗糙集、模糊集、回归分析、差别分析、概念描述等13种。

1. 统计技术

统计技术对数据集进行挖掘的主要思想是：统计的方法对给定的数据集合假设了一个

分布或者概率模型（如正态分布），然后根据模型采用相应的方法进行挖掘。

2. 关联规则

数据关联是数据库中存在的一类重要的可被发现的知识。若两个或多个变量的取值之间存在某种规律性，就称为关联。关联可分为简单关联、时序关联、因果关联。关联分析的目的是找出数据库中隐藏的关联网。有时并不知道数据库中数据的关联函数，即使知道也是不确定的，因此关联分析生成的规则具有可信度。

3. 基于历史的分析（Memory-based Reasoning，MBR）

先根据经验知识寻找相似的情况，然后将这些情况的信息应用于当前的例子，这就是基于历史的分析的本质。基于历史的分析首先寻找和记录相似的案例，然后利用这些案例对新数据进行分类和估值。使用基于历史的分析有三个主要问题：寻找确定的历史数据，决定表示历史数据的最有效的方法，决定距离函数、联合函数和邻居的数量。

4. 遗传算法（Genetic Algorithms，GA）

遗传算法是基于进化理论，并采用遗传结合、遗传变异以及自然选择等设计方法的优化技术。

5. 聚类检测

将物理或抽象对象的集合分组成为由类似的对象组成的多个类的过程被称为聚类。由聚类所生成的簇是一组数据对象的集合，这些对象与同一个簇中的其他对象彼此相似，与其他簇中的对象相异，经常采用距离作为相异度的度量方式。

6. 连接分析

连接分析（Link Analysis）的基本理论是图论。图论的思想是寻找一个可以得出好结果但不是完美结果的算法，而不是去寻找完美的解的算法。连接分析就是运用了这样的思想：不完美的结果如果是可行的，那么这样的分析就是一个好的分析。利用连接分析，可以从一些用户的行为中分析出一些模式，同时将产生的概念应用于更广的用户群体。

7. 决策树

决策树（Decision Tree）提供了一种展示类似在什么条件下会得到什么值这类规则的方法。决策树一般都是自上而下生成的，每个决策或事件（即自然状态）都可能引出两个或多个事件，导致不同的结果。这种决策分支的图形很像一棵树的枝干，故称为决策树。

8. 神经网络

在结构上，可以把神经网络划分为输入层、输出层和隐含层。输入层的每个节点对应一个预测变量。输出层的节点对应目标变量，可有多个。在输入层和输出层之间是隐含层（对神经网络使用者来说不可见），隐含层的层数和每层的节点个数决定了神经网络的复杂度。

除了输入层的节点，神经网络的每个节点都与很多它前面的节点（称为此节点的输入节点）连接在一起，每个连接对应一个权重 W_{xy}。此节点的值就是通过它所有输入节点的值与对应连接权重的乘积之和而得到，得到这个节点值的函数称为活动函数或挤压函数。

9. 粗糙集

粗糙集理论基于给定训练数据内部的等价类的建立。形成等价类的所有数据样本是不加区分的，即对于描述数据的属性，这些样本是等价的。给定现实世界的数据，通常有些类不能被可用的属性区分。粗糙集就是用来近似或粗略地定义这种类的。

10. 模糊集

模糊集理论将模糊逻辑引入数据挖掘分类系统，允许定义“模糊”阈值或边界。模糊逻辑用 0 和 1 之间的真值作为一个特定值来表示给定成员的程度，而不是用类或集合进行精确截断，其提供了在高抽象层进行处理的便利。

11. 回归分析

回归分析分为线性回归、多元回归和非线性同归。在线性回归中，数据采用直线建模；多元回归是线性回归的扩展，涉及多个预测变量；非线性回归是在基本线性模型上添加多项式项形成非线性同门模型。

12. 差别分析

差别分析的目的是试图发现数据中的异常情况，如噪声数据、欺诈数据等，从而获得有用信息。

13. 概念描述

概念描述就是对某类对象的内涵进行描述，并概括这类对象的相关特征。概念描述分为特征性描述和区别性描述，前者描述某类对象的共同特征，后者描述不同类对象之间的区别。生成一个类的特征性描述只涉及该类中所有对象的共性。

10.2.1.3 数据挖掘的商业应用

1. 实现步骤

（1）进行多部门访谈，以用户实际发生的行为为主要信息来源，确定并理解商业目标。

（2）进行数据准备和数据理解。

（3）建立模型并进行评估，发布结果。

2. 应用举例

（1）商业管理。主要用于数据库营销、客户群体划分、背景分析、交叉销售等市场分析，以及客户流失性分析、客户信用记分、欺诈发现等。

（2）营销。通过收集、加工和处理涉及消费者消费行为的大量信息，确定特定消费群体或个体的兴趣、消费习惯、消费倾向和消费需求，进而推断出相应消费群体或个体下一步的消费行为，然后以此为基础，对所识别出来的消费群体进行特定内容的定向营销，提高营销效果，为企业带来更多利润。

（3）企业危机管理。对企业数据库中的大量业务数据进行抽取、转换、分析和其他模型化处理，从中提取辅助经营决策的关键性数据。

（4）产品制造。在产品的生产制造过程中常伴随着大量的数据，如产品的各种加工条件或控制参数（时间、温度等），这些数据反映了每个生产环节的状态，不仅为生产的顺利进行提供了保证，而且通过对这些数据的分析，可以得到产品质量与参数之间的关系，对改进产品质量提出针对性很强的建议，而且有可能提出新的、更高效节约的控制模式，从而为制造厂家带来极大的回报。这方面的系统有 CASSIOPEE，已用于诊断和预测在波音飞机制造过程中可能出现的问题。

（5）互联网应用。社交网络服务应用数据挖掘给用户带来基于直接信息的大量潜在信息和价值，能够使用户一直保持对社交网络服务的兴趣。商家能够更方便地将商品推送给目标人群，消费者也更容易买到最实惠、最需要的产品。

10.2.2 模型选择

10.2.2.1 多元线性回归模型

多元线性回归模型是使用最频繁的数学模型之一。它用于分析事物之间的统计关系，侧重考查变量之间的数量变化规律，并通过回归方程的形式描述和反映这种关系，把握变量受其他一个或者多个变量影响的程度，进而为预测提供科学依据。

10.2.2.2 “随机森林”回归模型

如同人们依靠不同的来源做出预测一样，“随机森林”中的每个决策树在形成问题时都会考虑特征的随机子集，并且只能访问随机的一组训练数据。这增加了“森林”的多样性，从而导致更可靠的整体预测。当需要进行预测时，“随机森林”将获取所有单个决策树估计值的平均值。

“随机森林”是一种由决策树构成的集成算法，不同决策树之间没有关联。理论上，“随机森林”的表现一般优于单一的决策树，因为“随机森林”的结果是通过对多个决策树结果投票决定的。并且由于随机性，“随机森林”对于降低模型方差效果显著。故“随机森林”一般不需要额外“剪枝”，就能取得较好的泛化性能。

“随机森林”模型的优点：采用了集成算法，精度优于大多数单模型算法，测试集上表现良好，两个随机性的引入降低了过拟合风险，“树”的组合可以让“随机森林”处理非线性数据，训练过程中能检测特征重要性，是常见的特征筛选方法，每棵树可以同时生成，并行效率高，训练速度快；可以自动处理缺省值。

“随机森林”模型的缺点：黑盒，不可解释性强；噪声较大；过拟合。

10.2.2.3 XGBoost 模型

XGBoost 的全称为 eXtreme Gradient Boosting，是梯度提升决策树（Gradient Boosting Decision Tree，GBDT）的一种高效实现算法。该算法是以 CART 为基分类器的集成学习方法，由于出色的运算效率和预测准确率在数据建模中得到广泛应用。与“随机森林”赋予每一棵决策树相同的权重不同，XGBoost 算法中下一棵决策树的生成和前一棵决策树的训练及预测有关（通过对上一轮训练准确率较低的决策树样本赋予更高的学习权重来提高模型的准确率）。相比于其他集成学习算法，XGBoost 一方面通过引入正则项和列抽样提高了模型的稳健性，另一方面又在每棵“树”选择分裂点的时候采取并行化策略从而极大地提高模型的运行速度。

梯度提升决策树又称为多元加性回归（Multiple Additive Regression Tree，MART），是一种迭代的决策树算法，该算法由多棵决策树组成，所有“树”的结论累加起来作为最终答案。梯度提升决策树和 SVM 最早被认为是泛化能力较强的算法。梯度提升决策树的核心在于，每棵“树”学习的都是之前所有“树”的结论和残差，这一残差就是一个加预测值后能得到真实值的累加值。与随机森林采用多数投票输出结果不同，梯度提升决策树是将所有结果累加起来，或者加权累计起来。

XGBoost 是由 k 个基模型组成的加法运算式子：

$$\hat{y}_i = \sum_{t=1}^{k} f_t(x_i) \tag{10.1}$$

式中：f_t 为第 t 个基模型；$\hat{y}_i$ 为第 i 个样本的预测值。

损失函数用预测值 $\hat{y}_i$ 与真实值 y_i 表示为

$$L = \sum_{i=1}^{n} l(y_i, \hat{y}_i) \tag{10.2}$$

式中：n 为样本数量。

模型预测精度是由模型偏差和方差共同决定的，损失函数代表了模型的偏差，为使方差较小，模型需要非常简单，所以目标函数由模型的损失函数 l 和抑制模型复杂度的正则项 Ω 组成：

$$Obj = \sum_{i=1}^{n} l(\hat{y}_i, y_i) + \sum_{t=1}^{k} \Omega(f_t) \tag{10.3}$$

Boosting 模型是前向加法，以第 t 步的模型为例，模型对第 i 个样本 x_i 的预测为

$$\hat{y}_i^t = \hat{y}_i^{t-1} + f_t(x_i) \tag{10.4}$$

式中：$\hat{y}_i^{t-1}$ 为由第 $t-1$ 步的模型给出的预测值，是已知常数；$f_t(x_i)$ 为需要加入的新模型的预测值。此时目标函数可以写为

$$Obj^{(t)} = \sum_{i=1}^{n} l(y_i, \hat{y}_i^t) + \sum_{i=1}^{t} \Omega(f_i) = \sum_{i=1}^{n} l[y_i, \hat{y}_i^{t-1} + f_t(x_i)] + \sum_{i=1}^{t} \Omega(f_i) \tag{10.5}$$

目标函数的优化转变成求解 $f_t(x_i)$：

$$f(x+\Delta x) \approx f(x) + f'(x)\Delta x + \frac{1}{2} f''(x)\Delta x^2 \tag{10.6}$$

设定 $x = \hat{y}_i^{t-1}$、$\Delta x = f_t(x_i)$，则

$$Obj^{(t)} = \sum_{i=1}^{n} [l(y_i, \hat{y}_i^{t-1}) + g_i f_t(x_i) + \frac{1}{2} h_i f_t^2(x_i)] + \sum_{i=1}^{t} \Omega(f_i) \tag{10.7}$$

式中：g_i 为损失函数的一阶导数；h_i 为损失函数的二阶导数。目标函数可写为

$$Obj^{(t)} \approx \sum_{i=1}^{n} [g_i f_t(x_i) + \frac{1}{2} h_i f_t^2(x_i)] + \sum_{i=1}^{t} \Omega(f_i) \tag{10.8}$$

这里的未知数只剩下损失函数的一阶导数和二阶导数。

XGBoost 模型实现并行计算，目标函数和评价指标允许自定义，包含处理缺测值的规则，达到最大分类深度后执行剪枝，内置有交叉验证；其主要参数情况见表 10.1。

表 10.1　XGBoost 模型主要参数情况

参　数	描　　述
booster	迭代模型选项，包括 gbtree（基于“树”的模型）和 Gblinear（线性模型）
eta	学习系数，一般取 0.01～0.2
Min _ child _ weight	最小样本权重的和，用于防止过拟合

续表

参　数	描　　述
Max _ depth	“树”的最大深度，可以控制过拟合，一般为 3～10
Max _ leaf _ nodes	“树”上最大的节点或“叶子”数量，与 max _ depth 作用一致
gamma	Gamma 指定了节点分裂所需的最小损失函数下降值，这个参数的值越大，算法越保守
subsample	随机采样的比例，一般为 0.5～1
colsample _ bytree	控制每个随机采样的列数的占比，一般为 0.5～1
lambda	权重 $L2$ 的正则化项
alpha	权重 $L1$ 的正则化项

10.2.2.4　LightGBM 模型

LightGBM 模型是一个梯度提升决策树（GBDT）的实现，其本质原理是利用基分类器（决策树）训练集成，得到最优的模型。其与 XGBoost 类似，但 XGBoost 模型因为在多维度的大数据集下，所以计算效率较差，可扩展性较低。针对 XGBoost 模型对于每个特征都要通过扫描所有的数据样本来评估所有可能分支点的信息增益的缺陷，LightGBM 提出了两种技术用于改进这一问题，即单边梯度采样算法（GOSS）和互斥特征捆绑算法（EGB）。

梯度提升决策树训练时最大的消耗是寻找最佳分支点。预排序算法是寻找最佳分支点最流行的算法之一，它在预排序的特征值中遍历所有可能的分支点，非常简单并且可以找到最佳分支点，但非常消耗内存。另一个常见的寻找最佳分支点的算法是直方图算法。直方图算法是将特征的连续值分割成正离散的 bins，在训练的过程中使用 bins 构造特征直方图。LightGBM 模型在直方图算法上还做了加速。一个叶子的直方图可以由他的父节点的直方图与它兄弟的直方图做差得到，在速度上解压提升 1 倍。构造直方图时，需要遍历叶子上的所有数据，但直方图做差仅需遍历直方图的 k 个桶。实际构建树的过程中，LightGBM 可先计算直方图上小的叶子节点，然后利用直方图做差来获得直方图上的叶子节点，这样就可以用非常微小的代价得到他兄弟节点叶子的直方图。

LightGBM 模型的优点包括：训练时采用了直方图算法寻找最佳分支点，提升了训练速度；采用单边梯度采样算法，减少了计算量；使用 leaf - wise 算法的增长策略构建决策树，减少了不必要的计算；降低了内存消耗。其缺点包括：使用 leaf - wise 算法可能形成较深的决策树，产生过拟合。LightGBM 模型主要参数情况见表 10.2。

表 10.2　　LightGBM 模型主要参数情况

参　数	描　　述
objective	模型应用的类型包括回归、分类、交叉熵、排序等，其参数分别为 regression、binary、multi _ calss、cross _ entropy、lambdarank
Boosting	构建策略，参数值包括 gbdt（传统的梯度提升决策树）、RF（随机森林）、DART（带 dropout 的梯度提升决策树）、GOSS（单边梯度采样策略）
data（train _ data）	训练数据
Valid（valid _ data）	验证数据

续表

参　数	描　　述
Num _ iterations	学习率
Learning _ rate	树的叶子节点数
Max _ depth	数的最大深度，可以控制过拟合
Min _ data _ in _ leaf	一个叶子节点中最小的样本数，通常用来处理过拟合
Future _ fraction	LightGBM 模型训练时每次迭代选择特征的比例，默认为 1 标识每次迭代选择全部的特征，设置为 0.8 表示随机选择特征中的 80%进行训练
Is _ unbalance	样本标签是否分布均匀

10.3 优化器原理（微粒群算法）

10.3.1 微粒群算法计算步骤

微粒群算法又称为 PSO，是由 Kennedy 和 Eberhart 等在 1995 年开发的一种演化计算技术，起源于对鸟群简单社会模型的模拟。不像其他演化算法对个体使用演化算子，微粒群算法是将每一个体看作 D 维搜索空间中一个没有体积的微粒，根据对环境的适应度将群体中的个体移动到好的区域，在搜索空间内一定的速度飞行。飞行速度根据本身的飞行经验以及同伴的飞行经验进行动态调整。

假设在 D 维空间中第 i 个微粒的位置标示为 $Y_i=(y_{i1}, y_{i2}, \cdots, y_{iD})$，它经历过的最好位置（有最好的适应值）记为 $P_i=(p_{i1}, p_{i2}, \cdots, p_{iD})$，也叫作 P_{best}。群体所有粒子经历过的最好位置记为 P_g，也称为 g_{best}。粒子 i 的速度用 $V_i=(v_{i1}, v_{i2}, \cdots, v_{iD})$ 表示。对每一代粒子，其第 d 维（$1 \leqslant d \leqslant D$）根据式（10.9）进行变化：

$$\begin{cases} v_{id}^{k+1}=\omega v_{id}^{k}+c_1 * rand()(p_{id}-y_{id})+c_2 * rand()(p_{id}-y_{id}) \\ y_{id}^{k+1}=y \end{cases} \tag{10.9}$$

式中：ω 为惯性权重系数；c_1、c_2 为加速因子（或者称为学习因子），通常取值为 2.0；$rand()$ 为取值在 [0，1] 之间的随机数；k 为迭代次数；$v_{id} \in [-v_{i\max}, v_{i\max}]$，最大速度 $v_{\max}$ 决定当前位置与最好位置之间区域的分辨率（精度），目的是防止计算溢出，实现人工学习和态度转换以及决定问题空间搜索的力度。

具体计算步骤如下：

1）初始化：在问题空间的 D 维中随机产生粒子的速度和位置。

2）计算应适度：对于每一个粒子，评价 D 维优化函数的适应值。

3）更新最优值：①如果粒子适应值由于个体最幼稚 P_{best}，那么将个体最优值 P_{best} 更新为该粒子当前位置；②如果粒子适应值优于群体最优值 G_{best}，那么将群体最优值 G_{best} 更新为该粒子当前位置；

4）更新粒子：按照速度-位置更新式（10.9），改变粒子的速度和位置。

5）停止条件：如果未满足迭代条件，那么循环回到步骤 2）；如果满足迭代终止条件，那么停止迭代。

在标准粒子群算法种，对于第 i 个粒子，其第 d 维（$1 \leqslant d \leqslant D$）的速度和位置更新方程为式（10.9）。

微粒群算法流程如图 10.1 所示。

10.3.2　微粒群算法的控制参数

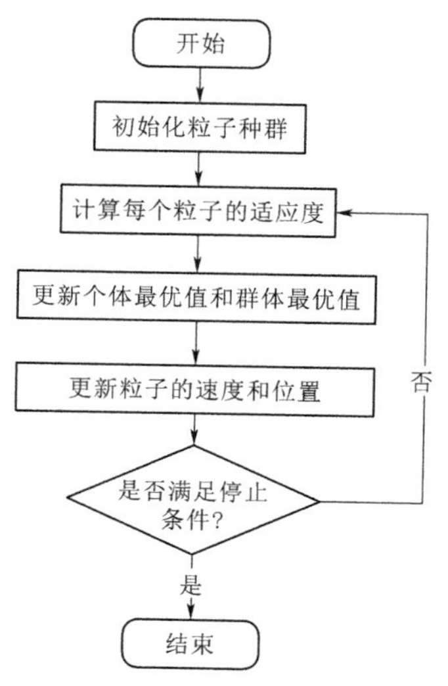

图 10.1　微粒群算法流程

（1）种群规模。种群规模影响着算法的稳定性，也对算法的优化效率有很大的影响。种群规模越大，相互协同的粒子就越多，更能发挥微粒群算法的搜索能力，但需要计算的时间将相应的增加。并且种群规模超过一定值，对增强算法搜索能力的效果将并不明显。如果种群规模为 1，微粒群算法就当作一个局部最优解，当种群规模很大时，虽然微粒群算法在这种情况下全局优化能力增强了许多，但是搜索时间也会相应增加，而且寻找全局最优解的速度将减慢很多。

（2）惯性权重（ω）。惯性权重决定了粒子之前的速度对当下速度影响的大小，因此可以用来平衡算法对全局和局部搜索的能力。粒子群速度更新公式包括三个方面：V_{id}^k、$c_1 rand()(p_{\text{best}_i} - x_{id}^k)$ 和 $c_2 rand()(g_{\text{best}} - x_{id}^k)$。如果速度更新公式中没有第一部分 V_{id}^k，则 $\omega=0$，那么微粒群算法能否找到全局最优解将严重依赖于初始种群。因为如果没有第一部分，所有粒子很容易趋向于同一位置，相当于局部搜索算法，只有在最优解刚好在初始所搜空间的情况下微粒群算法才更有机会找到最优解。反之，如果增大第一部分 V_{id}^k 前的系数 ω，那么粒子就会有能力扩展新的搜索区域，增强全局搜索能力。

（3）学习因子（c_1、c_2）。c_1 影响粒子的自我学习能力，c_2 影响粒子的社会认知能力。在微粒群算法中，学习因子是管理粒子根据以往的历史经验学习和向群体中的优秀个体学习的因子，从而使得整个机体都向最优秀的个体靠近。与惯性权重的作用一致，学习因子在一定程度上也能使得局部搜索能力和全局搜索能力相互平衡，只不过学习因子越大，越有利于算法收敛，增强局部搜索能力。一般情况下，$c_1=c_2$，取值在 0～4 之间。

（4）最大速度（$v_{\max}$）。最大速度 $v_{\max}$ 决定的是粒子在一次运动中的最大移动距离。$v_{\max}$ 比较大的时候，例子搜索最优的能力较强，但与此同时也容易错过最优解；$v_{\max}$ 较小时，粒子易陷入局部最优。通常将速度 v 的范围设置为 $[v_{\min}, v_{\max}] = m - [v_{\max}]$ 内，即在速度更新公式运行后，有：如果 $v_{id}^{k+1} < v_{\min}$，那么 $v_{id}^{k+1} = v_{\min}$；如果 $v_{id}^{k+1} > v_{\max}$，那么 $v_{id}^{k+1} = v_{\max}$。粒子的位置被限制在 $[v_{\min}, v_{\max}]$ 内，在位置更新公式中，有：如果 $X_{id}^{k+1} < X_{\min}$，那么 $X_{id}^{k+1} = X_{\min}$；如果 $X_{id}^{k+1} > X_{\max}$，那么 $X_{id}^{k+1} = X_{\max}$。

10.4 基于微粒群算法优化的机器学习模型构建和检验

10.4.1 数据收集

流凌封河期的河道水温在局地气温不断下降过程中出现波动和下降，但是在下降到一定程度后，局地气温与河道水温之间的统计关系从稳定线性关系跳跃为非线性关系。根据河道水体的能量平衡方程，水体除与大气在水气界面进行能量交换外，同时也与河床进行热量交换。因此，本研究主要选取与河道水体进行能量交换的外部因子，包括：局地气温、在水气界面热量交换通量中起到放大器功能的风速以及不同深度上的土壤温度。

从不同渠道收集包头气象站历史水温、气温、风速、风向、土壤温度等要素，各要素具体信息见表10.3。

表10.3 数据时间尺度

变量	日尺度	时段	分钟尺度	时间
水温	2/8/14/20时或日均值	1971年以来	2min	2020年11月
气温	2/8/14/20时或日均值	1971年以来	6min	2020年11月
风速	2/8/14/20时或日均值	1971年以来	6min	2020年11月
风向	2/8/14/20时或日均值	1971年以来	6min	2020年11月
0cm土壤温度	2/8/14/20时或日均值	1971年以来	2min	2020年11月1—19日
5cm土壤温度	2/8/14/20时或日均值	1971年以来	2min	2020年11月1日
10cm土壤温度	2/8/14/20时或日均值	1971年以来	2min	2020年11月1日
15cm土壤温度	2/8/14/20时或日均值	1971年以来	2min	2020年11月1日
20cm土壤温度	2/8/14/20时或日均值	1971年以来	2min	2020年11月1日

10.4.2 数据检查

数据检查是数据挖掘中非常重要的过程，是数据预处理工作的基础。数据检查一般包括以下4个方面的数据评估。

1）数据准确性：单条记录中每个变量的内容是否符合数据的定义，单条记录中不同变量的内容之间是否存在矛盾，全部记录中同一数据项的分布是否存在异常。

2）数据完整性：单条记录所包含的变量是否完整，全部记录总数据量是否完整。

3）数据一致性：同一记录在多个数据表中存储的同一变量是否一致，同一记录在不同时间段上的同一变量是否一致。

4）时间时效性：根据数据表中的时间变量进行分析判断。

本研究所用数据均为数值型变量，这里对数值型变量的检查主要包括值域检查、均值检查、分布直方图检验、缺失值检查、孤立点检查。

本研究数据检查结果如下：利用土壤温度和水温数据的值域分布和概率密度分布进行检查（图10.2），水温、15cm土壤温度和20cm土壤温度的分布呈明显的正态分布；其中水温出现频率最高的为6℃附近，15cm土壤温度和20cm土壤温度出现频率最高的为4～5℃，其他层次土壤温度的概率密度偏态特征明显。

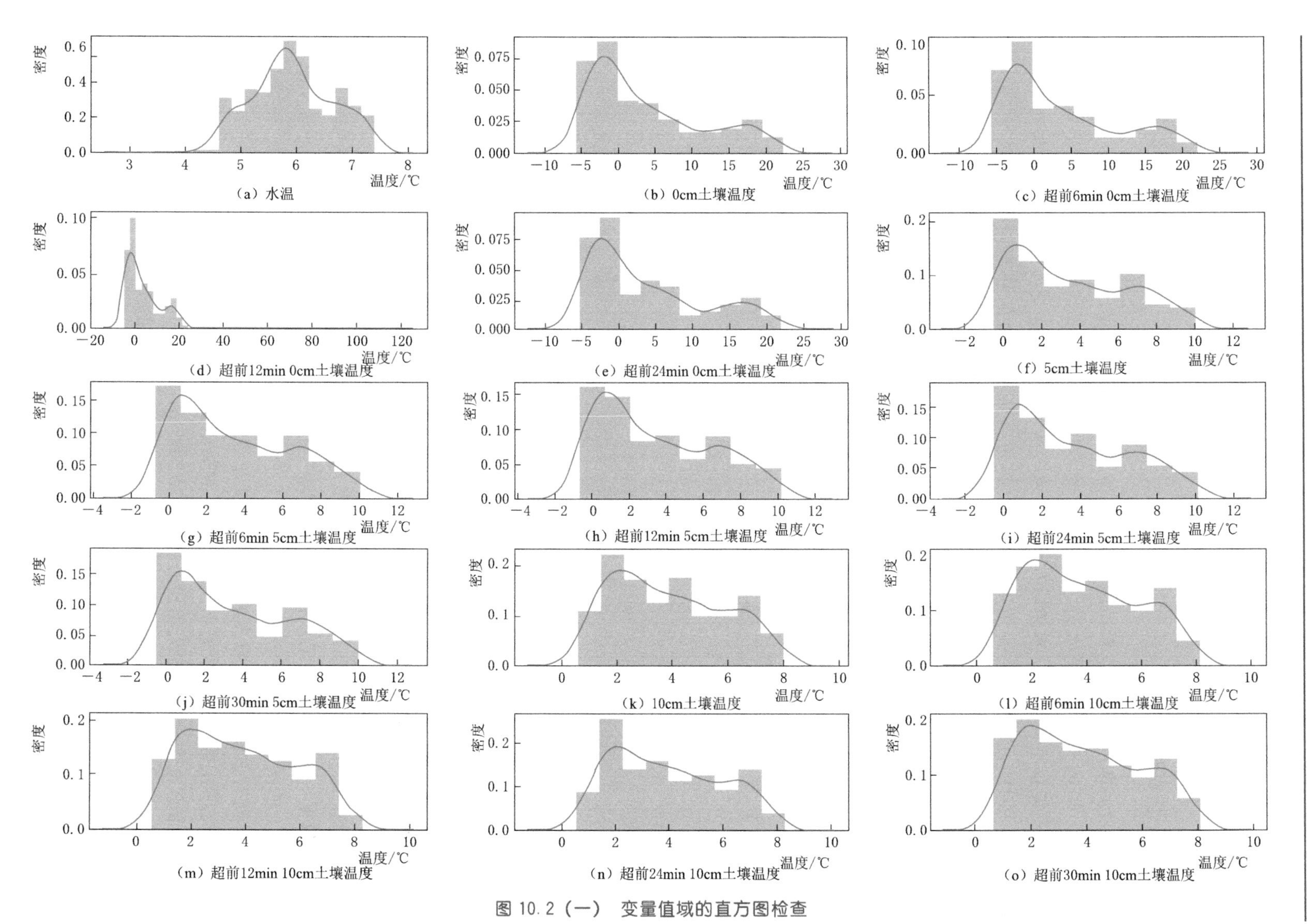

图 10.2（一）　变量值域的直方图检查

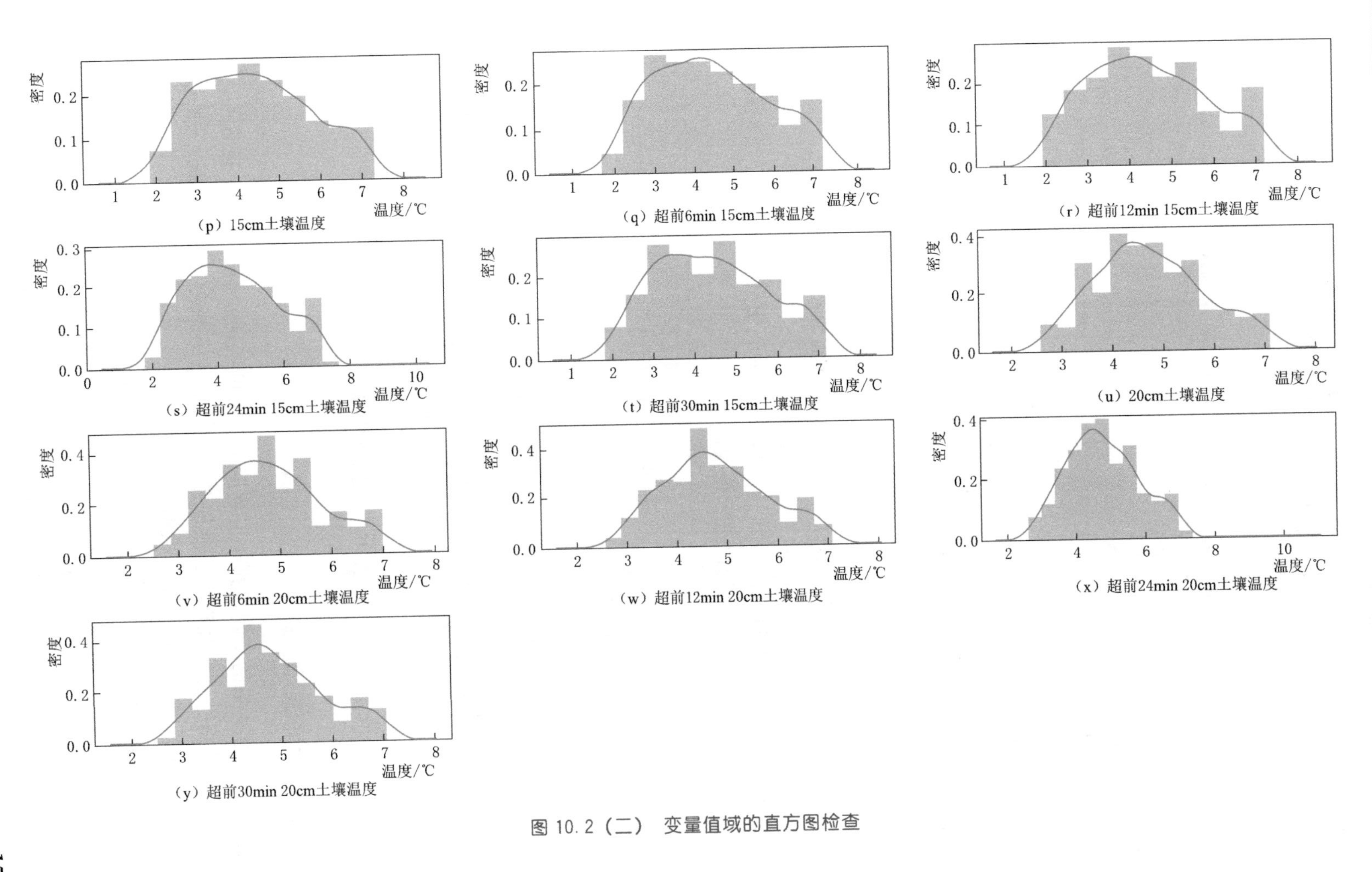

图10.2（二） 变量值域的直方图检查

这里对数据标识为－999.0 的记录进行搜索，发现与水温同时刻的观测数据缺测值共计 30 条，通过对缺测值前后两侧的数据进行搜寻（图 10.3），用前后值的均值进行替代。

	wt	year	month	day	hour	min	st00_n0	st00_n6	st00_n12	st00_n18	st00_n24	st00_n30
2020-11-01 00:00:00	7.1	2020.0	11.0	1.0	0.0	0.0	-999.0	-999.0	-999.0	-999.0	-999.0	-999.0
2020-11-13 23:00:00	5.8	2020.0	11.0	13.0	23.0	0.0	-999.0	3.3	3.5	3.4	3.2	3.3
2020-11-16 23:00:00	6.7	2020.0	11.0	16.0	23.0	0.0	-999.0	-999.0	8.6	-999.0	8.2	8.3
2020-11-19 12:00:00	5.2	2020.0	11.0	19.0	12.0	0.0	-999.0	-999.0	-999.0	-999.0	-999.0	-999.0
2020-11-19 13:00:00	5.2	2020.0	11.0	19.0	13.0	0.0	-999.0	-999.0	-999.0	-999.0	-999.0	-999.0
2020-11-19 14:00:00	5.2	2020.0	11.0	19.0	14.0	0.0	-999.0	-999.0	-999.0	-999.0	-999.0	-999.0
2020-11-19 15:00:00	5.2	2020.0	11.0	19.0	15.0	0.0	-999.0	-999.0	-999.0	-999.0	-999.0	-999.0
2020-11-19 16:00:00	5.1	2020.0	11.0	19.0	16.0	0.0	-999.0	-999.0	-999.0	-999.0	-999.0	-999.0
2020-11-19 17:00:00	4.9	2020.0	11.0	19.0	17.0	0.0	-999.0	-999.0	-999.0	-999.0	-999.0	-999.0
2020-11-19 18:00:00	4.7	2020.0	11.0	19.0	18.0	0.0	-999.0	-999.0	-999.0	-999.0	-999.0	-999.0
2020-11-19 19:00:00	4.7	2020.0	11.0	19.0	19.0	0.0	-999.0	-999.0	-999.0	-999.0	-999.0	-999.0
2020-11-19 20:00:00	4.6	2020.0	11.0	19.0	20.0	0.0	-999.0	-999.0	-999.0	-999.0	-999.0	-999.0
2020-11-19 21:00:00	4.6	2020.0	11.0	19.0	21.0	0.0	-999.0	-999.0	-999.0	-999.0	-999.0	-999.0
2020-11-19 22:00:00	4.5	2020.0	11.0	19.0	22.0	0.0	-999.0	-999.0	-999.0	-999.0	-999.0	-999.0

图 10.3　土壤数据缺测值检查

对各层土壤数据绘制折线图（图 10.4），发现 5cm 土壤温度数据经过判断确定为异常值，用前后两个时刻的数据平均值进行替代。

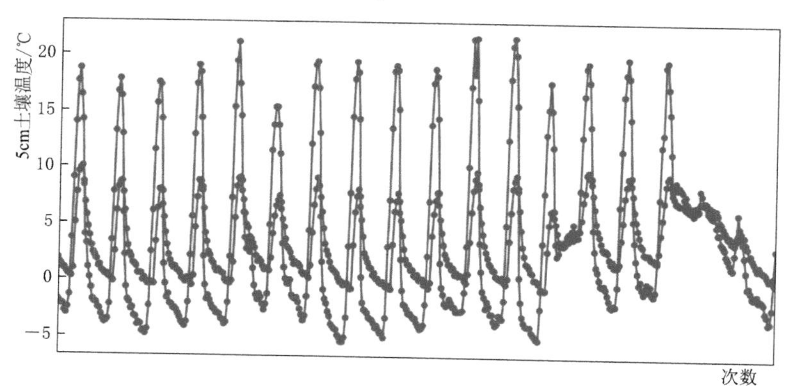

图 10.4　土壤数据孤立点检查

10.4.3　数据清洗/过滤

数据清洗/过滤指的是发现并纠正数据文件中可识别错误的最后一道程序，主要是对检查出的“脏数据”进行处理，主要任务是过滤那些不符合要求的数据，“脏数据”主要包括不完整数据、错误数据、重复数据。

1）不完整数据：就是缺测值，包括数值型变量中的连续缺测值和个别缺测值，本研究对于连续超过 12min 的缺测值，采用删除数据点的方式进行处理；对于个别缺测值，采用前后两个观测时次的平均值进行替代。

2）重复数据：通过判断记录之间的属性值是否相等来检测记录是否相等，相等的记录合并为一条记录。

经过数据清洗后，数据中缺测值和空值为零。

由前面数据检查结果可知，15cm/20cm 土壤温度与实测水温之间可能具有较好的统计关系。图 10.5 为实时水温变化与不同深度土壤温度的相关系数矩阵，图中与实时水温相关系数达到 0.6 以上的变量均为 15cm 和 20cm 处土壤温度；时间的关联性上，20cm 土壤温度与同步水温的相关系数高达 0.71，超前 6min、12min 时二者的相关系数也在 0.70 以上；15cm 土壤温度与水温相关系数也在 0.6 左右。随着土壤深度的不断减小，河道水温与土壤温度的相关性显著减小。相邻两层土壤之间温度相关系数均在 0.7 以上，表层土壤温度与 10cm 以下土壤温度之间相关性较差，同时表层土壤温度与河道水温几乎不存在明显的相关性。随着深度的增加，土壤温度与河道水温之间相关性明显增加。

气温与河道水温的相关系数约为 0.22～0.24，与近表层（0～5cm）土壤温度相关系数大于 0.8，随着深度的不断增加，气温与土壤温度的相关性显著减小。

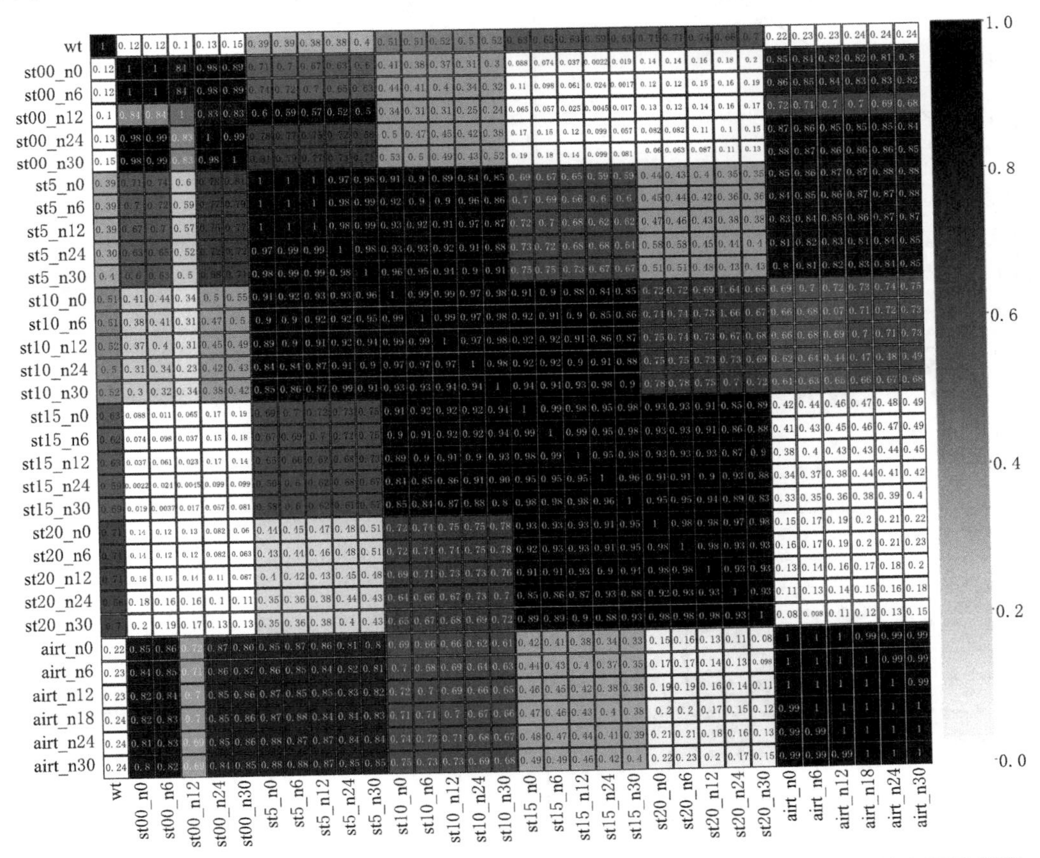

图 10.5 水温、土壤温度、2m 处气温相关系数矩阵（wt：水温；st、airt 分别指代土壤温度和气温；st00 _ n00 代表对应整点时刻 0cm 处土壤温度，st5 _ n6 代表提前整点时刻 6min 的 5cm 处土壤温度；airt _ n30 代表提前整点时刻 30min 的 2m 处气温）

基于多变量与水温之间的相关系数，这里提取相关系数大于 0.6 的变量及传统预测指标 2m 处气温分别进行诊断，诊断变量与水温、气温之间联系的可能函数类别。

这里以超前 30min 的土壤温度数据、气温数据与水温的关系说明水温与气温及土壤温度的潜在关系。收集到的水文数据值域在 2～8 之间，在整个值域上，气温与水温为垂直关系，而 20cm 土壤温度数据与水温之间存在非线性的函数关系，这里利用二阶函数拟合，拟合 R^2 值为 0.4。结合整个数据点的变化，发现土壤温度在 5℃以上和以下，土壤温度与水温之间的函数关系存在较大的差异。这里对 5℃以上和以下土壤温度数据分别进行函数拟合。结果显示：当 20cm 土壤温度大于 5℃时，土壤温度与水温之间线性关系明确，小于 5℃时，土壤温度与水温之间线性关系迅速减小，直接利用土壤温度的预测失败风险明显增加（图 10.6）。

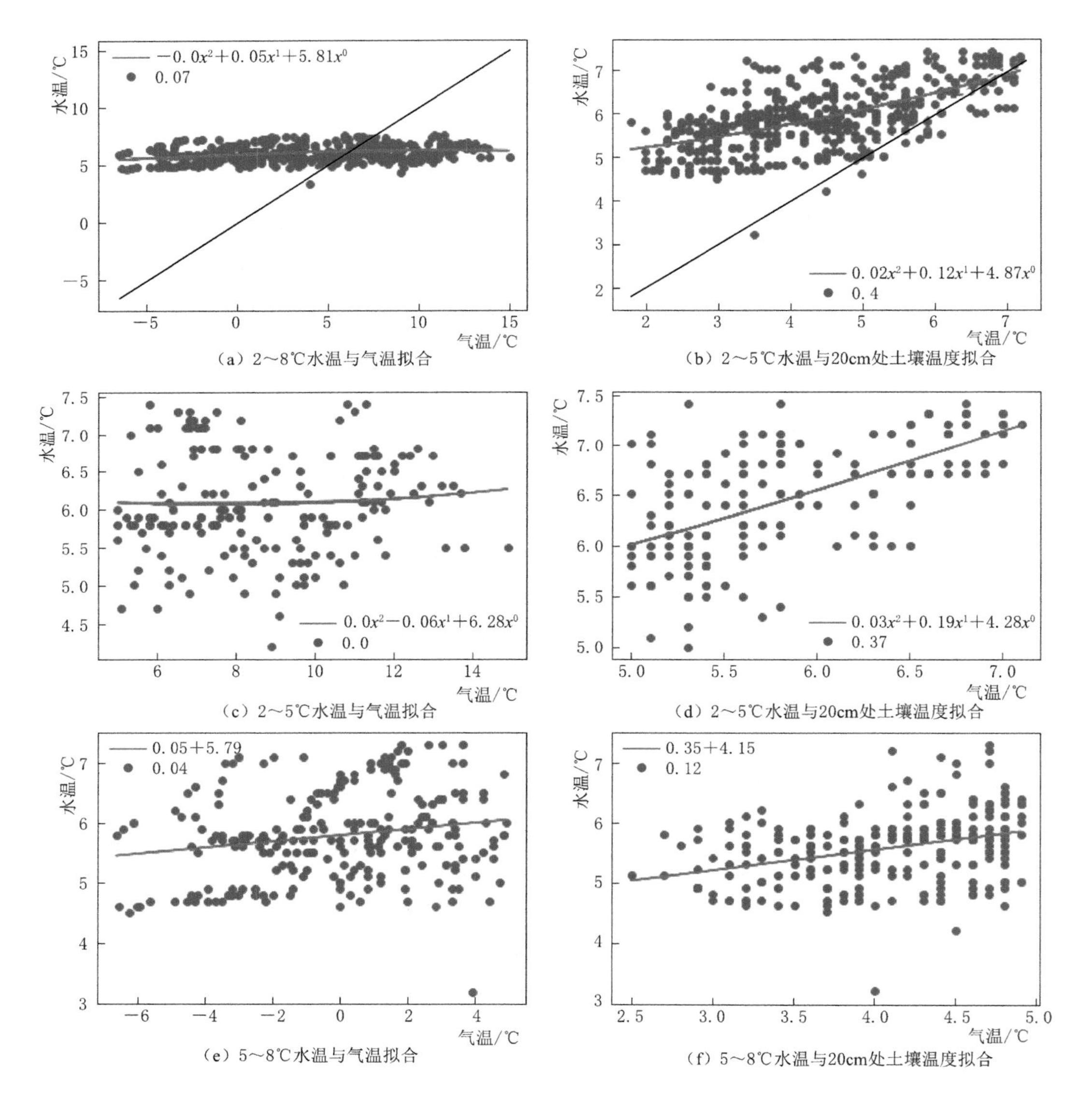

图 10.6　水温与 20cm 土壤温度、2m 气温的拟合曲线

由于气温、水温、土壤温度的瞬变变化序列是地气之间能量交换作用的结果，直接的气温变化对水温变化影响很小，而基于水汽温差及风速的地气感热通量则与累积水温之间则具有较好的趋势一致性，但相对于累计土壤温度变化，气象因子和水温间仍存在较大的不确定性。因此将不同深度上的土壤温度变化作为预测因子，相对于气温来说，更具有明显的优势。

目前关于地气之间能量和物质交换的研究已经实现了连续观测，包括感热通量、动量都能实时监测，但是对于河水与河床之间的热量交换仍无法进行大面积的持续观测。鉴于土壤温度与河水温度之间显著的一致性，以及水温、土壤温度的连续观测已经开始实施，基于目前表现优越的机器学习的方法，利用土壤温度对水文进行预测已成为一条必由之路。

本部分利用土壤温度预测水温的机器学习模型包括传统的线性回归模型、随机森林模型、XGBoost、LightGBM 等 4 种模型。

本研究基于自动观测仪器的连续观测记录，利用机器学习的方法构建水温预测模型。建模过程中基于各类基模型的验证，利用交叉校验的方法进行参数优化，遴选出最佳模型进行输出，评价标准主要基于 MSE、MAE、R^2 等 3 种评价指标。模型检验采用交叉检验方式，研究流程如图 10.7 所示。

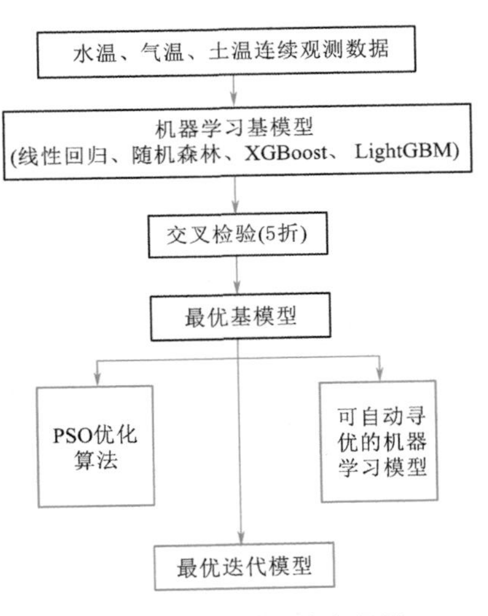

图 10.7 模型检验流程图

10.4.4 预测模型评价指标

回归模型指的是要预测的变量是一个数值，常用的评估指标主要包括 R^2、MSE、$RMSE$、$GINI$、MAE、$MAPE$ 等，以及可以实现图形输出的残差图和结果对照图。本章采用 R^2、MSE、MAE 指标残差图及结果对照图对各个测试模型结果进行评价。MSE、MAE 分别是均方误差、平均绝对误差，R^2 是决定系数。

均方误差是回归模型中的典型指标，用于指示模型在预测中会产生多大的误差，对于较大的误差，权重较高。

平均绝对误差是用于回归模型的损失函数，$RMSE$ 的目标值和预测值之差的绝对值之和应达到最小。其计算公式为

$$RMSE=\sqrt{\frac{1}{n}\sum_{i=1}^{n}(y_i-\hat{y}_i)^2} \quad \in [0,+\infty) \tag{10.10}$$

式中：y 为实际值；$\hat{y}$ 为预测值；$RMSE$ 越小越好。

$RMSE$ 是对预测误差进行平方，如果预测误差大于 1，那么 $RMSE$ 会进一步增大误差。如果数据中存在异常点，那么预测误差就会很大。

因此，相对于使用 MAE 计算损失，使用 $RMSE$ 模型会赋予异常点更大的权重。使用 $RMSE$ 计算损失的模型会以牺牲了其他样本的误差为代价，朝着减小异常点误差的方向更新，但是这会降低模型的整体性能。如果训练数据中存在异常点，那么 MAE 损失是

更优的选择。

模型的损失函数一般为 MSE 和 MAE 两种。MSE 对于偏离大的点惩罚较大，MAE 对于偏离小的点惩罚较大。由回归曲线可以看出，基于 MSE 的回归曲线更偏向于正常点，而基于 MAE 的回归曲线则无视了异常点。

研究中使用的水温、气温、土壤温度均经过了数据检查和清洗，因此数据列中奇异点已经被清除或处理。因此，本研究中使用 MSE 评估机器学习算法的改进效果。

R^2 指的是决定系数，反映的是模型拟合数据的准确程度，数据范围为 0～1。R^2 越接近 1，表明方程的变量对 y 的解释能力越强，模型对数据拟合得也越好；越接近 0，表明模型拟合越差。$R^2=0.9$ 表示模型解释了 90%的不确定性，模型效果较好。通常在实际研究中，当 $R^2>0.4$，即可表示模型拟合效果较好。

R^2 计算公式为

$$R^2=1-\frac{\sum_i(\hat{y}^i-y^i)^2}{\sum_i(\bar{y}-y^i)^2} \tag{10.11}$$

R^2 _ score=1，达到最大值，代表分子等于 0，即样本中预测值和真实值完全相等，没有任何误差。

R^2 _ score=0，此时分子等于分母，样本的每项预测值都等于均值，即模型和均值模型一样，训练毫无意义。

R^2 _ score<1，分子大于分母，训练模型产生的误差比使用均值产生的还要大，即训练模型的效果更差；这种情况下模型本身不是线性关系，但使用了线性模型，因此导致效果更差。

10.4.5　微粒群算法和回归模型模拟技巧

机器学习的建模方法在数据量较大时相较于传统统计方法表现更优。机器学习建模的第一步是影响因子重要度排序。重要度分析分为两种：在建模之前对不同变量进行粗糙挑选；在建模之后对相关变量的贡献进行分析。变量预挑选通常会使用一个与最终建模模型不同的简化模型近似做出来，从而依赖近似模型而非建模模型本身进行重要度分析。基于最终建模需求的不同，重要度分析简化模型的选取也可随之调整。

线性回归类模型对变量的变化范围非常敏感。在进行重要度分析时，通常要对数据进行标准化处理。本研究使用的观测数据属于同一数量级，不存在数值量级上的差异，因而略去了标准化的步骤。

利用线性回归模型进行交叉检验后获取最优线性模型的因子重要性排序，由于线性模型的重要性取决于各个因子与预测因子之间的回归系数，因此数值较大的预测因子的重要性会增加，超前 30min、24min、18min 的气温因子的重要性排序比较靠前。相关系数矩阵中水温与气温的相关系数只有 0.23 左右，这是由于气温较其他因子数值更大，因而导致重要性较大。除气温因子外，20cm 处土壤温度是最重要的因子，时间上，超前 30min 的土壤温度的重要性最高，土壤温度因子在模型中的重要性随着深度减小而减小，随着超前时间增加而增加。

研究所用自动观测数据共计划分为两部分，一部分是训练数据，一部分是验证数据，数据比例为 4∶1。图 10.8 是最优线性回归模型分别在训练期和验证期的结果对照图。验证期内最优线性回归模型预测的解释率为 40%，均方误差为 0.18，从残差分布图上，可以看出最优线性回归模型拟合程度较好，误差均分布在±1 范围内。模型对水温变化趋势的模拟和预测的峰值位置误差稍大。

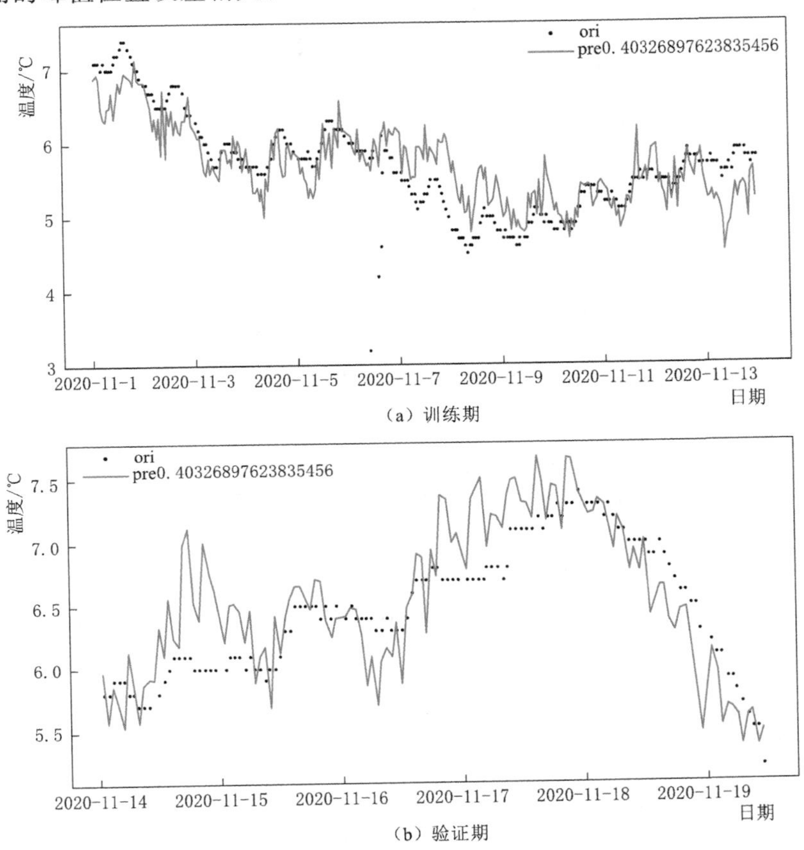

图 10.8　最优线性回归模型在训练期和验证期的结果对照

由于模型评价标准的 3 个指标中，*MAE* 的数值较大，*MSE* 则较小，为了进一步提高模型预测精度，模型提升能力主要参考 *MSE*。

图 10.9 是利用微粒群算法优化线性回归模型经过交叉检验后的模型模拟结果对照图。图中最优线性回归模型的解释率为 40%，*MSE* 为 0.18。从模型拟合的模拟偏差分布均在±1 之间，说明模型拟合度较好。模型测试阶段结果以负偏差为主，*MSE* 为 0.13，线性回归模型在整个数据集上迭代的最优线性模型整体效果较好。

10.4.6　微粒群算法和随机森林模型模拟技巧

随机森林模型有 3 个比较重要的参数，对结果影响比较大，分别是 max _ features、n _ estimator、min _ sample _ leaf。

1) max _ features（最大特征数）是划分特征时的最大特征数，可以是多种类型的

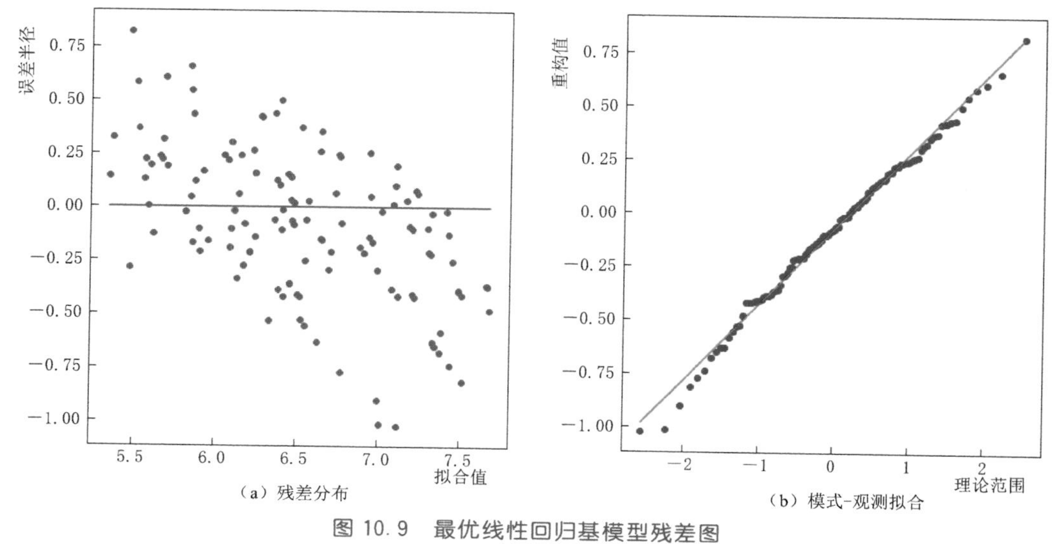

（a）残差分布　（b）模式-观测拟合

图 10.9　最优线性回归基模型残差图

值，具体指的是有几个预测因子；填值范围上，这里选择从 1 到最大样本特征数量之间循环迭代寻找最优值。

2）n _ estimator 是指学习器最大迭代次数，值太小容易发生过拟合，太大则计算成本增加且效果不明显，一般取值为 10，研究考虑样本长度选择在 10～70 之间进行迭代优化参数值。

3）min _ sample _ leaf 指的是叶子节点最少样本数，当某叶子节点数目小于样本数时，则和兄弟节点一起被剪掉；默认为 1，当样本量不大时，可以使用默认配置，否则使用更大的值。

表 10.4　最优随机森林模型参数

参　数	取　值
n _ estimator	100
max _ depth	3
min _ sample _ split	4
max _ features	0.2

通过参数迭代算法，确定的最优随机森林模型参数见表 10.4。

在训练的最优随机森林模型中，20cm 处土壤温度对随机森林模型影响最大，时间演变上整点土壤温度的影响程度越深。

模型模拟技巧上，模拟阶段随机森林模型对原始数据的解释程度为 82%，*MSE* 为 0.08，模型得分为 0.82，模型对训练数据吻合度较好，说明模型可用于预测。模型结果对照图上（图 10.10），模型模拟偏差整体分布在±1 之间，但是在大值区域内，模型存在明显的偏态，模拟偏差为正偏差，拟合效果最好的区间是 5～6 之间；小于 5 的区间拟合偏差为负偏差。对照训练数据集发现，训练集合中 5～6℃的样本概率密度最大，占到 60%；小于 5 和大于 6 的区间样本概率密度较小，这部分数据的概率密度较小导致对这部分样本的拟合偏差较大。在训练阶段，随机森林模型残差就出现了明显的喇叭状，说明模型不稳定；在验证阶段，误差不稳定持续增加。

图 10.11 是最优随机森林模型在训练期和验证期的结果对照图。在训练期内，模型的拟合度较高，偏差较小，但仍可看出，模型在高温阶段（11 月 3 日之前）的负偏差明显，低温阶段（11 月 9 日前后）正偏差明显；而在样本数量较多的［5，6］范围内，模型拟合

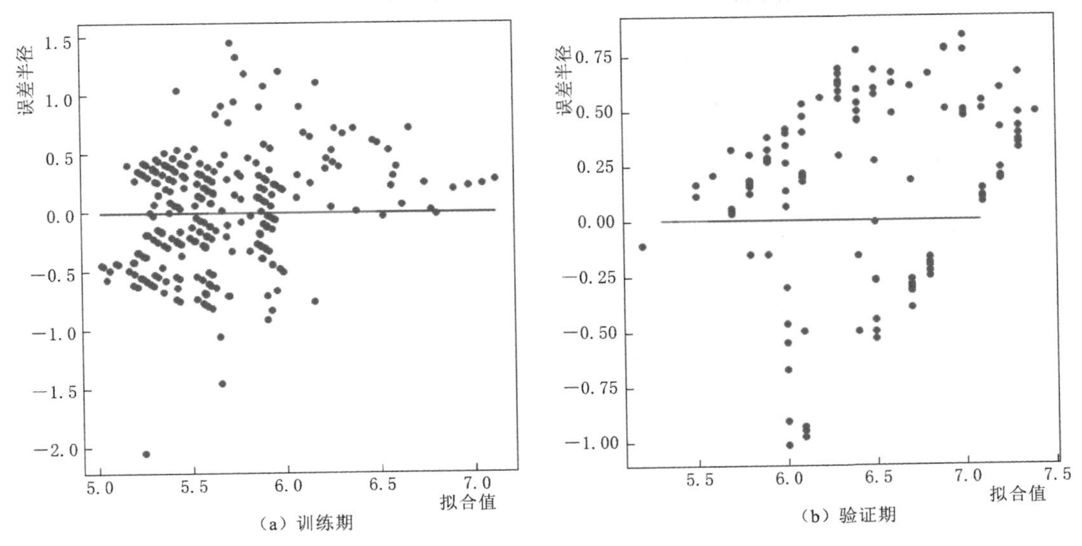

图 10.10　最优随机森林模型残差图

效果最优。在验证期内，模型预测偏差较大，对这部分偏差进行分析，发现模型对［5，6］的偏差进行分段后，数据起伏较大；模型在大值区域内的正偏差表现明显，在小于 6 的数据区间内预测偏差较小，残差整体呈喇叭形分布，模型效果欠佳。

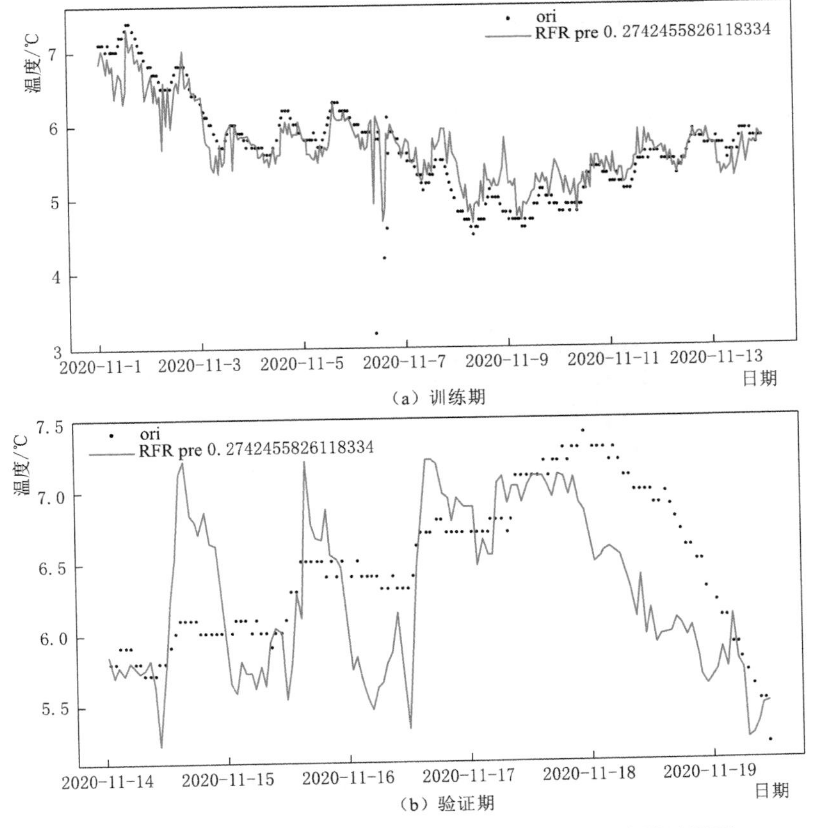

图 10.11　最优随机森林模型在训练期和验证期的结果对照图

10.4.7　微粒群算法和 XGBoost 模型模拟技巧

XGBoost 模型中参数较多，根据文献和相关研究，确定了几个对模型效果影响较大的参数进行调整和优化。通过微粒群算法调整优化的参数主要包括 max_depth、learning_rate、n_estimator、objective。

1） max_depth：给定数的深度，用来防止过拟合。

2） learning_rate：每个迭代产生的模型的权重/学习率，默认为 0.1。

3） n_estimator：子模型的数量，默认为 100。

4） objective：给定的损失函数，这里设定为“reg：squarederror”。

表 10.5　XGBoost 模型参数

参　数	取　值
max_depth	3
learning_rate	0.1
n_estimator	50

经过参数迭代算法，确定的 XGBoost 模型参数见表 10.5。

在训练的最优 XGBoost 模型中，因子重要性排序与随机森林模型因子重要性排序类似。不同深度土壤温度相对于气温变化重要性更大，5cm、20cm 处土壤温度是最为重要的预测因子。提前 20min 以上的 5cm 深度土壤温度及提前 12min 以内的 20cm 深度土壤温度是随机模型最重要的预测因子。

模型模拟技巧上，模拟阶段 XGBoost 模型对原始数据的解释程度为 78%，*MSE* 为 0.10，模型得分为 0.78，模型对训练数据拟合度较好，说明模型可用于预测。由模型结果对照图（图 10.12）可知，模型模拟偏差整体分布在±1 之间，但是在不同值域范围内，模型偏差分布较均匀，规律性更强。验证时段预测偏差仍能控制在 1 以内，相较于随机森林模型，XGBoost 模型更加稳定。

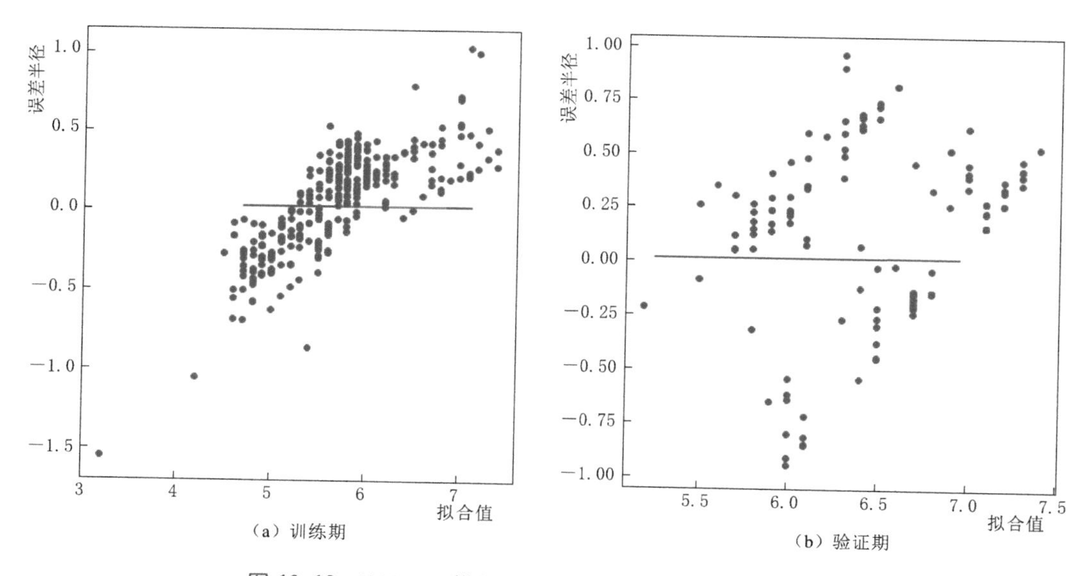

图 10.12　XGBoost 模型在训练期和验证期的残差分布图

图 10.13 是优化后的 XGBoost 模型的结果对照图。训练期内模型的拟合程度较高，偏差均匀。与上述模型对比，模型在高温阶段偏差表现为冷偏差，在低温阶段为暖偏差。与线性回归模型相比，模型对不同时段上水温变化的峰值点和谷值点表达能力良好。与随机森林模型类似，模型在高温阶段（11 月 3 日之前）的负偏差明显，低温阶段（11 月 9 日前后）正偏差明显。与随机森林模型在验证阶段结果对比，XGBoost 模型预测的水温变化奇异值较少，对于高温阶段的预测技巧明显好于随机森林模型算法。

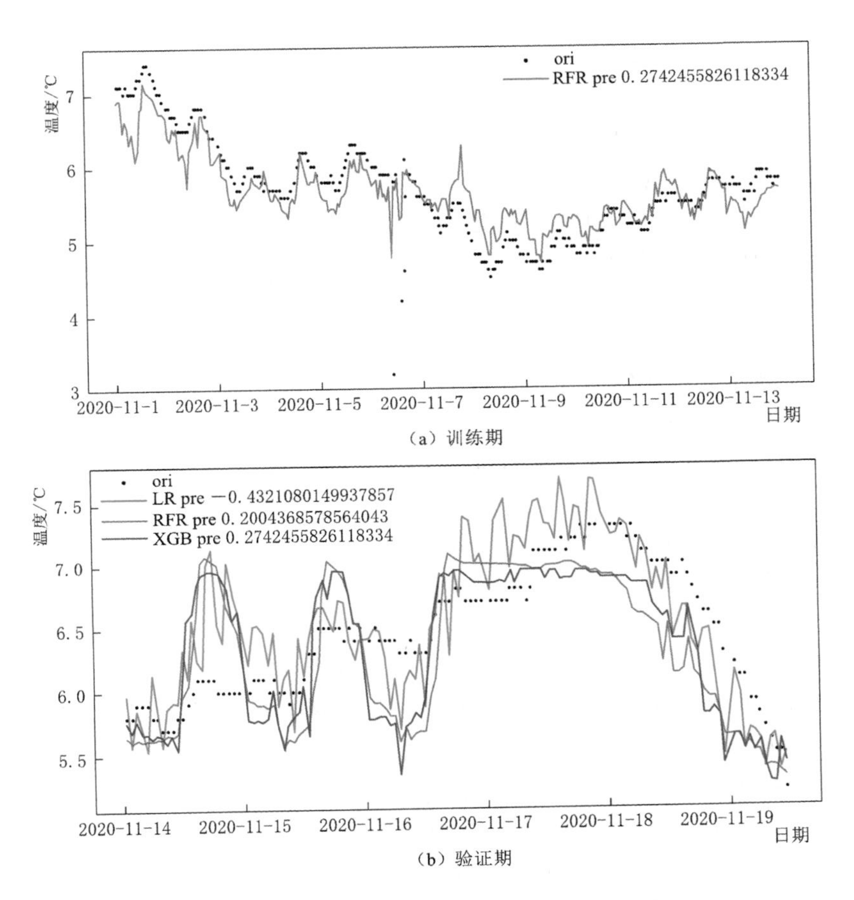

图 10.13 XGBoost 模型在训练期和验证期的结果对照

10.4.8 微粒群算法和 LightGBM 模型模拟技巧

LightGBM 使用的是逐叶树木生长算法，而 XGBoost、随机森林等工具使用的是逐层树木生长。与按深度增长相比，逐叶树木生长算法可以收敛得更快。但是不和适当的参数一起使用，“叶子”生长方向可能会过度拟合。为了获得更好的结果，有些参数必须进行优化。max _ depth、num _ leaves、subsample、colsample _ bytree、reg _ alpha、reg _ lambda 等参数是需要算法进行调节的参数。learning _ rate、n _ estimator、min _ split _ gain、min _ child _ sample、min _ child _ weight 等5个参数是按照预先固定的参数，这里主要对需要算法进行优化调节的参数进行说明。

1）max _ depth 指模型中树的最大深度，主是防止过拟合的最重要的参数，一般是在3～5之间，是需要调整的核心参数，对模型性能和泛化能力有决定作用。

2）num _ leaves 指的是一棵树上“叶子”节点的个数，默认值为31，与 max _ depth 配合来控制“树”的形状，一般取值为（0，2max _ depth − 1]，是一个需要重点调节的参数，对模型影响很大。

3）subsample 是模型每次迭代中随机选择部分特征，一般设置为0.8～1.0，防止过拟合。

4）colsample _ bytree：与 subsample 类似，但 subsample 随机选择的是行数据，该参数随机选择的是列数据。

5）reg _ alpha、reg _ lambda：这是两个正则化参数，前一个是模型中的L1，后一个是模型中的L2，默认值均为0。

LightGBM 模型参数见表10.6。

表10.6 LightGBM 模型参数

参数	取值
learning _ rate	0.05
n _ estimator	100
min _ split _ gain	默认
min _ child _ sample	20
min _ child _ weight	默认
max _ depth	3
num _ leaves	7
subsample	0.8
colsample _ bytree	0.8
reg _ alpha	默认
reg _ lambda	默认

在训练的最优 LightGBM 模型中，因子重要性排序与前述3个模型差异较大，比较重要的影响因子是20cm处土壤温度数据及表层土壤温度数据，最有预测价值的是20cm土壤的同步温度及提前12min的土壤温度值。各个因子之间重要性变化梯度较大。

模拟阶段 LightGBM 模型对原始数据的解释程度为72%，*MSE* 为0.13，模型对训练数据拟合度较好，说明模型可用于预测。模型结果对照图上（图10.14），模型模拟偏差整体分布在±1之间，但是在不同值域范围内，模型偏差分布较均匀，规律性更强。验证时段预测偏差仍能控制在0.75以内，相较于随机森林模型、XGBoost 模型，LightGBM 模型更趋于稳定。但和前述模型类似，LightGBM 模型在验证阶段发散度明显增加，用于预测可能存在不稳定性，导致预测失败；训练期内模型的拟合度较高，偏差均匀，与前述模型类似，在数据样本较为集中的[5，6]范围内模型训练效果和预测效果均较好。验证阶段水温多在7℃左右，模型训练期这部分样本数量偏少，导致训练不足，模拟和预测偏差较大。

10.4.9 四种模型技巧评分对比

本节通过对数据集合按照前后顺序进行分割获得最优基模型（线性回归、随机森林、XGBoost、LightGBM)，并对模型结果中的 *MSE*、*MAE*、R^2 进行比较（图10.15），发现按照数据前后时间顺序进行数据切割的方法不能体现数据挖掘算法的优越性，在数据样本体量较小的情况下，线性回归算法的优势仍比较明显。

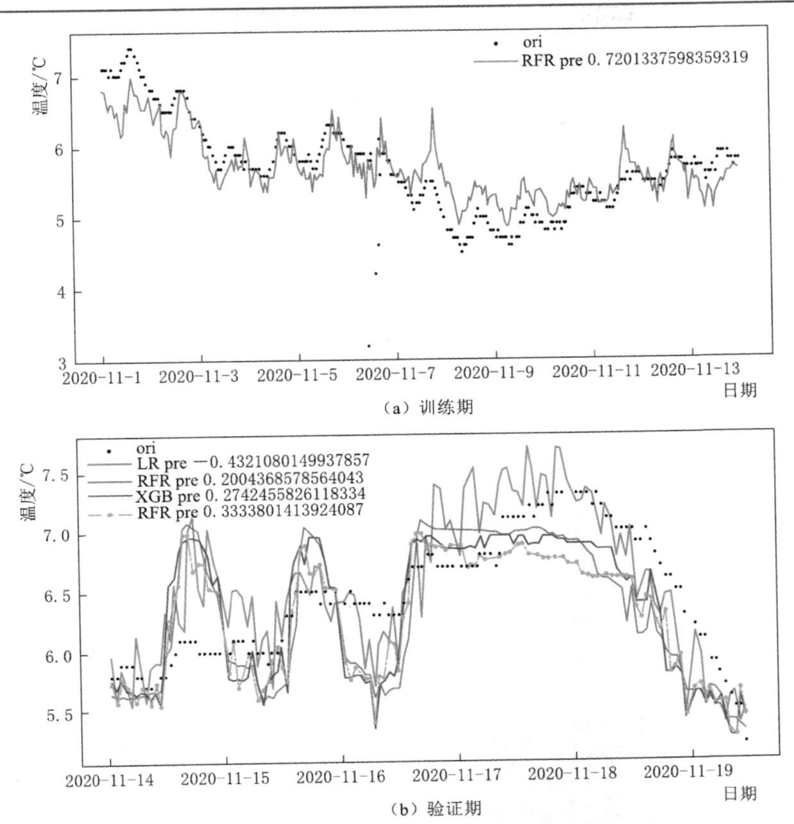

图 10.14 LightGBM 模型在训练期和验证期的结果对照

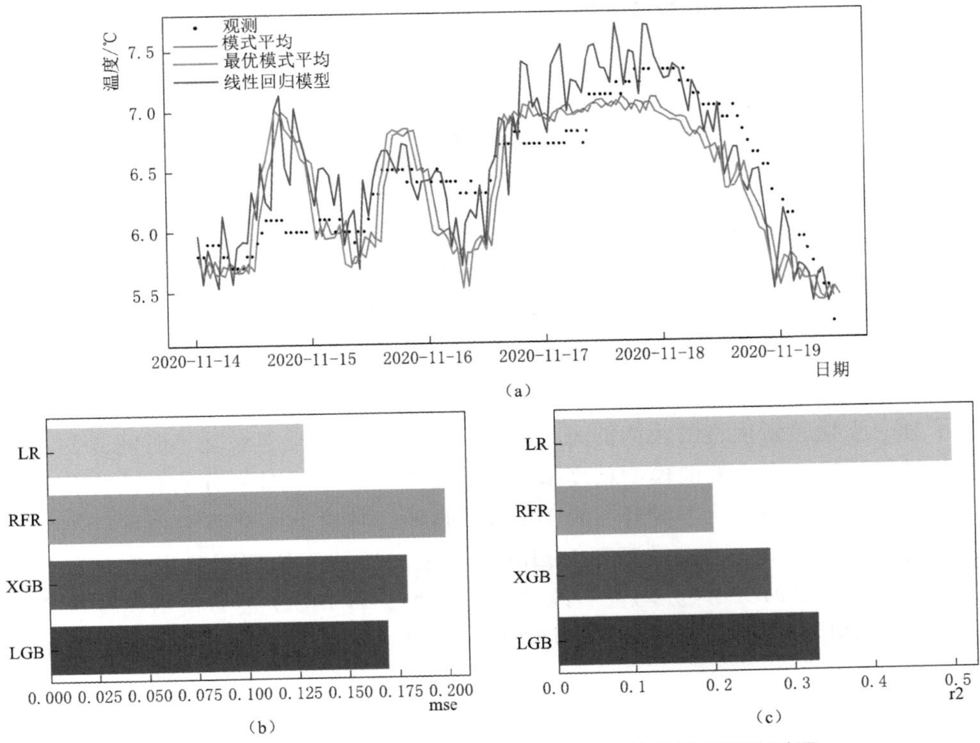

图 10.15 四种优化后的机器学习模型验证时段模式评分对照

10.5　基于等权重数据分割的模型精度评价

按照前期历史数据按时间进行训练和验证数据集合分割，通过等密度平均分配值域内所有数据，新的数据分割方法产生的训练、测试数据于整个数据集的数据分布概率密度相同。两种数据分割方法产生的训练数据分布如图 10.16 所示。按时间顺序分割的数据训练集和测试集相对于整个数据集均出现了明显的位移，训练集向小值区偏移，验证集向大值区偏移。与等权重数据分割权重相同的是两种数据分割均在［5，6］内具有最高的数据密度。

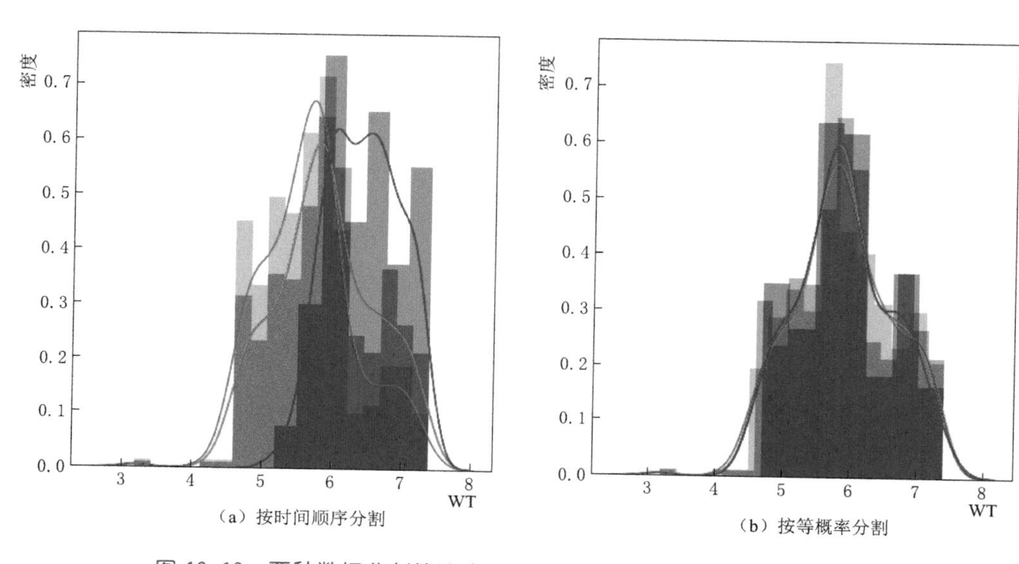

图 10.16　两种数据分割算法产生的训练集（绿色）、验证集（蓝色）与整个数据集（红色）的数据概率密度分布图

利用新的数据训练集对模型进行优化，模型参数迭代结果产生的最优模型主要参数未发生变化，但特征重要性排序则发生了一些明显变化。除线性回归模型外，随机森林模型、XGBoost 模型和 LightGBM 模型对模型影响最显著，及最重要的影响因子均变为 20cm 处土壤温度，时间上以提前 12min 和提前 6min 的土壤温度观测值的影响最为重要。

为了进一步检验新模型的预测能力，这里利用新的最优模型对基于时间分割方法的测试数据集进行预测，在主要的模型精度指标上，新模型较基于时间分割算法优化迭代的最优模型有非常明显的预测能力提升（表 10.7）。此外，对比上一章节的最优模型准确率排序，随机森林模型、XGBoost 模型和 LightGBM 模型的预测技巧明显提升，除了 R^2 外，三个模型的 *MAE* 和 *MSE* 评分均优于线性回归模型。将 *MSE* 最为模型精度的主要评价指标，LightGBM 模型的预测能力更为突出，其次是 XGBoost 模型，最后是随机森林模型。

表 10.7 不同数据分割方法对及模型技巧指标差异

模 型	指 标	时间分割		等权重分割	
		训练	验证	训练	验证
LightGBM	R^2	0.72	0.33	0.79	0.58
	MSE	0.13	0.17	0.11	0.06
	MAE	0.28	0.34	0.25	0.20
XGBoost	R^2	0.78	0.27	0.84	0.71
	MSE	0.10	0.18	0.08	0.07
	MAE	0.26	0.36	0.24	0.21
RFR	R^2	0.51	0.20	0.63	0.61
	MSE	0.22	0.20	0.20	0.1
	MAE	0.38	0.39	0.35	0.26
LR	R^2	0.40	−0.43	0.69	0.64
	MSE	0.18	0.13	0.16	0.09
	MAE	0.32	0.28	0.30	0.23

最优模型对基于时间分割的验证数据的预测偏差在除［5，6］外的区间预测偏差绝对值大于1的概率明显增加，同时在整个验证数据集的偏差呈喇叭形状，优化后的模型仍不稳定。通过验证数据集，对二次优化的数据挖掘模型在小样本数据区间的预测误差进行分析（图10.17）。基于等权重分割的优化模型的误差优势明显，二次优化的数据挖掘模型的误差大部分维持在［−0.5，0.5］之间，误差分布均为正态分布；其中LightGBM和XG-Boost模型相对最优，而对0附近的绝对误差LightGBM模型的预测概率最大，但在90%的误差阈值范围以外，XGBoost模型的预测误差更小。

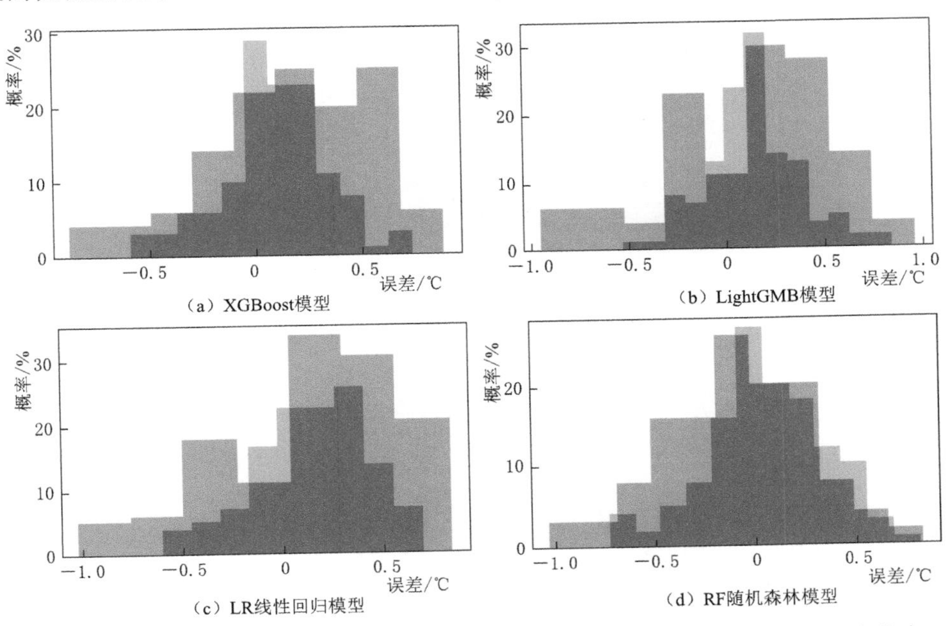

图10.17 基于两种数据分割算法的最优模型预测的同一验证数据集的误差概率分布（红色：基于时间分割；绿色：基于等权重分割）

10.6 本 章 小 结

本章基于黄河内蒙古河段高密度的气象水温观测数据，利用具有明显优势的机器学习算法分析各个观测变量与河道水温之间的可能关系特征，通过机器学习模型对数据进行训练和参数优化迭代，构建适合黄河内蒙古河段凌汛期水温的机器学习预测模型。通过以上研究得出以下结论。

（1）通过对气象因子与河道水温的相关性分析，证实了在逐日尺度内河道水温与气温之间不存在明显的线性响应关系，特别是在凌汛期（初始水温在10℃以内）。

（2）河道附近土壤温度变化与水温之间存在近同步变化关系，15～20cm处土壤温度与河道水温的相关性显著，为河道水温预测提供了新思路。

（3）利用微粒群优化算法对机器学习模型参数进行迭代优化，构建了适用于黄河内蒙古河段的水温预测模型；经过交叉验证，最优机器学习模型对训练数据集的解释率最高为84%，在验证阶段可达70%。模型预测误差可控制在［－0.5，0.5］之间，按照*MSE*模型精度评价指标，研究所用模型排名分别为LightGBM、XGBoost、LR、RFR模型。

第 11 章　中国干旱的事实分析

11.1 概　　述

利用干旱指数进行的众多研究指出：过去 50 年，中国存在干旱化趋势。但由于使用的干旱指数不同，研究结果之间也存在明显差异。同时，目前使用标准化降水蒸散指数（SPEI）对中国干旱进行评估和研究的工作还较少，且 SPEI 原始计算过程中的降水蒸散指数（PET）的计算方法利用的是仅考虑了温度的桑斯维特公式（Thornthwaite，1948），相对于桑斯维特公式，彭曼-蒙特斯公式（Monteith，1965）计算的 PET 不管是在干旱区还是在湿润区都与实测参考作物的蒸散量较为符合（Jensen et al.，1990）。因此，本章基于两个干旱指数（PDSI 和 SPEI）以及不同 PET 算法计算的 SPEI，分析了过去几十年中国干湿状况及其时空演化特征，并对不同干旱指数以及基于不同 PET 的 SPEI 进行了差异分析，之后讨论了基于不同 PET 的 SPEI 在中国的适用性，以期为不同干旱指数在中国干旱研究中的应用提供参考。

11.2 数 据 和 方 法

11.2.1 数据

为了比较帕默尔干旱强度指数（PDSI）和 SPEI 之间的差异，采用吴佳和高学杰（2013）新近发展的一套格点化的中国温度和降水资料（1961—2010 年），水平分辨率为 0.5°×0.5°。使用的 PDSI 是由安顺清和邢久星（1985）利用中国各地区的历史资料，对 PDSI 进行修正后得到适合中国实际情况的计算公式。这里 SPEI 的计算时间尺度为 1 个月，两种干旱指数中 PET 的计算方法采用的是桑斯维特公式。比较基于不同 PET 的 SPEI 间的差异，所用的资料包括美国普林斯顿大学的高分辨率全球陆面同化数据（Sheffield et al.，2006），使用了这套数据中 1948—2008 年月平均地面气象数据，包括温度、降水量、地表气压、10m 风速（需转化为 2m 风速）、相对湿度、比湿，同时也使用了美国环境预测中心的净辐射数据（Kalnary et al.，1996）。所有数据均插值到统一的水平分辨率（0.5°×0.5°）上，SPEI 的计算时间尺度为 3 个月。

计算 SPEI 时，分别利用彭曼-蒙特斯和桑斯维特公式计算 PET，SPEI 的具体计算过程请参阅 Vicente - Serrano 等（2010a）。表 11.1 和表 11.2 给出两种干旱指数对干湿等级的划分标准。

表11.1　PDSI对干湿等级的划分标准

PDSI	干湿等级	PDSI	干湿等级	PDSI	干湿等级
≥4.00	极端湿润	1.00～1.99	轻微湿润	−2.00～−2.99	中等干旱
3.00～3.99	严重湿润	0.99～−0.99	正常	−3.00～−3.99	严重干旱
2.00～2.99	中等湿润	−1.00～−1.99	轻微干旱	≤−4.00	极端干旱

表11.2　SPEI对干湿等级的划分标准及概率

干湿等级	极端干旱	中等干旱	轻度干旱	正常或湿润年份	轻度湿润	中等湿润	极端湿润
SPEI	≤−2.0	−2.0～−1.0	−1.0～−0.5	−0.5～0.5	0.5～1.0	1.0～2.0	≥2.0
概率/%	2.28	13.59	14.98	38.3	14.98	13.59	2.28

11.2.2　PET计算方法简介

采用桑斯维特方法计算PET时，以温度为计算因子，结合日照时数来计算。由于桑斯维特方法涉及的计算因子较少，且计算简单，是目前国际上广泛采用的计算方法。该方法计算PET时，假设温度不大于0℃时，PET为0，即在温度较低的高纬度和高海拔地区计算结果普遍偏小，如青藏高原以及中高纬度的冬季、春季。采用桑斯维特方法计算PET的具体过程如式（11.1）～式（11.3）所示：

$$i=(T/5)^{1.514} \tag{11.1}$$

$$I=\sum_{1}^{12} i \tag{11.2}$$

$$\begin{cases} PET=0, & T\leqslant 0℃ \\ PET=1.6d(10T/I)^{\alpha}\times 10, & 0<T\leqslant 26.5℃ \\ PET=a_1+a_2T+a_3T^2, & T>26.5℃ \end{cases} \tag{11.3}$$

式中：d为每月天数除以30；T为月平均温度；$\alpha=0.49239+1.793\times10^{-2}\times I-7.71\times10^{-5}\times I^2+6.75\times10^{-7}\times I^3$；$I$为年加热指数；$a_1=-415.8547$，$a_2=32.2441$，$a_3=-0.4325$。

彭曼-蒙特斯公式计算PET，需要的变量共计7个，包括2m风速、温度、比湿、相对湿度、净辐射等要素。具体的计算过程如式（11.4）所示：

$$PET=\frac{\Delta}{\Delta+\gamma}\times R_{net}+\frac{\gamma}{\Delta+\gamma}\times 6.43\times(1+0.536U)\times D \tag{11.4}$$

式中：PET为潜在蒸散发，mm；R_{net}为作物表层净辐射，W/m²；U为2m高度处风速，m/s；D为饱和水汽压差，kPa；Δ为饱和水汽压曲线斜率，Pa/K；γ为干湿常数。

11.3　SPEI和PDSI对1961—2010年中国干湿变化趋势的对比分析

在理论基础和计算方法上，SPEI和PDSI这两种基于降水和温度的干旱指数都具有明显的差别。但针对这两种干旱指数在中国区域的应用还缺乏定量对比。这里分别计算了基于桑斯维特公式的SPEI和PDSI。重点分析了1961—2010年中国区域SPEI和PDSI的时空差异，并分区域讨论了温度、降水变化对SPEI和PDSI的影响。

11.3.1 1961—2010年中国和7个子区域的干湿变化趋势

在变化趋势的空间分布上，就年平均而言，SPEI的特征主要为：河套和内蒙古中部地区显著变干，青藏高原东部和新疆南部显著变湿。PDSI特征主要为：东北、华北、河套和四川东部地区显著变干，西部地区明显变湿。春季，SPEI和PDSI变化趋势与年平均空间分布型相似。夏季，就SPEI而言，华北北部、内蒙古西部、新疆南部地区显著变干，江淮及长江中下游显著或明显变湿，而PDSI显示东北东部、华北、河套以及四川东部地区显著变干，西部变湿。秋季，SPEI为全区域显著变干，PDSI为“东旱西涝”，最大变干中心为东北东部、华北和河套。冬季，SPEI表现为东北、西北变湿，西南变干，PDSI表现为“东旱西涝”，与秋季的空间分布类似，但变干程度较秋季低。两种干旱指数在中国区域有一致之处同时也具有较大的差异，较一致的地区主要位于东部，差异较大的地区主要位于西部。就季节而言，夏季二者差异最大。就地区水平而言，河套和华北地区的一致性较高。

11.3.2 温度和降水变化对SPEI和PDSI的影响

图11.1（上行）给出了1961—2010年年平均SPEI和PDSI变化。就中国区域而言，两种指数变化呈相反趋势，特别是在夏季，SPEI为显著变干，PDSI为显著变湿。其他季节二者变化一致，但均未通过95%显著性检验。图11.1（中行）给出了中国区域年和季节平均温度及其对应的SPEI和PDSI散点图。在年平均方面，温度变化与SPEI和PDSI并不存在明显的对应关系。四季中，温度升高与SPEI减小的对应关系在春季和秋季较为明显。由于温度小于0℃时，桑斯维特方法计算的PET为0，因此，冬季温度对SPEI的影响很小。相对于温度变化和SPEI明显的负相关关系，温度和PDSI的对应关系较差，只在秋季二者的负相关明显。图11.1（下行）是降水分别与SPEI和PDSI对应的散点图。可以看出，降水与SPEI和PDSI之间具有明显的正相关关系，相关系数分别为0.45和0.70，年平均降水对PDSI的解释方差达到50%。四季中，春季降水对PDSI的解释方差最大（50%），秋季最小。相对于降水与PDSI之间明显的正相关关系，降水对年平均SPEI的解释方差仅为20%，即温度对SPEI的影响更大。

11.3.3 温度和降水变化对7个不同子区域SPEI和PDSI的影响

SPEI和PDSI变化在不同地区间存在很大差异，造成差异的原因主要是两种干旱指数对温度和降水权重的估计不同。因此，根据施晓辉和徐祥德（2006）的分区标准将中国划分为8个自然地理区域，它们分别是东北、华北、长江中下游及淮河流域（以下简称江淮）、华南、西南、西北西部、西北东部，高原东部。分区讨论了SPEI和PDSI的地区差异，以及温度、降水变化对不同区域SPEI和PDSI的影响，由于高原东部站点较少，这里重点讨论其他7个地区的情况。

东北地区（图11.2）年和季节均表现为一致变干（除冬季），但均未通过95%显著性检验，更多表现为明显的年代际波动（上行）。1980—2000年偏湿，1961—1979年和

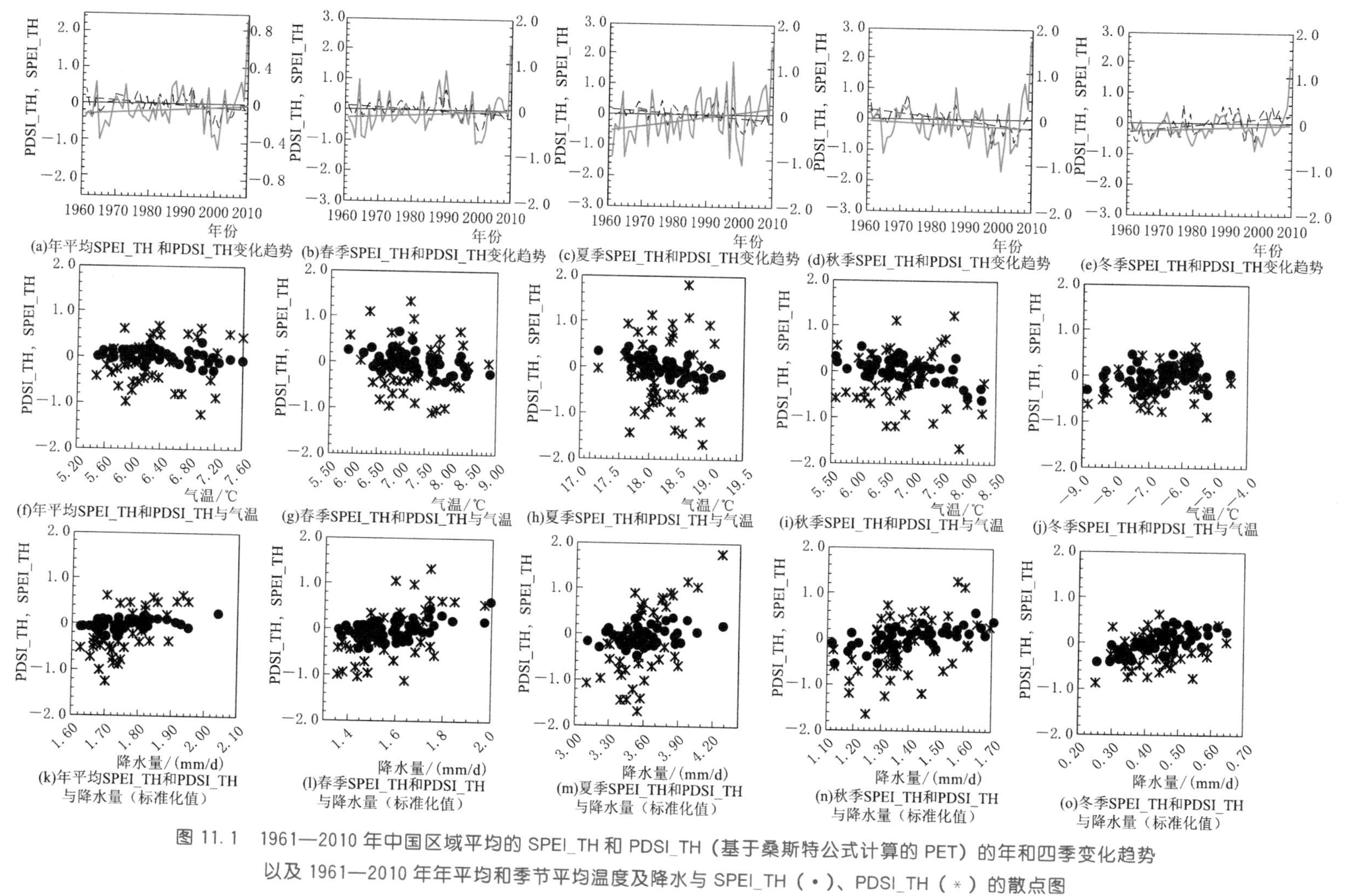

图 11.1　1961—2010 年中国区域平均的 SPEI_TH 和 PDSI_TH（基于桑斯特公式计算的 PET）的年和四季变化趋势以及 1961—2010 年年平均和季节平均温度及降水与 SPEI_TH（•）、PDSI_TH（*）的散点图（其中红色线和黑色线分别是 PDSI_TH 和 SPEI_TH 的变化趋势）

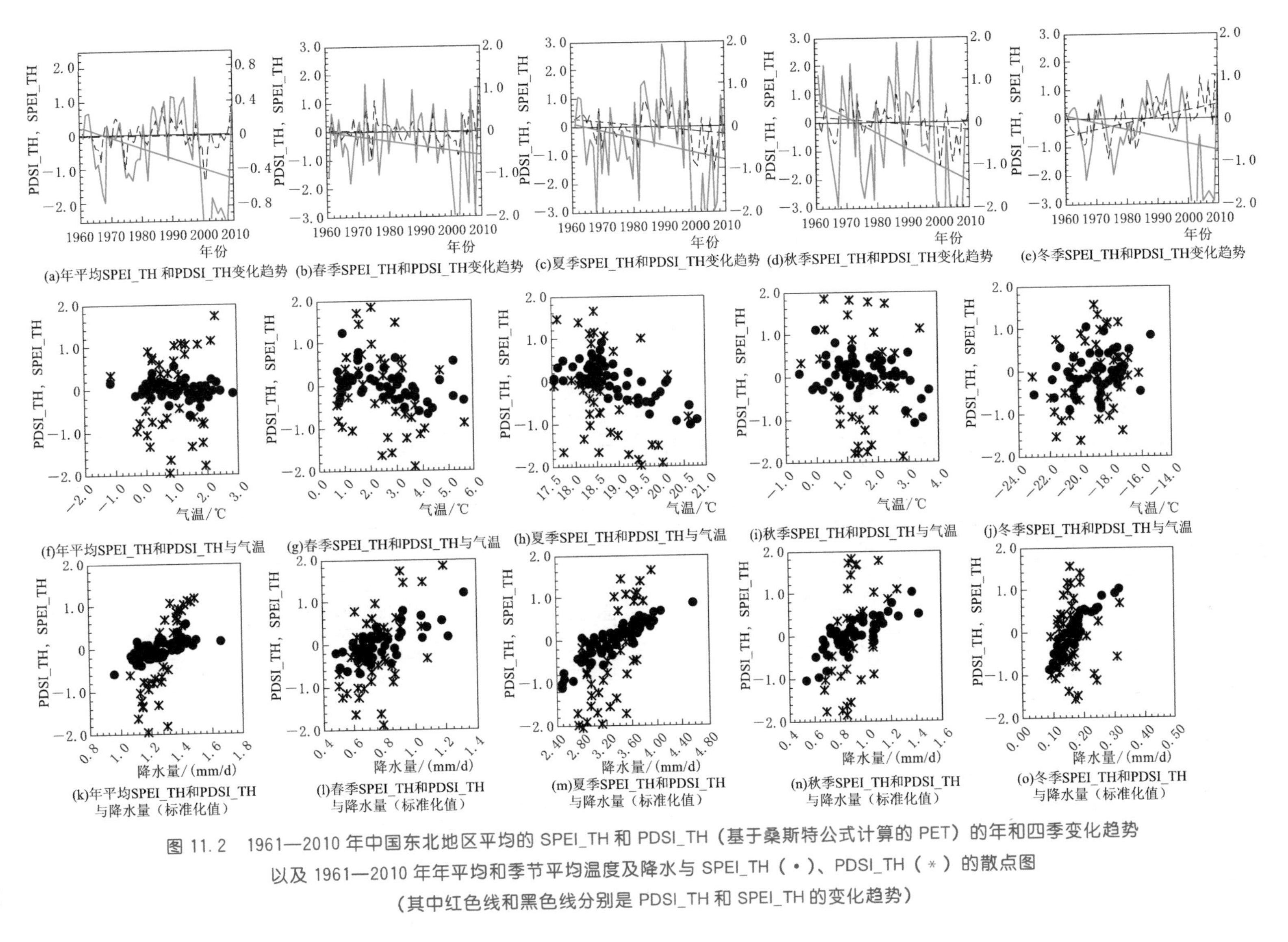

图 11.2 1961—2010 年中国东北地区平均的 SPEI_TH 和 PDSI_TH（基于桑斯特公式计算的 PET）的年和四季变化趋势以及 1961—2010 年年平均和季节平均温度及降水与 SPEI_TH（•）、PDSI_TH（*）的散点图

（其中红色线和黑色线分别是 PDSI_TH 和 SPEI_TH 的变化趋势）

2001—2010 年偏干。在温度和 SPEI 和 PDSI 的关系上，除冬季外，随温度升高 SPEI 都表现为明显下降，而 PDSI 随温度增加而减小的趋势相对较弱，此外温度对东北地区 SPEI 和 PDSI 的影响还具有很大的季节性差异，夏季温度对两个干旱指数的方差贡献最大，分别达到了 50%和 30% [图 11.2 (f)～(j)]。相对于温度，降水对 SPEI 和 PDSI 的影响更大，其对二者的方差贡献均大于 50%。随着降水增加，SPEI 和 PDSI 都存在明显增加的趋势，特别是 PDSI。

华北地区（图 11.3）年和季节表现为一致变干（上行），并通过 95%显著性检验。图 11.3 中行和下行分别为华北年和季节平均温度和 SPEI 和 PDSI 的散点图，温度升高与 SPEI 和 PDSI 负相关关系明显，夏季最显著，各季节方差贡献均大于 30%。虽然温度与 SPEI 和 PDSI 相关关系显著，但是，降水仍然是 SPEI 和 PDSI 最重要的影响因子。除冬季、春季外，降水对两个指数的方差贡献均大于 50%。两个指数中 SPEI 主要体现的是温度和降水的综合影响，而 PDSI 更多受降水的调控（图 11.3 下行）。

江淮地区（图 11.4）年和季节平均的 PDSI 表现为一致的增加趋势，均通过 95%显著性检验。而 SPEI 只在冬季、春季表现为不明显的增加，夏季、秋季为不显著的减小（上行）。图 11.4 中行和下行分别为江淮地区年和季节平均温度和 SPEI 和 PDSI 的散点图，温度升高与 SPEI 和 PDSI 的负相关关系不明显，温度对二者的影响在夏季、秋季最明显。与华北和东北相比，在该区温度对干旱指数方差贡献较小，对 PDSI 的方差贡献只有 1%，对 SPEI 的方差贡献也较小，为 20%。由此可知江淮地区 SPEI 和 PDSI 主要是受降水控制，其中夏季降水对 SPEI 和 PDSI 变化影响最大。

在华南（图 11.5），SPEI 和 PDSI 的相关系数较高（上行），均在 0.75 以上。年和季节平均的 SPEI 和 PDSI 变化趋势一致，但趋势不明显，均未通过 95%显著性检验。四季中，只有夏季表现为变湿趋势，其他季节为不明显的变干。这与以往研究所得“南涝北旱”中“南涝”相对应。图 11.5 中行和下行分别为华南地区年和季节平均温度与 SPEI 和 PDSI 的散点图，温度升高与 SPEI/PDSI 减小的对应关系差，降水是决定 SPEI 和 PDSI 变化趋势的主要因子，降水与两个干旱指数相关系数均在 0.7 以上。两个指数中，PDSI 相对于 SPEI，对降水的敏感性更强。

西南地区（图 11.6）年和季节平均 SPEI 和 PDSI 的变化趋势较为一致（上行），夏季二者的趋势相反，但二者变化均不显著。只秋季的变干通过了 95%显著性检验。SPEI 和 PDSI 在西南地区变化趋势的主要特点是秋季、冬季变干，春季、夏季变湿。图 11.6 中行和下行分别为西南地区年和季节平均温度和 SPEI 和 PDSI 的散点图，温度增加与 SPEI/PDSI 减小的对应关系较不明显；和华南类似，降水变化是决定 SPEI 和 PDSI 变化的主导因子，但 SPEI 和降水的对应关系更显著，对降水的敏感性更强。

在西北西部（图 11.7），SPEI 和 PDSI 的一致性差（上行），只有在冬季二者为一致的变湿趋势，其他季节二者变化趋势相反，且均通过了 95%显著性检验。同时二者相关系数在几个区域中最小，夏季、秋季二者相关系数也只有 0.31，远小于其他地区。在温度、降水分别与 SPEI、PDSI 的散点图上（中行和下行），春季、夏季、秋季温度与 SPEI 的相关性较强，温度对 SPEI 的解释方差分别达到了 56%、64%和 43%，远超过了降水对 SPEI 的方差贡献（28%、14%和 13%）。相对于 SPEI 过度夸大温度影响外，PDSI 在西北西部与温度的相关性较差，温度对其方差贡献较低，除冬季外，均小于 10%。降水变化决定 PDSI 趋势，二者相关系数大于 0.8。

西北东部（图 11.8）SPEI 和 PDSI（上行）相关系数较低，与西北西部类似，二者变

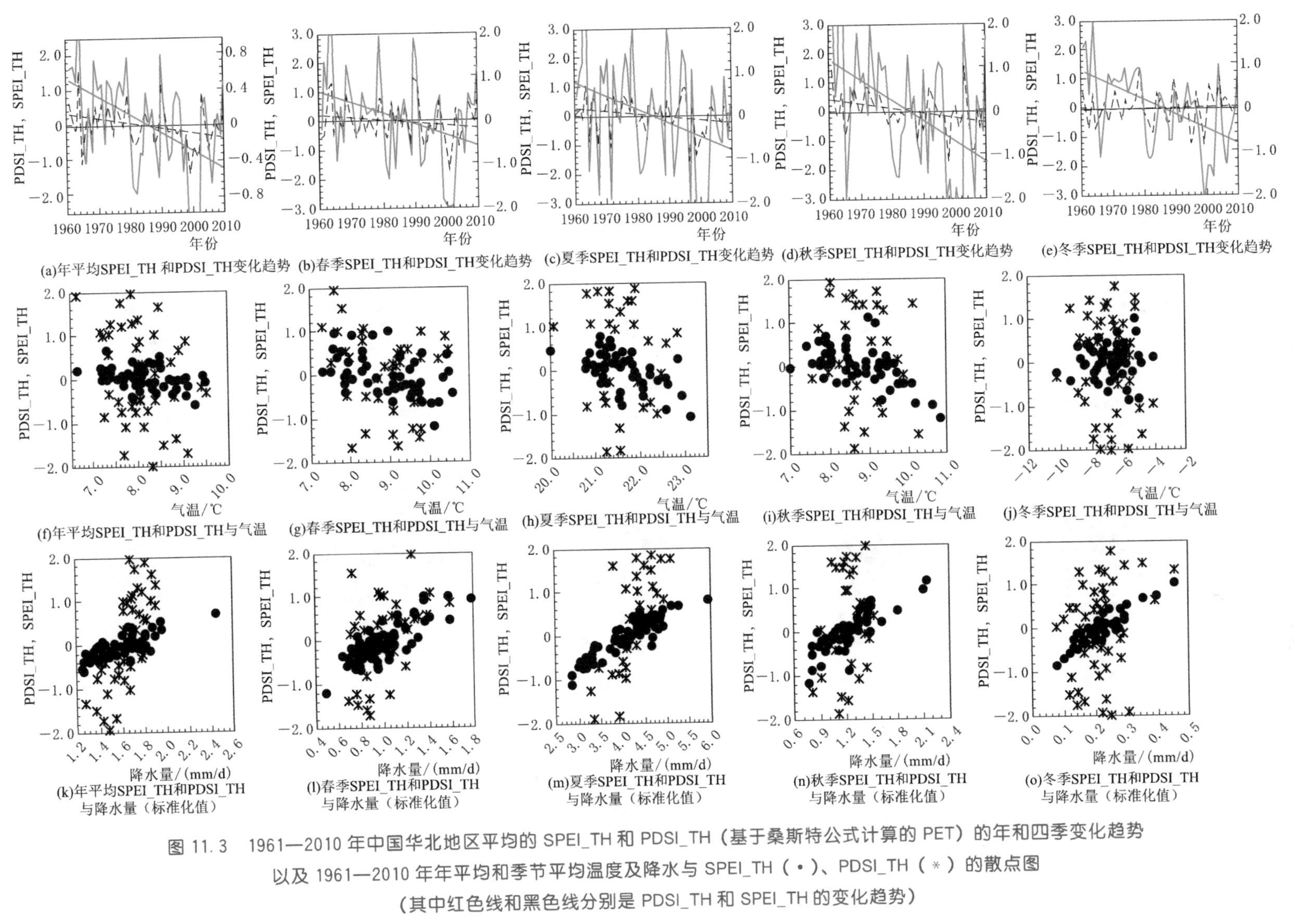

图 11.3 1961—2010 年中国华北地区平均的 SPEI_TH 和 PDSI_TH（基于桑斯特公式计算的 PET）的年和四季变化趋势以及 1961—2010 年年平均和季节平均温度及降水与 SPEI_TH（•）、PDSI_TH（*）的散点图（其中红色线和黑色线分别是 PDSI_TH 和 SPEI_TH 的变化趋势）

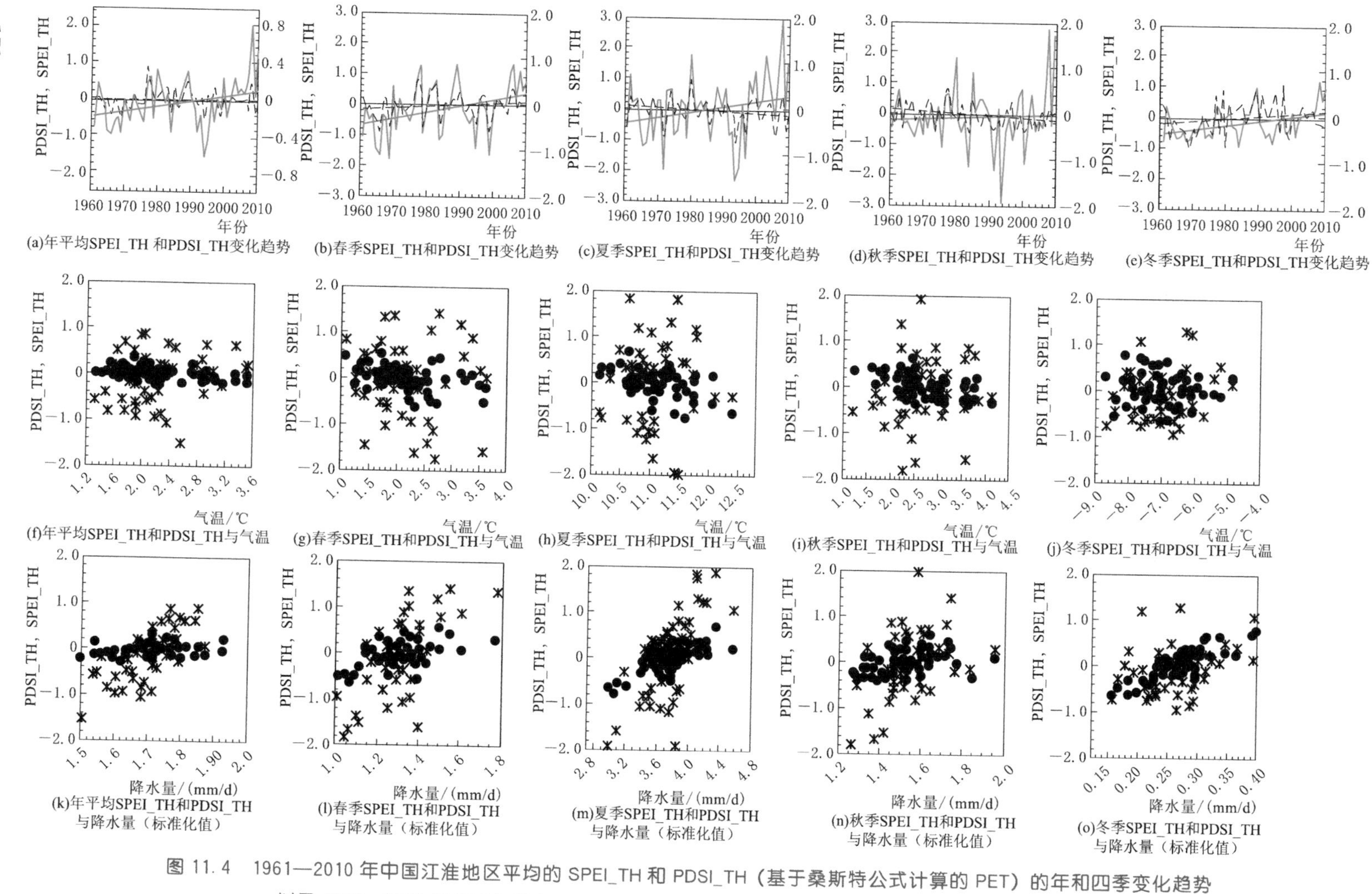

图 11.4　1961—2010 年中国江淮地区平均的 SPEI_TH 和 PDSI_TH（基于桑斯特公式计算的 PET）的年和四季变化趋势以及 1961—2010 年年平均和季节平均温度及降水与 SPEI_TH（•）、PDSI_TH（*）的散点图（其中红色线和黑色线分别是 PDSI_TH 和 SPEI_TH 的变化趋势）

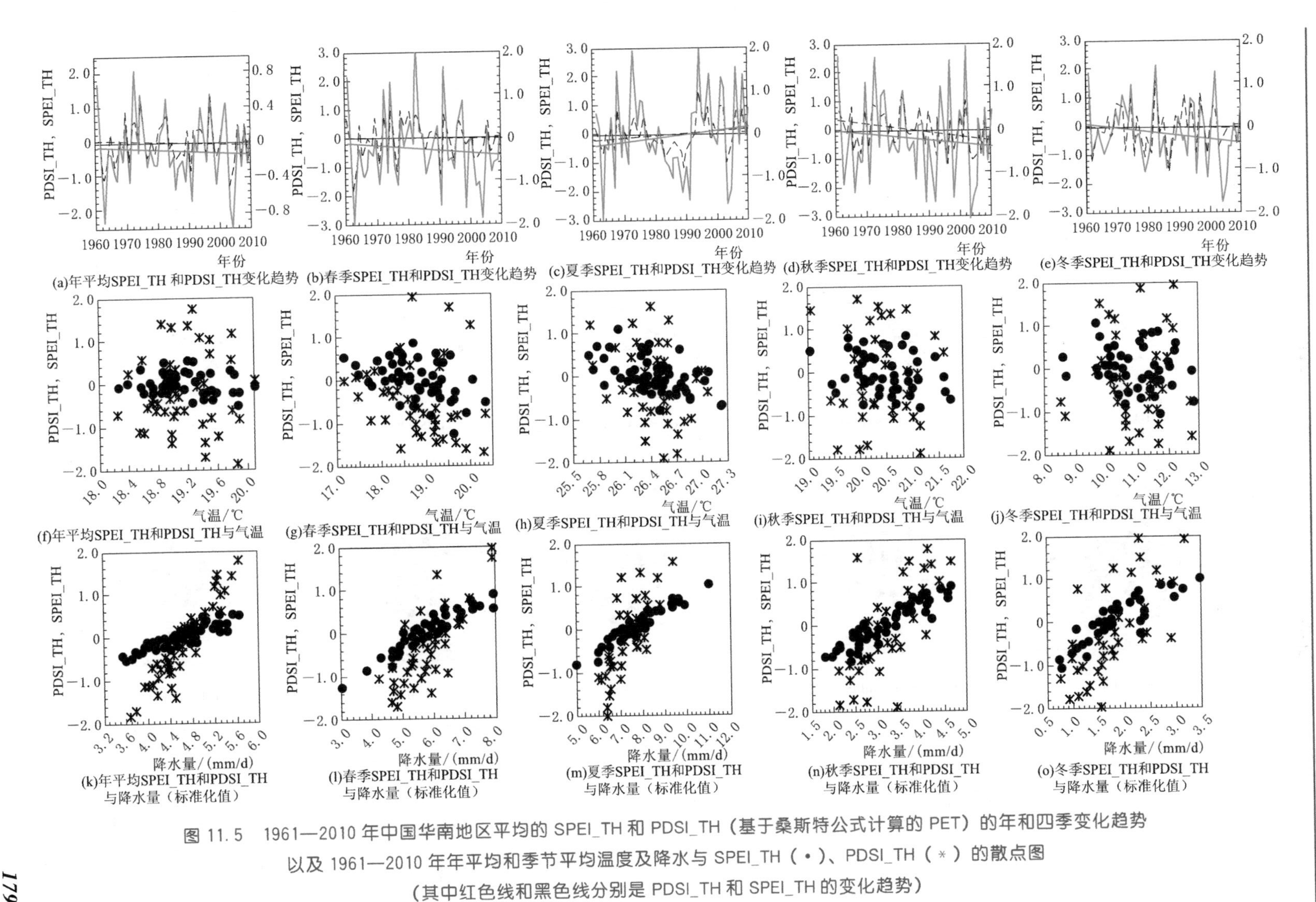

图 11.5 1961—2010 年中国华南地区平均的 SPEI_TH 和 PDSI_TH（基于桑斯特公式计算的 PET）的年和四季变化趋势以及 1961—2010 年年平均和季节平均温度及降水与 SPEI_TH（•）、PDSI_TH（*）的散点图

（其中红色线和黑色线分别是 PDSI_TH 和 SPEI_TH 的变化趋势）

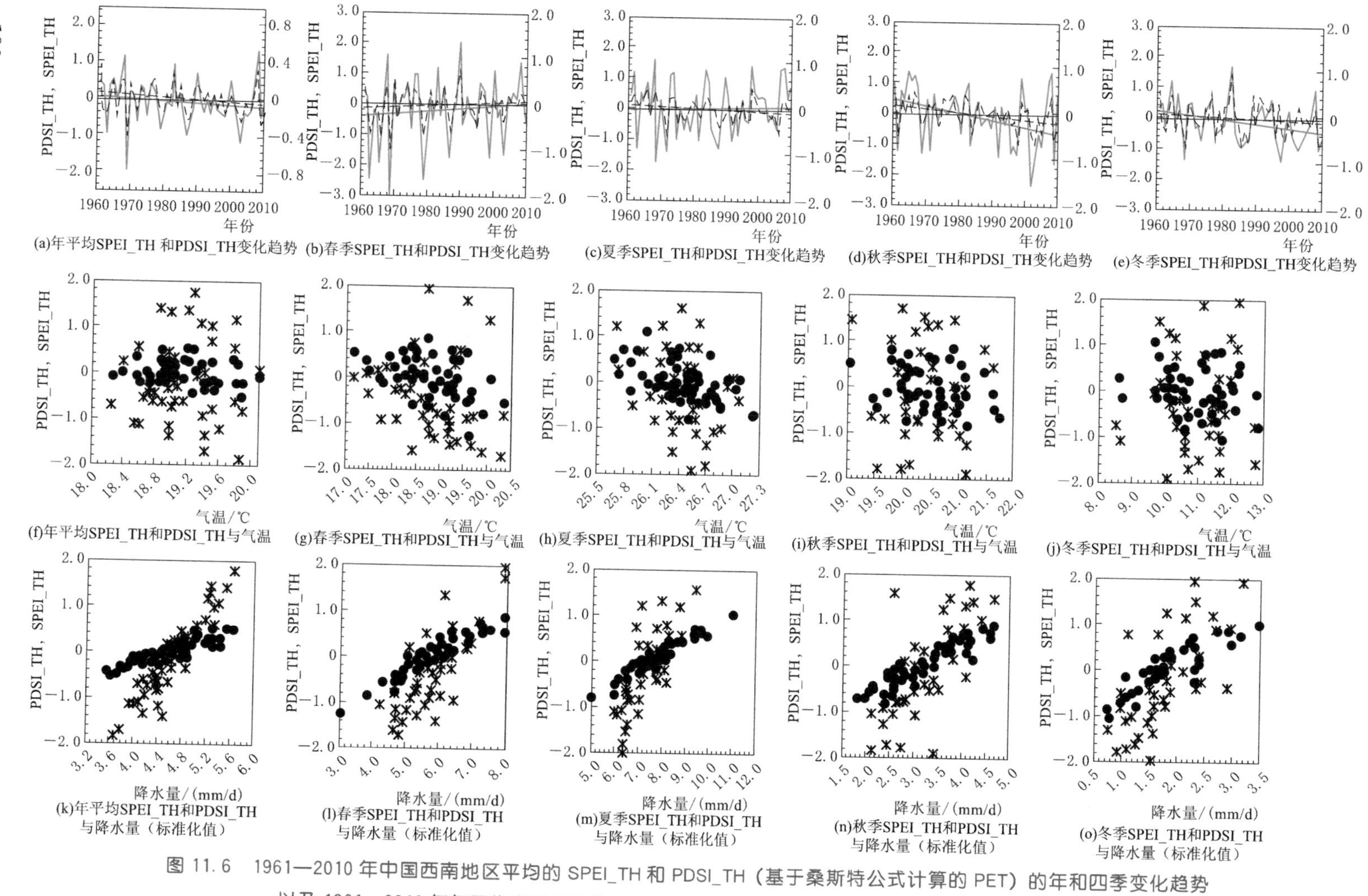

图 11.6　1961—2010 年中国西南地区平均的 SPEI_TH 和 PDSI_TH（基于桑斯特公式计算的 PET）的年和四季变化趋势以及 1961—2010 年年平均和季节平均温度及降水与 SPEI_TH（•）、PDSI_TH（*）的散点图（其中红色线和黑色线分别是 PDSI_TH 和 SPEI_TH 的变化趋势）

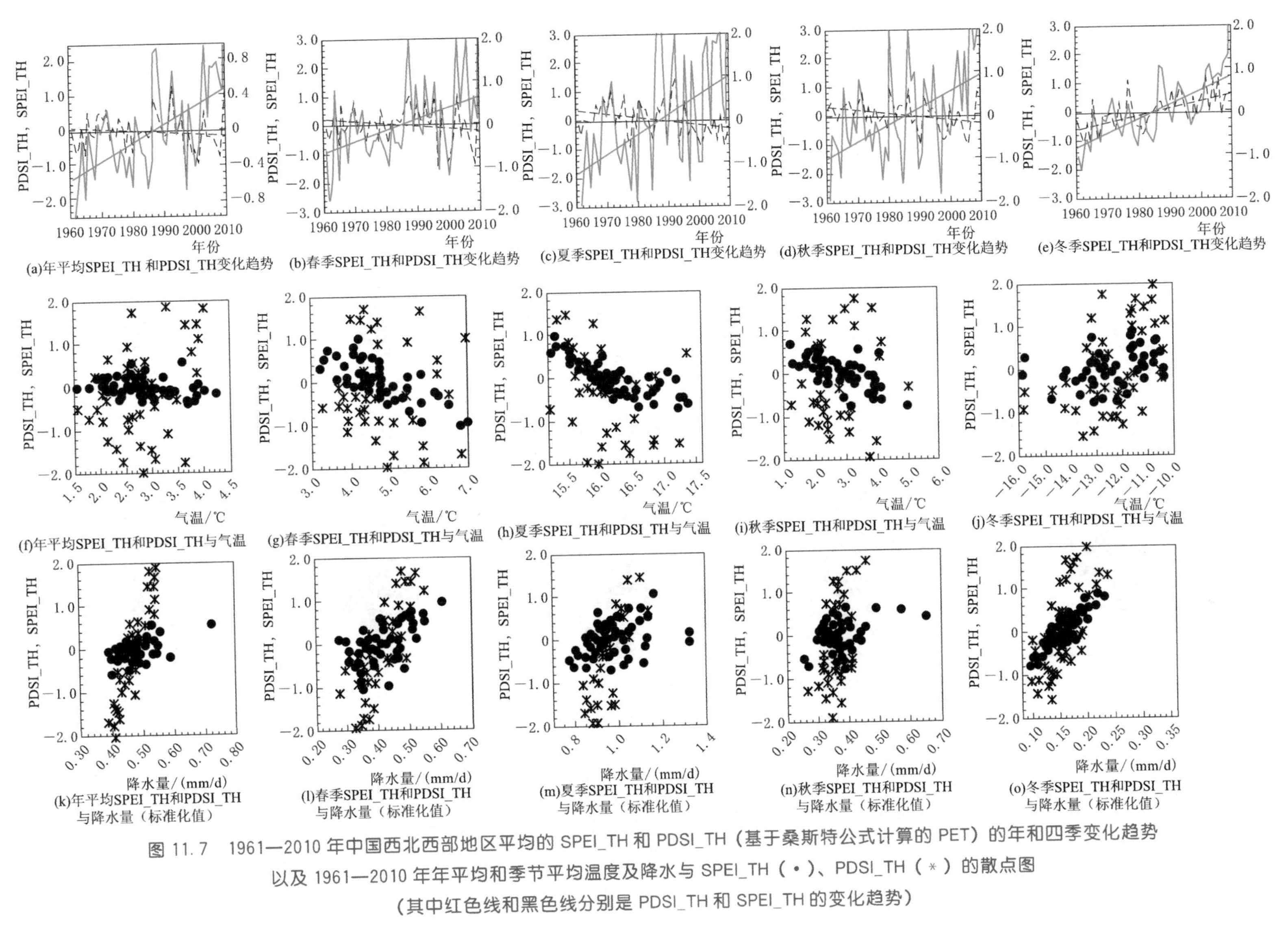

图 11.7　1961—2010 年中国西北西部地区平均的 SPEI_TH 和 PDSI_TH（基于桑斯特公式计算的 PET）的年和四季变化趋势以及 1961—2010 年年平均和季节平均温度及降水与 SPEI_TH（•）、PDSI_TH（*）的散点图（其中红色线和黑色线分别是 PDSI_TH 和 SPEI_TH 的变化趋势）

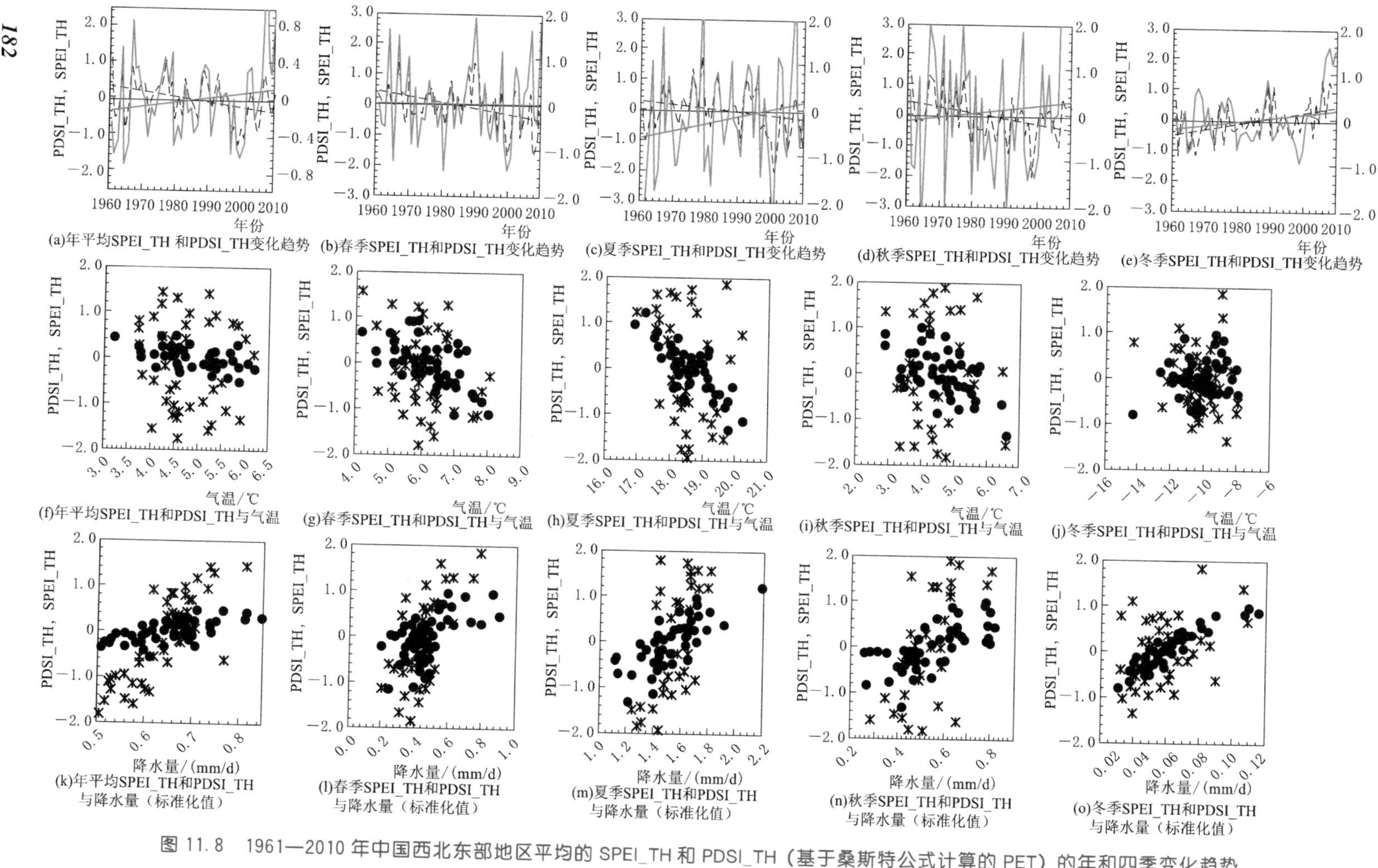

图 11.8　1961—2010 年中国西北东部地区平均的 SPEI_TH 和 PDSI_TH（基于桑斯特公式计算的 PET）的年和四季变化趋势以及 1961—2010 年年平均和季节平均温度及降水与 SPEI_TH（·）、PDSI_TH（*）的散点图（其中红色线和黑色线分别是 PDSI_TH 和 SPEI_TH 的变化趋势）

化的一致性较差，冬季二者为一致变湿，其他季节二者趋势则相反。中行和下行分别为西北东部年和季节平均温度和SPEI和PDSI的散点图。春季、夏季温度与SPEI的相关性较强，温度对SPEI的方差贡献大于降水，秋季、冬季降水变化是决定SPEI的主导因子。而PDSI在西北东部地区与降水的相关性更好，受温度变化的影响较小。

综上所述，基于桑斯维特方法计算PET的SPEI和PDSI在中国不同区域之间存在较大的差异，尤其是在中国的西北，而在中国东部一致性良好。造成这种差异的原因主要是：东部地区降水和基于温度的PET量级相当，或者PET大于降水，二者之间具有良好的可比性；而在西部，降水的量级和基于温度的PET之间至少差一个量级，在基于降水和PET差异的SPEI中，温度产生的影响相对于降水影响来说是个大量，因此，在西北SPEI对温度的敏感性偏强；而PDSI是基于土壤-水分平衡模型，通过土壤有效调节了温度。

11.4 彭曼-蒙特斯和桑斯维特公式的差异分析

蒸散发是构成水圈和大气圈水分平衡的一个重要因素，地球表面约有70%的水分通过蒸发进入大气圈。蒸散发是一种水分与能量流动之间非常复杂而又相互影响的结果，受到大气、土壤及植被情况的影响。温度法是估算PET算法中一类精度较低的方法，该方法只要求温度一个计算变量，在实际应用中具有重要的意义。关于温度法估算PET的研究结果发现，桑斯维特公式相对于其他温度估算方法，效果相对较差（Xu et al.，2001；刘晓英 等，2006），其在中国区域的适用性也相对较差（刘晓英 等，2006）。

因此，本节使用同一套全球陆面数据（Sheffield et al.，2006），利用干旱指数中最常使用的桑斯维特公式（以下简称“PET _ TH”）及与实际最为接近的彭曼-蒙特斯公式（以下简称“PET _ PM”），计算了1948—2008年中国不同区域的PET。并比较了两种算法的时空差异，为分析两种算法差异对干旱指数的响应提供支持。

两种算法计算的PET空间分布上都表现为从南至北的递减。华南为最大值区，东北和青藏高原为小值区。两种PET具有很大的空间分布相似性，但差异也显而易见。同纬度地区，PET _ PM大于PET _ TH，如在西南，PET _ PM也是一个大值中心，PET _ TH则较小。由于桑斯威特公式仅有温度一个自变量，而彭曼-蒙特斯公式自变量则包括了温度、水汽压差、风速等多个地表要素。图11.11下给出了两种潜在蒸散发计算结果与温度相关系数的空间分布，图中100°E以东地区，PET _ TH与温度的相关系数都在0.8以上，特别是在西南、长江流域以及江淮地区。而温度与PET _ PM相关系数空间分布较为复杂，在30°N以南地区、高原东部以及新疆，温度与PET _ PM相关性较差；在华北、江淮和东北，二者正相关性较好。即温度在华北和江淮等正相关系数较高地区，温度变化对PET主导作用较强；而在西南和西北等相关性较差的地区，PET的变化趋势较为复杂，其主要控制因子还需进一步探讨。

变化趋势上，在温度与PET相关性较好的地区，如华北、东北、江淮等，PET _ TH和PET _ PM都为显著的增加趋势，但PET _ PM变化趋势更显著。而在温度与PET _ PM相关性较差的西南和新疆北部等地，PET _ TH和PET _ PM趋势相反，PET _ PM

显著减少，PET _ TH 则为显著增加。在季节尺度上，春季二者增加最明显，PET _ TH 表现为全国一致的增加；而 PET _ PM 则是北方增加，西南、华南和新疆西北部减小。夏季二者变化趋势的空间分布较为一致，表现为：华北和东北增加，新疆和长江中游流域显著减小。秋冬季节二者差异相对较小，整体表现为东部地区 PET 显著增加，西部二者结果呈相反变化趋势。

11.5　基于两种 PET 算法的 SPEI 对中国干湿变化的对比分析

Sheffield 等（2012）利用基于桑斯维特公式和彭曼-蒙特斯公式的 PDSI 研究了过去 60 年全球陆地干旱，认为以往可能过高地估计了全球陆地的干旱化趋势。他指出桑斯维特公式相对于彭曼-蒙特斯公式，可能过度夸大了温度变化对 PET 的影响，从而使得全球 PET 随温度增加而增大，最后全球干旱化趋势被过高估计（Sheffield et al.，2012）。但是，Dai（2013）利用彭曼-蒙特斯公式计算了自适应 PDSI 后发现，20 世纪 80 年代后全球陆地的干旱化加剧趋势仍非常明显。

以上研究的核心问题是 PET 对全球干旱化趋势的影响，所得成果可以概括为使用不同 PET 对干湿状况进行趋势分析，结果可能会存在很大差异。因此，根据 Sheffield 等（2012）和 Dai（2013）的方法，计算了分别基于桑斯威特公式和彭曼-蒙特斯公式的 SPEI，分析了 1948—2008 年中国干湿变化。并根据两种 PET 在中国不同地区之间的差异，讨论了基于桑斯维特和彭曼-蒙特斯公式计算 PET 的 SPEI 在中国的适用性。

11.5.1　1949—2008 年 SPEI 时空变化特征

图 11.9 是 1949—2008 年中国区域平均的年和季节 SPEI _ PM 及 SPEI _ TH 变化趋势。两种 SPEI 结果均显示：近 60 年来，年和季节平均的 SPEI 都明显减小，四季中春季 SPEI 减小最为明显，冬季干湿变化趋势最不明显。此外，SPEI _ TH 显示秋季也显著变干，但 SPEI _ PM 则未检测到这种显著的趋势。SPEI _ TH 所揭示的中国区域年、春季和秋季的干旱化趋势与李伟光等（2012）中研究结果相似。

两个 SPEI 在干湿变化格局的空间分布上具有较好的一致性，但在程度上具有一定的差异。一致性主要表现在：在 30°N 以北，除西北西部有明显的增加外，其他地区 SPEI 均为减小，其中以黄河中游的河套、华北和东北南部的变干趋势最为显著，这一空间分布特征与石崇等（2012）的研究结果相似，这也和以往利用其他干旱指数所揭示的中国北方明显变干结论一致（翟盘茂 等，2005；邹旭恺 等，2010；Dai，2011a）。差异性主要是，相对于 SPEI _ TH，SPEI _ PM 指示的北方变干和南方变湿趋势更为清晰。

四季中，以春季干湿最为清晰，其空间分布和年平均情形最相似，除了相同的变干区域外，春季的长江中下游地区也有明显变干。夏季，SPEI 显著减小的地区发生在内蒙古中部、华北、东北和四川盆地，但变干显著地区范围较春季要小。秋季，西南、东北和华北显著变干，西北西部部分地区显著变湿。冬季，河套、东北东部和内蒙古中部显著变

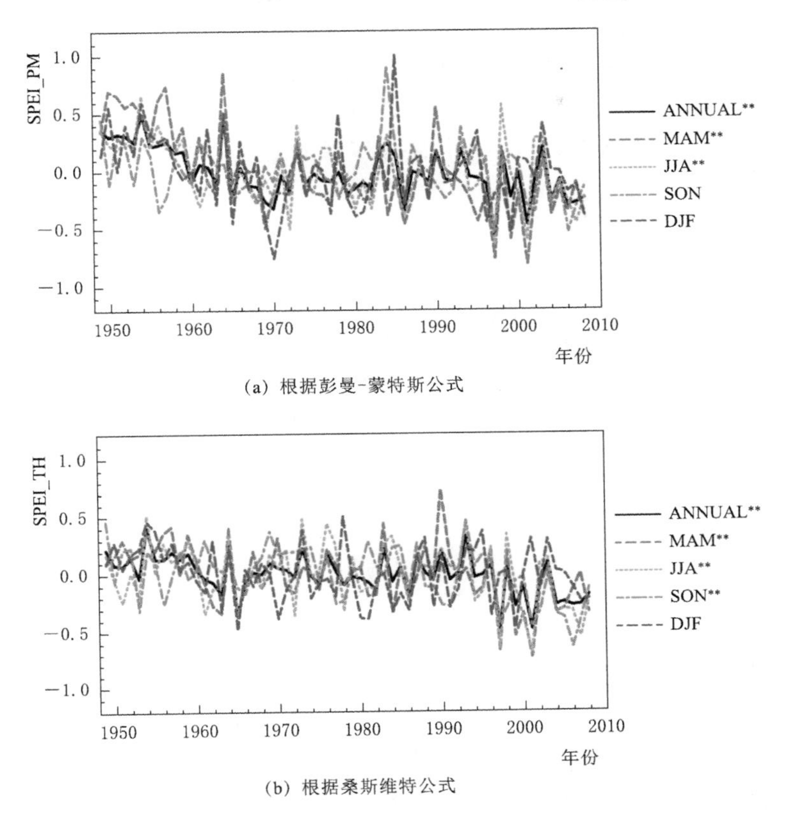

(a) 根据彭曼-蒙特斯公式

(b) 根据桑斯维特公式

图 11.9 1949—2008 年中国区域平均的年和季节 SPEI _ PM 及 SPEI _ TH 的变化趋势图
（“＊＊”代表通过了 95%的信度检验；ANNUAL 代表年；MAM 代表春季；
JJA 代表夏季；SON 代表秋季；DJF 代表冬季）

干，新疆北部和东北西部显著变湿。两种 SPEI 在地区和季节上的差异同样存在。这种差异在区域尺度上表现为：春季，SPEI _ PM 显著变干的面积和趋势明显大于 SPEI _ TH，青藏高原北部两者结果相反，即 SPEI _ PM 为显著变干，SPEI _ TH 为显著变湿。两种 SPEI 结果在夏季、秋季差异较小。冬季，SPEI _ TH 和 SPEI _ PM 除在干湿变化程度方面存在差异之外，新疆西部、黄河上游、西南东部和华南地区两者结果也相反，SPEI _ TH 为显著变湿（新疆西部变干），而 SPEI _ PM 则为显著变干（新疆西部变湿）。

11.5.2 1949—2008 年各级干旱事件的时空变化特征

图 11.10 是按照 SPEI 干湿标准给出的中国区域平均的各级湿润和干旱事件发生月数变化趋势。除了极端湿润事件外，其他干湿事件都有显著的变化趋势，其中显著减少的是中等湿润事件和轻度湿润事件，极端干旱事件、中等干旱事件和轻度干旱事件则显著增加。

分析了中国区域整体的干湿变化趋势后，根据 SPEI 定义的三类不同程度的干旱，分析了各等级干旱事件的变化。从图 11.10 可以看出，与 SPEI 减小趋势相对应，各级干旱事件显著增加。SPEI _ PM 结果表明：20 世纪 60 年代至 70 年代中期，以及 20 世纪 90 年代中期以来的两个时段，是极端干旱的相对多发期。相对于极端干旱变化而言，中等干旱的增加趋势更显著，多发期与极端干旱相仿。轻度干旱整体上则呈现持续增加趋势。就 SPEI _ TH 来说，极端干旱多发期只出现在 20 世纪 90 年代中后期以后；中等干旱方面，SPEI _ TH 与 SPEI _ PM 结果较为一致；轻度干旱的增加趋势则不显著。

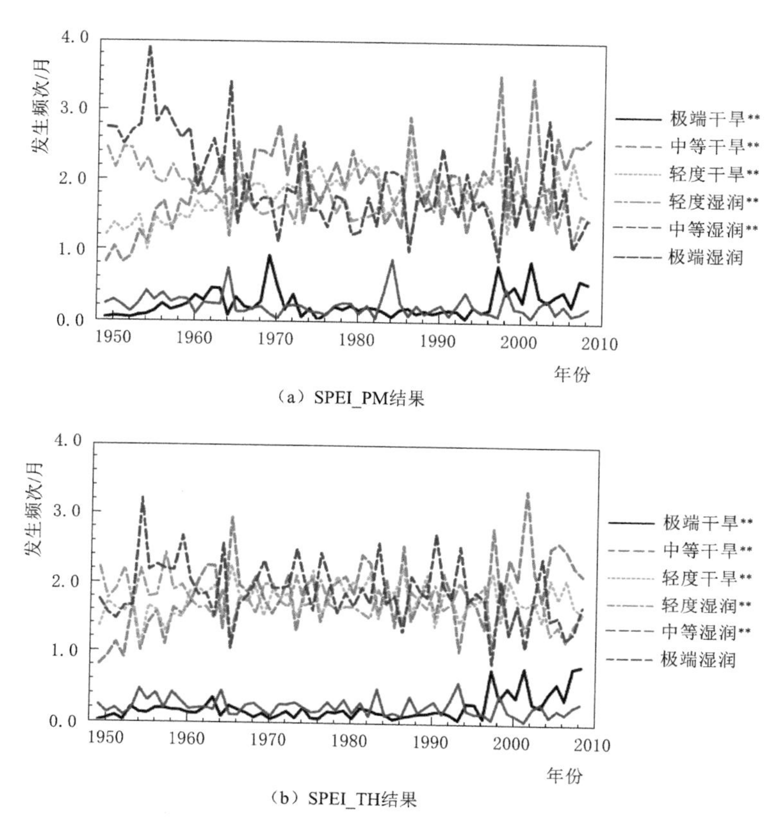

图 11.10　1949—2008 年中国区域平均的年均各类干湿事件发生月数趋势图
（“＊＊”表示通过了 95%的信度检验）

图 11.11 是 1949—2008 年中国区域平均的季节尺度轻度、中等和极端干旱发生月数的变化趋势。在变化趋势特征最显著的冬季、春季，轻度干旱的变化可以概括为中间多、两头少，20 世纪 50 年代和 2000 年后轻度干旱发生较少，中间时段较多。中等和极端干旱也在春季、夏季的增加趋势最显著，秋季、冬季增加趋势不明显。相对于中等干旱的逐渐增加，极端干旱增加只集中在两个时段，一是 20 世纪 60 年代和 70 年代，二是 20 世纪 90 年代中期以后。与年平均结果相似，SPEI _ TH 和 SPEI _ PM 只在轻度和极端干旱方面存在较大差异，即与 SPEI _ PM 所示的轻度干旱先增加再减小趋势不同，SPEI _ TH 的变化特征不明显，且 SPEI _ TH 的极端干旱发生月数在 20 世纪 60 年代和 70 年代要远小于 SPEI _ PM 结果。

两种 SPEI 结果均显示：河套、华北、西北南部和东北的中等干旱显著增加。四季中，春季中等干旱增加趋势显著的区域最多，且主要在华北、河套、东北和长江中下游

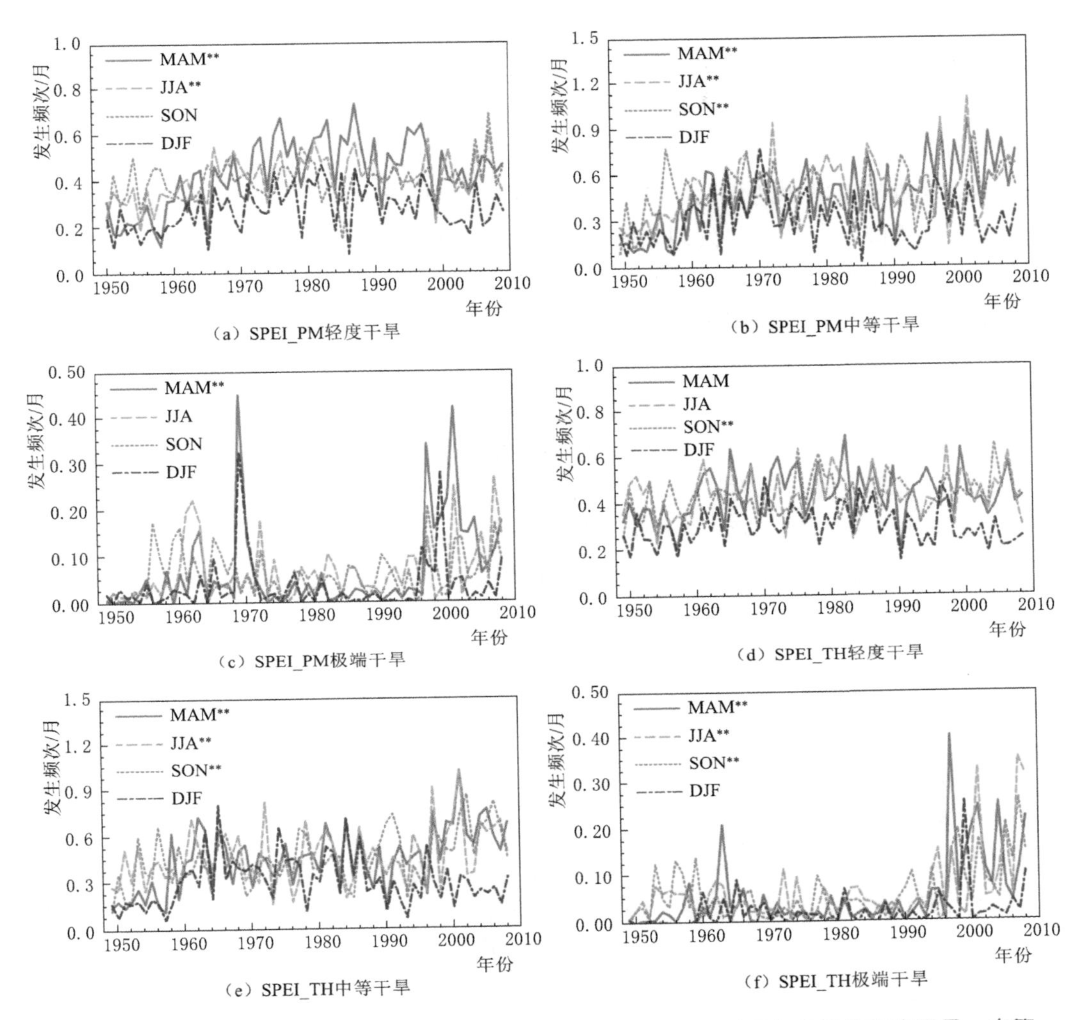

图 11.11 1949—2008 年 SPEI _ PM 和 SPEI _ TH 所示的中国区域平均的季节轻度干旱、中等干旱和极端干旱发生月数趋势图（"＊＊"代表通过了 95%的信度检验；MAM 代表春季；JJA 代表夏季；SON 代表秋季；DJF 代表冬季）

地区，其他季节增加趋势显著的地区只有华北和东北。相对于中等干旱，轻度和极端干旱变化的空间特征不明显，出现轻度和极端干旱显著增加或减小的区域相对较少，增加趋势明显的地区与中等干旱明显增加的地区一致。在总体增加趋势最明显的春季，极端干旱显著增加的地区主要位于内蒙古中部、河套和华北，其他季节变化显著的地区分布则比较零散，轻度干旱显著增加的地区主要位于华北北部。SPEI _ TH 与 SPEI _ PM 差异较大的地区主要位于新疆北部、云南、华南和青藏高原北部等地，四季中，冬季、春季的差异最大。

11.5.3 SPEI _ PM 和 SPEI _ TH 差异原因分析

一个地区干湿变化的决定性因子是降水。1948—2008 年平均降水量变化空间上呈东北至西南向的正—负—正分布，东北东部、华北、河套和西南的部分地区为显著减少趋势，西北西部、华东和华南为显著增加。季节上，江淮和长江以南地区降水变化的季节差异最大，除夏季降水为增加趋势外，其他季节均为不同程度的减少，东北东部、华北、河套和西南的部分地区降水减少趋势在夏季、秋季最为显著。

在年降水量显著减少的华北、西南、长江中下游和海南岛等地区，对应 SPEI 显著减小。但是从四季降水变化趋势发现，降水和 SPEI 变化的对应关系存在不同，特别是在春季，即某些降水增加的地区对应 SPEI 减小，例如春季的山东半岛；另外，某些降水减少不显著地区对应 SPEI 的显著减小，例如在内蒙古、华北和东北。这说明降水对干湿变化有指示作用，但是在某些地区和季节也具有局限性。

在 PET 方面，桑斯维特公式和彭曼-蒙特斯公式计算的 PET（PET _ TH 和 PET _ PM）不仅在空间分布上具有很大差异，同时在季节循环和年际变化上差异同样存在［图 11.12（a）］。差异主要表现在：与 PET _ PM 相比，PET _ TH 冬季、春季偏小，夏季偏大，变化与温度变化曲线一致，7 月最大；而 PET _ PM 峰值则出现在 6 月，4—6 月两者间差异达到最大。在年代际尺度上，除了整体均值大于 PET _ TH 外，PET _ PM 的增加趋势也比 PET _ TH 明显。区域水平上［图 11.12（b）～（g）］，在长江以北地区，PET _ TH 与 PET _ PM 结果在 4—6 月差异（负偏差）较大，7—9 月由负偏差转为正偏差，9 月之后转为负偏差；长江流域和西南地区，PET _ TH 都偏小，且在 7 月之前，负偏差逐渐增加，之后两者间差异减小；而在华南，两者间差异与长江以北地区类似，但 PET _ TH 从负偏差转为正偏差的时间为 5 月，由正偏差转为负偏差的时间为 10 月，单峰特征比北方更明显。

变化趋势上，两种 PET 结果在中国区域整体上都为增加趋势。但在不同地区 PET _ PM 增加与 PET _ TH 有别。东北、华北、江淮等地区，PET _ PM 在 20 世纪 60 年代中期到 80 年代为相对高值阶段，这一特征对应着 SPEI _ PM 定义的各级干旱在这一时段发生较多，同时也对应着 SPEI _ PM 在这一时段较大的负值区间，而在 PET _ TH 的变化趋势中并不存在这一特征。

从分析结果来看，PET _ TH 和 PET _ PM 之间较大差异源于桑斯维特公式仅考虑了热量因子对 PET 的贡献，而彭曼-蒙特斯公式则是综合考虑了热量和空气动力两个因子。虽然热量因子对 PET 的贡献较高，但随着一年四季气候条件的变化，空气动力因子项的影响也在不停变化，图 11.20 中的橙色线和绿色线分别是彭曼-蒙特斯公式中的辐射因子项和空气动力因子项的季节变化，从春季到夏季，辐射因子项是主导因子，但在秋季、冬季，空气动力因子项逐渐占主导地位。在空间上，北方地区的空气动力因子项对总 PET 的贡献大于南方。此外，通过计算发现 1949—2008 年辐射因子项对全年总 PET 的贡献占比为 80%，但具有明显的下降趋势（约下降了 10%）。四季中，以秋季、冬季和春季下降趋势最为明显，而空气动力因子项的影响不断增加，特别是在北方地区。这说明在估算这里的 PET 时，辐射因子项和空气动力因子项的影响都不能忽视，而在南方，PET 的决定因子是辐射因子项。

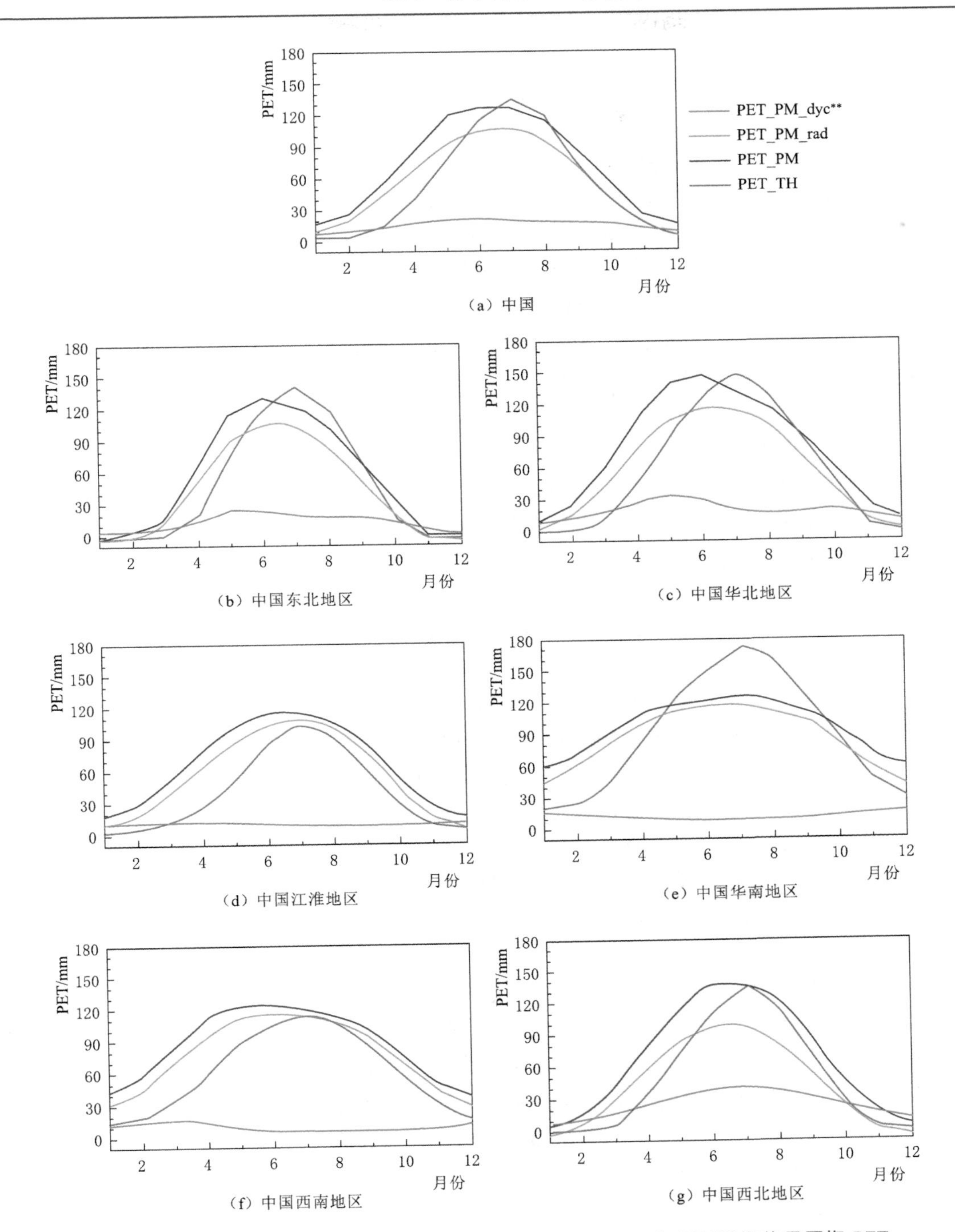

图 11.12 基于桑斯维特和彭曼-蒙特斯两个公式计算的中国各区域平均的月平均 PET
(PET _ TH 代表基于桑斯维特公式的 PET；PET _ PM 代表基于彭曼-蒙特斯公式的 PET；PET _ PM _ rad 代表彭曼-蒙特斯公式的辐射因子项；PET _ PM _ dyc 代表彭曼-蒙特斯公式的空气动力因子项；“ * * ” 代表通过了 95%的信度检验)

11.6 本　章　小　结

本章首先分析了常用的两种干旱指数 SPEI 和 PDSI 在中国区域的差异以及温度、降水对二者的影响，然后研究了基于两种算法的 PET 在中国区域的差异，最后我们利用这两种 PET 计算方法，结合干旱指数 SPEI，分析了基于两种 PET 的 SPEI 揭示的中国不同区域的干湿变化，同时分析了两种 SPEI 在中国不同区域之间的差异。主要结论如下。

（1）空间分布上，中国不同区域的 SPEI 和 PDSI 变化表明，1961—2010 年干湿变化主要表现为北方变干，显著变干的地区位于华北和河套等地区。区域水平上，PDSI 和 SPEI 揭示的各地区干湿变化趋势和程度有较大差别。二者一致性较好的地区位于东部，河套和华北的趋势一致性较高，差异较大的地区主要位于西部，PSDI 在西北表现为显著的变湿趋势，SPEI 则与之相反。就季节而言，冬季二者差异最小。

造成 SPEI 和 PDSI 存在较大差异的原因是，二者的计算过程和表达干湿的原理具有很大的差别，即温度和降水变化对二者的影响程度不同。就中国区域平均而言，降水变化对 PDSI 的变化起主导作用，对 PDSI 的方差贡献为 50%，而对 SPEI 的方差贡献只有 20%，温度变化的影响在 SPEI 变化中体现得最明显。在 SPEI 和 PDSI 一致性较高的东北、华北和河套等地区，SPEI 和 PDSI 更多体现的是温度和降水变化的综合影响；而在华南和西南等地区，SPEI 和 PDSI 的主导因子都是降水。在西北，除冬季外，SPEI 对温度的敏感度远远大于降水变化，温度对 SPEI 的解释方差约为 50%；而 PDSI 在西北地区的主导因子是降水，降水对 PDSI 的解释方差约为 60%。

（2）基于桑斯维特公式和彭曼-蒙特斯公式计算的 PET 之间存在很大的差异。首先温度是桑斯维特公式唯一的自变量，因此温度与 PET _ TH 的相关系数在中国大多数地区都很高，特别是在华北和西南。而温度与 PET _ PM 的相关系数只在华北和江淮较高，在华南、西北等地区，二者相关性较差。在时间演变上，在与温度相关性较好的地区，如东北、华北等，两种 PET 变化趋势一致，在西南、华南和西北的部分地区，两种 PET 的变化趋势相反。

（3）基于两种 PET 算法（桑斯维特公式和彭曼-蒙特斯公式）的 SPEI 都显示 1948—2008 年中国区域为一致变干趋势，空间分布上表现为以长江为界的南涝北旱，北旱主要发生在内蒙古中部、华北、东北和四川东部，南涝变化趋势则较不显著。四季中以春季的变干最为突出。同时两种 SPEI 在具体区域和季节上仍然有差异。差异较大的地区主要位于新疆北部、云南、华南和青藏高原北部等地；差异较大的季节是冬季、春季。

造成两种 SPEI 间差异的原因主要是桑斯维特公式计算的 PET 只考虑了热量因子的影响，这种算法会在一定程度上漏掉某些由于空气动力因子变化引起的干湿事件。总的来说空气动力因子的变化加剧了我国的东北部地区（华北和东北）干旱进程；而在我国南方，空气动力因子变化有利于该地区的湿润化。总的来说基于彭曼-蒙特斯公式计算潜在蒸散发的 SPEI 在我国北方具有更好的适用性。

第12章　中国极端干旱变化趋势分析

12.1　概　　述

相对于一般干旱而言，极端干旱所造成的影响和损失更为严重。鉴于极端干旱的极大危害性，对极端干旱进行专门研究有重要意义。由于PDSI对干旱的严重程度具有较好的描述能力（卫捷和马柱国，2003），因此利用PDSI对中国极端干旱变化情况进行分析。同时考虑到东亚地区季风气候特征明显，夏季（6月、7月、8月）高温多雨，冬季（12月、1月、2月）寒冷少降水，因此本章只针对夏、冬两季的极端干旱变化进行研究。

本章利用综合考虑温度和降水作用的PDSI定义了极端干旱，并以此对夏、冬两季极端干旱发生的时空特征进行分析；最后，对各区域极端干旱变化趋势中的温度和降水作用进行成因分析，并从大气环流场角度对极端干旱的变化趋势进行了解释。

12.2　极端干旱指标定义及分析方法

使用的数据包括中国气象局国家气候中心提供的中国区域540个气象观测站1961—2009年月平均温度和降水数据。为方便描述区域尺度上的差异，仍按照第10章的区域划分进行分区域研究。使用的大气环流资料是美国国家环境预报中心的高度场、风场、比湿数据，以及英国气象局哈德莱中心的海洋表面温度数据。

12.2.1　指标定义

使用的PDSI是由安顺清和邢久星（1985）进行修正后的PDSI计算公式。当PDSI≤−3.0时，被视为严重或极端干旱，这里只关注PDSI≤−3.0时的干旱状况，下文为叙述方便把PDSI≤−3.0统称为极端干旱。

12.2.2　分析方法

利用气候变化趋势转折判别模型（Piecewise Linear Fitting Model，PLFIM；Tomé et al.，2004）计算了1961—2009年中国8个区域夏季、冬季平均极端干旱发生概率变化的趋势转折点，以及每个区域在每个转折时段内的变化趋势；同时也计算了各站点1961—2009年极端干旱的发生率。其中，各区域极端干旱发生概率为各区域内发生极端干旱站点的加权面积占该区域总面积的百分比。各区域夏季或冬季平均极端干旱发生概率的具体计算方法为：将中国区域划分为2.5°×2.5°（纬度×经度）的网格矩阵，对每个网格内PDSI≤−3.0的站点数求算数平均，最后对8个区域内的每个网格进行面积加权求得各区域的极端干旱发生概率，而极端干旱发生率为各站点发生极端干旱的年数占总年数的百分比。

对极端干旱发生概率进行成因分析时，共计算了3种情形下的夏季、冬季极端干旱发生概率变化序列，分别为：①原始的夏季、冬季平均降水和温度观测序列（情形1）；②原始的夏季、冬季平均降水序列和去掉年代际趋势的夏季、冬季温度变化序列（情形2）；③原始的夏季、冬季平均温度序列和去掉年代际趋势的夏季、冬季降水变化序列（情形3）。其中，温度和降水年代际趋势为该要素的11年滑动平均，去除温度和降水年代际趋势旨在检测温度和降水年代际变化对极端干旱发生概率的影响。对极端干旱变化趋势的大气环流背景场进行分析时，重点关注了各区域最后一次趋势转折前后大气环流场的变化特征。

12.3　中国夏季、冬季极端干旱变化趋势

在夏季暖干化趋势和冬季北方暖湿化、南方暖干化的大背景下，以下着重分析各区域极端干旱发生的时空变化特征以及温度和降水变化对极端干旱发生的影响。

12.3.1　中国夏季、冬季极端干旱发生率的空间分布

夏季，中国35°N以南地区极端干旱发生率较以北地区要低，其中北方的西北中部和东北西部是极端干旱的高发区域；冬季，西北极端干旱发生率较低，东北极端干旱发生率则最高。总体上，夏季极端干旱发生率空间分布呈南北分布，冬季呈东西分布。就季节而言，冬季情形2和情形3对应的极端干旱发生率与实测（指情形1，下同）之间的差异要小于夏季；就空间分布而言，两种情形（情形2和情形3）对应的极端干旱发生率与实测之间的差异在北方地区较大；就两种假设情形而言，相对于情形3，情形2对应的极端干旱发生率与实测场间差异较小，即温度变化对极端干旱发生率的影响总体上不及降水的影响。

12.3.2　夏季极端干旱发生概率变化特征

1961—2009年，8个区域夏季极端干旱发生概率均在1990年前后发生了明显的趋势性转折，除高原东部转为下降趋势外，其他地区极端干旱发生概率都转变为增加趋势，其中以东北和华北的增加趋势最明显（图12.1中折线图）。就整个时段而言，东北、华北、江淮和西北东部的极端干旱发生概率呈明显增加趋势，西北西部整体呈显著的下降趋势，南方3个区域极端干旱发生概率变化呈波动型。

从情形2和情形3对应的8个区域夏季极端干旱发生概率与实测之间的差异（图12.1中柱状图）可以看出，情形2对应的夏季极端干旱发生概率与实测之间差异较小，即温度变化对极端干旱发生概率影响相对较小，极端干旱发生概率主要由降水变化主导。但2000年后，在高原东部以外地区，降水主导的极端干旱发生概率与现实之间的差异（偏少）增大，温度主导的极端干旱发生概率（情形3）与实测之间差异的数值和降水接近，即在2000年前降水变化主导各区域极端干旱发生概率；之后，温度变化对夏季极端干旱发生概率的影响已不能忽视。具体到区域，2000年后情形2和情形3对应的极端干旱发生概率在东北、华北和西北东部较实测都偏少；在江淮、华南、西南和西北西部，情形2较实测偏少，而情形3较实测则偏多。结合1961—2009年8个区域夏季温度和降水变化趋势，

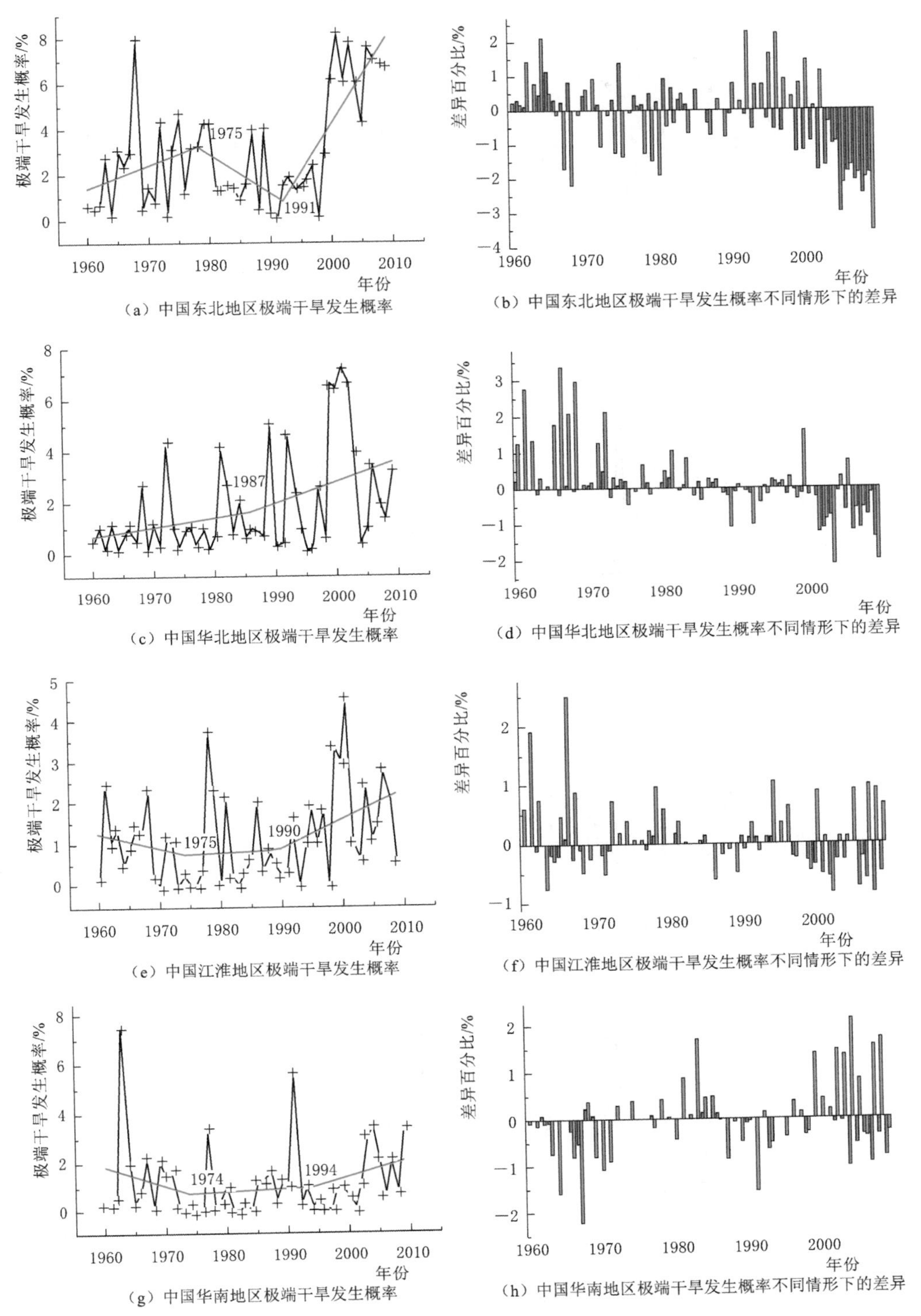

（a）中国东北地区极端干旱发生概率

（b）中国东北地区极端干旱发生概率不同情形下的差异

（c）中国华北地区极端干旱发生概率

（d）中国华北地区极端干旱发生概率不同情形下的差异

（e）中国江淮地区极端干旱发生概率

（f）中国江淮地区极端干旱发生概率不同情形下的差异

（g）中国华南地区极端干旱发生概率

（h）中国华南地区极端干旱发生概率不同情形下的差异

图 12.1（一） 1961—2009 年夏季中国 8 个区域极端干旱发生概率的变化以及情形 2 和情形 3 下极端干旱发生概率与情形 1 下的差异（“－＋－”代表夏季极端干旱发生概率；“—”代表各转折时段上夏季极端干旱发生概率线性变化趋势；“▬”代表情形 2 与情形 1 的差值；“▬”代表情形 3 与情形 1 的差值）

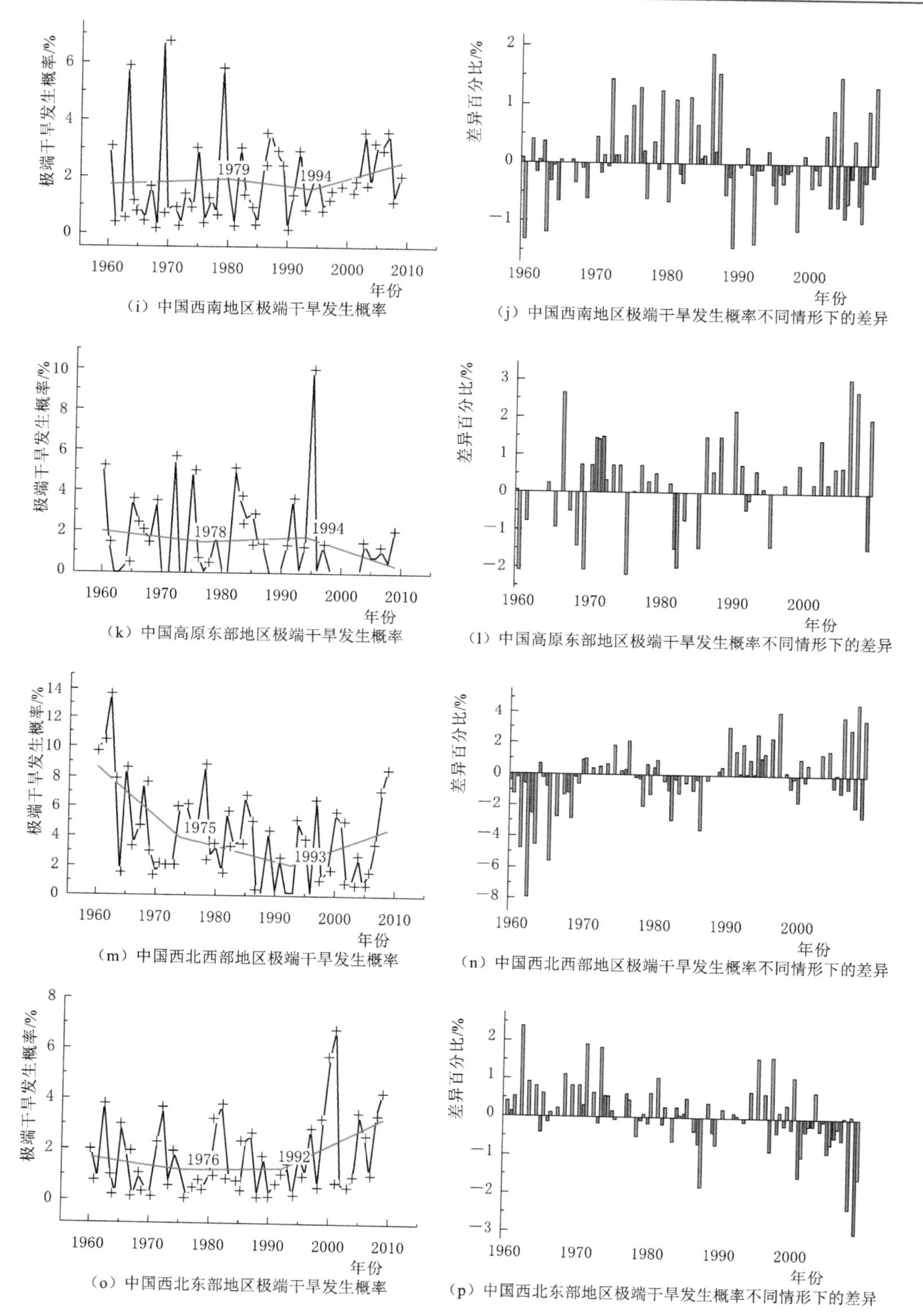

（i）中国西南地区极端干旱发生概率

（j）中国西南地区极端干旱发生概率不同情形下的差异

（k）中国高原东部地区极端干旱发生概率

（l）中国高原东部地区极端干旱发生概率不同情形下的差异

（m）中国西北西部地区极端干旱发生概率

（n）中国西北西部地区极端干旱发生概率不同情形下的差异

（o）中国西北东部地区极端干旱发生概率

（p）中国西北东部地区极端干旱发生概率不同情形下的差异

图 12.1（二）　1961—2009 年夏季中国 8 个区域极端干旱发生概率的变化以及情形 2 和情形 3 下极端干旱发生概率与情形 1 下的差异（“—+—”代表夏季极端干旱发生概率；“—”代表各转折时段上夏季极端干旱发生概率线性变化趋势；“▬”代表情形 2 与情形 1 的差值；“▬”代表情形 3 与情形 1 的差值）

发现东北、华北和西北东部在温度增加、降水减少的大趋势背景下，温度与降水变化的反位相（降水多对应温度低，或者降水少对应温度高）特征使这些区域极端干旱发生概率的增加趋势更加突出，从而导致由单一温度（情形 3）和降水（情形 2）主导的极端干旱发生概率较实测都偏少。在江淮、华南和西北西部，降水变化表现为趋势不明显或为增加趋势，温度为升温趋势，即在这些地区 2000 年后降水的增加趋势在一定程度上掩盖了温度增加导致的极端干旱增加趋势。高原东部的极端干旱发生概率则始终由降水主导。

前面分析得到，1961—2009 年 8 个子区域夏季极端干旱发生概率在 1990 年前后都发生了明显的趋势转折，转折后所有地区的极端干旱发生概率都呈显著增加趋势。因此，对中国区域平均的极端干旱发生概率变化趋势进行了趋势转折判断，发现在 1992 年发生了趋势转折，极端干旱发生概率从前期的减少趋势转变为增加趋势（图 12.2）。以下利用美国国家环境预报中心的大气环流数据对极端干旱发生概率发生趋势突变前后的大气环流进行对比分析。

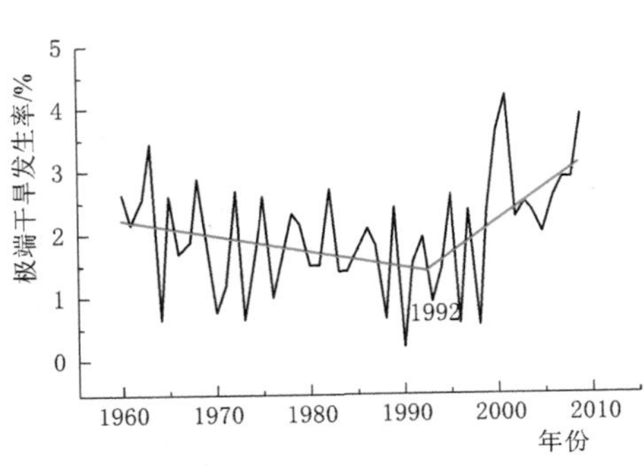

图 12.2 1961—2009 年中国区域平均的夏季极端干旱发生率变化趋势

夏季极端干旱转折前，北半球海洋表面温度（Sea Surface Temperature，SST）空间分布表现为太平洋年代际振荡模态（PDO）的正位相。欧亚大陆中纬度高层 200hPa 风场异常表现为一个明显的纬向波列。500hPa 高度异常的分布特征有利于我国北方地区降水的增加。

转折后，北半球 SST 空间分布表现为 PDO 的负位相。200hPa 和 500hPa 的环流场和前期相比具有显著的差异。首先，200hPa 上中纬度波列位置明显偏北，波动位相与前期呈反向分布，500hPa 上中国北方上空主要受到位于贝加尔湖地区异常高压影响，30°N 以北地区处于反气旋前部的偏北气流中，不利于产生降水，新疆地区则主要被巴尔克什湖北部异常低压控制。

1961—1991 年和 1992—2008 年两个时段的整层水汽通量分布上，相对于 1961—1991 年，1992—2008 年在中国区域上表现为一致的北风异常，在贝加尔湖南部存在一个异常反气旋环流，这一反气旋环流的偏南气流给新疆北部带来了水汽辐合，异常北风气流导致了华北、东北、长江中下游、华南以及四川东部地区的水汽辐散。

综上，转折前，我国东部夏季位于南风的气流辐合区中。转折后则处于暖高压的控制下，盛行下沉气流，有利于温度增加和降水减少，从而使得夏季我国极端干旱发生。

12.3.3 冬季极端干旱发生概率变化特征

1961—2009 年，各区域冬季极端干旱发生概率也在 20 世纪 90 年代发生了线性趋势转折（图 12.3 中折线图）。转折后，位于东部季风区的东北、华北、华南和西南的极端干旱发生概率转变为明显的增加趋势，而位于内陆的西北西部和高原东部则转变为明显的减小趋势。在整个时段上，东部的东北、华北、华南和西南的极端干旱发生概率为增加趋势，西北西部为明显的减少趋势，其他地区变化趋势则不明显。

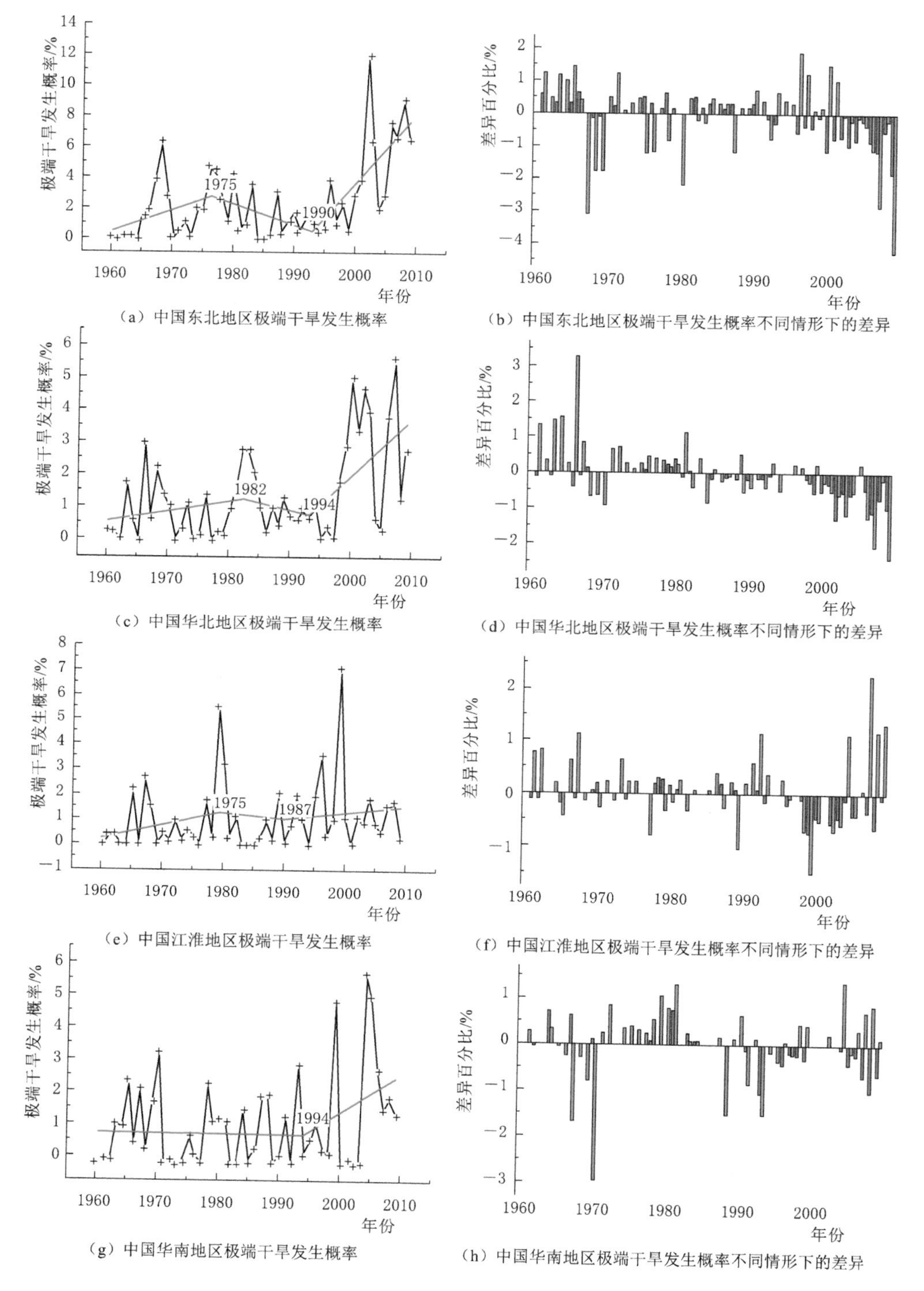

（a）中国东北地区极端干旱发生概率

（b）中国东北地区极端干旱发生概率不同情形下的差异

（c）中国华北地区极端干旱发生概率

（d）中国华北地区极端干旱发生概率不同情形下的差异

（e）中国江淮地区极端干旱发生概率

（f）中国江淮地区极端干旱发生概率不同情形下的差异

（g）中国华南地区极端干旱发生概率

（h）中国华南地区极端干旱发生概率不同情形下的差异

图 12.3（一）　1961—2009 年中国 8 个区域冬季极端干旱发生概率的变化趋势及情形 2 和情形 3 下极端干旱发生概率与情形 1 的差异（“－＋－”代表冬季极端干旱发生概率；“—”代表各转折时段冬季极端干旱发生概率线性变化趋势；“▬”代表情形 2 与情形 1 的差值；“▬”代表情形 3 与情形 1 的差值）

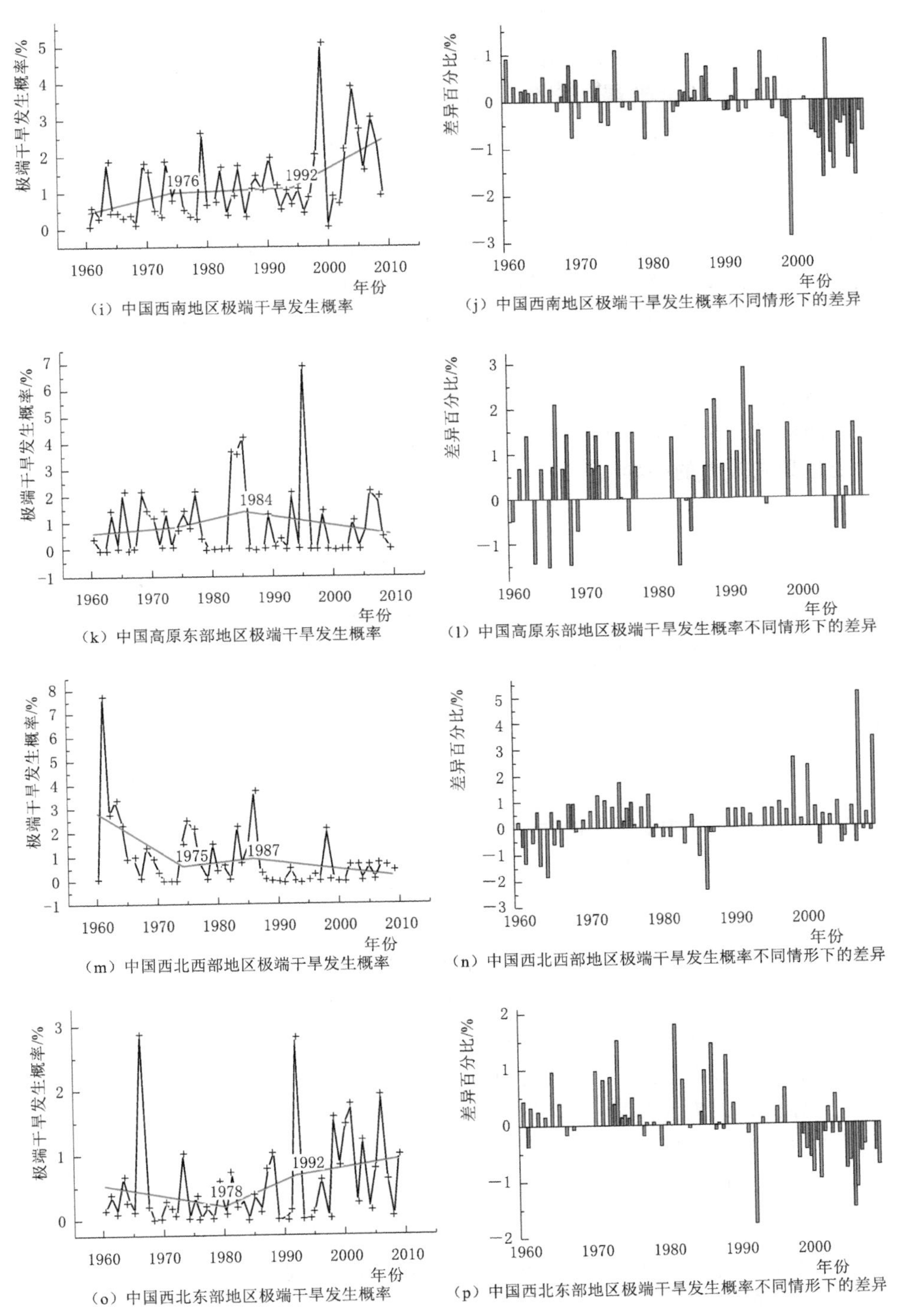

（i）中国西南地区极端干旱发生概率

（j）中国西南地区极端干旱发生概率不同情形下的差异

（k）中国高原东部地区极端干旱发生概率

（l）中国高原东部地区极端干旱发生概率不同情形下的差异

（m）中国西北西部地区极端干旱发生概率

（n）中国西北西部地区极端干旱发生概率不同情形下的差异

（o）中国西北东部地区极端干旱发生概率

（p）中国西北东部地区极端干旱发生概率不同情形下的差异

图 12.3（二）　1961—2009 年中国 8 个区域冬季极端干旱发生概率的变化趋势及情形 2 和情形 3 下极端干旱发生概率与情形 1 的差异（“－＋－”代表冬季极端干旱发生概率；“—”代表各转折时段冬季极端干旱发生概率线性变化趋势；“▬”代表情形 2 与情形 1 的差值；“▬”代表情形 3 与情形 1 的差值）

图 12.3 中的柱状图是情形 2 和情形 3 下的 8 个区域极端干旱发生概率与实测之间的差异。总体而言，情形 2 和情形 3 对应的冬季极端干旱发生概率与实测之间的差异都较夏季小，但降水仍然是冬季极端干旱发生概率变化的主导因子，特别是在 2000 年之前。2000 年后，在西北西部和高原东部外的地区，情形 2 对应的极端干旱发生概率与实测之间的差异显著增大，即降水对极端干旱发生概率的主导作用减弱。将各地区极端干旱发生概率变化对应 1961—2009 年温度和降水的变化趋势，可以发现 2000 年后降水主导的极端干旱发生概率与实际间的差异增大与冬季的剧烈增温相对应。其中，在东北和华北，2000 年后温度的不明显降低和降水的增加虽然有利于极端干旱发生概率减小，但二者的反位相波动变化使极端干旱发生概率增加；而在西南和西北东部，冬季温度升高和降水减少有利于极端干旱发生概率增加；华南 2000 年后极端干旱发生概率的增加趋势对应着温度的整体升高和降水的整体减少，温度和降水的这种变化特征都有利于极端干旱发生概率增加，但温度主导的极端干旱发生概率（情形 3）比实测偏多，这可能源于该地区各站点之间温度和降水变化具有较大的差异。

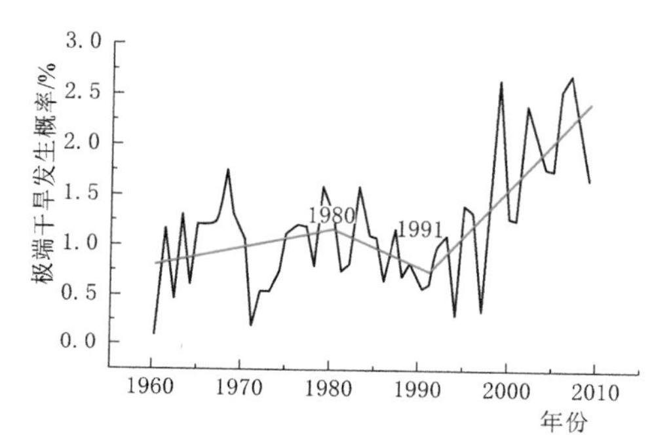

图 12.4　1961—2009 年中国区域平均的冬季极端干旱发生概率变化趋势

冬季，8 个地区的极端干旱发生概率与夏季类似，也在 1990 年前后发生了明显的趋势转折，转折后极端干旱增加趋势更加明显。但和夏季不同的是，冬季极端干旱发生概率在 1980 年也发生过一次趋势突变，突变前极端干旱呈增加趋势，突变后极端干旱趋于减小（图 12.4）。以下对我国冬季极端干旱转折前后进行分析时，只就 1991 年前后的两个时段进行分析。

我国冬季极端干旱发生概率在 1991 年发生转折，转折前，北半球 SST 空间分布表现为 PDO 正位相。欧亚大陆的中纬度地区高层 200hPa 风场表现为一明显的气旋型环流，我国 30°N 以北地区处于气旋环流下部的偏西气流中，华北和东北位于气旋性环流东西风的交汇处。500hPa 高度场上，我国大部分地区受到西伯利亚附近异常低压的影响，这种中高空的配置，有利于低空对流和降水的发生。

转折后，北半球 SST 空间分布表现为 PDO 的负位相。200hPa 和 500hPa 环流场和前期大气环流形势具有很大的差异。200hPa 上我国处于较弱的西风气流中，30°N 以南地区被反气旋环流控制。500hPa 高度场上，我国被青藏高原地区异常高压控制，受到暖高压东部偏西北气流的影响。200hPa 和 500hPa 的中高空配置使我国在转折的后一阶段处于下沉气流的控制下，产生高温和蒸发加强，从而在这一阶段我国东部极端干旱易于多发。同时在水汽通量场上，1991 年转折后我国大部分地区的水汽通量虽没有明显的变化，但是在西北仍存在异常的水汽辐合，南方存在异常的水汽辐散，这种水汽通量的南北配置，在一定程度上解释了我国冬季西北极端干旱的减少和南方极端干旱的增加。

综上，水汽通量的这种变化在一定程度上解释了我国冬季极端干旱南多北少的变化特征。同时在大气环流的中高空配置上，转折前为中低层辐合、高层辐散；转折后，中高层为一致的辐散气流。这种变化导致了转折后的升温和蒸发加强，从有利于极端干旱在转折后发生概率的增加。

12.4 本 章 小 结

本章利用PDSI分析了1961—2009年中国夏季、冬季极端干旱在不同区域的变化趋势特征，以及温度、降水和大气环流变化对极端干旱变化的影响。

1961—2009年，中国北方夏季极端干旱发生率要大于南方。在变暖背景下，各区域夏季极端干旱发生概率的年代际变化大都经历了2次或者以上的趋势转折。其中距今最近的一次转折发生在1990年前后，转折后在除高原东部以外的地区，极端干旱发生概率呈增加趋势，增加趋势显著的有东北、华北和西北地区。温度和降水两个因子中，降水与夏季极端干旱发生概率间对应关系较好，即降水增加，极端干旱发生概率减小，反之增加。8个区域中，高原东部的极端干旱发生概率始终由降水变化主导；在其他区域，20世纪90年代以前降水变化引起的极端干旱发生概率很大程度掩盖了温度引起的极端干旱发生概率，主导着实际极端干旱发生概率的变化。20世纪90年代后期以来，夏季增暖引起极端干旱发生概率的增加趋势一方面加剧了由于降水减少带来的极端干旱发生概率的增加趋势，如在华北和东北等地；另一方面也削弱了由于降水增加带来的极端干旱发生概率的减小趋势，如在江淮和华南等地。总的来说，就是单一降水变化引起的极端干旱发生概率与实际之间的差异逐渐增大，降水的主导作用被温度变化所削弱。

中国冬季极端干旱发生率空间分布特征为东北和东部沿海多于西部内陆地区，呈东西型分布特征。冬季极端干旱发生概率的年代际趋势相对于夏季较为简单。1961—2009年，全国大部分地区（除东北外）冬季极端干旱发生概率明显的趋势转折次数小于等于2次，变化幅度较小；同时8个地区距今最近的趋势转折点位置差异也较大。转折后，大部分地区极端干旱发生概率都呈现增加趋势，增加趋势明显的地区有东北、华北、华南和西南。与夏季类似，降水也是冬季极端干旱发生概率的主导因子。但是，随着冬季温度的明显升高，特别是20世纪90年代后期以来，温度升高加剧了因降水减少造成的极端干旱发生概率的增加趋势，降水对极端干旱的主导作用被显著削弱，如在华南和西南等地。此外，温度和降水波动变化的反位相叠加也在一定程度上加剧了极端干旱发生概率的增加趋势，例如在东北和华北，这说明除了年代际变化外，温度和降水的年代际变化率也能对极端干旱发生概率产生影响。

第 13 章　气候模式对 21 世纪中国干湿气候变化的预估

13.1　概　　述

全球持续变暖背景下，全球和区域尺度干湿气候如何变化是应对和适应气候变化的关键参考因素，也是气候变化预估领域的主题之一。以往关于未来世界范围内干旱变化趋势的研究总体表明：未来变暖背景下，全球干旱化趋势仍将继续。

近些年来，有关中国未来气候变化的预估研究仍多着眼于温度和降水及其极端值方面，对于干湿变化的关注有限。以往采用单一指标和少数模式数据的几项分析结果综合表明，21 世纪中国气候也存在变干倾向，但幅度及其地域分布具有很大的不确定性（姜大膀 等，2009；许崇海 等，2010；翟建青 等，2009；李明星 等，2012），目前需要采用更多的指标和新一代的气候模式结果开展工作。

13.2　基于 CMIP5 气候模式的未来中国区域的干湿变化趋势预估

13.2.1　资料和方法

本章用于预估的指标包括两个：一个是 SPEI _ PM（时间尺度为 1 个月），另一个是土壤湿度，使用的气候模式是 CMIP5/6 的 21 个 GCM 结果。

GCM 方面使用了 CMIP5 中满足 SPEI 计算需求的 21 个气候模式试验数据，相关信息见表 13.1。其中，用到的气象要素包括月平均温度（经地形校正后）、降水、地表气压、2m 风速（10m 风速转换）、相对湿度、比湿、地表长、短波辐射通量和整层土壤湿度；数据时间段为 1986—2100 年，其中 1986—2005 年为历史气候模拟试验数据、2006—2100 年为 RCP4.5 情景试验数据。用于评估模式模拟能力的再分析资料包括了美国普林斯顿大学研发的高分辨率全球陆面同化数据（Sheffield et al.，2006）以及美国国家环境预报中心的辐射数据。评估时段为 1986—2005 年，其间所有模式资料均插值到了与再分析一致的 0.5°×0.5°水平分辨率上。

13.2.2　模式评估

考虑到降水是干湿变化的主要影响因子，因此对 21 个 CMIP5 模式模拟的 1986—2005 年中国年平均降水量进行了评估，用到的统计指标包括模拟与观测之间的空间相关系数、标准差之比以及模拟相对于观测场的中心化均方根误差。在定量上，21 个模式模拟与观测场

表 13.1　　CMIP5 模式及其集合

序号	模　式	序号	模　式	序号	模　式
1	ACCESS1.0	9	GISS-E2-H	17	IPSL-CM5B-LR
2	ACCESS1.3	10	GISS-E2-H-CC	18	MIROC5
3	BCC-CSM1.1	11	GISS-E2-R	19	MIROC-ESM
4	BCC-CSM1.1（m）	12	GISS-E2-R-CC	20	MIROC-ESM-CHEM
5	BNU-ESM	13	HadGEM2-CC	21	MRI-CGCM3
6	CanESM2	14	INM-CM4	22	所有模式集合（MME-21）
7	CNRM-CM5	15	IPSL-CM5A-LR	23	较好模式集合（MME-10）
8	CSIRO-Mk3.6.0	16	IPSL-CM5A-MR		

的空间相关系数为0.47～0.89，均通过了95%的显著性检验；模式与观测场的标准差比值在各模式间有较大差异，大于1的模式分布相对稀疏，而小于1的模式则较为密集；同时，大多数模式标准化后的中心化均方根误差大多集中在小于0.75范围之内（图13.1）。由此可知，大部分模式对中国年平均降水气候态分布具有较好的模拟能力，少数模式模拟效果则要差一些。为此，除了关注所有21个模式的等权重集合平均（MME-21）外，我们也同时分析了择优选取的10个较优模式的集合平均结果（MME-10），其中择优的标准是模拟与观测场的标准差比值位于0.8～1.2区间，标准化后的中心化均方根误差小于0.75。相较于单个模式，MME-21和MME-10在评估时段与观测场之间具有更好的一致性，其中后者表现更优（图13.1）。

根据1986—2005年观测资料计算，干旱区占中国陆地总面积的16.9%，湿润区占26.4%，半干旱区占21.6%，半湿润区占35.1%。其中，干旱区主要分布在西北地区，湿润区主要位于长江中下游和东南沿海，半湿润区和半干旱区在空间上呈东北-西南向分布，主要包括东北、华北、黄河流域、云南北部以及青藏高原地区。这种干湿气候区的空间分布型与以往中国干湿气候区划格局相仿，特别是干旱区和湿润区吻合较好；差别主要是半干旱区和半湿润区的边界位置有所不同以及西北干旱区的干旱等级相对较低（周晓东 等，2002；申双和 等，2009），这很可能是源于PET算法及所用数据不同所致，因为早期工作通常只考虑降水和温度而忽略风速和水汽压等因子的作用。在大尺度上，MME-10合理地模拟出了中国干湿分布。其中，对湿润区和干旱区的模拟效果好于半干旱区和半湿润区；由于模式在高原东部地区模拟的降水普

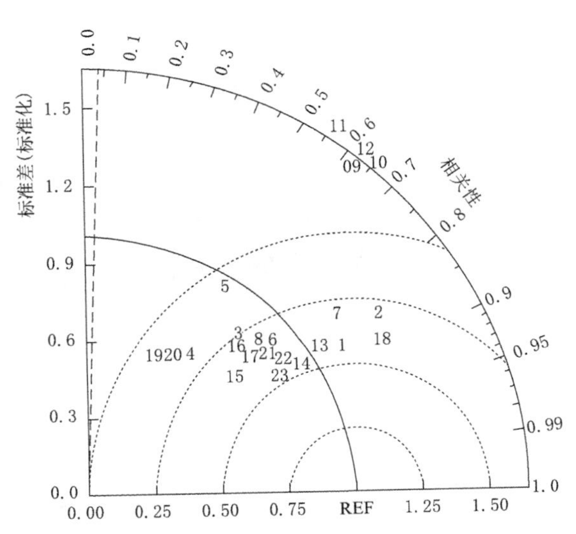

图13.1　1986—2005年21个模式及其集合平均模拟的中国区域年平均降水与观测的空间泰勒图（Taylor，2001）（图中序号对应表13.1中的模式序号）

遍偏多，造成了这一地区气候异常偏湿，与观测差异较大。另外，大多模式模拟的湿润区和半湿润区域面积偏大，干旱区面积偏小。模式结果集合总体上要优于单个模式，MME-10 优于 MME-21。

13.2.3 利用 SPEI _ PM 和土壤湿度预估的 RCP4.5 情景下中国未来干湿变化

13.2.3.1 SPEI _ PM 未来变化

RCP4.5 情景下，21 世纪中国区域年和季节平均 SPEI _ PM 总体上均呈减小趋势（图 13.2），MME-10 的减小幅度相比于 MME-21 要更大。10 年际尺度上，年和季节平均 SPEI _ PM 均表现为下降趋势，降幅在 21 世纪 50 年代左右达到最大，之后趋于缓和。从模式间离散度来看，20 世纪和 21 世纪末期模式间差异较大，21 世纪中期则较小（图 13.2 右列），表明 21 世纪 50 年代前后中国区域的变干趋势在模式间具有很高的一致性。在季节尺度上，春季变干最为明显，相对应的模式间离散度也最大，秋季和夏季次之，冬季则相对较小。这一暖季干旱化倾向与早期 Wang（2005）和 IPCC（2007）的研究结论一致，而冬季和春季干湿变化与以往研究所得的冷季变湿结论存在一定的差异，可能与所用的模式和方法不同有关。

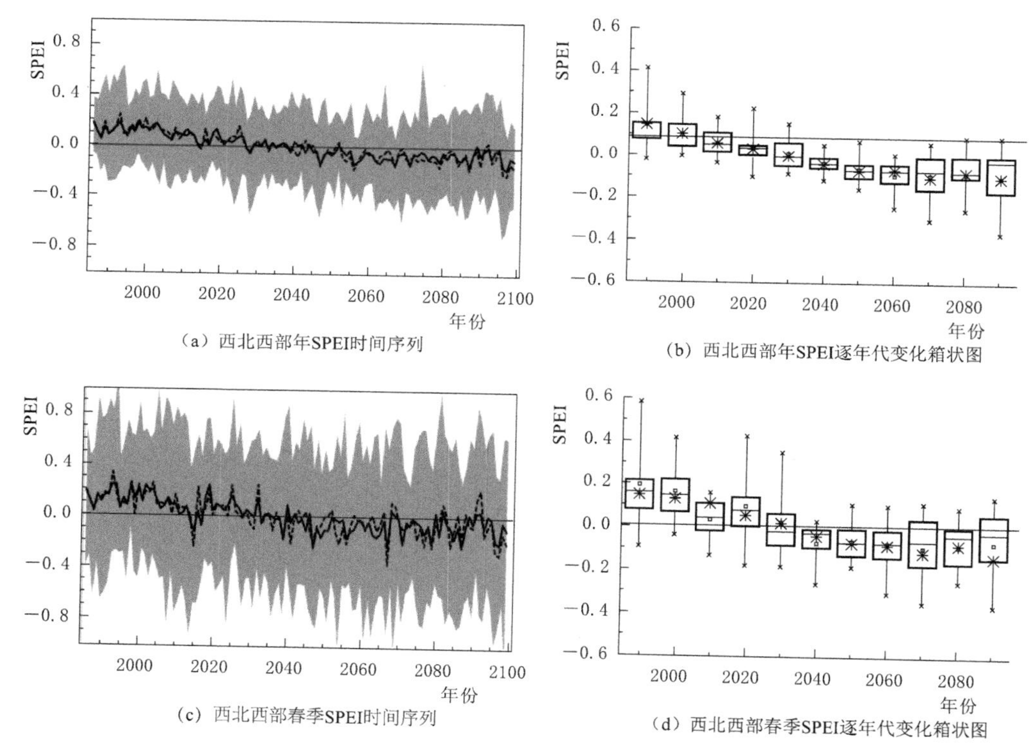

图 13.2（一）　1986—2100 年中国区域年和季节平均 SPEI 的年际和 10 年际变化（左列图中实线和虚线分别为 MME-21 和 MME-10 结果，阴影区代表模式模拟变化范围；右列箱状图中方框代表所有模式模拟 SPEI 的内四分位距，上、下枝状符号代表模式模拟最大值和最小值，空心点、枝状符号分别代表 MME-21 和 MME-10 结果）

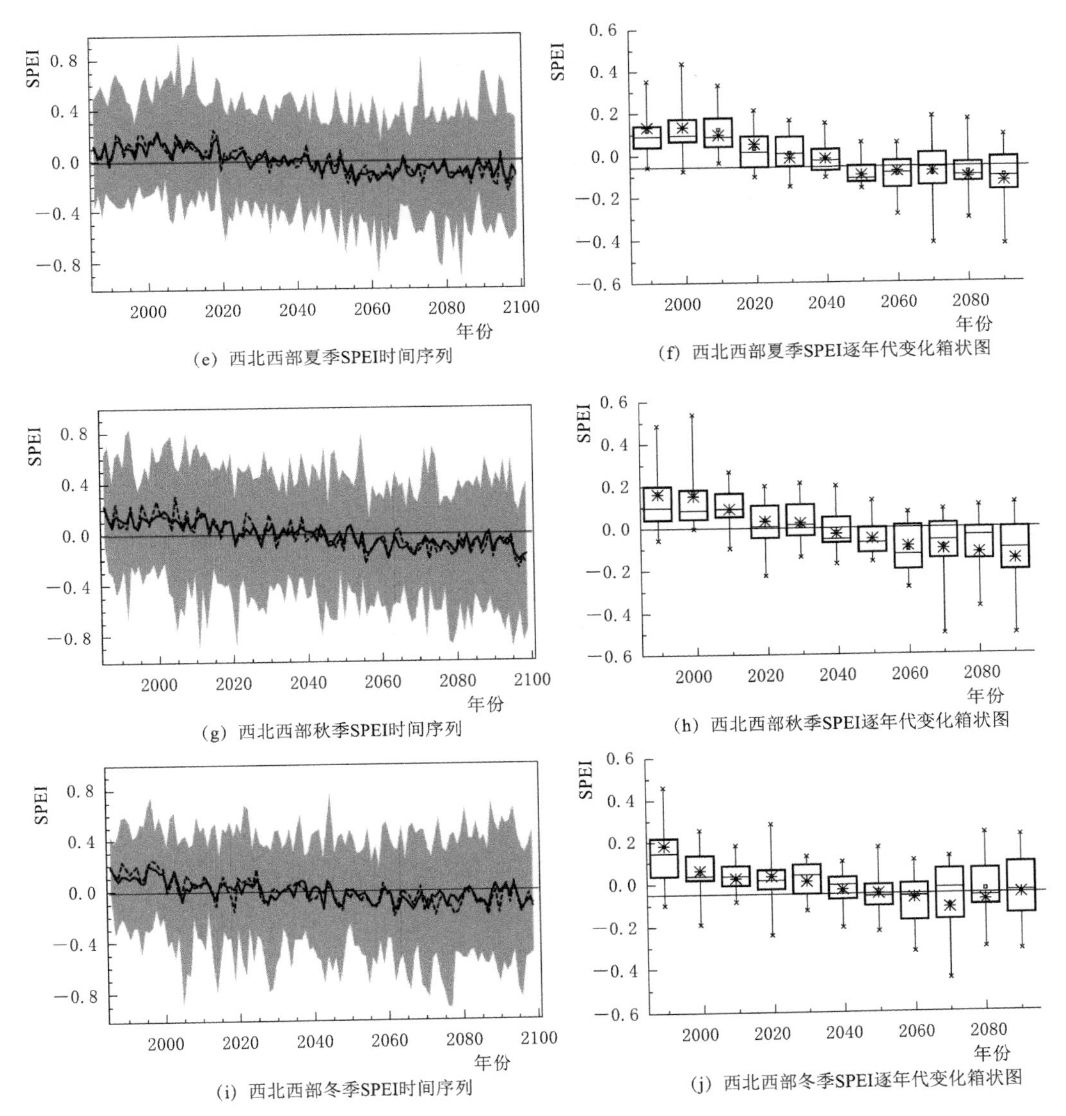

图 13.2（二） 1986—2100 年中国区域年和季节平均 SPEI 的年际和 10 年际变化（左列图中实线和虚线分别为 MME－21 和 MME－10 结果，阴影区代表模式模拟变化范围；右列箱状图中方框代表所有模式模拟 SPEI 的内四分位距，上、下枝状符号代表模式模拟最大值和最小值，空心点、枝状符号分别代表 MME－21 和 MME－10 结果）

图 13.3 给出了 1986—2100 年中国及其 7 个子区域内 4 个不同时段 SPEI 的季节循环变化。就中国区域平均而言，四季 SPEI _ PM 都有不同程度的减小，其中春季减幅最大。时空变化上，SPEI _ PM 变化具有很强的地域性和季节性。在包括东北、华北、西北的北方地区，春季和夏季 SPEI _ PM 减小最明显，其中华北夏季的变干主要发生在 21 世纪末期，其他地区暖季变干则表现出逐渐变干的特点；而在江淮、华南、西南等南方地区，SPEI _ PM 减小最明显的季节主要是冬季和春季，其中江淮和西南除冷季明显变干外，暖

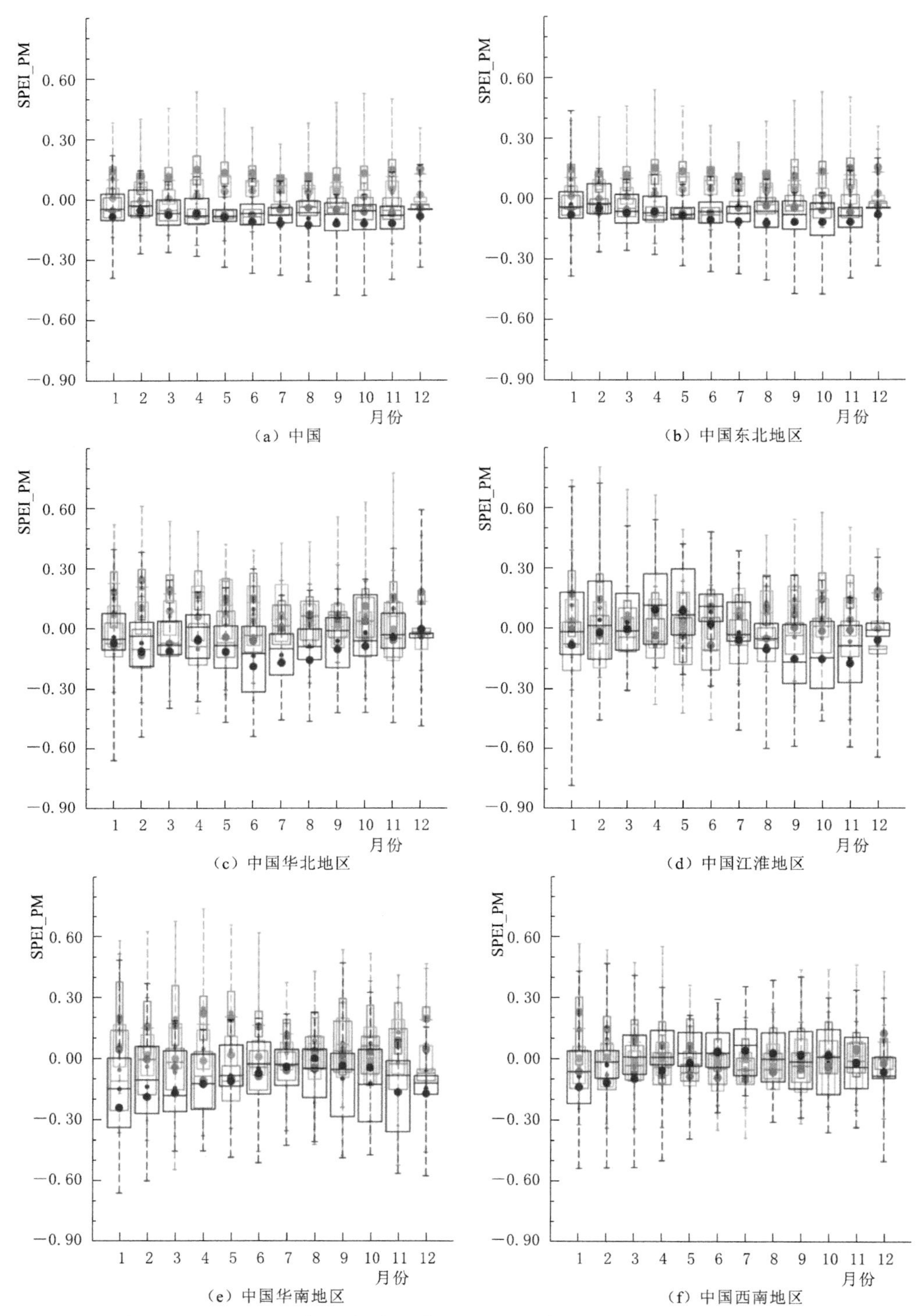

图 13.3（一）　1986—2100 年 4 个时段［1986—2005 年（红色）、2016—2035 年（橙色）、2041—2060 年（绿色）、2081—2100 年（蓝色）］中国及其子区域 SPEI _ PM 的季节循环变化（箱状图中方框代表模式的内四分位距，上、下端点代表模式模拟最大值和最小值，大、小实心点分别代表 MME - 21 和 MME - 10 结果）

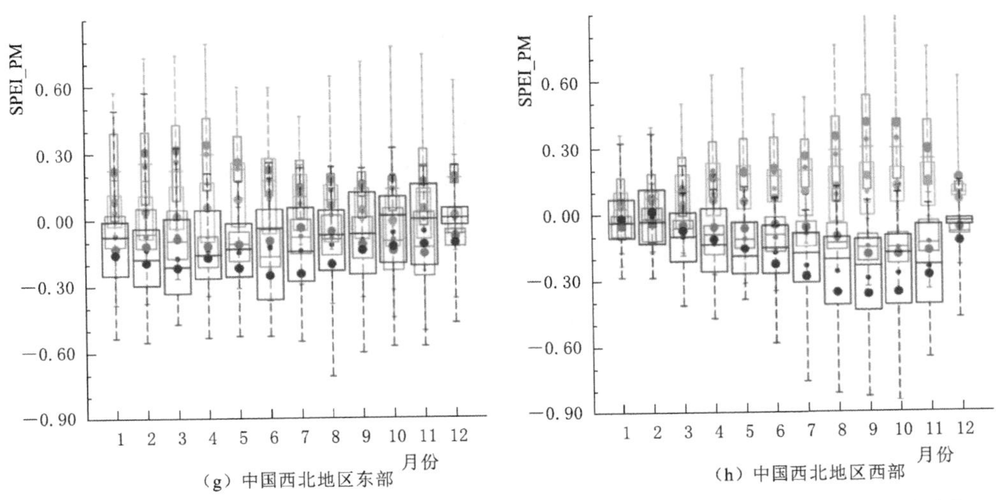

图 13.3 (二) 1986—2100 年 4 个时段 [1986—2005 年 (红色)、2016—2035 年 (橙色)、2041—2060 年 (绿色)、2081—2100 年 (蓝色)] 中国及其子区域 SPEI _ PM 的季节循环变化
(箱状图中方框代表模式的内四分位距，上、下端点代表模式模拟最大值和最小值，大、小实心点分别代表 MME - 21 和 MME - 10 结果)

季干湿变化的波动特征也非常明显；在各子区域中，以西北西部变干程度最强，从春季至秋季均呈现变干且程度逐渐增强的趋势。

由以上分析，SPEI _ PM 显示未来中国区域有明显变干趋势，但区域间在变干时间和季节上并不相同。当具体到某一地区的变干程度时，对干旱进行定量化处理。这里把干旱分为两类：一类是短期干旱，即当 SPEI _ PM 值连续 4～6 个月小于－0.5 时记为发生一次短期干旱；另一类是长期干旱，即 SPEI _ PM 值至少连续 12 个月小于－0.5 时记为发生一次长期干旱。相对于 1986—2005 年参考时段，短期干旱发生次数在中国许多地区都明显增加，增加次数较多的地区主要位于华北东北部、内蒙古、新疆中南部、青藏高原和华南，其中华北东北部在 2016—2035 年短期干旱的发生次数就已经增加了 5 次。到 21 世纪中期和末期，短期干旱发生次数的增幅变大，增加最明显的地区位于内蒙古中部和新疆南部。相对于许多地区短期干旱发生次数的大幅增加，短期干旱减少的地区和幅度都较小，减少的地区主要有东北西部、江淮和西南。不同于短期干旱，未来长期干旱的变化幅度较小，2016—2100 年长期干旱发生次数增加最明显的地区主要位于新疆中南部，到 21 世纪末长期干旱发生次数增加了约 2 次，其他如东北南部、华南、长江中游地区的长期干旱也有增加趋势，但变化幅度较小。

考虑到模式间离散度较大，同时中国各区域之间也存在较大的差异，进一步利用内四分位距考察了不同区域两类干旱发生次数的变化特征。相对于 1986—2005 年，不管是短期干旱还是长期干旱，中国及其子区域干旱发生次数均表现为增加（图 13.4）。在短期干旱方面，西北东部和华南增加最明显，与之相伴的模式间离散度较大并在 2081—2100 年达到最大；在东北和西南，短期干旱发生次数的变化最不明显。对于长期干旱而言，以西北西部和华南的增加最为明显，对应的模式间离散度在 2081—2100 年达到最大。另外需要说明的是，相对于 2016—2035 年和 2041—2060 年，2081—2100 年各区域的干湿变化在模式间的离散度加大，表明随着全球变暖加剧，模式模拟的干湿变化差异性在加大。

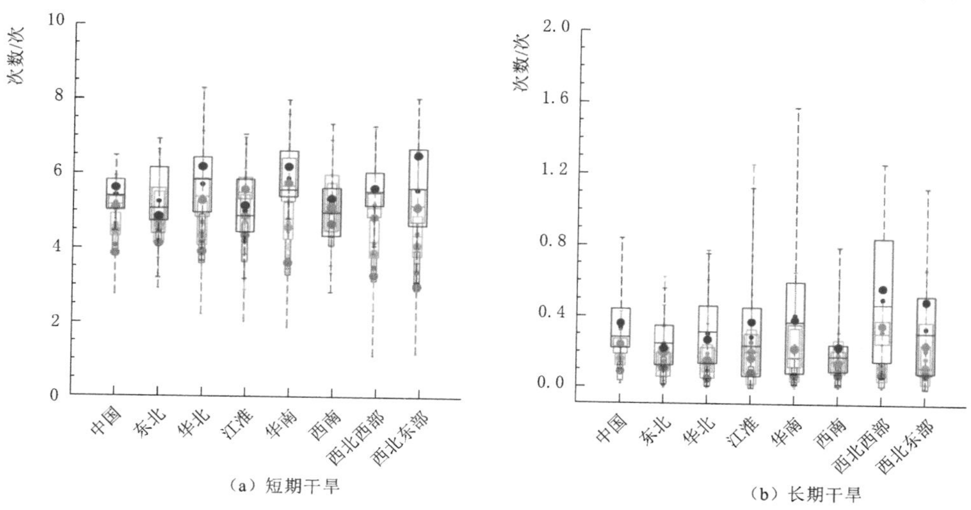

图 13.4 1986—2005 年（红色）、2016—2035 年（橙色）、2041—2060 年（绿色）、2081—2100 年（蓝色）4 个时段中国及其子区域短期和长期干旱发生次数（箱状图中方框代表模式的内四分位距，上、下端点代表模式模拟最大值和最小值，大、小实心点分别代表 MME－21 和 MME－10 结果）

13.2.3.2 土壤湿度未来变化

以往诸多研究已经初步评估了 CMIP5 模式对土壤湿度的模拟能力，模式对中国区域土壤湿度具有一定的模拟能力。经过对模式模拟的土壤湿度标准化，模式之间仍存在较大的差异，这主要是由于气候模式之间陆面模式、土壤深度和分层等方面的不同所致。但仍不难看出 RCP4.5 情景下中国区域土壤湿度发生了明显变化。整体而言，未来中国土壤湿度减小，特别是在夏季（图 13.5）。就 7 个子区域来说，土壤湿度未来变化分为两类：一类是不明显的增加，另一类则是显著的下降。土壤湿度增加的地区主要位于华北和江淮，且主要发生在春季；土壤湿度明显减小的区域主要包括西北、东北、西南和华南，土壤湿度季节性减小最明显的区域是华南，主要以冬季和春季减少为主。

与前面的 SPEI_PM 变化相比较，可以发现在华南和西北土壤湿度和 SPEI_PM 均为减小趋势，因此这些地区未来变干具有较高的可信度；而在东北和西南，土壤湿度和 SPEI_PM 为反向变化，未来干湿变化的不确定性较大；其他如江淮和华北地区，土壤湿度和 SPEI_PM 变化的季节性特征则比较明显。其中，造成东北和西南土壤湿度和 SPEI_PM 之间反向变化的原因可能有 3 个：一是模式间陆面过程差异所引起；二是因为东北和西南地区内部的干湿空间变率较大；三是增温使冬季和春季的积雪融化，从而带来了更多的地表水分，而模式对此的模拟能力有别。

13.2.3.3 干旱的风险评估和影响

通常极端事件变化是和气象指标均值的变化相联系的，即均值发生显著性变化往往对应着某一类极端事件发生频率的增加或减少，因此对气象指标均值变化进行显著性检验，可以作为某一类极端气候事件变化的信号。图 13.6 给出了 RCP4.5 情景下中国及其 7 个子区域年平均 SPEI_PM 和土壤湿度变化相对于 1986—2005 年均值出现显著性差异的 T

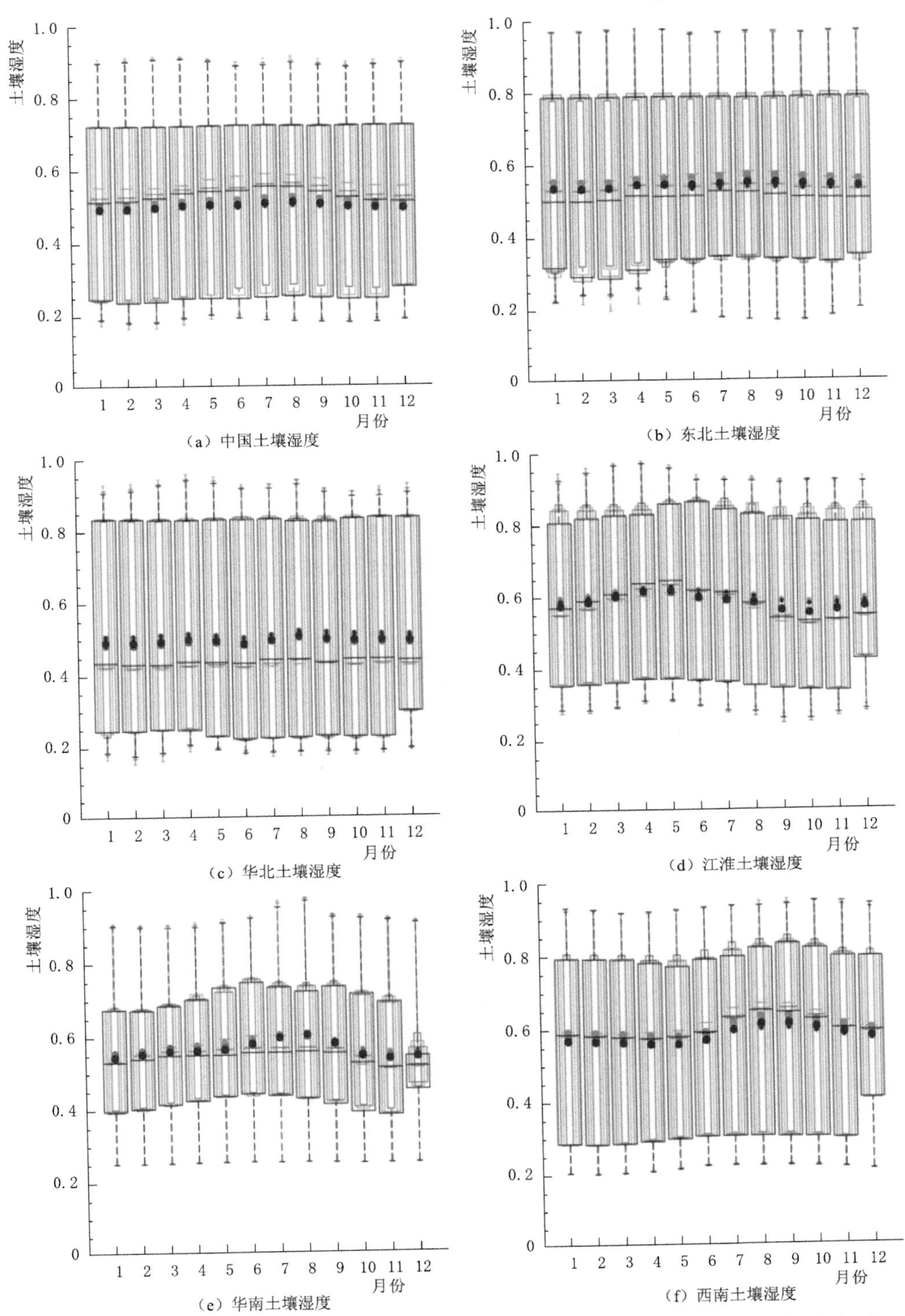

图 13.5（一） 1986—2100 年 4 个时段［1986—2005 年（红色）、2016—2035 年（橙色）、2041—2060 年（绿色）、2081—2100 年（蓝色）］中国及其子区域土壤湿度的季节循环变化（箱状图中方框代表模式的内四分位距，上、下端点分别代表模式模拟的最大值和最小值，大、小实心点分别代表 MME-21 和 MME-10 结果）

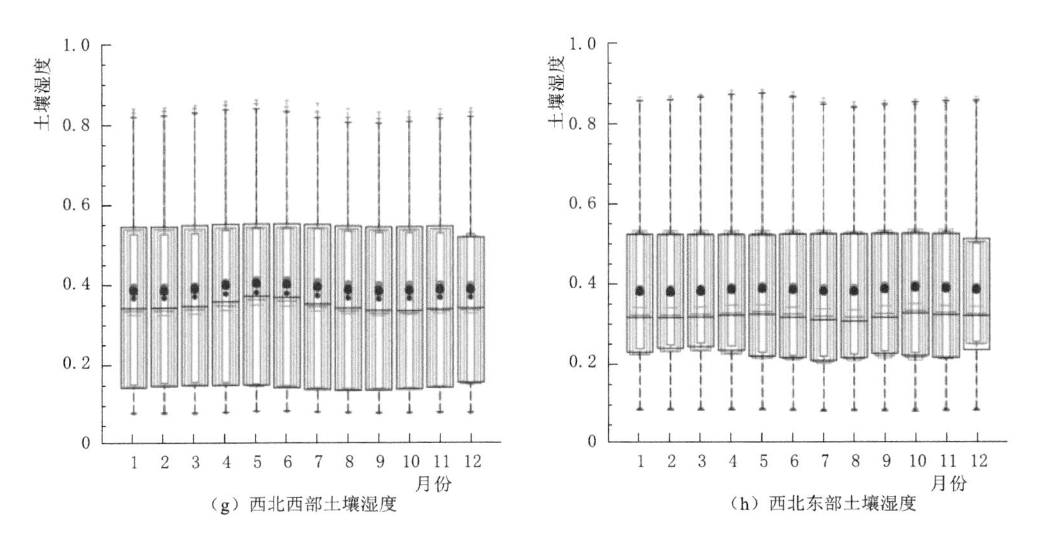

（g）西北西部土壤湿度　　（h）西北东部土壤湿度

图 13.5（二）　1986—2100 年 4 个时段［1986—2005 年（红色）、2016—2035 年（橙色）、2041—2060 年（绿色）、2081—2100 年（蓝色）］中国及其子区域土壤湿度的季节循环变化（箱状图中方框代表模式的内四分位距，上、下端点分别代表模式模拟的最大值和最小值，大、小实心点分别代表 MME－21 和 MME－10 结果）

检验结果，显示许多地区 SPEI _ PM 和土壤湿度均值出现显著性差异的时间具有较好的一致性。就地区而言，西北和西南出现的时间较早，而江淮和华南则相对较晚；在东北、江淮和华南，二者的检验结果差异较大。这说明未来干旱化在西北发生较早，华南干旱化发生的时间较晚，而东北和西南未来的干湿变化则具有较大的不确定性，且对应着相反的气候极端化趋向。

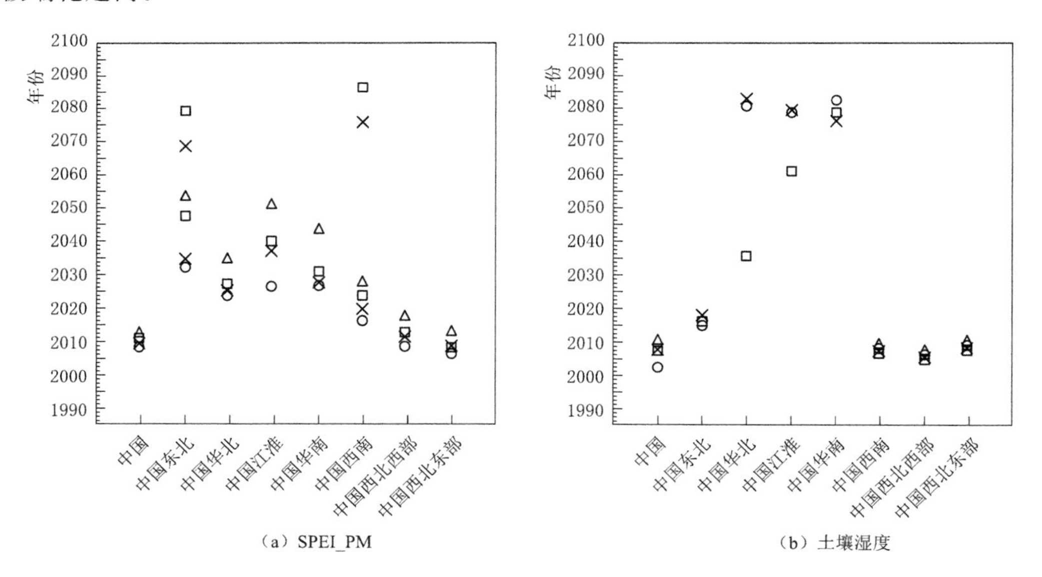

（a）SPEI_PM　　（b）土壤湿度

图 13.6　RCP4.5 情景下 MME－10 模拟的年平均 SPEI _ PM 和土壤湿度相对于 1986—2005 时段的均值差异显著性检验（○、×、□、△分别代表 95%、98%、99%、99.9%显著性水平，图中 4 种标记对应的年份代表 20 年的中间年份）

根据 RCP4.5 情景下 SPEI _ PM 和土壤湿度预估结果，中国未来整体上有变干倾向。短期和长期干旱都有所增加，特别是短期干旱，当干旱事件逐渐增加，区域的干湿气候属性也将随之发生变化。如图 13.7 所示，相对于 1986—2005 年，RCP4.5 情景下未来中国湿润区、半湿润区和半干旱区面积发生了明显变化。2016—2035 年，大多数模式模拟的湿润区和极端干旱区面积减小，半湿润区和半干旱区面积增加。2041—2060 年，干湿气候区面积变化与前一时段的类似，湿润区面积减少，半湿润区和半干旱区面积增加，但变化幅度明显要大于前一时期。2081—2100 年，干湿气候区面积变化不明显，模式之间差异性较大，多模式集合平均仍表现为湿润区面积减小、半干旱区面积增加，但与 21 世纪早期和中期时段相比，这一时期干湿区面积变化的不确定性明显加大。就 MME - 21 和 MME - 10 而言，2016—2100 年中国湿润区面积比 1986—2005 年减少了 1.5%～3.5%，2016—2060 年这部分面积将主要转变成半湿润区，而到 2081—2100 年则将主要变成半干旱区。

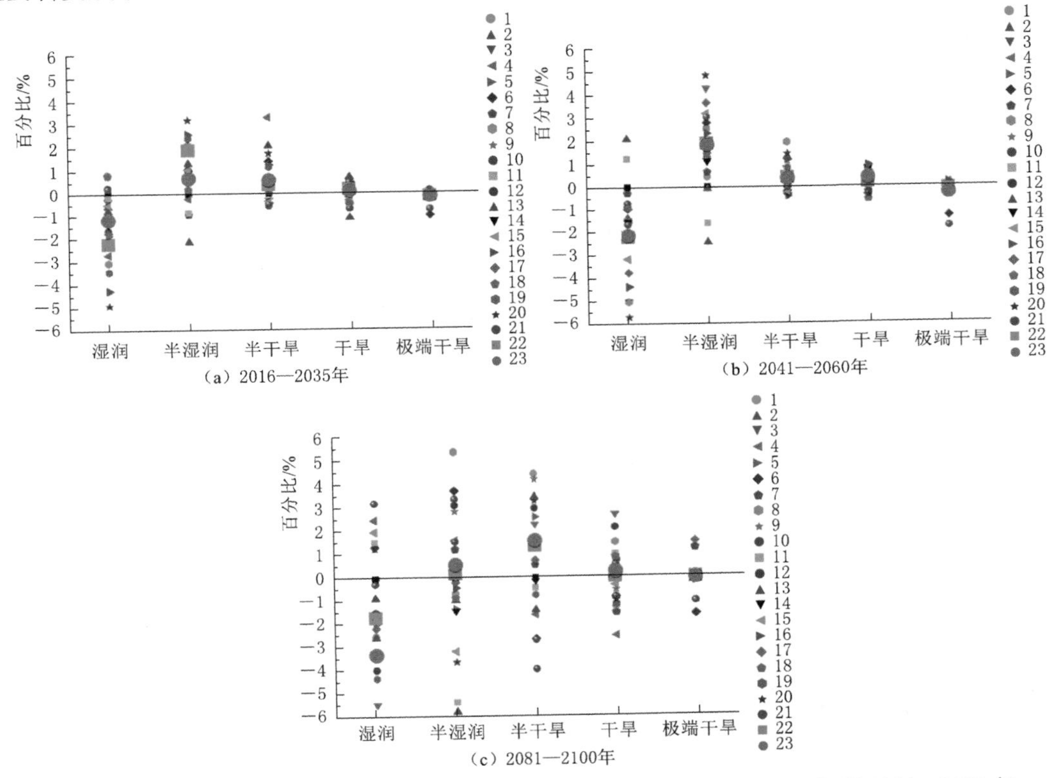

图 13.7　相对于 1986—2005 年参考时段，2016—2035 年、2041—2060 年和 2081—2100 年干湿气候区面积的百分比变化（图中序号对应表 13.1 的模式序号）

未来气候变化是一个复杂的过程，并不单单是降水和蒸散发的变化，例如降水变化可以通过陆面过程影响地表蒸散发，蒸散发反过来又可以通过云物理过程作用于降水。进一步的计算表明，中国区域北方暖季干旱化趋势背后是降水和 PET 的增加，同时后者增加幅度明显要大于前者（图 13.8）；在未来暖季变干的西北和华北地区，由降水和 PET 所表征的地表可用水量明显下降；而造成东北和西南变湿的原因，一方面是因为 PET 的增幅要小于降水的增幅，另一方面也可能与冬季和春季积雪或冰川融水有关。

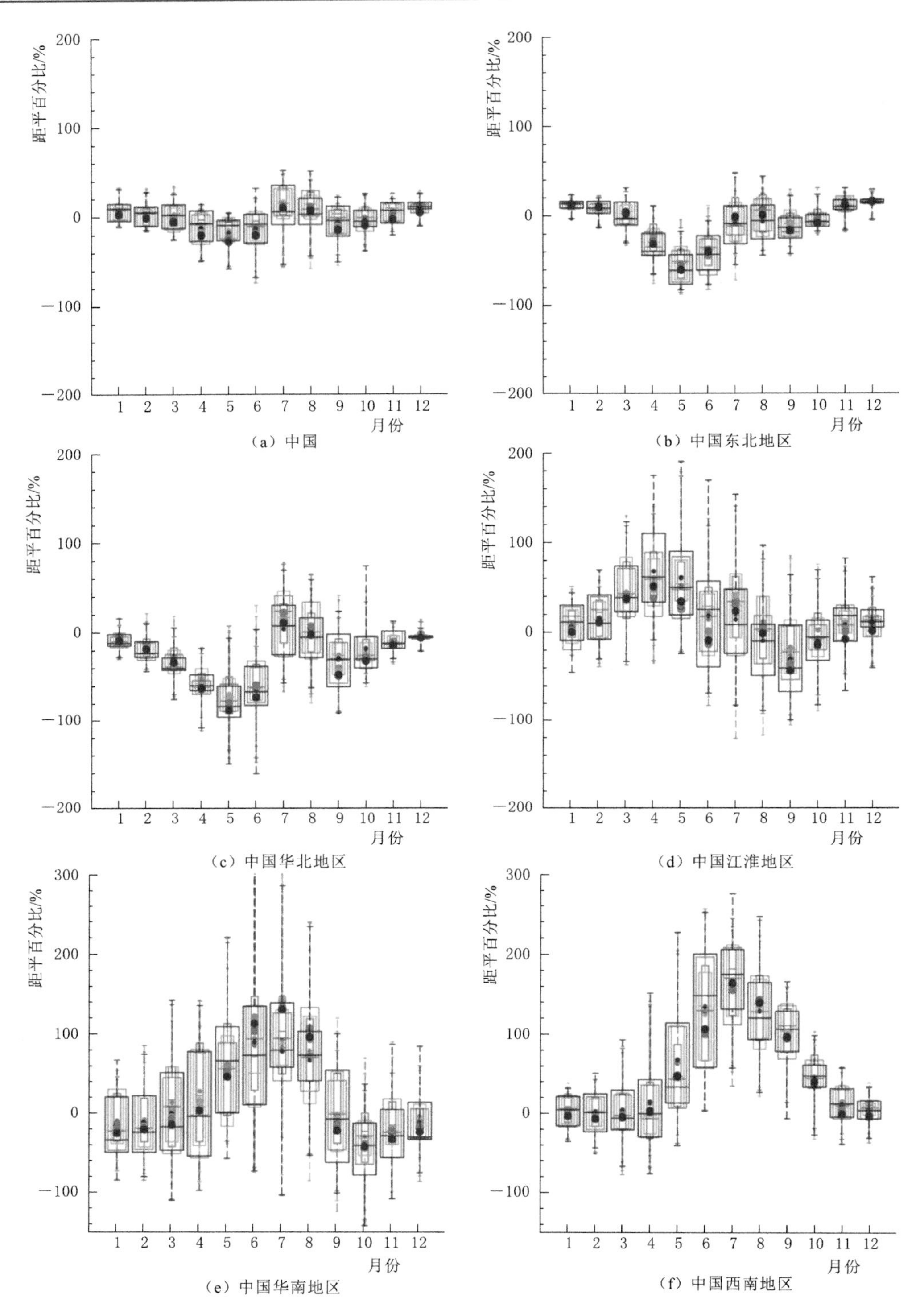

图 13.8（一）　1986—2100 年 4 个时段［1986—2005 年（红色）、2016—2035 年（橙色）、2041—2060 年（绿色）、2081—2100 年（蓝色）］中国及其子区域降水量与 PET 差异的季节循环变化（箱状图中方框代表模式的内四分位距，上、下端点分别代表模式模拟的最大值和最小值，大、小实心点分别代表 MME - 21 和 MME - 10 结果）

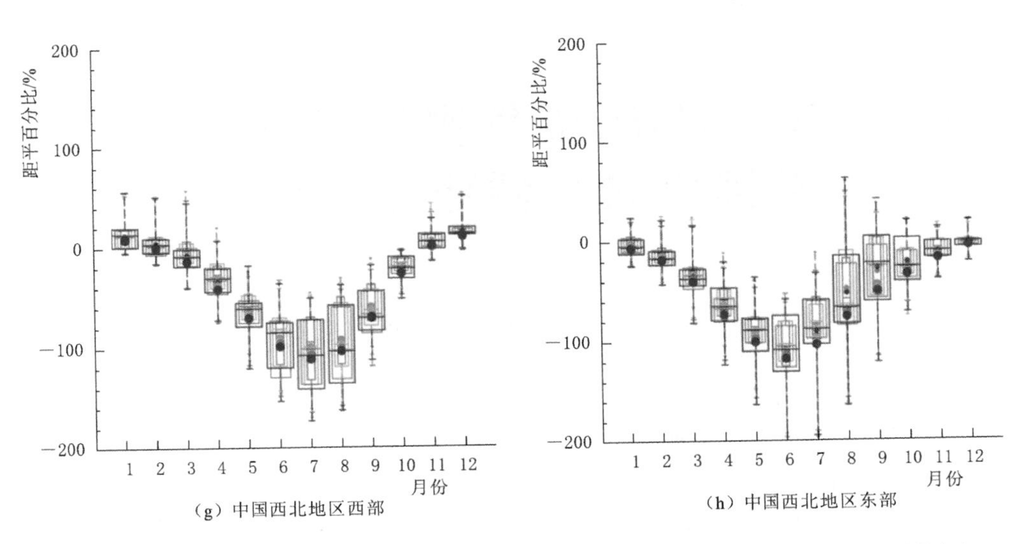

图 13.8（二） 1986—2100 年 4 个时段［1986—2005 年（红色）、2016—2035 年（橙色）、2041—2060 年（绿色）、2081—2100 年（蓝色）］中国及其子区域降水量与 PET 差异的季节循环变化（箱状图中方框代表模式的内四分位距，上、下端点分别代表模式模拟的最大值和最小值，大、小实心点分别代表 MME - 21 和 MME - 10 结果）

本节利用 21 个 CMIP5 模式结果，在模式验证的基础上，采用干旱指数和土壤湿度预估研究了 RCP4.5 情景下中国未来干湿变化。结论如下。

（1）相对于 1986—2005 年参考时段，21 世纪中国区域呈现干旱化趋势，四季中以春季变干最为明显。在空间上，西北和华南变干最强，东北和西南则表现为弱的变湿。季节上，东北、华北和西北变干主要发生在暖季，而华南和西南则为明显的冷季变干。干旱发生次数上，短期和长期干旱未来都有增加，前者增加较多的地区主要位于内蒙古、新疆中南部、青藏高原、东南和华南，而后者未来变幅相对较小，且变化主要集中在新疆中南部。

（2）在西北和华南，土壤湿度和 SPEI 未来都有明显减小，二者变化趋势一致；而在东北和西南两者变化反向，表明未来干湿变化有较大的不确定性。

（3）21 世纪中国（半）湿润区和极端干旱区面积减小，半干旱区面积增加。其中面积减小最明显的是湿润区，2016—2100 年中国将有 1.5%～3.5%的国土面积从湿润区转变成半湿润区或者半干旱区。

第 14 章 CMIP6 气候模式对 21 世纪黄河流域气候变化的预估

14.1 概 述

国际耦合模式比较计划（CMIP），其基础和雏形为大气模式比较计划（AMIP）（1989—1994 年），由世界气候研究计划（WCRP）耦合模拟工作组（WGCM）于 1995 年发起和组织，其最初目的是对当时数量有限的全球耦合模式的性能进行比较。此后，全球海气耦合模式进入了快速发展阶段，全球各大气候模拟中心相继发布大量的大气和海洋模拟数据，科学界迫切需要有专门的组织来对这些模拟结果进行系统的分析。为了适应这一需求，CMIP 逐渐发展成为以“推动模式发展和增进对地球气候系统的科学理解”为目标的庞大计划。为了实现其宏伟目标，CMIP 在设计气候模式试验标准、制定共享数据格式、制定向全球科学界共享气候模拟数据的机制等方面开展了卓有成效的工作，迄今为止，WGCM 先后组织了 6 次模式比较计划。

基于 CMIP 的气候变化模拟和预估数据，国际科学界发表了大量论文支撑了政府间气候变化专门委员会（IPCC）评估报告的撰写。CMIP6 是 CMIP 计划实施 20 多年来参与的模式数量最多、试验设计最为庞大的一次。

CMIP6 的试验设计包括 3 个层次（图 14.1）。首先，最为核心的试验被称为 DECK 试验，DECK 的含义是气候诊断、评估和描述（Diagnostic，Evaluation and Characterization of Klima）。DECK 试验是 CMIP 的“准入证”，任何模式只要完成 DECK 试验并把数据国际共享，即可称为参加了 CMIP。其次，第二级试验是历史气候模拟试验，他是 CMIP6 的“准入证”，任何气候模式只要完成了该试验并把数据国际共享，即可称为参加了 CMIP。第三，环绕上述两级核心试验、在最外层的是 CMIP6 批准的 MIPs，总计有 23 个；其中 19 个 MIPs 有自己专门设计的数值试验。MIPs 试验的设计是 CMIP6 的一大特色，任何

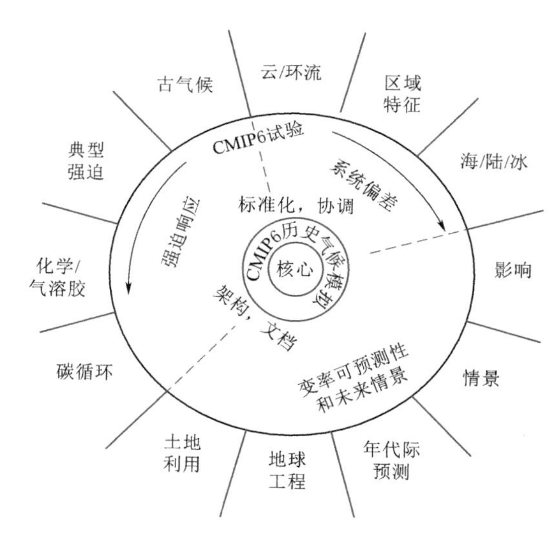

图 14.1 CMIP6 试验设计图

注：第二个圆环外的文字（标准化、协调、架构、文档）代表 CMIP 核心（DECK）试验和 CMIP6 历史气候模拟的标准功能，第三环列出了 CMIP 子计划解决的三大科学主题（即系统偏差、强迫响应、变率可预测性和未来情景），最外层为各 MIPs 的主题及其与三大科学主题的对应关系

组织和个人都可以针对特定的科学问题提出专门的模式比较计划和试验设计，其建议只要符合 CMIP 委员会制定的 10 条标准要求即可被批准。

DECK 试验包含 4 组基准试验，分别是 AMIP 试验、工业革命前参照试验（piControl）、4 倍二氧化碳（CO_2）突增试验（abrupt-4xCO_2）、二氧化碳（CO_2）浓度每年增加 1%的强迫试验（1pctCO_2）。AMIP 试验利用 1979 年以来的观测海温和海冰作为边界条件来驱动大气环流模式。piControl 试验是把外强迫（温室气体、太阳辐射、气溶胶、土地利用等）维持在 1850 年的水平下驱动全球气候耦合模式进行 500 年以上的长期积分。这两组试验是评估大气模式和耦合模式性能的基础，也是其他 CMIP6 试验的基准。其他两组 DECK 试验是从 piControl 试验的某个时间点开始启动，在理想二氧化碳强迫下的气候变化敏感性试验。通过与 piControl 比较，abrupt-4xCO_2 试验用来研究二氧化碳的辐射强迫以及估算平衡态气候敏感度，而 1pctCO_2 试验则用来估计在海洋热吸收下的瞬态气候响应，若利用含有碳循环的地球系统模式来完成该组试验，则可以估算累计碳排放的瞬态气候响应。

Historical 试验也从 piControl 试验的某个时间点启动，在基于观测的、随时间变化的各种外强迫驱动下进行 1850 年以来的历史气候模拟。该试验被用来评估模式对气候变化的模拟能力，包括气候变率的大小和百年尺度的趋势，还被用来分析气候模式的辐射强迫和敏感性与观测记录的一致性；同时，它与 piControl 试验都是进行气候变化检测归因的参考基准试验。

除了 DECK 试验和 Historical 试验，针对一些全球性的科学热点和焦点问题，CMIP6 还批准了 23 个由世界各国专家自行组织和设计的模式比较子计划（CMIP6-endorsed MIPs），其中需要利用全球模式完成额外数值试验的有 19 个，其各自关注的科学问题概述如下。

1）气溶胶和化学模式比较计划（Aerosols and Chemistry Model Intercomparison Project，AerChemMIP）：由英国雷丁大学 William Collins、美国国家大气研究中心 Jean-Francois Lamarque 和挪威气象局 Michael Schulz 共同发起。其主要科学目标为：①诊断对流层气溶胶、对流层臭氧前体物、化学反应温室气体的强迫和反馈；②记录和理解大气化学组分的过去和未来变化；③估计全球和区域气候对这些变化的响应。参加该计划的模式组数为 13。

2）耦合气候碳循环模式比较计划（Coupled Climate Carbon Cycle Model Intercomparison Project，C4MIP）：由英国气象局 Chris D. Jones、加拿大气候模拟和分析中心 Vivek Arora 和英国埃克塞特大学 Pierre Friedlingstein 共同发起。其主要科学目标为理解和量化全球碳循环未来百年尺度的变化及其对气候系统的反馈，建立二氧化碳排放和气候变化的联系。参加该计划的模式组数为 19。

3）二氧化碳移除模式比较计划（The Carbon Dioxide Removal Model Intercomparison Project，CDRMIP）：由德国亥姆霍兹海洋研究中心 David P. Keller、澳大利亚联邦工业与科学研究院 Andrew Lenton、英国爱丁堡大学 Vivian Scott 等共同发起。其主要科学目标为：①二氧化碳移除能够在多大程度上帮助缓解甚至逆转气候变化；②直接空气捕获、植树造林以及海洋碱化等二氧化碳移除方案的有效性、风险和收益；③如何在地球系统模式框架内和综合评估模型的气候情景研究中更加恰当地考虑二氧化碳移除。参加该计划的模式组数为 12。

4）云反馈模式比较计划（Cloud Feedback Model Intercomparison Project，CFMIP）：由美国国家宇航局戈德空间研究所 George Tselioudis 和日本大气海洋研究所 Masahiro Watanabe 共同发起。其主要科学目标为：①改进对云-气候反馈机制的理解；②对气候模式里云和云反馈更好地评估，改进对云反馈的估计；③改进对环流、区域尺度降水和非线性变化的理解。参加该计划的模式组数为 19。

5）检测归因模式比较计划（Detection and Attribution Model Intercomparison Project，DAMIP）：由加拿大气候模拟和分析中心 Nathan P. Gillett、日本国家环境研究所 Hideo Shiogama、西班牙天体物理研究所 Bernd Funke 等共同发起。其主要科学目标是：①促进更好地估计观测到的全球变暖以及全球和区域尺度其他气候变量的变化中人为和自然强迫变化所做的贡献；②促进估计历史排放已经改变和正在改变当前的气候风险；③促进更好地进行观测约束（Emergent Constrain）下的未来气候变化预估。参加该计划的模式组数为 14。

6）年代际气候预测计划（Decadal Climate Prediction Project，DCPP）：由加拿大气候模拟和分析中心 George J. Boer 和英国气象局 Douglas M. Smith 共同发起。其主要科学目标为通过一系列回报和有针对性的试验，预测和理解 10 年甚至更长时间尺度外强迫影响的气候变化及内部变率，理解其物理过程，并持续获得有技巧的年代际预测。参加该计划的模式组数为 19。

7）通量距平强迫模式比较计划（Flux - Anomaly - Forced Model Intercomparison Project，FAFMIP）：由英国雷丁大学 Jonathan M. Gregory、德国汉堡大学 Detlef Stammer、美国大气海洋局地球流体动力学实验室 Stephen M. Griffies 等共同发起。其主要科学目标为解释模式对二氧化碳增加强迫下海洋气候变化预估的不确定性，尤其是涉及海平面高度、海洋热吸收和热膨胀的空间和量级差异。参加该计划的模式组数为 10。

8）地球工程模式比较计划（Geoengineering Model Intercomparison Project，GeoMIP）：由美国太平洋西北国家实验室 Ben Kravitz 和美国罗格斯大学 Alan Robock 共同发起。其主要科学目标为评估气候系统（包括极端事件）对“改变辐射”地球工程方案的响应，并评估其功效和副作用。参加该计划的模式组数为 10。

9）全球季风模式比较计划（Global Monsoons Model Intercomparison Project，GMMIP）：由中国科学院大气物理研究所周天军、英国雷丁大学 Andrew G. Turner 和美国乔治梅森大学 James L. Kinter 共同发起。其科学目标是：①深入理解全球季风系统变化的物理机制，提高全球季风的模拟能力；②揭示自然变率和人为强迫对全球季风变化的贡献。重点关注三方面的科学问题：①内部变率和外强迫对全球季风的相对贡献；②海气相互作用对全球季风内部变率和可预报性的贡献；③分辨率、动力过程和物理参数化对全球季风降水和变率的影响。参加该计划的模式组数为 21。

10）高分辨率模式比较计划（High-Resolution Model Intercomparison Project，HighResMIP）：由荷兰皇家气象局 Reindert J. Haarsma 和英国气象局 Malcolm J. Roberts 共同发起。其主要科学目标为利用物理气候系统模式，在一定的气溶胶强迫下，考察全球天气分辨率尺度（25 km 或更细）模式对重要气候过程模拟的改进及其模式间的一致性。参加该计划的模式组数为 15。

11）冰盖模式比较计划（Ice Sheet Model Intercomparison Project for CMIP6，ISMIP6）：由美国宇航局戈德空间飞行中心 Sophie Nowicki、加州理工大学空气推进实验室 Eric Larour 和英国布里斯托大学 Tony Payne 共同发起。其主要科学目标为改进与格陵兰和南极冰盖减少有关的海平面升高的预估可信度。参加该计划的模式组数为 11。

12）陆面、雪和土壤湿度模式比较计划（Land Surface，Snow and Soil Moisture，LS3MIP）：由荷兰皇家气象局 Bart van den Hurk、苏黎世理工大学 Sonia Seneviratne、法国科学院 Gerhard Krinner 等共同发起。其主要科学目标为通过陆面模块试验，综合评估陆面、雪、土壤湿度与气候的反馈，诊断当前地球系统模式陆面模块系统性偏差。参加该计划的模式组数为 13。

13）土地利用模式比较计划（Land - Use Model Intercomparison Project，LUMIP）：由美国马里兰大学 George Hurtt 和美国国家大气研究中心 David M. Lawrence 共同发起。其主要科学目标为量化土地利用对过去和未来气候及生物地球化学循环的影响，并评估改变土地管理机制对减缓气候变化的潜力。参加该计划的模式组数为 13。

14）海洋模式比较计划（Ocean Model Intercomparison Project，OMIP）：由美国国家大气研究中心 Gokhan Danabasoglu、美国大气海洋局地球流体动力学实验室 Stephen Griffies 和法国皮埃尔·西蒙·拉普拉斯研究所 James Or 共同发起。其主要科学目标为利用相同大气数据集驱动海洋/海冰/示踪物/生物地球化学模式，评估、理解和改进海洋、海冰和生物地球化学过程。参加该计划的模式组数为 21。

15）极地放大模式比较计划（Polar Amplification Model Intercomparison Project，PAMIP）：由英国气象局 Doug Smith、英国埃克塞特大学 James Screen 和美国国家大气研究中心 Clara Deser 发起。其主要科学目标为：①确定局地海冰与非局地海温变化对北极放大现象的相对贡献；②评估全球气候系统对北极和南极海冰变化的响应。参加该计划的模式组数为 10。

16）古气候模拟比较计划（Palaeoclimate Modelling Intercomparison Project，PMIP）：由法国皮埃尔·西蒙·拉普拉斯研究所的 Pascale Braconnot、英国雷丁大学的 Sandy P. Harrison 共同发起。其主要科学目标为：①分析对过去（近期变率之外）气候强迫和主要反馈的响应；②检验用于未来气候预估气候模式的可靠性。参加该计划的模式组数为 14。

17）辐射强迫模式比较计划（Radiative Forcing Model Intercomparison Project，RFMIP）：由美国科罗拉多大学 Robert Pincus、英国利兹大学 Piers M. Forster 和德国马普气象研究所 Bjorn Stevens 共同发起。其主要科学目标是：①描述 CMIP6 模式历史模拟和 4 倍二氧化碳强迫下全球和区域有效辐射强迫；②评估晴空辐射传输参数化的绝对准确性；③确定不同历史时期气溶胶辐射强迫的影响。参加该计划的模式组数为 11。

18）情景模式比较计划（Scenario Model Intercomparison Project，ScenarioMIP）：由美国大气研究中心 Brian C. O’Neill 和 Claudia Tebaldi、荷兰环境评估局 Detlef P. van Vuuren 共同发起。其主要科学目标为：①便于不同领域的综合研究，更好地理解不同情

景对气候系统物理过程的影响以及气候变化对社会的影响；②与其他模式比较计划进行合作，开展特定强迫的影响研究；③基于多模式集合和“观测约束”量化预估不确定性。参加该计划的模式组数为 23。

19）火山强迫的气候响应模拟比较计划（Model Intercomparison Project on the climatic response to Volcanic forcing，VolMIP）：由意大利威尼斯大学、法国皮埃尔·西蒙·拉普拉斯研究所 Myriam Khodri 和德国马普气象研究所 Claudia Timmreck 共同发起。其科学目标为：①评估当前耦合气候模式对强火山的响应；②确定物理过程的处理差异对火山强迫响应差异的原因。参加该计划的模式组数为 11。

另外，国际耦合模式比较计划委员会还批准了如下 4 个侧重数据诊断的比较计划，这些计划并不要求全球模式再做额外的试验，仅需要全球模式提供额外的变量输出。

1）协同区域气候降尺度试验（Coordinated Regional Climate Downscaling Experiment，CORDEX）：由意大利理论物理研究所 Filippo Giorgi 和美国爱荷华州立大学 William J. Gutowski Jr. 共同发起。其主要科学目标为通过对 CMIP DECK、历史气候模拟和情景模式比较计划输出结果的统计和动力降尺度，组织并推动区域气候降尺度研究及其应用。参加该计划的模式组数为 13。

2）平流层和对流层的动力学和变率（Dynamics and Variability Model Intercomparison Project，DynVarMIP）：由纽约大学 Edwin P. Gerber 和德国马普气象研究所 Elisa Manzini 共同发起。其主要科学目标为聚焦平流层和对流层的双向反馈，确定、分析、评估模式偏差并理解环流变化的内在原因。参加该计划的模式组数为 13。

3）海冰模式比较计划（Sea Ice Model Intercomparison Project，SIMIP）：由德国马普气象研究所 Dirk Notz 和美国科罗拉多大学 Alexandra Jahn 共同发起。其主要科学目标为通过确定和分析一系列变量、描述海冰状态及大气和海洋强迫诊断量，理解海冰的作用及其对气候变化的响应。参加该计划的模式组数为 17。

4）脆弱性、影响、适应和气候服务咨询委员会（Vulnerability，Impacts，Adaptation and Climate Services Advisory Board，VIACS AB）：由美国宇航局戈德空间研究所 Alex Ruane 和德国气候服务中心 Claas Teichmann 共同发起。其主要科学目标为推动 CMIP6 气候模拟团队与脆弱性、影响和气候服务领域专家的双向对话，设计与社会相关的在线诊断量、评估指标和可视化系统。该计划属于 CMIP6 特别批准，参加该计划的模式组数为 4。

最后需要指出的是，以上 23 个 MIPs 中，有的试验是以前的 CMIP 就已经存在的，例如 PMIP 和 DCPP 等计划的科学试验，但更多的是新设计的科学试验，例如 GMMIP、HighResMIP、RFMIP 和 VolMIP 等的试验设计，这些新增试验属于 CMIP6 提供的新资源，有助于探索新的科学问题。在 CMIP6 结束后，这些 MIPs 中很多有望被批准进入 CMIP7。

CMIP6 良好地保持了与 CMIP5 的衔接，其 DECK 试验和 Historical 试验，是评估气候模式基本性能和开展气候变化检测归因等研究的基准试验，也是历次 CMIP 计划的核心试验，这次将其分别明确为 CMIP 的“准入证”和 CMIP6 的“准入证”，目的是为后续 CMIP 计划的组织画出一条清晰的历史传承脉络。由于驱动 DECK 试验的外强迫场 20 多年来在历次 CMIP 计划中基本保持一致，未来也不可能做明显改动，使得历次 DECK 试验的模拟结果彼此间具有可比性，故可以用来追踪几十年来模式性能的改进过程，这种比较对于模式研发工作是至关重要的。

CMIP6 较之以往的另外一项重要创新，是关于 MIPs 的设计。以往 CMIP 科学试验的设计基本是由 WGCM 工作组成员来主导的，因此存在固有的缺陷，例如许多科学界关注的、需要通过数值试验来解决的科学问题，并不能借助 CMIP 的科学试验数据来回答。因此，在 CMIP 的框架之外，国际科学界还有许多由组织和个人发起的模式比较计划。根据 2017 年 10 月在英国埃克塞特召开的泛 WCRP 数值模拟会议统计，目前国际上有 67 个独立的与数值模拟有关的国际计划，其中 38 个涉及模式评估、19 个关注气候预测、16 个侧重模式发展，而这 67 个国际计划的数值试验很多都不是由从事模式研发的中心完成的。CMIP6 批准了 23 项由科学家自己围绕所关注的科学问题提出的 MIPs，这些 MIPs 得到了各大数值模拟中心的积极支持，因此，从组织上来看，CMIP6 的试验设计充分体现了科学民主的原则。23 个 MIPs 的设计是国际上不同领域研究群体的智慧结晶，从中可以窥见当前气候变化研究领域关注的国际热点和前沿话题。在 23 个 MIPs 中，与气候变率、可预报性和预估有关的有 7 个，分别是土地利用 LUMIP、地球工程 GeoMIP 和 CDRMIP、年代际预测 DCPP、情景预估 ScenarioMIP、气候影响 CORDEX 和 VIACS AB；与模式系统偏差和过程有关的有 9 个，分别是涉及云和环流的 CFMIP 和 DynVarMIP，与区域现象有关的 GMMIP 和 HighResMIP，与海洋、陆面和海冰有关的 OMIP、FAFMIP、LS3MIP、SIMIP、ISMIP6；与辐射强迫和响应有关的有 7 个，分别是古气候的 PMIP，刻画辐射强迫的 RFMIP、DAMIP 和 VolMIP，关注强迫和反馈的 PAMIP，关注化学过程的 AerChemMIP 和关注碳循环的 C4MIP。从上述 MIPs 计划的领域分布可以看到，CMIP 不单纯是一个模式研发和评估的国际合作平台，更重要的是，它直接支撑了国际科学界关于气候变率和可预报性、气候预估、区域气候变化及其过程、气候变化检测归因等前沿科学问题的探索。在气候变率和变化问题研究上，国际科学界正在经历着从全球和区域变化机理和过程理解、人为影响检测和归因到未来预测预估的逐渐升级，而借助古今气候变化的对比，科学界开始发展有效的“约束技术”来减少气候预估的不确定性，提高预测预估的可靠性。以 VIACS AB 计划为代表，WCRP 也正在推动气候研究成果对决策和服务的有效支撑，这一理念和“未来地球计划”推动的“做有用的科学”的理念相一致。

黄河流域作为气候变化敏感区域之一，气候时空差异性较大，同时受人类活动等影响，流域气候变化显著，近年来针对黄河流域气候变化，国内外学者开展了诸多研究，研究表明历史气候变化背景下黄河流域干旱化程度均有不同程度的增加。但对流域未来干湿状况的时空变化及格局的研究还不够系统深入，对流域未来气候变化趋势的预测还相对较少。本章基于 CMIP6 的 32 个气候模式数据开展未来 SSP 情景下黄河流域气候的时空演变趋势，以期为流域水资源利用、气候变化适应提供科学依据。

14.2 基于 CMIP6 气候模式的未来黄河流域气候变化趋势预估

14.2.1 资料和方法

本章用于预估的指标包括 9 个，分别是年平均气温、年总降水量、汛期总降水量、盛夏（7—8 月）总降水量、最大 1 日降水量等，详见表 14.1。

表 14.1　评估指标

序号	缩写	描述
1	Tas	年平均气温
2	Pre	年总降水量
3	Pre _ XQ	汛期总降水量
4	Pre _ JA	盛夏（7—8 月）总降水量
5	RX _ 1D	最大 1 日降水量
6	R99	99 百分位降水量
7	R95	95 百分位降水量
8	R99 _ percent	99 百分位降水量占全年降水量百分比
9	R95 _ percent	95 百分位降水量占全年降水量百分比

GCM 方面使用了 CMIP6 中满足计算需求的 30 个气候模式试验数据，相关信息见表 14.2。其中，用到的气象要素包括逐日温度（经地形校正后）、降水量；数据时间段为 1985—2099 年，其中 1985—2014 年为历史气候模拟试验数据，2015—2099 年为 SSP126/245/585 情景试验数据。用于评估模式模拟能力的再分析资料为 CN05.2 高分辨率的逐日气温、降水量数据。采用 BCSD 方法将模式数据统一插值到与再分析一致的 0.5°×0.5°水平分辨率上。

表 14.2　CMIP6 模式及其集合

序号	模式	序号	模式	序号	模式
1	ACCESS - CM2	12	FGOALS - g3	23	MIROC6
2	ACCESS - ESM1 - 5	13	GFDL - ESM4	24	MIROC - ES2L
3	BCC - CSM2 - MR	14	GISS - E2 - 1 - G	25	MPI - ESM1 - 2 - HR
4	CanESM5	15	HadGEM3 - GC31 - LL	26	MPI - ESM1 - 2 - LR
5	CESM2	16	HadGEM3 - GC31 - MM	27	MRI - ESM2 - 0
6	CMCC - CM2 - SR5	17	IITM - ESM	28	NESM3
7	CMCC - ESM2	18	INM - CM4 - 8	29	NorESM2 - LM
8	CNRM - CM6 - 1	19	INM - CM5 - 0	30	NorESM2 - MM
9	CNRM - ESM2 - 1	20	IPSL - CM6A - LR	31	TaiESM1
10	EC - Earth3	21	KACE - 1 - 0 - G	32	UKESM1 - 0 - LL
11	EC - Earth3 - Veg - LR	22	KIOST - ESM		

1. 插值方法

BCSD 降尺度法最早由 Wood 等提出，近年来在国外有关研究中被广泛采用。该方法的主要优势在于：①对 GCM 数据通过概率分布曲线进行矫正，利用历史观测资料减小 GCM 的系统误差；②通过 SYMAP（Synographic Mapping System）对扰动因子插值，可考虑气候变化的空间差异性。基于反距离加权法的 SYMAP 插值法，在反距离加权法的基础上同时考虑了方向和梯度问题。

BCSD降尺度法是一种基于统计关系的降尺度方式，主要计算步骤如下：①分别统计每个网格的观测资料多年月平均降水量和温度值，以及GCM在基准期的多年月平均降水量和温度值，并排序计算经验频率；②绘制两者（实测序列和GCM序列）的频率曲线，用频率曲线校正未来情景下的GCM值，得到降水和气温的校正因子；③考虑网格自身的区域性特性，将模式分辨率下的校正因子通过SYMAP插值法转化到1/12°网格上；④对基准期中的资料进行随机抽样，得到未来每个月的初始序列，并以相应月份的扰动因子进行扰动（降雨乘以扰动因子，温度加扰动因子），即得到未来的降水序列和气温序列。

2. 气候情景

20余年前，在世界气候研究计划（WCRP）耦合模式工作组（WGCM）的支持下，国际耦合模式比较计划（CMIP）开始实施，旨在更好地分析过去、现在和未来的气候变化。项目使用与海洋动态、简单陆面和热动力海冰耦合的大气模式，对早期全球耦合气候模型的表现进行比较，现已发布到第6版（CMIP6）。不仅为气候科学研究开创了一个新纪元，而且已经成为国家和国际气候变化评估的关键要素。

2013年政府间气候变化专门委员会（IPCC）第5次评估报告（AR5）采用了CMIP5中的气候模式，2021年发布的IPCC AR6使用了CMIP6中新的气候模式，其中开发的一套由不同社会经济模式驱动的新排放情景——共享经济路径（SSPs），代替了CMIP5中4个代表性浓度路径（RCPs），是CMIP6情景中一个重要的提升。这里就RCPs和SSPs进行简要说明和对比。

（1）RCPs。RCPs是一系列综合的浓缩和排放情景，用作21世纪人类活动影响下气候变化预测模型的输入参数（Moss et al.，2010），以描述未来人口、社会经济、科学技术、能源消耗和土地利用等方面发生变化时，温室气体、反应性气体、气溶胶的排放量，以及大气成分的浓度。辐射强迫（Radiative Forcing）表示大气成分（如二氧化碳）发生变化时，对流层中辐射的收支平衡变化，不同的辐射强迫路径是不同社会经济和技术发展情景的体现。RCPs包括一个高排放情景（8.5W/m^2，RCP8.5），两个中等排放情景（6.0W/m^2，RCP6.0）和一个低排放情景（2.6W/m^2，RCP2.6）。其中RCP8.5导致的温度上升最大，其次是RCP6.0、RCP4.5，RCP2.6对全球变暖的影响最小，四种不同的情景模式中一个重要的差异是对未来土地利用规划的不同（Hurtt et al.，2011）。

1）RCP8.5。RCP8.5是在无气候变化政策干预时的基线情景，其特点是温室气体排放和浓度不断增加。此情景下，随着全球人口大幅增长、收入缓慢增长以及技术变革和能源效率改变导致的化石燃料消耗变大，到2100年，大气中的二氧化碳浓度将增加至936ppm，甲烷浓度增至3751ppb，一氧化二氮浓度增至435ppb。Riahi等（2011）预测，依据RCP8.5的排放情景，到2050年全球人口将突破100亿人，2100年将达到120亿人，届时为满足不断增长的食物和能源需求，全球林地面积减少，耕地面积将显著增加，尤其是在非洲和南美洲地区。相应地，化肥使用不断增加和农业生产集约化提升将加剧一氧化二氮排放；更多的牲畜和水稻生产将产生更多的甲烷，不断增加大气中温室气体浓度。

2）RCP6.0。RCP6.0是政府干预下的气候情景，总辐射强迫在2100年之后稳定在

6.0W/m^2，大气中的二氧化碳浓度增加至 670ppm，甲烷在一定程度上减少，一氧化二氮浓度增加至 406 ppb（Masui et al.，2011）。在此情景下，人口数量 2100 年将增至 100 亿人，各种政策和战略的制定减少了温室气体的排放，然而与 RCP2.6 和 RCP4.5 相比，排放量缓解程度依然较低。此外，耕地面积的增长对森林面积的影响程度较小。

3）RCP4.5。RCP4.5 是另一种政府干预下的气候情景，总辐射强迫在 2100 年后稳定在 4.5W/m^2，大气中二氧化碳浓度增至 538ppm，甲烷减少，同时一氧化二氮增加至 372ppb（Thomson et al.，2011）。全球人口总量最高达到 90 亿人，随后开始减少。此外，可再生能源和碳捕捉系统的使用和化石燃料使用率的不断降低，以及森林面积增加后引起碳储量增加，促使温室气体排放量显著降低。由于植树造林政策的实施和作物单产量的增加，RCP4.5 是唯一的耕地面积减少的排放模式。

4）RCP2.6。RCP2.6 是温室气体浓度非常低的情景模式（Van Vuuren et al.，2011）。辐射强迫顶点约为 3W/m^2，2100 年降至 2.6W/m^2，此时二氧化碳浓度为 421ppm，甲烷浓度低于 2000ppb，一氧化二氮浓度为 334ppb。在此期间，全球范围内能源利用类型的改变，使温室气体排放显著减少，RCP2.6 是全球作物面积增加最大的排放情景。

（2）SSPs。为了方便科研工作者在进行未来气候预测时有更多选择，CMIP6 不仅将 RCP2.6、RCP4.5、RCP6.0 和 RCP8.5 升级为 SSP1 - 2.6、SSP2 - 4.5、SSP4 - 6.0 和 SSP5 - 8.5，同时新的排放模式还包括 SSP1 - 1.9、SSP4 - 3.4、SSP5 - 3.4OS 以及 SSP3 - 7.0。CMIP5 中只有 RCP8.5 可以代表“无政策干预”的基线情景，它在某种程度上是一种最坏的预期，使预测过于绝对，无法对“无政策干预”的趋势进行细化。为此，在 CMIP6 情景模式中增添了 SSP3 - 7.0，用于表示能源系统模型产生的中等程度的基线结果，与 SSP5 - 8.5（最坏情景）、SSP4 - 6.0（较为乐观的情景）一起来模拟无气候政策干预下的全球变暖趋势。

SSP4 - 3.4 描述了 2100 年辐射强迫限制在 2W/m^2（RCP2.6/SSP1 - 2.6）- 3W/m^2（RCP4.5/SSP2 - 4.5）之间的模式，体现了整个社会的温室气体排放迅速减少，但无法将全球平均辐射强迫快速降低至 2W/m^2 以下的情景。SSP5 - 3.4OS 是一种过载情景，到 2040 年该情景下的排放仅比最坏情景（SSP5 - 8.5）低，但是 2040 年后随着大量负排放的增加，排放量迅速减少。SSP1 - 1.9 是将气候变暖在 2100 年限制在 1.5W/m^2 以内，略高于工业化之前的水平，该模式是《巴黎协定》后，各国努力将温度增长限制在 1.5W/m^2 以内的愿景。该模式将有助于全世界学者探索 1.5W/m^2下的气候变化和影响。

（3）SSPs 与 RCPs 的区别。虽然 CMIP6 中新情景所预测的辐射强迫与 CMIP5 的 RCPs 相似，然而二氧化碳和非二氧化碳的排放路径和混合排放路径是不同的，主要在于新的 SSPs 情景模式从 2014 年开始预测，而 RCPs 为 2007 年；相较于 RCP2.6，SSP1 - 2.6 的末尾低值显示出更加平缓的变化，同时具有较高的起始点，反映出 2007—2014 年间的排放显著高于先前 RCP2.6 预测的情景，为此，SSP1 - 2.6 采用大量 20 世纪末的负排放，以弥补起点较高和下降较慢的问题；SSP2 - 4.5 具有更多的非排放，故辐射强迫变化的起点比 RCP4.5 高，降比小；SSP4 - 6.0 与 RCP6.0 差异较大，排放顶点分别是 2050 年和 2080 年，虽然 SSP4 - 6.0 也有更多非温室气体排放，但该情景中更快的减排措施抵消了上述负面效应；SSP5 - 8.5 比 RCP8.5 有更高的排放，相应的非排放减少较多。

14.2.2 模式评估

对32个CMIP6模式模拟的1985—2014年黄河流域中国年平均降水量、年平均气温、汛期降水量、盛夏降水量进行了评估，用到的统计指标包括模拟与观测之间的空间相关系数、标准差之比以及模拟相对于观测场的中心化均方根误差。与CMIP5气候模式相比，CMIP6模式模拟结果更接近于观测。在年总降水量方面，各模式间的差异性明显减小。定量上，32个模式模拟与观测场的空间相关系数大多集中在0.85附近，均通过了95%的显著性检验；模式与观测场的标准差比值在各模式间差异较小，均集中在1.1附近；同时，大多数模式标准化后的中心化均方根误差大多集中在小于0.35范围之内（图14.2）。由此可知，大部分模式对中国年平均降水气候态分布具有较好的模拟能力。相对年降水量，全球气候模式对黄河流域年平均气温具有更好的模拟能力，空间相关系数接近0.99，标准差比值接近1，均方根误差接近0.8。

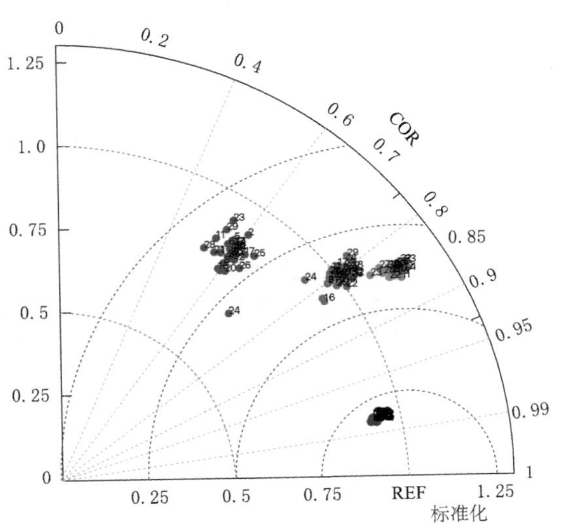

图14.2 1985—2014年32个模式模拟的黄河流域年平均降水量（红色）、汛期降水量（绿色）、盛夏降水量（蓝色）、年平均气温（紫色）与观测的空间泰勒图（Taylor，2001）

相对于全年总降水量，全球气候模式对汛期（6—10月）总降水量、盛夏降水量的模拟能力稍弱，特别是在盛夏降水量的均方根误差的衰减方面，模式模拟的盛夏降水量均方根误差迅速下降至0.15～0.2。模式差异性方面，模式对气温模拟的差异性较小，盛夏降水量模式差异性最大。

根据1985—2014年观测资料计算，黄河流域全年降水量空间差异性较大，降水量东西差异达700mm，400mm降水量等值线呈东北-西南走向，大致位于黄河上游和中游分界线附近。最大降水量位于黄河流域最南部的兰州以上的黑白河、渭河下游、伊洛河流域及黄河下游大汶河流域。汛期黄河降水量空间分布与年降水量空间变化一致，均呈西北向东南递增趋势，汛期降水量占全年降水量的比重自西北向东南递减。

14.2.3 SSP126/245/585情景下黄河流域气候变化趋势

14.2.3.1 年降水量未来变化

SSP情景下，21世纪黄河流域整体以及留个主要气象水文分区年降水整体呈增加趋势（图14.3），至21世纪末期，黄河流域年降水量增加约20%。六大气象水文分区中，兰托区间降水距平百分比增加最显著（接近25%），位于黄河中下游的4个气象水文分区在21世纪末期区域年降水量增加趋势减缓（SSP126/245 下）。模式一致性方面，兰州以上年降水量增加趋势具有较好的模式一致性，兰托区间、山陕区间的模式预测不确实性则相对较大。不同排放情景下，SSP585 预估的黄河流域年降水量增加趋势最明显，特别是 21 世纪末期。

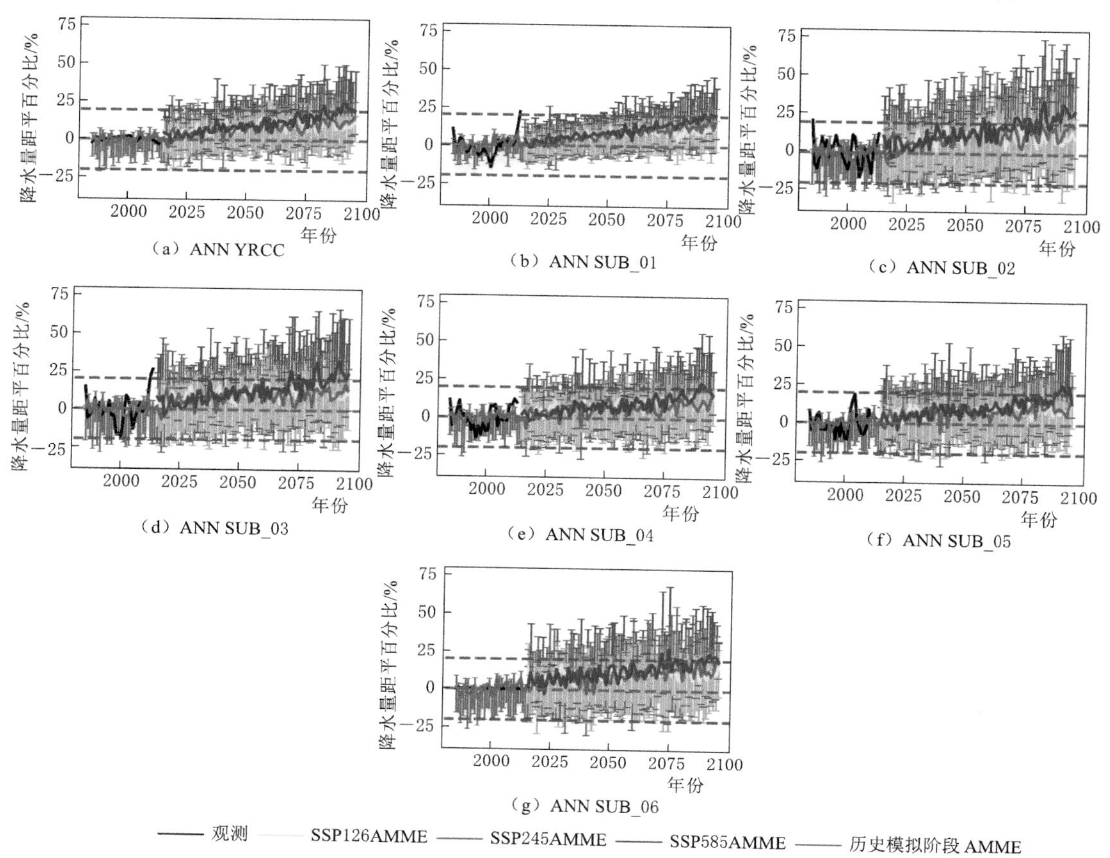

图 14.3　1985—2099 年黄河流域年降水量年际变化趋势（SUB _ 01 代表兰州以上；SUB _ 02 代表兰托区间；SUB _ 03 代表山陕区间；SUB _ 04 代表泾渭洛河；SUB _ 05 代表三花区间；SUB _ 06 代表黄河下游；YRCC 代表黄河流域）

空间分布上，整个模拟时段上，黄河流域年降水量增加趋势上表现为明显的北多南少，黄河上游的河套平原降水量增加距平最显著，流域南部降水量距平百分比增加最不显著。不同预估时段上，至 21 世纪末期模式模拟的黄河流域年降水量增加距平百分比逐渐增加，特别是在 SSP585 情景下，北纬 37°以北地区年降水量增加 20%以上。

由于黄河流域降水量主要集中在 6—10 月，这里给出了六大气象水文分区不同预估时段内降水量变化距平百分比变化图（图 14.4）。整个汛期来说，21 世纪 40 年代 32 个模式模拟的区间降水量整体呈增加趋势，其中以三花区间和黄河下游增加趋势最为明显，接近 10%，3 种 SSP 情景中，SSP585 情景下区域降水量增加趋势最明显。模式不确定方面，兰州以上、泾渭洛河两个区域降水量增加的模式不确定性最小，兰托区间、三花区间和黄河下游模式模拟不确定性较大。21 世纪 60 年代预估时段内，模式模拟的六大气象水文区间汛期降水增加距平百分比进一步增大，除泾渭洛河外，汛期降水量增加接近 10%，3 种气候变化情景中以SSP585情景下增加趋势最显著；21世纪80年代预估时段内，不同气候变化情景下的降水量演变趋势差异进一步扩大，其中SSP585情景下区域降水增加趋势亦最显著，兰托区间、三花区间和黄河下游3个区间降水量增加距平百分比接近20%。相比于汛期降水量变化趋势，盛夏降水量变化趋势的模式不确定性更加明显，特别是在降水量增加趋势最明显的兰托区间、三花区间。在每年防汛关键期（“七下八上”），模式不确定性更加显著，约有40%的模式模拟出了区间降水量减少的趋势，关键期内模式模拟的降水量增加趋势不明显，3个预估时段内降水量增加距平整体小于10%。

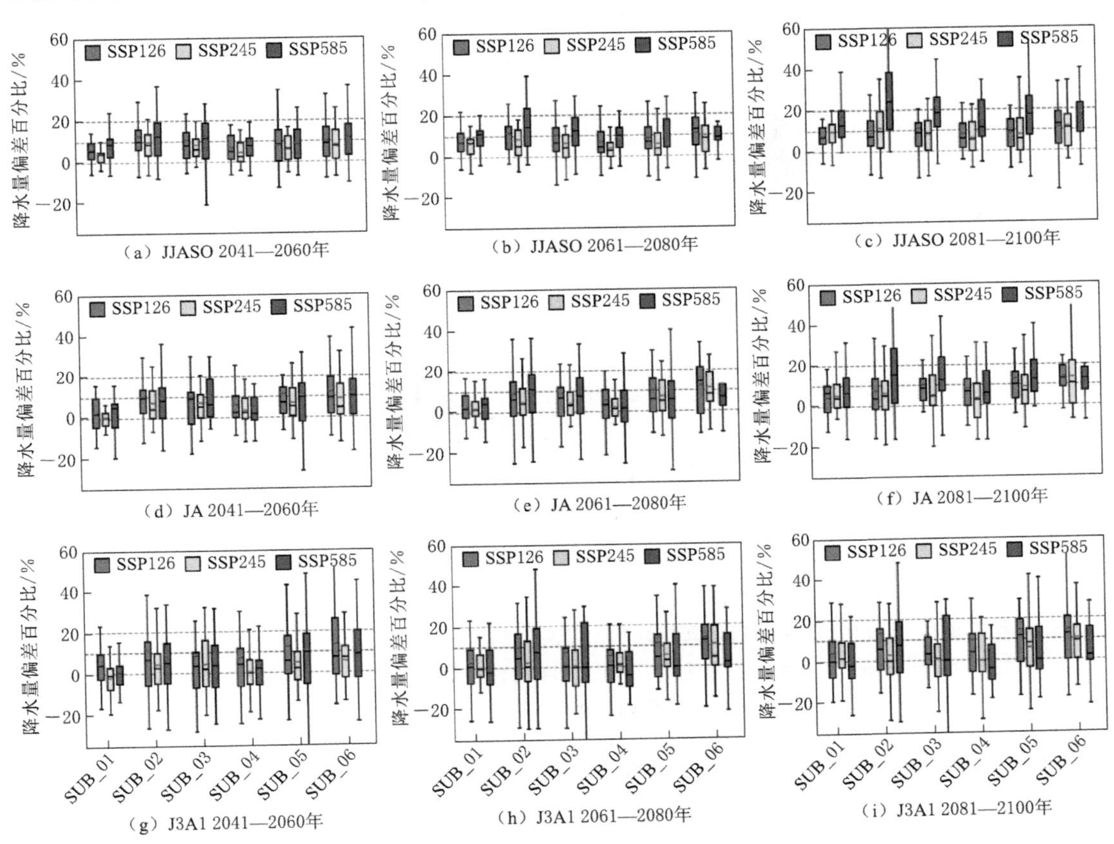

图14.4 相对于1985—2014年参考时段，SSP126/245/585情景下CMIP6模式模拟的2041—2060年、2061—2080年和2081—2100年黄河流域六大气象水文分区汛期（JJASO）、盛夏（JA）、“七下八上”（J3A1）区域降水量未来变化趋势（SUB _ 01代表兰州以上；SUB _ 02代表兰托区间；SUB _ 03代表山陕区间；SUB _ 04代表泾渭洛河；SUB _ 05代表三花区间；SUB _ 06代表黄河下游）

14.2.3.2 年平均气温未来变化趋势

从模拟结果来看，未来黄河流域气温整体呈上升趋势（图13.5），至21世纪末期，流域年平均气温整体升高6.1℃，2070年后流域年平均气温升高开始超过5℃。其中以SSP585气候情景下升温趋势最为显著。六大气象水文分区中，以黄河上游地区升温最为显著，其中兰州以上、兰托区间21世纪末期升温分别达6.3℃、6.2℃。升温趋势的空间差异性上，流域存在 3 个明显的增温中心，分别是黄河源区、宁蒙区间、黄河下游。不同的模式预估时段内，随着预估时间的延长，模式不确定性明显增加。

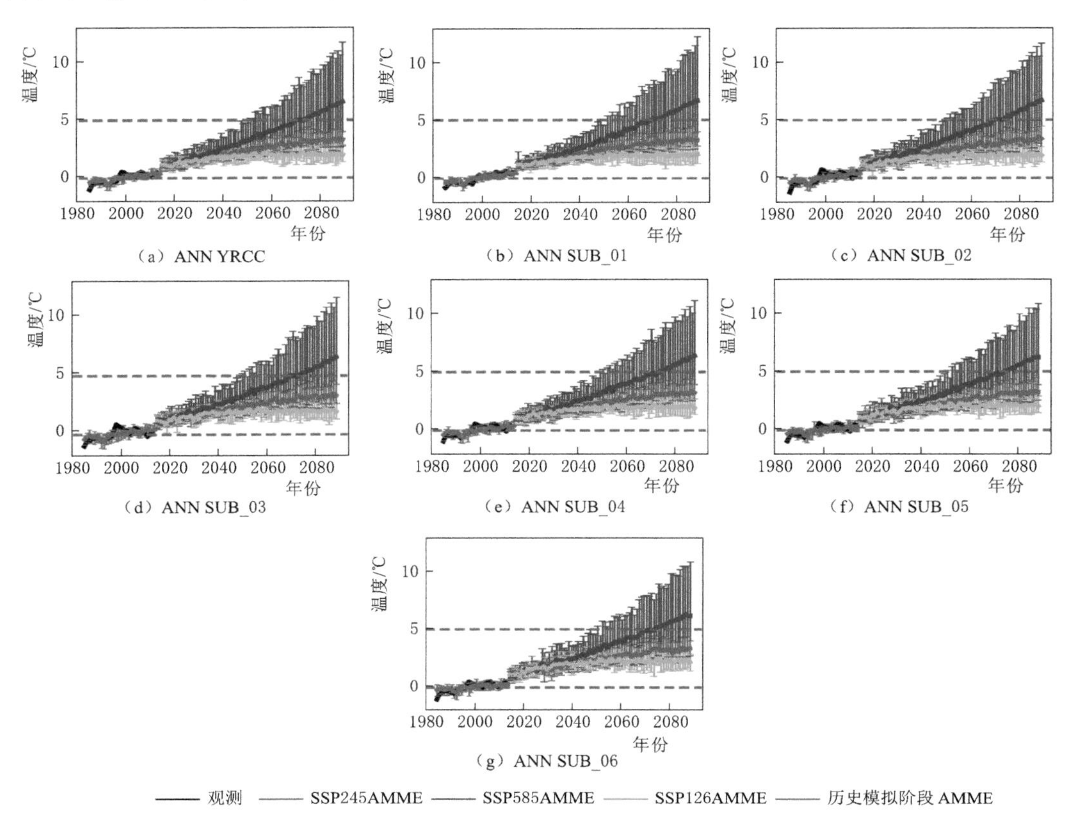

图 14.5 1985—2099 年的黄河流域年平均气温变化趋势（SUB _ 01 代表兰州以上；SUB _ 02 代表兰托区间；SUB _ 03 代表山陕区间；SUB _ 04 代表泾渭洛河；SUB _ 05 代表三花区间；SUB _ 06 代表黄河下游；YRCC 代表黄河流域）

不同气候变化情景下，黄河流域年平均气温变化的空间分布具有较大的差异性。SSP126 情景下，黄河流域年平均气温的升温中心主要集中在黄河源区和黄河下游；SSP245 和 SSP585 情景下，黄河流域年平均气温的升温中心集中在兰州以上和宁蒙河段。

14.2.3.3 大量级降水事件未来变化趋势

由前节可知，SSP 情景下未来黄河流域降水量变化呈明显增加趋势。但对流域尺度的水文预报而言，大量级降水事件则是每年防汛抗旱工作的核心，计算了不同气候变化情景下的大量级降水事件不同气候变化情景下发生频次的变化趋势（图 14.6、图 14.7）。3 种情景下，黄河流域六大气象水文分区的大雨、暴雨事件均呈增加趋势，其中以 SSP585 情景下增加幅度最大，SSP126 情景下增加幅度最小。大雨事件方面，SSP585 情景下黄河中下游的四个主要气象水文分区大雨事件发生频次在 21 世纪末期增加 1.0 次/a。2080 年以前 3 个气候变化情景下的大雨事件发生频次变化差异较小，2080 年后不同情景之间差异显著增加，特别是 SSP585 与其他两个情景之间。

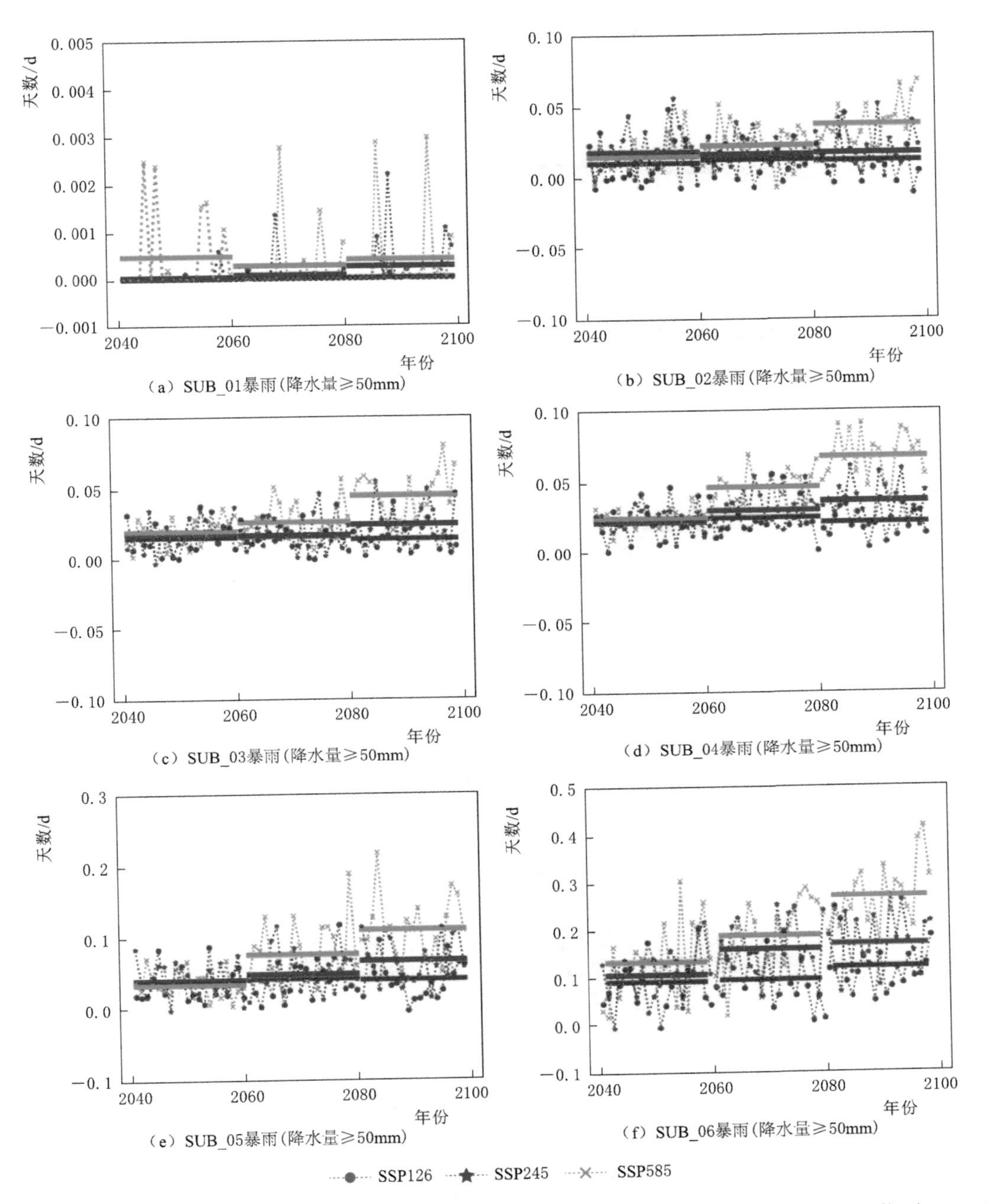

图 14.6 SSP125/245/585 3种情景下黄河流域六大气象水文分区暴雨事件发生频次变化趋势（SUB _ 01代表兰州以上；SUB _ 02代表兰托区间；SUB _ 03代表山陕区间；SUB _ 04代表泾渭洛河；SUB _ 05代表三花区间；SUB _ 06代表黄河下游）

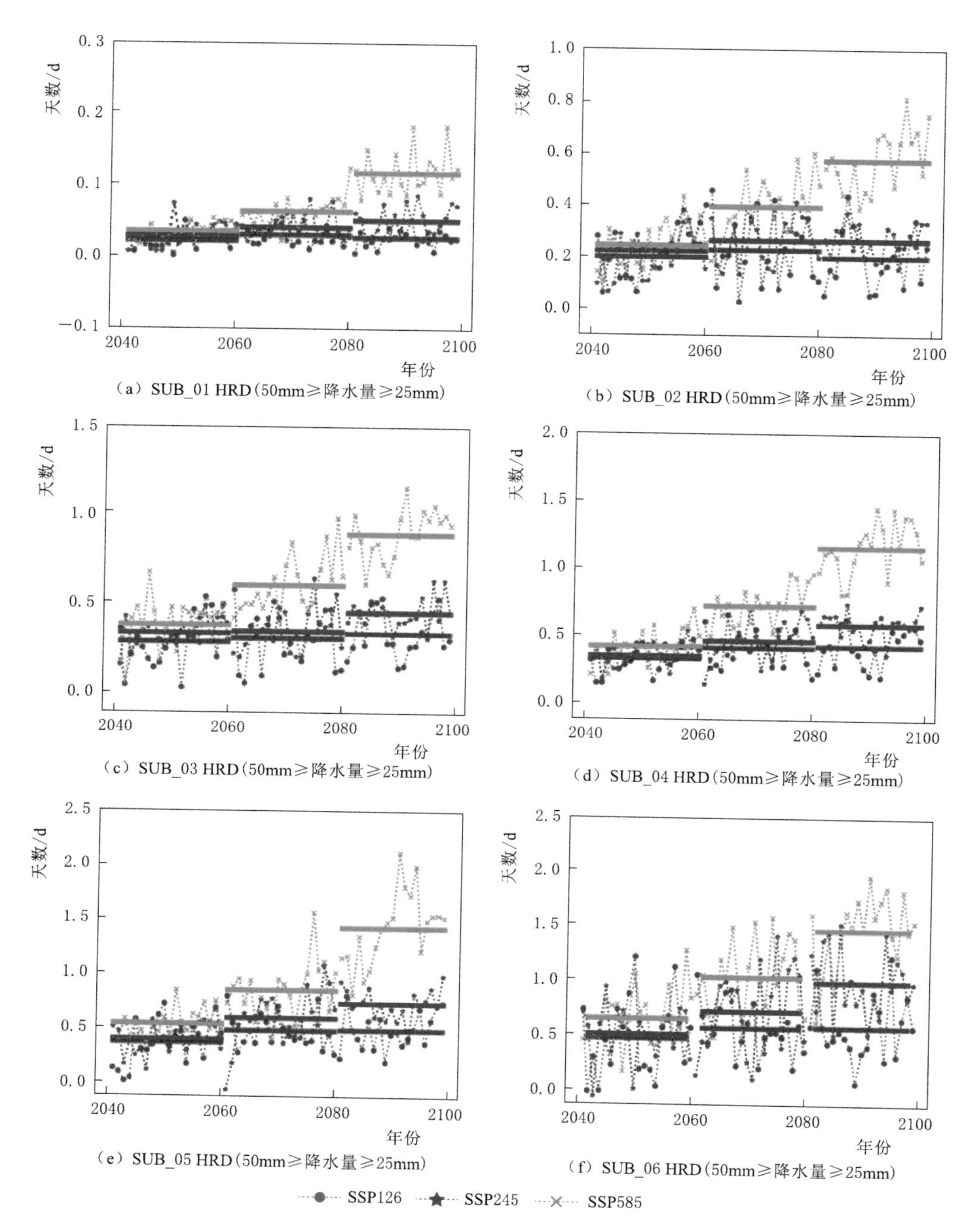

图 14.7　SSP125/245/585 3 种情景下黄河流域六大气象水文分区大雨事件发生频次变化趋势（SUB _ 01 代表兰州以上；SUB _ 02 代表兰托区间；SUB _ 03 代表山陕区间；SUB _ 04 代表泾渭洛河；SUB _ 05 代表三花区间；SUB _ 06 代表黄河下游）

空间分布上，未来气候变化情景下大量级降水事件发生频次具有明显的空间差异性。整个流域层面上，黄河兰州以上和渭河下游、三花区间及大汶河分别是大量级降水事件演变趋势的异常敏感区，其中兰州以上为明显减少区域，渭河下游、三花区间及大汶河为大量级降水事件显著增加区域。不同气候变化情景下，黄河流域大量级降水事件发生频次变化趋势具有较好的空间一致性，只在增加幅度上具有明显的区别，其中以SSP585情景下的增加幅度为最大。

不同量级强降水事件中，大雨事件发生频次具有明显的阶段性变化特性，同时具有显著的区域差异性。21世纪40年代预测时段内，大雨事件发生频次增加趋势主要位于渭河下游、三花区间及黄河下游。21世纪60年代时段内，大雨事件发生频次增加幅度进一步增加，增加区域向北扩展，其中SSP585情景下具有增加趋势的区域已基本扩展至整个黄河中下游地区。21世纪80年代预测时段内，渭河下游及三花区间南部的大雨事件发生频次约每年增加2次。3种气候变化情景中，3个预测时段内SSP126情景下大雨事件发生频次变化不大，SSP585情景下大雨事件发生频次日益增大。

中雨事件方面，3个预测时段及3种不同气候变化情景下，流域内中雨事件发生频次表现为全域性的增加趋势，其中以唐乃亥以上、汾河和沁河地区的增加区域最为显著。SSP585气候变化情景下，黄河源区唐乃亥以上的黑白河流域中雨事件发生频次在21世纪末期每年增加6次。

为了进一步研究未来黄河流域大量级降水事件发生频次演变趋势，图14.8～图14.10给出了各个模式模拟的流域六大气象水文分区的大量级降水事件未来演变趋势，3种不同量级的强降水事件发生频次上，各模式间差异性较大，整个预估时段内只在黄河下游具有良好的模式一致性，流域北侧的3个区域变化趋势相对较小，流域南侧的3个区域变化幅度相对较大。

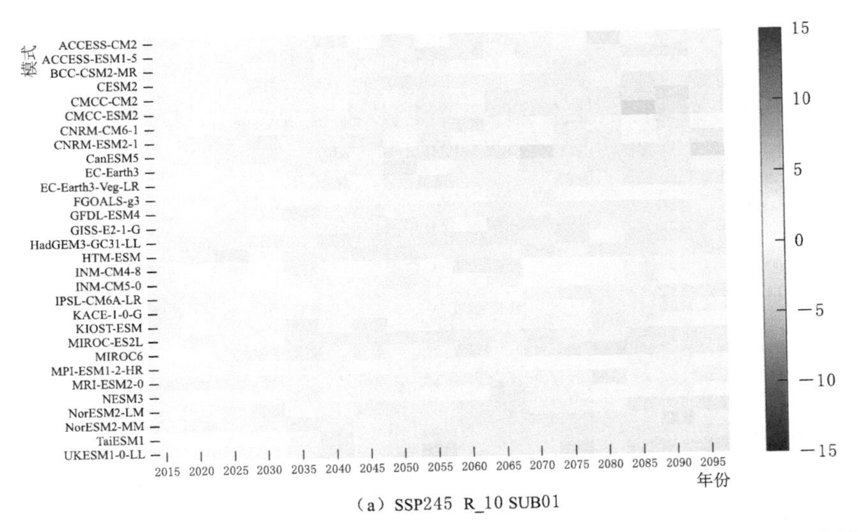

(a) SSP245 R_10 SUB01

图14.8（一） 相对于1985—2014年参考时段，SSP126/245/585情景下CMIP6下32个模式模拟的2041—2060年、2061—2080年和2081—2100年黄河流域中雨事件发生频次相对于参考时段的变化趋势

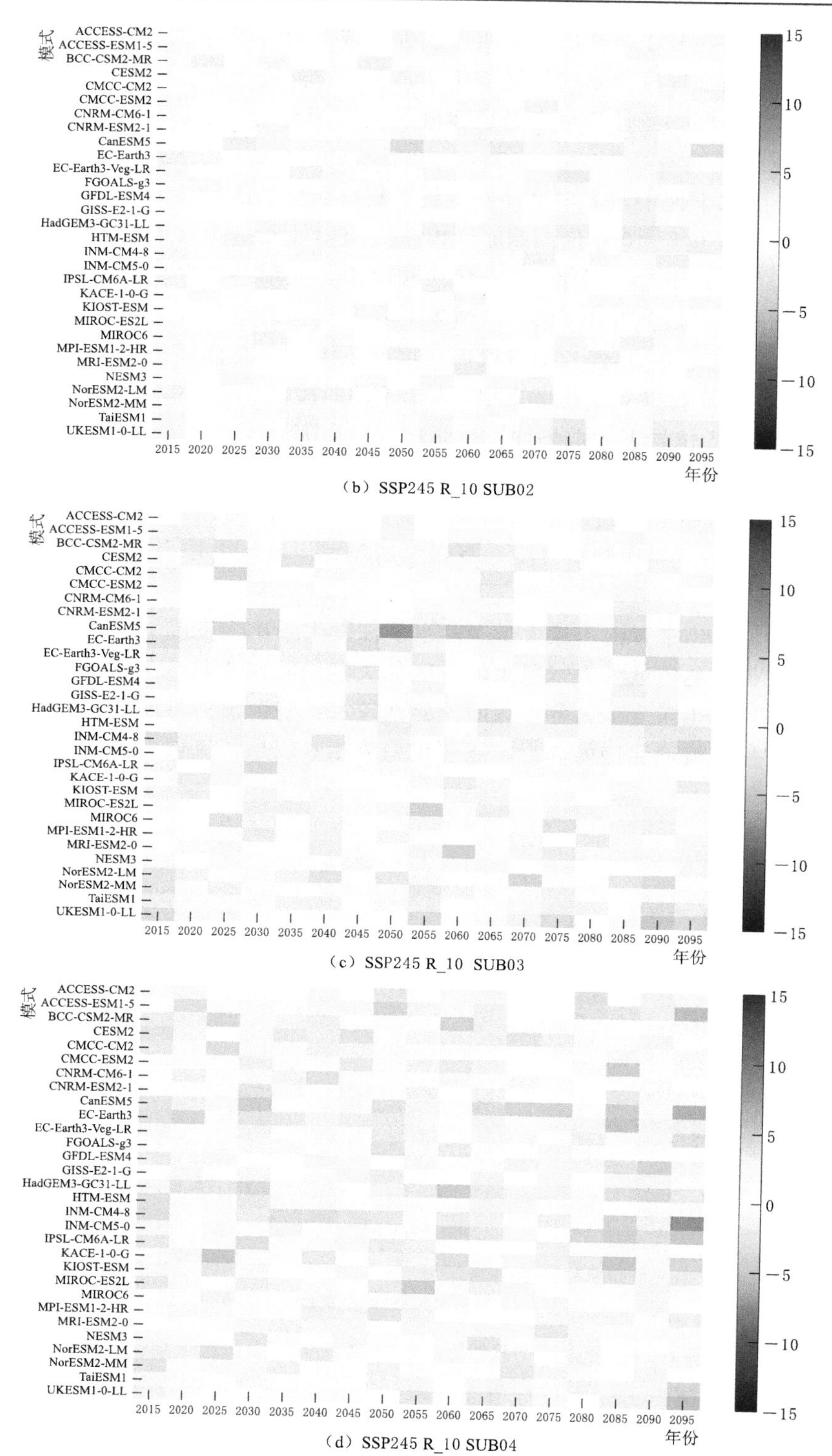

（b）SSP245 R_10 SUB02

（c）SSP245 R_10　SUB03

（d）SSP245 R_10 SUB04

图 14.8（二）　相对于 1985—2014 年参考时段，SSP126/245/585 情景下 CMIP6 下 32 个模式模拟的 2041—2060 年、2061—2080 年和 2081—2100 年黄河流域中雨事件发生频次相对于参考时段的变化趋势

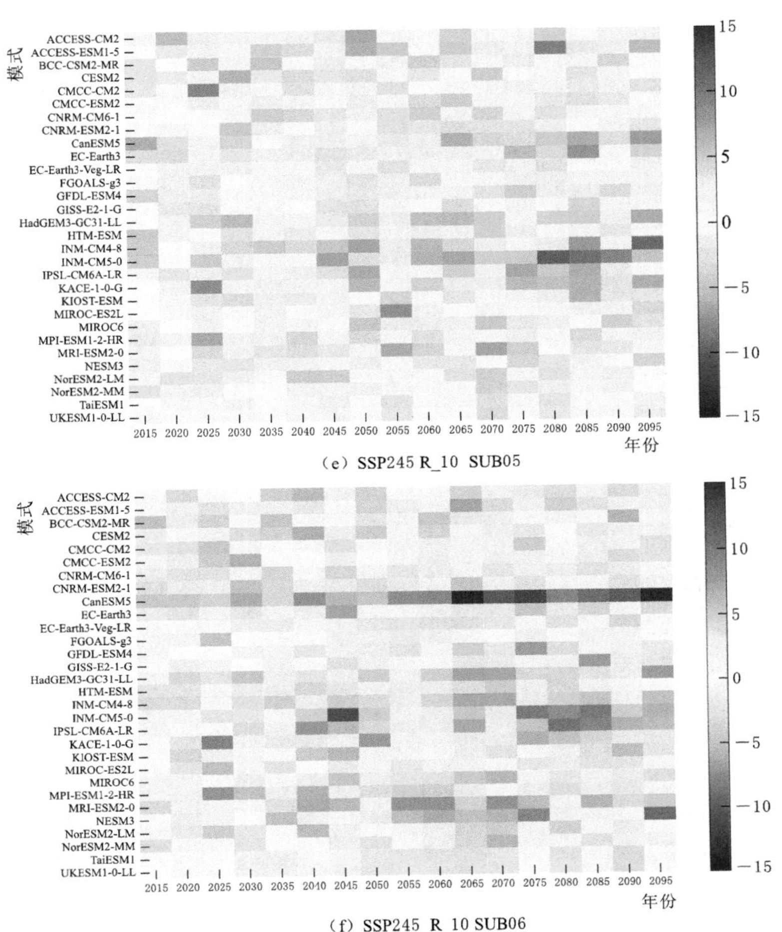

(e) SSP245 R_10 SUB05

(f) SSP245 R_10 SUB06

图 14.8（三） 相对于 1985—2014 年参考时段，SSP126/245/585 情景下 CMIP6 下 32 个模式模拟的 2041—2060 年、2061—2080 年和 2081—2100 年黄河流域中雨事件发生频次相对于参考时段的变化趋势

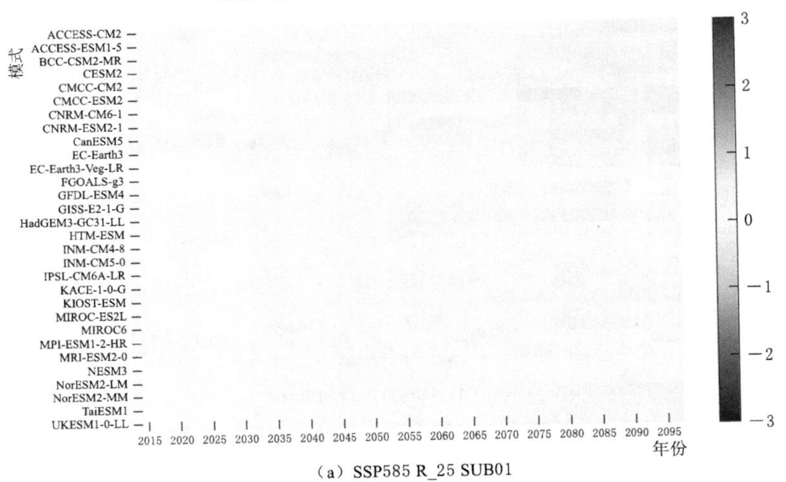

(a) SSP585 R_25 SUB01

图 14.9（一） 相对于 1985—2014 年参考时段，SSP126/245/585 情景下 CMIP6 下 32 个模式模拟的 2041—2060 年、2061—2080 年和 2081—2100 年黄河流域大雨事件发生频次相对于参考时段的变化趋势

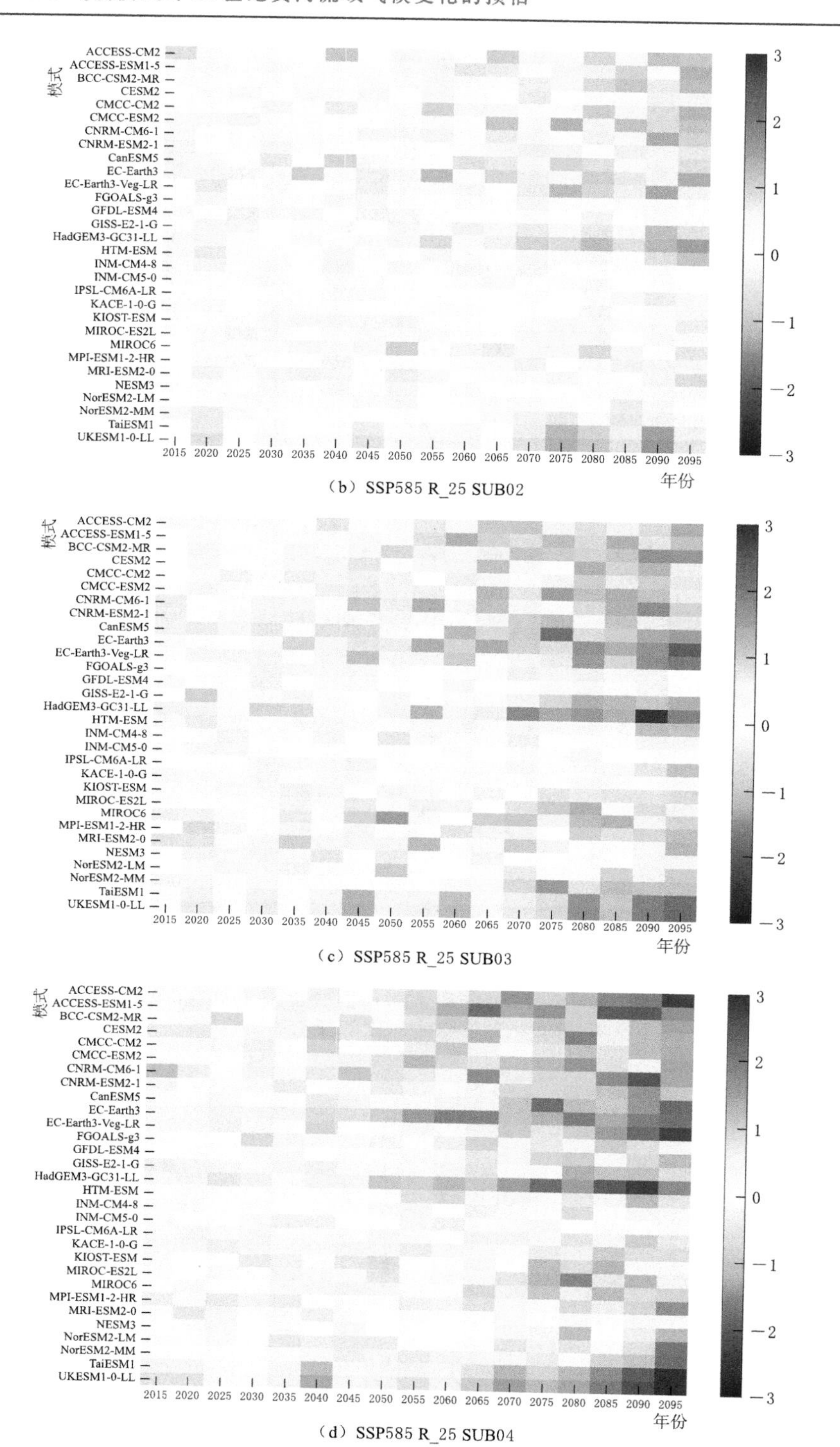

（b）SSP585 R_25 SUB02

（c）SSP585 R_25 SUB03

（d）SSP585 R_25 SUB04

图 14.9（二）　相对于 1985—2014 年参考时段，SSP126/245/585 情景下 CMIP6 下 32 个模式模拟的 2041—2060 年、2061—2080 年和 2081—2100 年黄河流域大雨事件发生频次相对于参考时段的变化趋势

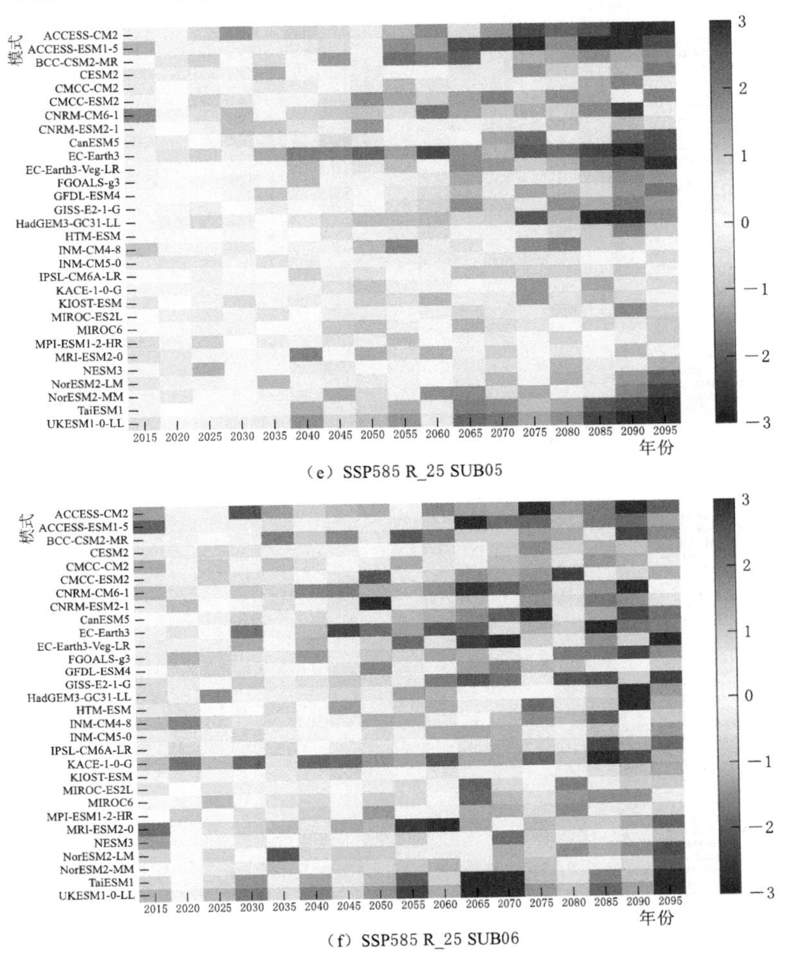

（e）SSP585 R_25 SUB05

（f）SSP585 R_25 SUB06

图 14.9（三） 相对于 1985—2014 年参考时段，SSP126/245/585 情景下 CMIP6 下 32 个模式模拟的 2041—2060 年、2061—2080 年和 2081—2100 年黄河流域大雨事件发生频次相对于参考时段的变化趋势

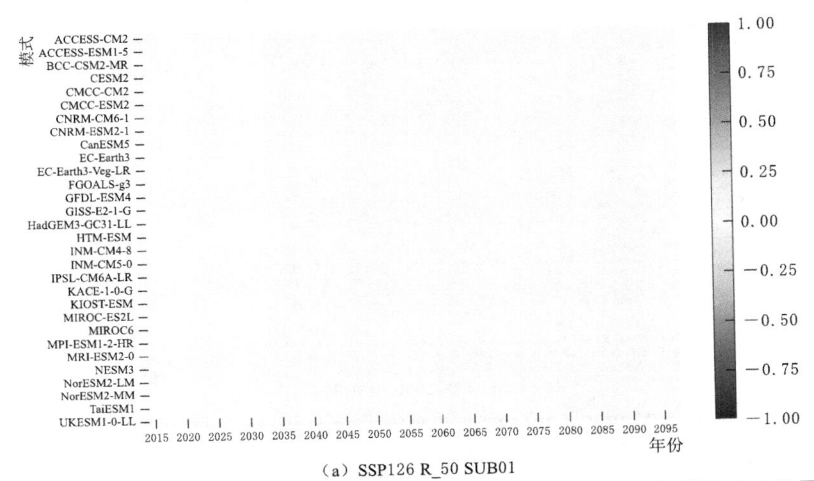

（a）SSP126 R_50 SUB01

图 1 410（一） 相对于 1985—2014 年参考时段，SSP126/245/585 情景下 CMIP6 下 32 个模式模拟的 2041—2060 年、2061—2080 年和 2081—2100 年黄河流域暴雨事件发生频次相对于参考时段的变化趋势

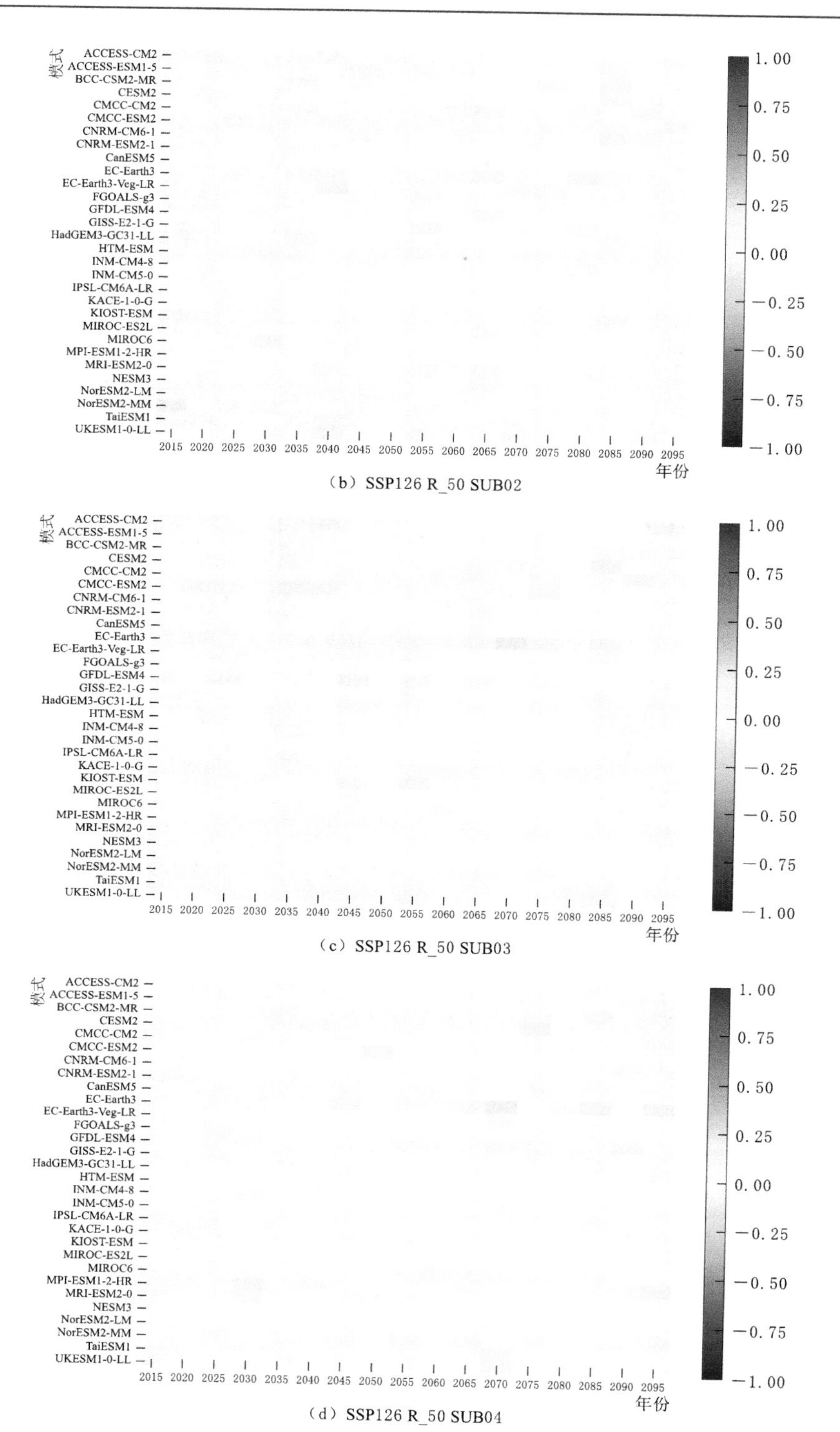

（b）SSP126 R_50 SUB02

（c）SSP126 R_50 SUB03

（d）SSP126 R_50 SUB04

图 14.10（二）　相对于 1985—2014 年参考时段，SSP126/245/585 情景下 CMIP6 下 32 个模式模拟的 2041—2060 年、2061—2080 年和 2081—2100 年黄河流域暴雨事件发生频次相对于参考时段的变化趋势

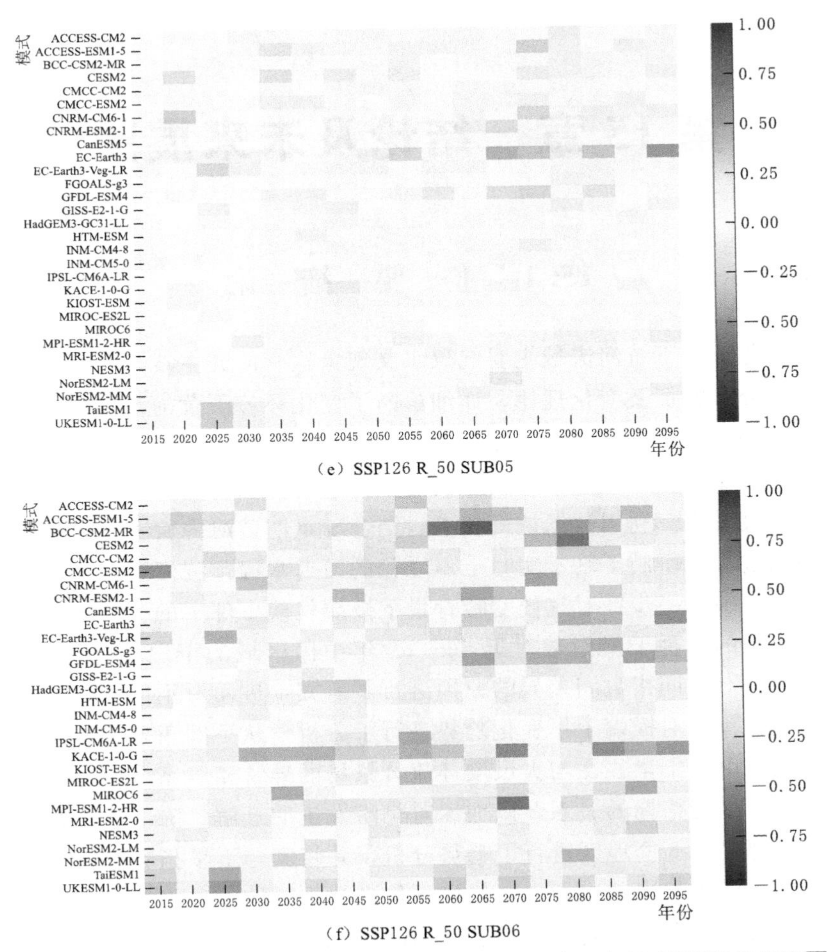

（e）SSP126 R_50 SUB05

（f）SSP126 R_50 SUB06

图 14.10（三） 相对于 1985—2014 年参考时段，SSP126/245/585 情景下 CMIP6 下 32 个模式模拟的 2041—2060 年、2061—2080 年和 2081—2100 年黄河流域暴雨事件发生频次相对于参考时段的变化趋势

14.3 本 章 小 结

本章利用 30 个 CMIP6 气候模式结果，在进行模式验证的基础上，结合年降水量、年平均气温、大量级降水过程等指标研究了未来 SSP 情景中 3 种典型情景下黄河流域未来的气候演变趋势。结果表明：①相对于参考时段（1985—2014 年），未来黄河流域气温显著升高，至 21 世纪末期 SSP585 情景下黄河流域整体气温约升高 6℃，其中以黄河兰州以上地区的升温趋势最为显著，降水量变化方面，至 21 世纪末期黄河流域年降水量整体增加 20%左右，其中以兰托区间年降水量变化距平增加最大；②结合不同量级降水事件未来的演变趋势，发现未来 3 种气候变化情景下，中雨事件发生概率在流域表现出一致的增加趋势，但在大雨、暴雨事件发生概率变化趋势方面，流域上游、中游和下游表现出相反的变化趋势，其中黄河上游主要以减小趋势为主，黄河中游和下游以增加趋势为主，其中兰州以上、渭河下游、三花区间及下游的大汶河流域为大强度降水事件发生频次异常敏感中心。

第15章 结论及未来展望

15.1 主要结论

本书围绕变化环境下黄河流域主要气象水文现象这一研究主线，分析了黄河流域气象水文要素的时空分布特征及变化规律，详细诊断了变化环境下黄河流域降水过程结构、内蒙古河段流凌过程物理过程特征。在此基础上，结合目前暴雨预报主流数值模式，系统对比了模型在黄河流域的适用性，同时利用实时可获取的实测资料，构建了基于实时同化的黄河流域降水预报系统。利用数据挖掘技术，结合凌汛期黄河内蒙古河段流凌封河期河道水温变化的物理过程，研制了基于实时土温变化的河道水温预测模型。

在此基础上本书进一步针对气候变暖背景下极端气候事件中的干旱进行了研究。首先利用目前广泛使用的几种干旱指数对近50～60年中国区域的干湿变化趋势进行了分析。并在分析的基础上对不同指数间差异的原因进行了研究，进而对不同指数在中国地区的适用性进行了讨论。接着对极端干旱变化趋势进行了分析，从不同角度对极端干旱变化原因进行了讨论。此外由于干旱往往与大尺度环流背景场的异常相联系，因此还分析了不同大气环流异常与我国旱涝格局的关系，以加深对旱涝发生的理解。除干旱指数外，从土壤湿度角度对我国东部北方3个地区进行了趋势分析，并将其与干旱指数在不同地区的一致性进行了对比。气候模式是当前进行未来气候预估最为重要的一种方法，在使用历史资料对干旱进行趋势分析后，利用最新的CMIP5模式结果对中国区域未来干湿变化进行了预估。

（1）结合中国气象局实测气象资料，采用Mann－Kendall趋势检验法、滑动T检验、小波分析等方法，分析了黄河流域季节和年降水量时空分布特征与突变特征规律，主要结论如下。

1）1961—2022年黄河上游年降水量呈上升趋势，中游和下游年降水量呈现减少趋势，但降水变化趋势并不显著。季节尺度上，流域春季呈下降趋势，夏季降水量呈上升趋势，秋季、冬季降水量呈下降趋势。

2）黄河上游年降水量于2015年前后发生突变，突变后开始逐年上升，呈现湿化趋势。黄河中游和下游地区全年降水量整体为减小趋势。年代际尺度上，1996—2015年为黄河中游降水量显著减小阶段。黄河上游地区年、春季、夏季降水量最后一次突变发生后，季节降水量均呈增加趋势。黄河中下游冬季、春季降水量年代际变化均发生了明显突变，突变后均转为减少趋势。

3）黄河流域年降水量变化存在明显的2～8年主周期，年际变化也出现交替性增加和减少趋势。1961—2022年黄河流域年降水变化出现了5次枯-丰交替。黄河上游、中游年降水量存在多时间尺度的周期变化特征，2～4年第一主周期，经历枯-丰交替共计4次。黄河下游年降水量变化过程存在多时间尺度特征，即2～4年、5～9年的两类尺度变化，降水量的年际变化出现交替性增加和减少趋势。

（2）利用黄河流域气象站点的降水观测数据，通过分析流域降水过程发生频次、降水过程强度、降水量极值和出现时间等对黄河流域降水结构进行研究，探讨气候变化背景下黄河流域降水结构的季节演变，主要结论如下。

1）黄河流域降水结构具有显著的空间差异性。最大过程降水量平均出现时间自西向东延迟，兰州以上出现在7月中旬，兰托区间、山陕区间、泾渭河出现在7月下旬，黄河下游出现在7月下旬至8月上旬。泾渭洛河的庄浪—华亭一线是流域过程降水发生频次、累计降水量、强度大值中心，黄河中游右岸的汾河、沁河是最小值中心。

2）黄河流域短历时和长历时降水的季节变化特征差异较大。黄河兰州以上、泾渭洛河短历时降水主要影响时段超前于长历时降水过程，两类降水过程的累计降水量相当；山陕区间、三花区间短历时降水过程时段与长历时降水过程高度重合，短历时降水量占总降水量比重明显高于长历时降水过程。

3）在不同历时降水过程演变趋势上，不大于2天的短历时降水过程整体变化趋势不明显，大于2天的长历时降水过程发生频次及降水强度显著增加。

（3）结合以往冷空气研究和实际业务预报需求，利用水气界面热量平衡方程对黄河内蒙古河段首凌前期水体失热特征进行研究，分析首凌前期水气界面的热量交换特征及其气候影响因素，主要结论如下。

1）1971—2020年直接导致黄河内蒙古河段首凌的冷空气过程按照路径差异分为4种：偏北路径占23.7%，超长路径占5.9%，西北路径占50.4%，偏西路径占20.0%。4种路径冷空气过程造成的河道水温降温幅度上，西北路径最大（－3.5℃），偏北路径为－3.3℃，降温幅度最小的是偏西路径。流凌当日所处冷空气过程为从弱冷空气过程向强冷空气过程过渡。年代际变化上，直接导致黄河内蒙古河段的偏北路径冷空气在1981—2010年这30年间发生频率较高，之后频次明显减少；超长路径和西北路径冷空气呈明显减小趋势；偏西路径整体变化趋势不显著。

2）对应的大气环流异常特征上，4种冷空气过程均伴随着西风带长波槽脊的东移，环流形势主要表现为“一槽一脊”和“两槽一脊”两种，均有东北冷涡的向南爆发。4种路径冷空气过程中，风场平流对局地温度变化起主要作用，垂直运动对局地温度变化的作用是先增温后降温。其中偏北路径冷空气主要以风场平流的作用为主，其他3种路径冷空气过程中风场平流和垂直运动的作用同等重要，特别是在受冷空气影响的最大降温日（首凌当日）。

3）1971—2019年内蒙古河段首凌日期多年平均值为11月18日。2000年后首凌日期明显推迟，2011—2019年平均流凌日期较2000年前推迟6.6天。2000年后河道初始水温与首凌日期呈明显负相关关系，河道初始水温增加对首凌出现日期具有明显的延迟作用。

4）1971—2010年，河道流凌前期水气界面总感热通量与河道总流量显著正相关。2011年以来河道总流量与流凌前期水气界面感热通量对应关系明显减弱，相同流量条件下，水气界面感热通量异常增加明显。

5）土壤温度梯度减弱增加了来自河床的能量通量，相同的水温变化就需要更多的水气界面热量损失；冷空气活动增多特别是强冷空气活动频率增加及地表风速加强加剧了水气界面感热通量交换；这些共同促使 2011 年以来内蒙古河段首凌前期水气界面感热通量异常增加。

（4）利用 MM5 和 WRF 两个中尺度数值模式和同一套大气环流初始场，针对汛期逐日降水进行数值降水预报，结合同期气象观测数据，开展模式降水预报技巧评估。通过分析两个模式之间的预报技巧差异，识别模式本身在黄河流域适用的特征和不确定性，主要结论如下。

1）两个中尺度数值模式对黄河流域晴雨预报的 TS 评分均在 50 以上，在降水的空报和漏报上，WRF 模式的优势也更加明显。

2）0～10mm 量级的降水预报上，空间上两个模式均呈现纬向型的分布特征，在流域南部两个模式预报技巧大于流域北部；25mm 以上降水事件上，MM5 模式的精细化刻画能力相对有限，只在黄河流域南部的伊洛河、三花区间部分地区表现出有限的预报技巧；相较于 MM5 模式，WRF 模式明显提高了几个主要暴雨区大量级降水的预报技巧，如渭河上游、三花区间、伊洛河和黄河下游等地区。

3）在不同预报时效上，MM5 模式随着预报时效的增加其预报技巧也增加，WRF 模式则是在临近预报时效时其预报技巧更优；特别是在较大量级降水事件的预报上，这种特征表现得特别明显。

（5）结合黄河流域不同子流域典型的天气过程，包括黄河内蒙古河段凌汛期的降温过程、黄河中游短时强降水过程。通过对典型天气过程的同化试验模拟并与实际观测进行对比，主要结论如下。

1）基于 Nudging 的四维变分模式同化方法分别在典型天气过程模拟中表现出优化原始试验结果的现象，但在不同天气过程的模拟中对原始试验结果改善效果不同步。

2）在黄河内蒙古河段的冷空气过程的模拟中，基于谱 Nudging 的模式同化试验表现出较好的订正效果；与模式降水同化试验的订正效果相比，基于谱 Nudging 的模式同化对局地气温变化具有更好的订正效果。

3）在黄河中游局地强降水模拟中，相对于强降水区的水平空间尺度，站点数据仍略显粗糙，这可能会漏掉一些中小尺度系统。

（6）基于目前黄河内蒙古河段高密度的气象水温观测数据，利用目前具有明显优势的机器学习算法对数据进行训练和参数优化迭代，构建适合黄河内蒙古河段凌汛期水温的机器学习预测模型。主要结论如下。

1）通过气象因子与河道水温的相关性分析，证实了在逐日尺度内河道水温与气温之间不存在明显的线性响应关系，特别是在凌汛期（初始水温在 10℃以内）；河道附近土壤温度变化与水温之间存在近同步变化关系，15～20cm 处的土壤温度与河道水温的相关性显著。

3）基于 PSO 优化算法的最优机器学习模型对训练数据集合的解释率最高为 84%，在验证阶段可达 70%。模型预测误差可控制在［−0.5，0.5］之间。

（7）不同干旱指数对中国干湿状况的表达。1961—2010 年间，干旱指数 SPEI 和 PDSI 的变化均表明，中国北方存在明显变干趋势，显著变干地区集中在华北、河套等地区。在区域水平上，各地区的干湿变化趋势和程度具有较大差别。两种指数一致性较好的地区位于中国东部，如河套和华北地区，差异较大的地区主要位于西部。主要差异为，PSDI在西北地区表现为显著变湿，SPEI则相反。造成SPEI和PDSI差异的原因，是由于温度和降水变化对二者的影响程度不同。降水变化对PDSI起主导作用，其方差贡献为50%，而降水变化对SPEI的方差贡献只有20%。在SPEI和PDSI一致性较高的地区，如东北、华北和河套地区，二者体现的是温度和降水变化的综合影响。而在华南和西南地区，二者的主导因子都是降水。在西北地区，除冬季外，SPEI对温度变化的敏感度远远大于降水变化，温度变化对SPEI的方差贡献约为50%；而PDSI在西北地区的主导因子则是降水，降水变化对PDSI的方差贡献约为60%。

由于不同PET算法之间存在很大差异，利用不同PET算法计算了SPEI，并对1948—2008年中国区域的干湿变化进行了趋势分析，在此基础上讨论了基于两种PET算法的SPEI在中国的差异性。结果表明，近60年来，中国区域表现为以长江为界的南涝北旱，显著变干的地区主要位于内蒙古中部、华北、东北以及四川东部地区；四季中春季变干最为突出；两种SPEI在新疆北部、云南、华南和青藏高原北部等地区差异较大，同时差异较大的季节是冬季、春季。造成两种SPEI间差异的原因是桑斯维特公式计算的PET只考虑热量因子，而彭曼-蒙特斯公式则综合考虑了热量因子和空气动力因子，其中空气动力因子对总PET贡献有明显增加趋势。总的来说空气动力因子的变化在一定程度上加剧了北方的干旱化进程，同时有利于南方的湿润化。

此外利用PDSI分析了中国极端干旱的变化趋势。结果显示：1961—2009年，中国北方夏季极端干旱发生率要大于南方，不同区域夏季极端干旱发生概率的年代际变化大都经历了2次或以上的趋势转折，其中距今最近的一次转折发生在1990年前后。在温度和降水两个因子中，20世纪90年代以前降水主导实际极端干旱的变化；20世纪90年代后期以来，夏季增暖一方面加剧了由于降水减少带来的极端干旱发生概率的增加趋势，另一方面也削弱了由于降水增加带来的极端干旱发生概率的减小趋势。冬季极端干旱发生率的空间特征为东北和东部沿海地区多于西部内陆地区，呈东西型分布。全国大部分地区在最后一次转折后，极端干旱发生概率都呈现增加趋势，增加趋势明显的地区有东北、华北、华南和西南地区。与夏季类似，降水也是冬季极端干旱发生概率的主导因子。但是，随着冬季温度明显升高，特别是20世纪90年代后期以后，温度升高加剧了因降水减少造成的极端干旱增加趋势，降水对极端干旱的主导作用被显著削弱。此外，温度和降水波动变化的反位相叠加也在一定程度上加剧了极端干旱发生概率的增加。

此外，利用土壤湿度数据对我国东部地区的干湿状况进行了趋势分析。结果表明：我国东部地区土壤湿度的空间分布特征主要表现为内蒙古和华北地区为小值区，并由内蒙古向东北和东南呈梯度增加。这种空间分布特征与干旱指数SPEI _ PM的变化特征具有较好的一致性。在华北地区，土壤湿度和SPEI _ PM之间的相关系数更是达到了0.90以上，这说明土壤湿度与SPEI _ PM对我国东部地区气候干湿状况的表达能力具有很好的一致性。

(8) 大气环流异常与我国旱涝格局的可能联系。1961—2010年中国干湿变化的第一模态主要表现为南北反向变化空间型，华北地区为异常敏感中心，其对应的主要环流特征为：北半球中高纬度表现为明显的纬向波列，北太平洋地区和欧洲地区表现为气压异常偏低，欧洲西岸和贝加尔湖南部表现为弱的气压异常偏高。华北地区主要受贝加尔湖南部异常暖高压控制，盛行偏北气流。500hPa 上表现为 EUP 遥相关型分布特征。EUP 很可能是我国华北旱涝在 20 世纪 90 年代发生明显转折的一个重要环流因子。

1961—2010 年中国干湿变化第二模态表现为西北和西南地区干湿变化趋势相反的分布特征。从时间系数来看，西北由干变湿，西南由湿变干。对应的大气环流背景场上，这种西北、西南干湿变化相反的干湿格局受到北极涛动影响，北极涛动通过影响位于西伯利亚地区的高压，进而对西北干湿的发生产生影响。

（9）未来中国区域的干湿变化预估。相对于 1986—2005 年参考时段，21 世纪中国区域表现为干旱化趋势，以春季变干最为明显。空间上，西北和华南变干最强，东北和西南则表现为弱的变湿。在季节上，暖季变干的地区主要位于东北、华北和西北，而华南和西南则为明显的冷季变干。在具体干旱发生次数上，短期干旱和长期干旱未来都有增加，前者增加较多的地区主要位于内蒙古、新疆中南部、青藏高原、东南和华南地区；而后者未来变幅相对较小，且变化主要集中在新疆中南部。此外，土壤湿度的预估结果表明，西北和华南地区未来也有明显的变干趋势，而在东北和西南地区未来干湿变化则具有较大的不确定性。

（10）未来黄河流域干湿变化预估。相对于基本时段（1985—2014 年），未来黄河流域气温将显著升高，至 21 世纪末期，SSP585 情景下黄河流域整体气温约升高 6℃，其中以黄河兰州以上地区的升温趋势最为显著。降水量变化方面，至 21 世纪末期黄河流域年降水量将整体增加 20%左右，其中以兰托区间年降水量变化距平增加最大。结合不同量级降水事件未来的演变趋势，发现未来三种气候变化情景下，中雨事件发生概率在流域表现出一致的增加趋势；但在大雨、暴雨事件发生概率的变化趋势方面，流域上游、中游和下游表现出相反的变化趋势，其中黄河上游主要以减小趋势为主，黄河中游和下游主要以增加趋势为主。其中，兰州以上、渭河下游、三花区间及下游的大汶河流域为大强度降水事件发生频次异常敏感中心。

15.2 未 来 展 望

变化环境下流域水循环过程是一个复杂而庞大的系统，本书主要针对黄河流域当前最主要的两种水文现象背后的气象过程开展了相关研究，在流域降水数值预报模型、内蒙古河段流凌前期水温变化等方面取得了一些成果，但流域水循环演变规律与驱动机制研究任重道远，在理论、方法、模型等方面仍存在很多问题亟待解决，突出表现在以下几个方面。

（1）在黄河流域降水结构方面，本研究发现黄河中游渭河流域的庄浪—华亭一线是流域降水过程强度最大的地区，也是历史上流域暴雨发生频次较高的地区。还没有相关研究针对该地区降水过程中水汽、动力条件进行模拟和追踪。针对流域这一典型暴雨区，正在开展过程水汽追踪模拟试验。

（2）黄河内蒙古河段每年有 100 多天的封河期，本书只是针对凌汛期前期受人类活动影响相对较小的流凌过程进行分析，通过河道水温变化物理过程中气象因子的演变规律，构建了数学物理模型。但是对较长时段封河期的冰塞、冰坝现象，还需要加入河道、水库等条件进行综合分析。接下来将针对封河期的冰塞、冰坝过程进行动力学和热力学综合分析，研究极端条件下的冰塞、冰坝过程。

（3）干旱指数是目前研究干湿变化中应用最广泛的手段，但是不论哪一种干旱指数对干旱的表达能力都不是十全十美。本书利用了目前使用最多且效果较好的两种干旱指数对近60年中国区域的干旱变化趋势进行了分析，发现两个干旱指数的结果之间存在较大的差异，并对二者差异的原因进行了初步分析。由于不同地区干湿状况的影响因子不同，在对不同地区利用干旱指数进行分析时，应选择适合不同地区情况的指数。在之后的工作中我们还将利用卫星遥感数据对干旱指数进行评估，并根据不同干旱指数的特点给出其在不同地区的适用性。

（4）相对于一般干旱所产生的影响，极端干旱造成的影响更加严重。本书利用对干旱强度具有较好表达能力的PDSI对中国区域近50年的极端干旱变化趋势进行了分析，并在此基础上对温度和降水在极端干旱变化趋势中的作用进行了探讨，同时考虑了不同转折阶段大气环流形势的影响。这些分析都还只是基于统计原理，关于极端干旱变化趋势转折的动力学原因还需要更进一步分析。和极端干旱变化趋势分析类似，关于我国不同旱涝格局与不同大气环流的异常关系，本书用到了回归及合成分析。分析结果认为EUP遥相关型和AO对我国两种不同的旱涝格局具有明显的影响。目前仅是从数学分析角度得到的这一结果，还需要利用数值模型进行模拟和验证。

（5）本书利用CMIP5/6中21/30个模式对21世纪中国区域的干湿状况变化进行预估，这21个模式相对于整个CMIP5模式计划来说还较少，在之后的工作中，还将进一步利用更多的CMIP5模式对我国未来的干湿变化趋势进行预估。此外，分析时发现中国未来的干湿变化存在明显的年代际振荡特征，以往研究表明太平洋年代际振荡模态和NAO等年代际海气信号往往对我国（特别是我国东部地区）年代际的干湿变化有很强的控制作用。因此希望未来能结合太平洋年代际振荡模态和NAO的变化趋势，给出我国未来旱涝变化的动力学解释。

参考文献

“58·7”暴雨研究组，1987. 黄河中游“58·7”大暴雨成因的天气学分析 [J]. 大气科学，11 (1)：100－107.

安顺清，邢久星，1985. 修正的帕默尔干旱指数及其应用 [J]. 气象 (11)：17－19.

安顺清，邢久星，1986. 帕默尔旱度模式的修正 [J]. 气象科学研究院院刊 (1)：75－81.

白虎志，谢金南，李栋梁，2000. 青藏高原季风对西北降水影响的相关分析 [J]. 甘肃气象，31 (5)：10－12.

白虎志，2011. 中国西北地区近500年极端干旱事件 [M]. 北京：气象出版社.

白肇烨，徐国昌，1991. 中国西北天气 [M]. 北京：气象出版社.

鲍名，黄荣辉，2006. 近40年我国暴雨的年代际变化特征 [J]. 大气科学，30 (6)：1057－1067.

毕云，钱永甫，2001. 近40年高层温度场和高度场的时空变化特征 [J]. 南京气象学院学报，24 (1)：59－65.

布和朝鲁，彭京备，谢作威，等，2018. 冬季大范围持续性极端低温事件与欧亚大陆大型斜脊斜槽系统研究进展 [J]. 大气科学，42 (3)：656－676.

蔡英，宋敏红，钱正安，等，2015. 西北干旱区夏季强干、湿事件降水环流及水汽输送的再分析 [J]. 高原气象，34 (3)：597－610.

蔡煜东，姚林声，1995. 径流长期预报的人工神经网络方法 [J]. 水科学进展，6 (1)：61－65.

陈烈庭，1999. 华北各区夏季降水年际和年代际变化的地域性特征 [J]. 高原气象，18 (4)：477－485.

陈隆勋，周秀骥，李维亮，等，2004. 中国近80年来气候变化特征及其形成机制 [J]. 气象学报，62 (5)：634－645.

陈少勇，林纾，王劲松，等，2011. 中国西北雨季特征及高原季风对其影响的研究 [J]. 中国沙漠，31 (3)：765－773.

陈守煜，冀鸿兰，2004. 冰凌预报模糊优选神经网络BP方法 [J]. 水利学报 (6)：114－118.

陈守煜，1997. 模糊优选神经网络多目标决策理论 [J]. 大连理工大学学报，37 (6)：693－698.

陈维英，肖乾广，1994. 距平植被指数在1992年特大干旱监测中的应用 [J]. 环境遥感，9 (2)：106－112.

崔玉琴，许书平，1987. 我国西北地区暴雨水汽条件初步研究 [J]. 水文，6 (6)：27－32.

丹利，符传博，吴涧，2011. 陆气双向耦合模式中全球感热和潜热通量的时空特征模拟 [J]. 气候与环境研究，16 (2)：113－125.

狄潇泓，王小勇，肖玮，等，2018. 高原边坡复杂地形下短时强降水的云型特征分类 [J]. 气象，44 (11)：1445－1453.

丁士晟，1983. 北方暴雨分析及其预报研究进展 [J]. 气象科技 (1)：7－18.

丁一汇，1997. 地表通量的计算问题 [J]. 应用气象学报 (S1)：30－36.

丁一汇，2005. 高等天气学 [M]. 北京：气象出版社.

丁一汇，蔡则怡，李吉顺，1978. 1975年8月上旬河南特大暴雨的研究 [J]. 大气科学，2 (4)：276.

丁一汇，张建云，2009. 暴雨洪涝 [M]. 北京：气象出版社.

杜海龙，徐幼平，胡邦辉，等，2014. 气温对黄河凌汛的影响研究 [J]. 气象水文海洋仪器，31 (4)：29－32.

杜灵通，2013. 基于多源空间信息的干旱监测模型构建及其应用研究 [D]. 南京：南京大学.

方立，冯相明，2007. 凌期气温变化对河段封开河的影响分析 [J]. 水电能源科学 (6)：4－6.

符淙斌，安芷生，郭维栋，2005. 我国生存环境演变和北方干旱化趋势预测研究（I）：主要研究成果［J］. 地球科学进展，20（11）：1157－1167.
符仙月，布和朝鲁，2013. 中国大范围持续性低温事件与中国南方降水异常［J］. 大气科学，37（6）：1247－1260.
高庆九，郝立生，闵锦忠，2006. 华北夏季降水年代际变化与东亚夏季风、大气环流异常［J］. 南京大学学报（自然科学），42（6）：590－601.
顾润源，周伟灿，白美兰，等，2012. 气候变化对黄河内蒙古段凌汛期的影响［J］. 中国沙漠，32（6）：1751－1756.
顾润源，2012. 内蒙古自治区天气预报手册［M］. 北京：气象出版社.
郭富赟，宋晓玲，谢煜，等，2015. 甘肃地质灾害气象预警技术方法探讨［J］. 中国地质灾害与防治学报，26（1）：127－133.
郭其蕴，蔡静宁，邵雪梅，等，2003. 东亚季风的年代际变率对中国气候的影响［J］. 地理学报，58（4）：569－576.
何立富，陈涛，周庆亮，等，2007. 北京“7・10”暴雨β～中尺度对流系统分析［J］. 应用气象学报，18（5）：655－665.
侯建忠，权卫民，潘留杰，等，2014. 青藏高原东北侧地区暴雨特征分析［J］. 陕西气象（2）：1－5.
侯建忠，王川，鲁渊平，等，2006. 台风活动与陕西极端暴雨的相关特征分析［J］. 热带气象学报，22（2）：203－208.
侯倩文，冯晓波，李志军，等，2018. 冰盖对南水北调中线工程渠道作用力物理模拟试验研究［J］. 水利水电技术，49（2）：63－69.
胡凯衡，葛永刚，崔鹏，等，2010. 对甘肃舟曲特大泥石流灾害的初步认识［J］. 山地学报，28（6）：628－634.
扈祥来，高前兆，牛最荣，等，2004. 甘肃省暴雨初探［J］. 干旱气象，22（1）：74－79.
“华北暴雨”编写组，1992. 华北暴雨［M］. 北京：气象出版社.
黄立文，邓健，2007. 黄、东海海洋对于台风过程的响应［J］. 海洋与湖沼，38（3）：246－252.
黄荣辉，1990. 引起我国夏季旱涝的东亚大气环流异常遥相关及其物理机制的研究［J］. 大气科学，14（1）：108－117.
黄荣辉，刘永，王林，等，2012. 2009 年秋至 2010 年春我国西南地区严重干旱的成因分析［J］. 大气科学，36：443－457.
黄荣辉，孙凤英，1992. 北半球夏季遥相关型的年际变化及其数值模拟［J］. 大气科学，16（1）：52－61.
黄荣辉，孙凤英，1994. 热带西太平洋暖池的热状态及其上空的对流活动对东亚夏季气候异常的影响［J］. 大气科学，18（2）：141－151.
黄荣辉，徐予红，周连童，1999. 我国夏季降水的年代际变化及华北干旱化趋势［J］. 高原气象，18（4）：465－475.
黄荣辉，陈际龙，刘永，2011. 我国东部夏季降水异常主模态的年代际变化及其与东亚水汽输送的关系［J］. 大气科学，35（4）：589－606.
黄玉霞，李栋梁，王宝鉴，等，2004. 西北地区近 40 年年降水异常的时空特征分析［J］. 高原气象，23（2）：246－252.
冀鸿兰，卞雪军，徐晶，2013. 黄河内蒙古段流凌预报可变模糊聚类循环迭代模型［J］. 水利水电科技进展，33（4）：14－17.
冀鸿兰，朝伦巴根，陈守煜，2008. 基于模糊识别人工神经网络的冰凌预报模型［J］. 水力发电，（11）：24－26.
姜大膀，苏明峰，魏荣庆，等，2009. 新疆气候的干湿变化及其趋势预估［J］. 大气科学，33（1）：90－98.
姜佳玉，2020. 1961—2016 年呼和浩特市寒潮频数及时空分布特征［J］. 内蒙古气象，（5）：8－12.
金菊良，丁晶，2000. 遗传算法及其在水科学中的应用［M］. 成都：四川大学出版社.
康玲玲，王云璋，陈发中，等，2001. 黄河上游宁蒙河段气温变化对凌情影响的分析［J］. 冰川冻土，23

（3）：319-322.
可素娟，王敏，饶素秋，2002. 黄河冰凌研究［M］. 郑州：黄河水利出版社.
孔祥伟，陶健红，刘治国，等，2015. 河西走廊中西部干旱区极端暴雨个例分析［J］. 高原气象，34（1）：70-81.
雷雨顺，1981. 经向型持续性特大暴雨的合成分析［J］. 大气科学，39（2）：168-181.
李博，王楠，姜明，等，2018. 陕西一类“东高西低型”暴雨的基本特征［J］. 高原气象，37（4）：981-993.
李超，张燕，王东晓，2006. 2004年秋季冷空气活动对南海海表温度的影响［J］. 热带海洋学报（2）：6-11.
李崇银，2000. 气候动力学引论［M］. 2版. 北京：气象出版社.
李红梅，周天军，宇如聪，2008. 近四十年我国东部盛夏日降水特性变化分析［J］. 大气科学，32（2）：358-370.
李江林，余晔，王宝鉴，等，2014. 河西西部一次大到暴雨过程诊断分析及数值模拟［J］. 高原气象，33（4）：1034-1044.
李江萍，李俭峰，杜亮亮，等，2013. 近50年夏季西北暴雨特征和水汽轨迹分析［J］. 兰州大学学报，49（4）：474-481.
李明，高维英，杜继稳，等，2011. 远距离台风影响下的陕西大暴雨分析［J］. 干旱区研究，28（3）：515-523.
李明星，马柱国，2012. 中国气候干湿变化及气候带边界演变：以集成土壤湿度为指标［J］. 科学通报，57（28）：2740-2754.
李伟光，易雪，侯美亭，等，2012. 基于标准化降水蒸散指数的中国干旱趋势研究［J］. 中国生态农业学报，20（5）：643-649.
李亚伟，陈守煜，韩小军，2006. 基于支持向量机SVR的黄河凌汛预报方法［J］. 大连理工大学学报，（2）：272-275.
梁萍，何金海，陈隆勋，等，2007. 华北夏季强降水的水汽来源［J］. 高原气象，26（3）：460-465.
刘吉峰，程艳红，刘珂，等，2018. 黄河宁蒙河段冬季气温特点及其对凌情影响［J］. 中国防汛抗旱，28（12）：47-52.
刘巍巍，安顺清，刘庚山，等，2004. 帕默尔旱度模式的进一步修正［J］. 应用气象学报，15（2）：207-216.
刘宪锋，朱秀芳，潘耀忠，等，2014. 近53年内蒙古寒潮时空变化特征及其影响因素［J］. 地理学报，69（7）：1013-1024.
刘晓英，李玉中，王庆锁，2006. 几种基于温度的参考作物蒸散量计算方法的评价［J］. 农业工程学报，22（6）：12-18.
刘新伟，段海霞，杨晓军，等，2017. 甘肃东部两次短时强降水天气过程对比分析［J］. 干旱气象，35（5）：868-873.
刘新伟，段海霞，赵庆云，2011. 2010年7月甘肃一次区域性暴雨分析［J］. 干旱气象，29（4）：472-477.
刘永强，1990. 土壤湿度和植被对气候影响的研究［D］. 北京：中国科学院大气物理研究所.
隆霄，王澄海，郭江勇，等，2003. 干旱区天气、气候数值模拟的研究进展［J］. 干旱气象，21（4）：59-65.
陆本燕，刘伯权，吴涛，等，2011. “7·23”商洛特大暴雨山阳县校舍灾害调查研究［J］. 灾害学，26（2）：1102-1106.
陆日宇，2003. 华北汛期降水量年代际和年际变化之间的线性关系［J］. 科学通报，48（7）：718-722.
陆日宇，1999. 华北夏季不同月份降水的年代际变化［J］. 高原气象，18（4）：510-519.
罗继，代君梅，杨虎，等，2017. 1971—2014年新疆区域寒潮气候特征［J］. 干旱区研究，34（2）：309-315.

马力，1993. 新疆典型大暴雨路径与影响系统的关系［J］. 新疆气象，16（2）：12－15.
马淑红，1993. 新疆暴雨路径的研究［J］. 新疆气象，16（4）：19－26.
马柱国，2005. 我国北方干湿演变规律及其与区域增暖的可能联系［J］. 地球物理学报，48（5）：1011－1018.
马柱国，2007. 华北干旱化趋势及转折性变化与太平洋年代际振荡的关系［J］. 科学通报，52（10）：1199－1206.
马柱国，符淙斌，2006. 1951—2004年中国北方干旱化的基本事实［J］. 科学通报，51（20）：2429－2439.
马柱国，符淙斌，2007. 20世纪下半叶全球干旱化的事实及其与大尺度背景的联系［J］. 中国科学D辑，37（2）：222－233.
马柱国，华丽娟，任小波，2003. 中国近代北方极端干湿时间的演变规律［J］. 地理学报，58（1）：69－74.
马柱国，黄刚，甘文强，等，2005. 近代中国北方干湿变化趋势的多时段特征［J］. 大气科学，29（5）：671－681.
茅泽育，吴剑疆，佘云童，2002. 河冰生消演变及其运动规律的研究进展［J］. 水利发电学报（S1）：153－161.
茅泽育，张磊，王永填，等，2003. 采用适体坐标变换方法数值模拟天然河道河冰过程［J］. 冰川冻土（S2）：214－219.
蒙东东，2020. 基于凌情变化的黄河上游宁蒙河段防凌流量研究［D］. 西安：西安理工大学.
牟欢，于碧馨，张俊兰，2016. 新疆“4·23”强寒潮降温特征分析［J］. 沙漠与绿洲气象，10（3）：59－65.
齐述华，2004. 干旱遥感监测模型和中国干旱时空分析［D］. 北京：中国科学院遥感应用研究所.
齐玉磊，冯松，黄建平，等，2015. 高原夏季风对中亚干旱半干旱地区夏季降水的影响［J］. 高原气象，34（6）：1566－1573.
钱维宏，张玮玮，2007. 我国近46年来的寒潮时空变化与冬季增暖［J］. 大气科学，31（6）：1266－1278.
钱正安，蔡英，宋敏红，等，2018. 中国西北旱区暴雨水汽输送研究进展［J］. 高原气象，37（3）：577－590.
邵建，2013. 宁夏暴雨特征及客观预报方法研究［D］. 兰州：兰州大学.
申双和，张方敏，盛琼，2009. 1975—2004年中国湿润指数时空变化特征［J］. 农业工程学报，25（1）：11－15.
沈洪道，1993. 屑冰和锚冰在河流中的演变［C］//第一届全国冰工程学学术讨论会. 山西：中国水利学会水力学专业委员会，115－127.
盛裴轩，毛节泰，李建国，等，2003. 大气物理学［M］. 北京：北京大学出版社.
施能，朱乾根，古文保，等，1994. 夏季北半球500hPa月平均场遥相关型及其与我国季风降水异常的关系［J］. 大气科学学报（1）：1－10.
施能，朱乾根，吴彬贵，1996. 近40年东亚夏季风及我国夏季大尺度天气气候异常［J］. 大气科学，20（5）：575－583.
施晓晖，徐祥德，2006. 中国大陆冬夏季气候型年代际转折的区域结构特征［J］. 科学通报，51（17）：2075－2084.
石崇，刘晓东，2012. 1947—2006年东半球陆地干旱化特征——基于SPEI数据的分析［J］. 中国沙漠，32（6）：1691－1701.
苏明峰，王会军，2006. 中国气候干湿变率与ENSO的关系及其稳定性［J］. 中国科学D辑，36（10）：951－958.
孙丞虎，李维京，张祖强，等，2005. 淮河流域土壤湿度异常的时空分布特征及其与气候异常关系的初步分析［J］. 应用气象学报，16（2）：129－138.
孙建华，张小玲，卫捷，等，2005. 20世纪90年代华北大暴雨过程特征的分析研究［J］. 气候与环境研究，10（3）：492－506.

孙淑芬，2005. 陆面过程的物理、生化机理和参数化模型［M］. 北京：气象出版社.
孙颖，2005. 用于 IPCC 第四次评估报告的气候模式比较研究简介［J］. 气候变化研究进展（4）：161－163.
孙颖，丁一汇，2008. IPCC AR4 气候模式对东亚夏季风年代际变化的模拟性能评估［J］. 气象学报，66（5）：765－780.
陶健红，孔祥伟，刘新伟，2016. 河西走廊西部两次极端暴雨事件水汽特征分析［J］. 高原气象，35（1）：107－117.
陶诗言，1980. 中国之暴雨［M］. 北京：科学出版社.
陶诗言，卫捷，2006. 再论夏季西太平洋副热带高压的西伸北跳［J］. 应用气象学报，17（5）：513－524.
陶诗言，张庆云，张顺利，1998. 1998 年长江流域洪涝灾害的气候背景和大尺度环流条件［J］. 气候与环境研究（4）：290－299.
汪恩良，刘兴超，常俊德，2015. 净冰力学模型试验的相似比尺问题探讨［J］. 冰川冻土，37（2）：417－421.
汪结华，陈凯诺，穆杨，等，2017. 对“霸王级”寒潮引起大风降温成因的研究［J］. 舰船电子工程，37（4）：86－92.
王宝鉴，黄玉霞，何金海，等，2004. 东亚夏季风期间水汽输送与西北干旱的关系［J］. 高原气象，23（6）：912－918.
王宝鉴，黄玉霞，陶健红，等，2003. 西北地区空中水汽时空分布及变化趋势分析［J］. 冰川冻土，25（2）：149－156.
王春青，Arthur E. Mynett，张勇，等，2012. 黄河流域寒潮天气与凌情关系分析［J］. 水文，32（5）：48－52，6.
王大钧，陈列，丁裕国，2006. 近 40 年来中国降水量、雨日变化趋势及与全球温度变化的关系［J］. 热带气象学报，22（3）：283－289.
王欢，寿绍文，解以扬，等，2008. 干侵入对 2005 年 8 月 16 日华北暴雨的作用［J］. 南京气象学院学报，31（1）：97－103.
王军，倪晋，张潮，2008. 冰盖下冰花颗粒的随机运动模拟［J］. 合肥工业大学学报（自然科学版）（2）：191－195.
王军，2004. 河冰形成和演变分析［D］. 合肥：合肥工业大学出版社.
王文，程攀，2013. “7·27”陕北暴雨数值模拟与诊断分析［J］. 大气科学学报，36（2）：174－183.
王晓玲，张自强，李涛，等，2009. 引水流量对引水渠道中水内冰演变影响的数值模拟［J］. 水利学报，40（11）：1307－1312.
王志兴，李成振，陈刚，2009. 冰情预报的投影寻踪回归模型［J］. 自然灾害学报，18（5）：174－177.
王宗明，孙照渤，李忠贤，等，2011. 1949—2009 年欧亚大陆强冷空气活动频次的变化特征［J］. 气象与减灾研究，34（1）：16－23.
王遵娅，丁一汇，2006. 近 53 年中国寒潮的变化特征及其可能原因［J］. 大气科学（6）：1068－1076.
王遵娅，丁一汇，2008. 中国雨季的气候学特征［J］. 大气科学，32（1）：1－13.
卫捷，马柱国，2003. Palmer 干旱指数、地表湿润指数与降水距平的比较［J］. 地理学报，58（Z1）：117－124.
卫捷，张庆云，陶诗言，2003. 20 年华北地区干旱期大气环流异常特征［J］. 应用气象学报，14（2）：140－151.
卫捷，陶诗言，张庆云，2003a. Palmer 干旱指数在华北干旱分析中的应用［J］. 地理学报，58（Z1）：91－99.
卫捷，张庆云，陶诗言，2003b. 近 20 年华北地区干旱期大气环流异常特征［J］. 应用气象学报，14（2）：140－151.
魏凤英，2008. 气候变暖背景下我国寒潮灾害的变化特征［J］. 自然科学进展（3）：289－295.
温丽叶，张荣刚，赵蕾，2009. 2007—2008 年内蒙古河段凌汛灾害的气象成因［J］. 人民黄河，31（5）：

30－32.
吴迪生，邓文珍，张俊峰，等，2001. 南海台风状况下海气界面热量交换研究［J］. 大气科学（3）：329－341.
吴佳，高学杰，2013. 一套格点化的中国区域逐日观测资料及与其他资料的对比［J］. 地球物理学报，56（4）：1102－1111.
武浩，夏芸，许映军，等，2016. 2004年以来中国渤海海冰灾害时空特征分析［J］. 自然灾害学报，25（5）：81－87.
徐保仁，徐丹亚，杨玉玲，等，2000. 秋末寒潮大风作用下南黄海西部流场及温、盐度变动特征分析［J］. 海洋科学集刊（1）：38－48.
徐夏囡，1982. 夏季华北冷锋暴雨个例分析［J］. 大气科学，6（1）：71－76.
许崇海，罗勇，徐影，2010. IPCC AR4多模式对中国地区干旱变化的模拟及预估［J］. 冰川冻土，32（5）：867－874.
薛春芳，董文杰，李青，等，2012. 近50年渭河流域秋雨的特征与成因分析［J］. 高原气象，31（2）：409－416.
薛增辉，2020. 河流锚冰演变的物理模型试验及关键参数确定［D］. 哈尔滨：东北农业大学.
严华生，万云霞，严小东，等，2004. 近500年中国旱涝时空分布特征的研究［J］. 云南大学学报，26（2）：139－143.
杨柳，赵俊虎，封国林，2018. 中国东部季风区夏季四类雨型的水汽输送特征及差异［J］. 大气科学，42（1）：81－95.
杨修群，谢倩，朱益民，等，2005. 华北降水年代际变化特征及相关的海气异常型［J］. 地球物理学报，48（4）：789－797.
杨修群，朱益民，谢倩，等，2004. 太平洋年代际振荡的研究进展［J］. 大气科学，28（6）：979－992.
于淑秋，林学椿，徐祥德，2003. 我国西北地区近50年降水和温度的变化［J］. 气候与环境研究，8（1）：9－18.
宇如聪，周天军，李建，等，2008. 中国东部气候年代际变化三维特征的研究进展［J］. 大气科学，32（4）：893－905.
袁文平，周广胜，2004. 标准化降水指标与Z指数在我国应用的对比分析［J］. 植物生态学报，28（4）：523－529.
曾勇，杨莲梅，张迎新，2017. 新疆西部一次大暴雨过程水汽输送轨迹模拟［J］. 沙漠与绿洲气象，11（3）：47－54.
曾勇，周玉淑，杨莲梅，2019. 新疆西部一次大暴雨形成机理的数值模拟初步分析［J］. 大气科学，43（2）：372－388.
翟建青，曾小凡，苏布达，等，2009. 基于ECHAM5模式预估2050年前中国旱涝格局趋势［J］. 气候变化研究进展，5（4）：220－225.
翟盘茂，邹旭恺，2005. 1951—2003年中国气温和降水变化及其对干旱的影响［J］. 气候变化研究进展，1（1）：16－18.
占车生，宁理科，邹靖，等，2018. 陆面水文—气候耦合模拟研究进展［J］. 地理学报，73（5）：893－905.
张家宝，邓子风，1987. 新疆降水概论［M］. 北京：气象出版社.
张强，张良，崔显成，等，2011. 干旱监测与评价技术的发展及其科学挑战［J］. 地球科学进展，26（7）：763－778.
张庆云，1999. 1880年以来华北降水及水资源变化［J］. 高原气象，18（4）：487－495.
张庆云，陶诗言，1998. 亚洲中高纬度环流对东亚夏季降水的影响［J］. 气象学报，56（2）：199－211.
张庆云，卫捷，陶诗言，2003. 近50年华北干旱的年代际和年际变化及大气环流特征［J］. 气候与环境研究，8（3）：307－318.
张琼，吴国雄，2001. 长江流域大范围旱涝与南亚高压的关系［J］. 气象学报，59（5）：569－577.

张荣刚，靳莉君，张利娜，等，2018. 2016—2017 年凌汛期黄河内蒙河段快速封河的天气成因分析［J］. 水文，38（2）：93-96.

张伟，2013. MJO 对我国冬季持续低温事件的影响［C］//创新驱动发展 提高气象灾害防御能力——S18 第四届研究生年会，南京：492-514.

赵平，陈隆勋，2001. 近 35 年来青藏高原大气热源气候变化特征及其与中国降水关系的研究［J］. 中国科学 D 辑，31（4）：327-332.

赵庆云，宋松涛，杨贵名，等，2014. 西北地区暴雨时空变化及异常年夏季环流特征［J］. 兰州大学学报（自然科学版），50（4）：517-522.

赵声蓉，宋正山，1999. 华北汛期旱涝与中高纬大气环流异常［J］. 高原气象，18（4）：535-540.

赵玉春，崔春光，2010. 2010 年 8 月 8 日舟曲特大泥石流暴雨天气过程成因分析［J］. 暴雨灾害，29（3）：289-295.

赵振国，王永光，陈桂英，等，1999. 中高夏季旱涝及环流场［M］. 北京：气象出版社.

赵宗慈，罗勇，黄建斌，2016. CMIP6 的设计［J］. 气候变化研究进展，12（3）：258-260.

赵宗慈，罗勇，黄建斌，2018. 从检验 CMIP5 气候模式看 CMIP6 地球系统模式的发展［J］. 气候变化研究进展，14（6）：643-648.

《西北暴雨》编写组，1992. 西北暴雨［M］. 北京：气象出版社.

周天军，陈晓龙，吴波，2019. 支撑"未来地球"计划的气候变化科学前沿问题［J］. 科学通报，64（19）：1967-1974.

周天军，李立娟，李红梅，等，2008. 气候变化的归因和预估模拟研究［J］. 大气科学，32（4）：906-922.

周天军，邹立维，陈晓龙，2019. 第六次国际耦合模式比较计划（CMIP6）评述［J］. 气候变化研究进展，15（5）：445-456.

周晓东，朱启疆，孙中平，等，2002. 中国荒漠化气候类型划分方法的初步探讨［J］. 自然灾害学报，11（2）：125-131.

朱乾根，施能，1993. 初夏北半球 500hPa 遥相关型的强度和年际变化及其与我国季风降水的关系［J］. 热带气象学报，9（1）：1-11.

邹旭恺，任国玉，张强，2010. 基于综合气象干旱指数的中国干旱变化趋势研究［J］. 气候与环境研究，15（4）：371-378.

左志燕，张人禾，2007. 中国东部夏季降水与春季土壤湿度的联系［J］. 科学通报，52（14）：1722-1724.

左志燕，张人禾，2008. 中国东部春季土壤湿度的时空变化特征［J］. 中国科学 D 辑，38（11）：1428-1437.

Arden R S, Wigle T E, 1972. Dynamics of ice formation in the Upper Niagara River [C] //The Role of Snow and Ice in Hydrology. Banff: IAHS-UNESCO-WMO, 1296-1313.

Bames H T, 2010. Ice Engineering [M]. Montreal: Renouf Publishing.

Blanken P D, Rouse W R, Culf A D, et al., 2000. Eddy covariance measurements of evaporation from Great Slave Lake, Northwest Territories, Canada [J]. Water Resources Research, 36 (4): 1069-1077.

Blanken P D, Spence C, Hedstrom N, et al., 2011. Evaporation from Lake Superior: 1. Physical controls and processes [J]. Journal of Great Lakes Research, 37 (4): 707-716.

Boer G J, Smith D M, Cassou C, et al., 2016. The Decadal Climate Prediction Project (DCPP) contribution to CMIP6 [J]. Geoscientific Model Development, 9: 3751-3777.

Briffa K R, van der Schrier G, Jones P D, 2009. Wet and dry summers in Europe since 1750: evidence of increasing drought [J]. International Journal of Climatology, 29: 1894-1905.

Caissie D, El-Jabi N, St-Hilaire A, 1998. Stochastic modelling of water temperature in a small stream using air to water relations [J]. Canadian Journal of Civil Engineering, 25: 250-260.

Caissie D, Satish M G, El-Jabi N, 2007. Predicting water temperatures using a deterministic model: application on Miramichi River catchments (New Brunswick, Canada) [J]. Journal of Hydrology, 336:

303 - 315.

Caissie D, 2006. The thermal regime of rivers: a review [J]. Freshwater Biology, 51: 1389 - 1406.

Collins W J, Lamarque J-F, Schulz M, et al., 2017. AerChemMIP: quantifying the effects of chemistry and aerosols in CMIP6 [J]. Geoscientific Model Development, 10: 585 - 607.

Dai A, 2006. Precipitation characteristics in eighteen coupled climate models [J]. Journal of Climate, 19: 4605 - 4630.

Dai A, 2011a. Drought under global warming: a review [J]. Wiley Interdisciplinary Reviews: Climate Change, 2: 45 - 65.

Dai A, 2011b. Characteristics and trends in various forms of the Palmer Drought Severity Index during 1900 - 2008 [J]. Journal of Geophysical Research, 116, D12115.

Dai A, 2013. Increasing drought under global warming in observations and models [J]. Natural Climate Change, 3: 52 - 58.

Dai A, Trenberth K E, Karl T R, 1998. Global variations in droughts and wet spells: 1990 - 1995 [J]. Geophysical Research Letters, 25: 3367 - 3370.

Dai A, Lamb P J, Trenberth K E, et al., 2004. The recent Sahel drought is real [J]. International Journal of Climatology, 24: 1323 - 1331.

DeWeber J T, Wagner T, 2014. A regional neural network ensemble for predicting mean daily river water temperature [J]. Journal of Hydrology, 517: 187 - 200.

Ding Qinghua, Bin Wang, 2005. Circumglobal teleconnection in the Northern Hemisphere Summer [J]. Climate, 18 (17): 3483 - 3505.

Drimeyer P A, 2000. Using a global soil wetness data set to improve seasonal climate simulation [J]. Journal of Climate, 13: 2900 - 2922.

Etin J K, Robock A, Vinnikov K Y, et al., 2000. Temporal and spatial scales of observed soil moisture variation in the extratropics [J]. Journal of Geophysical Researches, 105: 11865 - 11877.

Eyring V, Bony S, Meehl G A, et al., 2016. Overview of the Coupled Model Intercomparison Project Phase 6 (CMIP6) experimental design and organization [J]. Geoscientific Model Development, 9: 1937 - 1958.

Gao X J, Shi Y, Zhang D F, et al., 2012. Climate change in China in the 21st century as simulated by a high resolution regional climate model [J]. Chinese Science Bulletin, 57: 1188 - 1195.

Gillett N P, Shiogama H, Funke B, et al., 2016. The Detection and Attribution Model Intercomparison Project (DAMIP v1.0) contribution to CMIP6 [J]. Geoscientific Model Development, 9: 3685 - 3697.

Gong D Y, Wang S W, Zhu J H, 2001. East Asian winter monsoon and Arctic Oscillation [J]. Geophysical Research Letters, 28: 2073 - 2076.

Granger R J, Hedstrom N, 2011. Modelling hourly rates of evaporation from small lakes [J]. Hydrology and Earth System Sciences, 15 (1): 267 - 277.

Gregory J M, Bouttes N, Griffies S M, et al., 2016. The Flux - Anomaly - Forced Model Intercomparison Project (FAFMIP) contribution to CMIP6: investigation of sea - level and ocean climate change in response to CO_2 forcing [J]. Geoscientific Model Development, 9: 3993 - 4017.

Griffies S M, Danabasoglu G, Durack P J, et al., 2016. OMIP contribution to CMIP6: experimental and diagnostic protocol for the physical component of the Ocean Model Intercomparison Project [J]. Geoscientific Model Development, 9: 3231 - 3296.

Guttman N B, 1998. Comparing the Palmer drought index and the standardized precipitation index [J]. Journal of the American Water Resources Association, 34: 113 - 121.

Haarsma R J, Roberts M J, Vidale P L, et al., 2016. High Resolution Model Intercomparison Project (HighResMIP v1.0) for CMIP6 [J]. Geoscientific Model Development, 9: 4185 - 4208.

Hammer L, Kerr D J, Shen H T, 1996. Anchor ice growth in gravel - bedded channels [C] //13th IAHR symposium on ice. Beijing: International Ice Engineering Commission, 843 - 850.

Hayes M, Wilhite D A, Svoboda M, et al., 1999. Monitoring the 1996 drought using the standardized precipitation index [J]. Bulletin of the American Meteorological Society, 80: 429 - 438.

Heim R R, 2002. A review of twentieth - century drought indices used in the United States [J]. Bulletin of the American Meteorological Society, 83: 1149 - 1165.

Held I M, Soden B J, 2006. Robust responses of the hydrological cycle to global warming [J]. Journal of Climate, 19: 5686 - 5699.

Huang R, Zhou L, Chen W, 2003. The progresses of recent studies on the variabilities of the East Asia monsoon and their causes [J]. Advances in Atmospheric Sciences, 20: 55 - 69.

Huang R, 1989. Numerical simulation of the relationship between the anomaly of the subtropical high over East Asia and the convective activities in the western tropical Pacific [J]. Advances in Atmospheric Sciences, 6: 202 - 214.

Hummar L, Gerry S, Karl - Erich L, et al., 2010. Measuring Ice Thicknesses along rhe Red River in Canada Using RASARSAT - 2 Satellite Imagery [J]. Journal of Water Resource and Protection, 2 (11): 923 - 933.

IPCC, 2007. Climate Change 2007: The Physical Science Basis [M]. Solomon S, Qin D, Manning M, et al., Eds. Cambridge, UK and New York: Cambridge University Press.

IPCC, 2013. Climate Change 2013: Summary for Policymakers [M]. Stocker T F, Qin D, Plattner G K, et al., Eds. UK and New York: Cambridge University Press.

IPCC, 2013. Climate Change 2013: The Physical Science Basis: Contribution of Working Group Ⅰ to the fifth Assessment Report of the Intergovernmental Panel on Climate Change [M]. Cambridge: Cambridge University Press.

IPCC, 2007. Climate Change 2007: The Physical Science Basis: Contribution of Working Group Ⅰ to the Fourth Assessment Report of the Intergovernmental Panel on Climate Change [M]. Solomon S, Qin D Manning M, et al., UK and New York: Cambridge University Press.

Isaak D J, Wollrab S, Horan D, et al., 2012. Climate change effects on stream and river temperatures across the northwest U. S. from 1980 - 2009 and implications for salmonid fishes [J]. Climatic Change, 113: 499 - 524.

Jensen M E, Burman R D, Allen R G, 1990. Evapotranspiration and irrigation water requirements [C] // ASCE Manuals and Reports on Engineering Practice No. 70, American Society of Civil Engineers, New York.

Jones C D, Arora V, Friedlingstein P, et al., 2016. C4MIP: The Coupled Climate - Carbon Cycle Model Intercomparison Project: experimental protocol for CMIP6 [J]. Geoscientific Model Development, 9: 2853 - 2880.

Kageyama M, Braconnot P, Harrison S P, et al., 2018. The PMIP4 contribution to CMIP6. Part 1: overview and over - arching analysis plan [J]. Geoscientific Model Development, 11: 1033 - 1057.

Kalnay E, Kanamitsu M, Kistler R, et al., 1996. The NCEP/NCAR 40 - year reanalysis project [J]. Bulletin of the American Meteorological Society, 77: 437 - 471.

Karacor A G, Sivri N U, Ucan O N, 2007. Maximum stream temperature estimation of Degirmendere River using artificial neural network [J]. Journal of Scientific & Industrial Research, 66: 363 - 366.

Karl T R, 1983. Some spatial characteristics of drought duration in the United States [J]. Journal of Climate and Applied Meteorology, 22: 1356 - 1366.

Kelleher C, Wagener T, Gooseff M, 2012. Investigating controls on the thermal sensitivity of Pennsylvania streams [J]. Hydrological Processes, 26: 771 - 785.

Keller D P, Lenton A, Scott V, et al., 2018. The Carbon Dioxide Removal Model Intercomparison Project (CDRMIP): rationale and experimental protocol for CMIP6 [J]. Geoscientific Model Development, 11:

1133 - 1160.

Keskin M E, Taylan D, Terzi O, 2006. Adaptive neural - based fuzzy inference system (ANFIS) approach for modelling hydrological time series [J]. Hydrological Science Journal.

Kogan F N, 1995. Application of vegetation index and brightness temperature for drought detection [J]. Adcance in Space Research, 15: 91 - 100.

Konrad C E, 1997. Synoptic - scale features associated with warm season heavy rainfall over the interior southeastern United States [J]. Wea. Forecasting, 12: 557 - 571.

Koster R D, Suarez M J, 1996. Energy and water balance calculations in the MOSAIC LSM [J]. NASA Technical Memorandum, 104: 606 - 976.

Kravitz B, Robock A, Tilmes S, et al., 2015. The Geoengineering Model Intercomparison Project Phase 6 (GeoMIP6): simulation design and preliminary results [J]. Geoscientific Model Development, 8: 3379 - 3392.

Lawrence D M, Hurtt G C, Arneth A, et al., 2016. The Land Use Model Intercomparison Project (LUMIP) contribution to CMIP6: rationale and experimental design [J]. Geoscientific Model Development, 9: 2973 - 2998.

Lee E J, Hhun J G, Park C K, 2005. Remote connection of the northeast Asian summer rainfall variation revealed by a newly defined monsoon index [J]. Journal of Climate, 18: 4381 - 4393.

Letcher B H, Hocking D J, O' Neil K, 2016. A hierarchical model of daily stream temperature using air - water temperature synchronization, auto - correlation, and time lags [J]. Peer J, 4: e1727.

Li Y, Ye W, Wang M, et al., 2009. Climate change and drought: a risk assessment of crop - yield impacts [J]. Climate Research, 39: 31 - 46.

Lisi P J, Schindler D E, Cline T J, 2015. Watershed geomorphology and snowmelt control stream thermal sensitivity to air temperature [J]. Geophysical Research Letters, 42: 3380 - 3388.

Lloyd - Hughes B, Saunders M A, 2002. A drought climatology for Europe [J]. International Journal of Climatology, 22: 1571 - 1592.

Marie - Nolle B, Guy C, Olivier T. Long - term heat exchanges over a Mediterranean lagoon [J]. Journal of Geophysical Research Atmospheres, 117 (D23).

McGloin R, McGowan H, McJannet D, 2015. Effects of diurnal, intra - seasonal and seasonal climate variability on the energy balance of a small subtropical reservoir [J]. International Journal of Climatology, 35 (9): 2308 - 2325.

McKee T B, Doesken N J, Kleist J, 1993. The relationship of drought frequency and duration to time scales [C] //Preprints, Eighth Conference on Applied Climatology. Anaheim, CA, American Meteor Society, 179 - 184.

Meehl G A, Moss R, Taylor K E, et al., 2014. Climate model inter - comparisons: preparing for the next phase [J]. EOS, Transaction American Geophysical Union, 95 (9): 77 - 84.

Menon S, Hansen J, Nazarenko L, et al., 2002. Climate effects of black carbon aerosols in China and India [J]. Science, 297: 2250 - 2253.

Mohseni O, Stefan H G, 1999. Stream temperature/air temperature relationship: a physical interpretation [J]. Journal of Hydrology, 218: 128 - 141.

Monteith J L, 1965. Evaporation and environment [C] //Symposium of the Society for Experimental Biology, 19: 205 - 234.

Narisma G T, Foley J A, Licker R, et al., 2007. Abrupt changes in rainfall during the twentieth century [J]. Geophysical Research Letters, 34, L06710.

Nicholson S E, 2001. Climatic and environmental changes in Africa during the last two centuries [J]. Climate Research, 17: 123 - 144.

O' Neill B C, Tebaldi C, van Vuuren D P, et al., 2016. The Scenario Model Intercomparison Project

(Scenario MIP) for CMIP6 [J]. Geoscientific Model Development, 9: 3461 - 3482.

Palmer W C, 1965. Meteorological drought [J]. U. S. Weather Bureau, Research Paper, 45: 1 - 58.

Parkinson F E, 1984. Anchor ice effects on water levels [C] //Hydraulics of River Ice, NB: 345 - 370.

Phillips T J, Gleckler P J, 2006. Evaluation of continental precipitation in 20th - century climate simulation: the utility of multi - model statistics [J]. Water Resource Research, 42, W03202.

Pincus R, Forster P M, Stevens B, 2016. The Radiative Forcing Model Intercomparison Project (RFMIP): experimental protocol for CMIP6 [J]. Geoscientific Model Development, 9: 3447 - 3460.

Qu Y X, Doering J, 2007. Laboratory study of anchor ice evolution around rocks and on gravel beds [J]. Canadian Journal of Civil Engineering, 34 (1): 46 - 55.

Redmond K T, 2002. The depiction of drought [J]. Bulletin of the American Meteorological Society, 83: 1143 - 1147.

Reynolds J F, Stafford S D M, Lambin E F, et al. , 2007. Global desertification: building a science for dry land development [J]. Science, 316: 847 - 851.

Rich C, Robert H, Karl - Erich L, et al. , 2012. Ice Jam Modelling of the Lower Red River [J]. Journal of Resource and Protection, 4 (1): 1 - 11.

Roussel J M, Cunjak R A, Newbury R, 1968. Movements and habitat use by PIT - tagged Atlantic salmon parr in early winter: the influence of anchor ice [J]. Freshwater Biology, 49 (8): 1026 - 1035.

Rowntree P R, Bolton J A, 1983. Simulation of the atmospheric response to soil moisture anomalies over Europe [J]. Quarterly Journal of the Royal Meteorological Society, 109: 501 - 526.

Rummler T, Arnault J, Gochis D, 2019. Role of lateral terrestrial water flow on the regional water cycle in a complex terrain region: Investigation with a fully coupled model system [J]. Journal of Geophysical Research: Atmospheres, 124: 507 - 529.

Sahoo G B, Schladow S G, Reuter J E, 2009. Forecasting stream water temperature using regression analysis, artificial neural network, and chaotic non - linear dynamic models [J]. Journal of Hydrology, 378: 325 - 342.

Sheffield J, Wood E F, 2008. Projected changes in drought occurrence under future global warming from multi - model, multi - scenario, IPCC AR4 simulations [J]. Climate Dynamic, 31: 79 - 105.

Sheffield J, Wood E F, Roderick M L, 2012. Little change in global drought over the past 60 years [J]. Nature, 491: 435 - 438.

Sheffield J, Goteti G, Wood E F, 2006. Development of a 50-yr high - resolution global dataset of meteorological forcings for land surface modeling [J]. Journal of Climate, 19: 3088 - 3111.

Sheffield J, Goteti G, Wen F H, et al. , 2004. A simulated soil moisture based drought analysis for the United States [J]. Journal of Geophysical Research, 109, D24208.

Shen H T, Su J, Liu L, 2000. SPH simulation of river ice dynamics [J]. Journal of Computational Physics, 165 (2): 752 - 770.

Shen H T, 2010. Mathematical modeling of river ice processes [J]. Cold Regions Science and Technology, 62 (2): 3 - 13.

Shen H, Wang D, Wasantha L, 1995. Numerical Simulation of River Ice Processes [J]. Journal of Cold Regions Engineering, 9 (3): 107 - 118.

Shen H, Chiang L, 1984. Simulation of Growth and Decay of River Ice Cover [J]. Journal of Hydraulic Engineering, ASCE, 110 (7): 958 - 971.

Simpkins G, 2017. Progress in climate modeling [J]. Nature Climate Change, 7: 684 - 685.

Smith D M, Screen J A, Deser C, et al. , 2019. The Polar Amplification Model Intercomparison Project (PAMIP) contribution to CMIP6: investigating the causes and consequences of polar amplification [J]. Geoscientific Model Development, 12: 1139 - 1164.

Sohrabi M M, Benjankar R, Tonina D, 2017. Estimation of daily stream water temperatures with a Bayes-

ian regression approach [J]. Hydrological Processes, 31: 1719 - 1733.
Sternberg T, 2011. Regional drought has a global impact [J]. Nature, 472: 169 - 169.
Stouffer R J, Eyring V, Meehl G A, et al, 2017. CMIP5 scientific gaps and recommendations for CMIP6 [J]. Bulletin of the American Meteorological Society, 98: 95 - 105.
Supharatid S, 2003. Application of a neural network model in establishing a stage - discharge relationship for a tidal river [J]. Hydrological Processes, 17 (15): 3085 - 3099.
Taylor K E, Stouffer R J, Meehl G A, 2012. An overview of CMIP5 and the experiment design [J]. Bulletin of the American Meteorological Society, 93: 485 - 498.
Taylor K E, 2001. Summarizing multiple aspects of model performance in a single diagram [J]. Journal of Geophysical Research, 106: 7183 - 7192.
Terada K, Hirayama K, Sasamoto M, 1999. Field measurement of anchor and frazil ice [C] //14th IAHR Symposium on Ice. Clarkson University: Potsdam, 697 - 702.
Thomas D S G, 1997. Arid zone geomorphology: process, form and change in dryland [M]. Thomas D S G, Ed. New York: John Wiley & Sons Press, 5 - 12.
Thornthwaite C W, 1948. An approach toward a rational classification of climate [J]. Geographical Review, 38: 55 - 94.
Toffolon M, Piccolroaz S, 2015. A hybrid model for river water temperature as a function of air temperature and discharge [J]. Environmental Research Letters, 10: 114011.
Tomé A R, Miranda P M, 2004. A piecewise linear fitting and trend changing points of climate parameters [J]. Geophysical Research Letters, 31: L02207.
Trenberth K, Dai A, Rasmussen R, et al., 2003. The changing character of precipitation [J]. Bulletin of the American Meteorological Society, 84: 1205 - 1217.
Tucker C J, Choudhury B J, 1987. Satellite remote sensing of drought conditions [J]. Remote Sensing of Environment, 23: 243 - 251.
Vicente - Serrano S M, López - Moreno J I, Lorenzo - Lacruz J, et al., 2011. The NAO impact on droughts in the Mediterranean region [J]. Advances in Global Change Research, 46: 23 - 40.
Vicente - Serrano S M, Beguería S, López - Moreno J I, 2010a. A multiscalar drought index sensitive to global warming: the standardized precipitation evapotranspiration index [J]. Journal of Climate, 23: 1696 - 1718.
Vicente - Serrano S M, Beguería S, López - Moreno J I, et al., 2010b. A new global 0.5° gridded dataset (1901 - 2006) of a multiscalar drought index: comparison with current drought index datasets based on the Palmer Drought Severity Index [J]. Journal of Hydrometeorology, 11: 1033 - 1043.
Wallace J M, Gutzler D S, 1981. Teleconnections in the geopotential height field during the northern hemisphere winter [J]. Monthly Weather Review, 109: 784 - 812.
Wang G, 2005. Agricultural drought in a future climate: results from 15 global climate models participating in the IPCC 4th assessment [J]. Climate Dynamic, 25: 739 - 753.
Wang B, Xu X, 1997. Northern Hemispheric summer monsoon singularities and climatological intraseasonal oscillation [J]. Climate, 10: 1071 - 1085.
Wang A, Lettenmaier D P, Sheffield J, 2011. Soil moisture drought in China, 1950 - 2006 [J]. Journal of Climate, 24: 3257 - 3271.
Webb B W, Clack P D, Walling D E, 2003. Water - air temperature relationships in a Devon river system and the role of flow [J]. Horological Processes, 17: 3069 - 3084.
Webb B W, Hannah D M, Moore R D, 2008. Recent advances in stream and river temperature research [J]. Hydrological Processes, 22: 902 - 918.
Webb M J, Andrews T, Bodas - Salcedo A, et al., 2017. The Cloud Feedback Model Intercomparison Project (CFMIP) contribution to CMIP6 [J]. Geoscientific Model Development, 10: 359 - 384.

Wells N, Goddard S, Hayes M J, 2004. A self-calibrating Palmer Drought Severity Index [J]. Journal of Climate, 17: 2335-2351.

Wetherald R T, Manabe S, 1999. Detectability of summer dryness caused by greenhouse warming [J]. Climatic Change, 43: 495-511.

Wetherald R T, Manabe S, 2002. Simulation of hydrologic changes associated with global warming [J]. Journal of Geophysical Research, 107 (D19): 4379.

White D, 2006. The utility of seasonal indices for monitoring and assessing agricultural drought [R] //Report to the Australia Bureau of Rural Sciences: 778.

Wilhite D A, 2000. Drought as a natural hazard: concepts and definitions [M] //Drought: A Global Assessment, Wilhite D A Ed. Routledge: 3-18.

Wilhite D A, Svoboda M D, Hayes M J, 2007. Understanding the complex impacts of drought: a key to enhancing drought mitigation and preparedness [J]. Water Resources Management, 21: 763-774.

Wu Z Y, Lu G H, Wen L, et al., 2011. Reconstructing and analyzing China's fifty-nine year (1951-2009) drought history using hydrological model simulation [J]. Hydrology and Earth System Sciences, 15: 2881-2894.

Xu C Y, Singh V P, 2001. Evaluation and generalization of temperature-based methods for calculating evaporation [J]. Hydrological Processes, 15: 305-319.

Yatagai A, Arakawa O, Kawamoto K, et al., 2009. A 44-year daily gridded precipitation dataset for Asia based on a dense network of rain gauges [J]. SOLA, 5: 137-140.

Yeh T C, Wetherald R T, Manabe S, 1984. The effect of soil moisture on the short-term climate and hydrology change—a numerical experiment [J]. Monthly Weather Review, 112: 474-490.

Zhou T J, Turner A G, Kinter J L, et al., 2016. GMMIP (v1.0) contribution to CMIP6: Global Monsoons Model Inter-comparison Project [J]. Geoscientific Model Development, 9: 3589-3604.

Zhu S, Mashhad-Nyarko M, Gao A, 2019. Two hybrid data-driven models for modeling water-air temperature relationship in rivers [J]. Environmental Science and Pollution Research, 26: 12622-12630.

Zou X, Zhai P, Zhang Q, 2005. Variations in droughts over China: 1951-2003 [J]. Geophysical Research Letters, 32: L04707.

Zufelt E, Ettema R, 2000. Fully Coupled Model of Ice Jam Dynamics [J]. Journal of Cold Regions Engineering, 14 (1): 24-41.